新世纪电工电子实验系列规划教材

综合电子设计与实践

（第 3 版）

田 良　王 尧
黄正瑾　陈建元　束海泉　编著

东南大学出版社
SOUTHEAST UNIVERSITY PRESS

·南京·

内 容 提 要

　　本书对 2010 年版做了重要修订。全书共分 9 章:第 1 章为电子系统设计导论;第 2 章为常用传感器及其应用电路;第 3 章为模拟系统及其基本单元;第 4 章为模拟设计中的 EDA 技术;第 5 章为数字系统设计;第 6 章为嵌入式处理器与嵌入式系统及其应用;第 7 章为电子系统的芯片实现方法;第 8 章为电子系统设计与制造的有关工程问题;第 9 章为电子系统设计举例。以上内容系围绕电子系统的设计与实现方法来安排的,目的是培养学生的系统设计能力,以适应电子信息时代对学生知识结构和能力的要求。

　　本书在内容体系上始终秉持系统设计方法学、EDA 工具与环境及设计方法、工程实践知识三位一体的理念,具有取材先进、内容新颖、理论联系实际的特点。既论及与电子系统高层设计理念相关的问题,又重视底层实现中常见实际问题的处理原则及方法。此次修编后,补充介绍了若干当代新的技术及发展动态、新的系统、器件及软件,内容更加符合当前技术发展趋势以及教学改革的需求。

　　本书可作为高等院校电气电子信息类专业的综合设计实践教材,也可供电气电子信息类工程技术人员参考。

图书在版编目(CIP)数据

综合电子设计与实践/田良等编著. —3 版. —南京:
东南大学出版社,2019.11(2021.1 重印)
新世纪电工电子实验系列规划教材
ISBN 978-7-5641-8425-4

Ⅰ.①综… Ⅱ.①田… Ⅲ.①电子电路—电路设计—高等学校—教材 Ⅳ.①TN702

中国版本图书馆 CIP 数据核字(2019)第 093475 号

综合电子设计与实践(第 3 版)　Zonghe Dianzi Sheji Yu Shijian(Di-san Ban)

编 著 者	田良等
出版发行	东南大学出版社
出 版 人	江建中
社 　 址	南京市四牌楼 2 号
邮 　 编	210096
经 　 销	全国各地新华书店
印 　 刷	广东虎彩云印刷有限公司
开 　 本	787 mm×1092 mm 1/16
印 　 张	20.75
字 　 数	531 千字
版 　 次	2002 年 3 月第 1 版 2019 年 11 月第 3 版
印 　 次	2021 年 1 月第 2 次印刷
书 　 号	ISBN 978-7-5641-8425-4
定 　 价	66.00 元

(本社图书若有印装质量问题,请直接与营销部联系。电话:025-83791830)

第 3 版前言

《综合电子设计与实践》一书自 2002 年 3 月出版以来，至今已历时 16 载有余。本书在内容体系上自始就强调系统设计方法学、EDA 工具与环境及设计方法、工程实践知识三位一体的理念，同时将先修课的基本理论及重要概念与本书中涉及的实际问题以回顾或强调的方式联系起来，做到理论联系实际，旨在与当今电子科技发展形势的要求相契合。

随着互联网＋X、物联网、大数据、人工智能的快速发展与推广应用，信息化、智能化的浪潮正在不断地改变着人们的工作、学习、生产与生活方式。对于电子电气类大学生格外感同身受，各种新事物就出现在身边，在每一次新体验中除了感受到高科技应用成果带来的便利之外，亦同时引发了他们深层次的探求欲。教师就应当鼓励他们主动地去探求每一次新体验中的"所以然"——因为这也是一种实践，而且是对实验室实践之外的一种重要的补充。这将有助于拓宽学生的知识面与视野，从而激发他们在完成布置的设计课题中的创新灵感。

为了帮助学生进一步拓宽知识面与视野，在此次第 3 版有关章节中我们将电子技术发展的最新动态、达到的水平、取得的最新成果结合该章节的主旨内容顺理成章地介绍给读者。

另一方面，由于本教材的实践性决定了内容上离不开具体的器件、产品以及软件，所以此版教材需要及时将一些新技术、新器件、新产品、新软件反映出来，做一些推陈出新的补充与删减。例如：在第 1 章的典型电子系统举例中就改用智能手机以及与物联网密切相关的 RFID 系统取代了原先的例子。介绍了 EDA 产业的最新发展趋势以及 Cadence EDA360 愿景，指出"云计算是 VLS IC 设计的未来"的趋势。在第 2、3 章中精减了前修课中出现过的部分内容，补充了新型数字温度测控芯片 DS1620 及其应用系统的内容等。在第 4 章中删去 Lattice 已经停产的 ispPAC 模拟器件的内容，增补了 Lattice 的电源管理器件以及电源系统架构方面的内容。在第 5 章中压缩了部分耳熟能详的内容，补充了有关器件的新动态，在设计举例中增补了用微程序设计方法的内容。在第 6 章中缩减了 51 单片机的内容，增补了高性能的 STM32 单片机架构、应用及其开发软件，还介绍了基于 Linux OS 与 ARM 核的树莓派（Raspberry Pi）卡片式微机。在第 9

章中对利用《ESD-7 综合电子设计与实践平台》①设计完成的几个课题做了更新与补充,结合平台上有关课题介绍了用数字滤波法实现数字谱分析的方法与思路,之后还补充介绍了由 SOC 型单片机(C8051F)为核心构成的多功能综合设计与实践平台。

当今电子产品一方面不断地、快速地以新的多功能的复杂系统形式出现;另一方面,其设计与制造方式、方法也在发生变化,数字化和智能化的设计与制造方式、方法正在引领新一轮工业革命。如何使学生在他们毕业后的工作生涯中能够适应这种形势,且游刃有余? 除了整个培养计划在总体上的考虑外,本教材在内容体系上所强调的三位一体的理念,旨在为学生能尽快适应当今电子行业的发展形势而助一臂之力,这也是本书全体作者的夙愿。

该书所有插图、参考题解和部分在 ESD-7 平台上完成的参考设计已打包为一个电子文件,可供使用本书的老师制作课件和教学时参考,需要者可向出版社申请获得。

此次修编工作的分工与 2002 版的编写分工基本相同,即第 1、4、7 章由田良编写,第 2、3 章由王尧编写,第 5 章由黄正瑾编写,第 6 章由陈建元编写,第 8 章由束海泉编写,第 9 章由田良、陈建元、束海泉编写,书末附录由束海泉编写,全书由田良审订与统稿。虽然我们在修编中已经尽了最大的努力,由于我们的水平有限,难免还有疏漏之处,请支持与喜欢本书的读者一如既往地献出你们的宝贵意见,欢迎批评与指正②。

此次修编工作得到本书责任编辑——东南大学出版社朱珉老师③的热情支持与帮助,本书全体作者在此对她表示衷心感谢!

编　者

于东南大学

2018 年 11 月 20 日

① shq@seu.edu.cn(束海泉)。
② seu_tian@163.com(田良)。
③ 462136811@qq.com(朱珉)。

第 2 版前言

《综合电子设计与实践》一书自 2002 年 3 月出版以来,至今已历时 7 年多。正如 MNG 三定律[1]所揭示的那样,在过去的 7 年多中,微电子、通信、信息技术(IT)等均以惊人的发展速度创造和催生了许多奇迹。其成果惠及了生活在当代的人们的日常工作、学习、文化娱乐、问医求药、通信、证券交易、旅游交通等诸多方面。反映在相关的电路与系统的理论、软硬件技术、电子产品、EDA 工具以及电子制造工艺等方面,皆伴随着出现许多新的建树与新的事物。作为电气电子信息类专业实践教材的《综合电子设计与实践》,对上述领域内出现的新生事物应当有所反映,以使该教材能适应电气电子信息技术进步与发展的最新形势以及教学改革的需求。因此有必要对该书做一次推陈出新的修编。

此次修编首先将各章的行文及技术用语根据技术进步与发展的最新形势做了一些必要的修改、调整与润色,并更正了一些印刷错误。其次,对有关内容进行了一些删减与替换补充。压缩了那些在前修课与本课之间起着承上启下作用的部分回顾性的论述,补充介绍了若干新系统、新电路、新器件、新软件、新技术和新工艺。此外,从更有利于培养学生的系统设计能力、理论联系实际的能力以及实践动手的能力,更新、改写与补充了书中的一些设计举例。为配合本书的实践教学,采用并具体介绍了由东南大学信息科学与工程学院束海泉教授[2]的团队研发、生产的《ESD-7 综合电子设计与实践平台》,本书第九章中有三个设计举例就是利用该平台完成硬、软件的设计与验证的。为了给使用本书的老师制作课件以及教学的方便,将本书所有插图、附录和部分在《ESD-7 综合电子设计与实践平台》上完成的参考设计的有关介绍,以及该设计的软件清单等刻录在一张光盘上,作为上述平台的附件之一。

---

[1] MNG 三定律,即 Moore 定律、Nielsen 定律以及 Gilder 定律。Moore 定律指出,芯片的集成度每 18 个月翻一番;Nielsen 定律指出,网络连接速率每 21 个月翻一番;Gilder 定律指出,电信带宽每 8 个月翻一番(备注:Gordon Moore,美国人,Intel 公司的创始人;Jakob Nielsen,丹麦人,著名网页易用性专家;George Gilder,美国人,著名未来学家、经济学家、数字时代的大思想家)。

[2] shq@seu.edu.cn。

　　此次修编工作的分工与 2002 版的编写分工基本相同,即第 1、4、7 章由田良编写,第 2、3 章由王尧编写,第 5 章由黄正瑾编写,第 6 章由陈建元编写,第 8 章由束海泉编写,第 9 章由田良、束海泉、陈建元编写,全书由田良审订与统稿。虽然我们在修编中已经尽了最大的努力,难免还有疏漏之处,请支持与喜欢本书的读者一如既往地献出你们的宝贵意见,欢迎批评与指正①。

　　此次修编工作得到本书责任编辑——东南大学出版社朱珉②老师的热情支持与帮助,本书全体作者在此对她表示衷心感谢!

编　者

于东南大学

2009 年 12 月 26 日

---

① tl@seu.edu.cn。
② zhu_min_seu@163.com。

第1版前言

本书是《电工电子实践课程丛书》之一,它是在东南大学多年教改实践和前面5本丛书使用经验的基础上编写而成的。本书取材先进、内容新颖、理论联系实际,适合于电气电子信息类各专业选用。

本书的具体内容是对相关课程知识的拓宽、提高和综合应用,其目的是培养学生的系统设计能力,以适应电子信息时代对学生知识结构和能力的要求。众所周知,当今流行的大多数电子信息产品皆是一种集多种电路技术的复杂系统。相对而言,电路技术比较成熟且涉及的问题规模较小,因此在构思与设计这类产品时,其关键就是在给定的上市时间和性价比的约束下,如何成功地完成某种复杂电子系统的设计与实现。本书的内容就是围绕复杂电子系统的设计与实现方法而安排的。有关的论述有:上至电子系统的高层设计理念、一般性设计方法与步骤,下到电子系统工程实现中常见实际问题的处置原则及方法、重要元器件的正确使用方法等;从传统手工设计方法与步骤到 EDA 设计方法与步骤;从 PCB 板上集成系统到芯片上集成系统(简称片上系统— SOC)的设计方法与步骤等。其目的是让学生既要站得高看得远、把握住系统设计中的全局性问题,又能脚踏实地有条不紊地完成某个具体的系统设计与实现的任务,并能正确处理实现时遇到的常见实际问题。与上述论述有关的观点除渗透在本书的主要章节之中外,还在第1章和第8章内集中做了深入而系统的论述。本书对构成电子系统的3种基本子系统——模拟、数字及微机子系统的设计问题均有相应章节进行较详细的讨论。其中第2至第4章对模拟子系统及电路的设计进行了讨论,这是因为模拟子系统及电路在系统设计中是不可缺少的,而且它们的设计要比数字系统和电路的设计困难,并缺少规范化的设计方法与步骤。尽管模拟子系统及电路在所要设计的系统中所占的比例并不大,但所需要的设计时间与人力在整个系统设计中却往往占有较大的比例,因此在培养学生系统设计能力的时候,必须注意培养他们设计模拟子系统及电路的能力,尤其是运用 EDA 工具去设计模拟子系统及电路的能力。本书的第4章——模拟设计中的 EDA 技术就是为此目的而安排的。

由于采用数字方法实现的系统有许多优越性,因此,现代电子系统中一切能够用数字方法实现的部分则尽量采用数字方法去实现。数字方法中又分硬件和软件的实现方法。纯硬件的数字实现方法适合于设计高速数字系统,本书第5

章就是具体介绍采用 Verilog HDL 进行描述,并用 CPLD 实现的规范化的纯硬件的数字系统的设计方法。这种设计方法亦适用于采用其他实现技术的数字系统的设计。单片机或者 DSP 器件广泛用于软件实现的数字系统,这类系统工作速度低于纯硬件的数字系统,但是其灵活性较大,系统功能的增减与修改非常方便,因而广泛用于一切对工作速度要求不高的场合。所以本书安排了第 6 章——单片机应用系统设计,具体讨论了以 MCS - 51 系列单片机和 TMS - 320 系列 DSP 器件构成的典型应用系统。

由于片上系统(SOC)技术已广泛用到了各类电子产品之中,因此学校的教学内容必须适应这种形势,要使我们的学生对采用片上系统技术来实现电子系统的方法有所了解,并能设计一些复杂性适度的 ASIC 芯片。为此本书安排了第 7 章——电子系统的芯片实现方法。

为了帮助学生理解和掌握所讨论的不同系统的设计方法,在本书相应的地方皆有一些完整的或者局部的设计举例。此外,还专门安排了一章即第 9 章——电子系统设计举例。

必须说明,书中所举的一些例子,包括第 9 章的例子以及所布置的系统设计作业,与实际的各种应用电子系统相比,其规模与复杂性均不算大,这是出于在有限的学时内让学生经历完整的系统设计过程而考虑的。实践证明,经过这些规模与复杂性均不算大的系统的设计和实践训练后,学生是能够掌握更复杂系统的设计方法的,他们在毕业设计中能够出色地完成各种大型复杂系统的设计任务就是一个证明。

本书在教学中使用时,并非全部都要讲,可根据先修的相关课程的内容选择一部分在课堂上讲解,余下的留给同学自学。建议讲课时间为 24～32 学时,动手进行设计实践的时间为(24～32)×2 学时。

参加本书编写的共 5 人,分工如下:第 1、4、7 章由田良编写,第 2、3 章由王尧编写,第 5 章由黄正瑾编写,第 6 章由陈建元编写,第 8 章由束海泉编写,第 9 章是集体编写与选编,全书由田良统稿。其中第 1、4、7 章在定稿前还请王志功教授进行了审阅,对他提出的宝贵意见在此表示感谢。此外还要感谢:徐莹隽为第 5 章的设计举例做了实验验证工作,上海 LATTICE 公司的陈恒主任为我们提供了 PAC-Designer 设计软件。

由于我们的水平有限,加上时间仓促,书中疏漏及错误之处在所难免,欢迎广大师生批评指正、提出宝贵意见。(e-mail:tl@ seu. edu. cn)

编　者
于东南大学
2001 年 12 月 26 日

目　录

1 电子系统设计导论

1.1 电子系统概述

1) 定义

(1) 系统的定义

关于系统的一般化定义有各种不同的表达方式,下面是一个比较准确且易于理解的表达:系统是由两个以上各不相同且互相联系、互相制约的单元组成的、在给定环境下能够完成一定功能的综合体。这里所说的单元,可以是元件、部件或子系统。一个系统又可能是另一个更大的系统的子系统。如此一般化的定义适用于任何类型的系统(包括物理的、非物理的、自然的与人工合成的系统等)。系统的基本特征是:在功能与结构上具有综合性、层次性和复杂性。这些特征决定了系统的设计与分析方法将不同于简单的对象。当今,人类科技和文明已达到相当高的水平,现行的已投入使用的各种系统以及正在研究的各种系统均达到了相当大的规模与复杂度。因此,具有管理系统设计中复杂性的能力,应作为当代大学生的能力培养目标之一。

(2) 电子系统的定义

通常将由电子元器件或部件组成的能够产生、传输、采集或处理电信号及信息的客观实体称之为电子系统。例如,通信系统、雷达系统、计算机系统、电子测量系统、自动控制系统、视听系统等。这些应用系统在功能与结构上具有高度的综合性、层次性和复杂性。这类系统的设计与分析方法是本章讨论的中心。

(3) 电子系统、网络、电路的区别与联系

众所周知,组成电子系统的主要部件中包括了大量的、多种类型的电子元器件和电路。电路亦称为电网络或网络。当研究一般的抽象规律时多用网络一词,反之,讨论一些指定的具体问题时则称之为电路。一般说来,系统是比网络更复杂、规模更大的组合体。前面所列举的一些应用系统确实如此。然而,实际中常常将一些简单的网络或电路亦称之为系统。这是因为采用了研究系统的观点与方法学去观察与处理这类网络或电路的缘故。同一个电路当作为系统问题研究时注意其全局,而作为网络问题研究时则关心其局部。例如,仅由一个电阻和一个电容组成的简单电路,在网络分析中,注意研究其各支路、回路的电流或电压;而从系统的观点来看,可以研究它如何构成具有微分或积分功能的运算器(系统)。这样的系统是一种系统方法学意义上的系统,不妨将它们称之为方法学系统。此外,还有一种情况:一个实际的物理元件,如电阻或电容,在工作频率不高时,它们均为集中参数元件;但当工作频率很高时,需考虑引线以及元件本体的分布参数影响时,它们以及由它们组成的电路就变成了分布参数式复杂网络或系统。深亚微米 VLSI 集成电路片上的互连线以及由片上焊盘(PAD)到外引脚之间的连线就是一种分布参数系统的实例。

本章所讨论的系统设计问题,其目标系统均指各种应用系统,而方法学系统和分布参数系统则作为所设计的目标系统中的子问题来考虑。实际上,对一些简单的应用系统或者仅限于做系统的高层设计时,不一定涉及方法学系统和分布参数系统的问题。

2) 有代表性的电子系统

下面列举几个典型的电子系统,以便对各种电子系统的组成与结构有一个感性认识。

(1) 移动通信设备

该系统的种类很多,移动电话手持机(手机)是其中的一种。当今智能手机已经非常流行,图 1.1 是一个典型的智能手机的硬件方框图。它由 4 块 MT 系列的超大规模集成电路(VLSIC)芯片①为主体,加上存储器、RF 前末端模块(FEM②)以及其他外围器件组成[4]。别看手机的体积不大、重量也很轻,但确是一种囊括了当代通信、IT、IC 领域众多高新科技成果的复杂系统。图 1.1 中的每一块 MT 芯片皆是一个复杂的子系统。以基带芯片(BB③)为例,其中包括了两个 ARM 系列④的高速 CPU 核(Cortex-A9)、多媒体 DSP 核、低频模拟电路、数字电路和模数混合电路 A/D、D/A,还拥有与存储器、射频芯片、四合一无线连接芯片、电源管理芯片、SIM⑤ 卡、触摸屏以及多种传感器等的接口。如此复杂的系统只有在现代通信、信号处理、计算机、电路与系统等理论基础之上借助于先进的 VLSIC 技术才能实现,它是现代高科技的结晶。

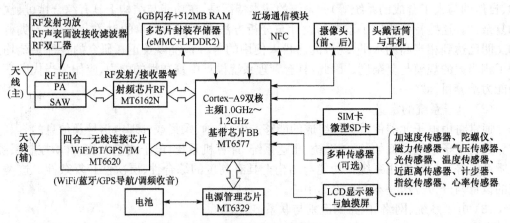

图 1.1　一种智能手机的硬件系统方框图

图 1.1 是该手机子系统级上的组成方框图,其中每个 MT 芯片子系统从 IC 设计的角度又可分解为若干规模更小的子系统。例如,其中的基带(BB)子系统就可分解为 CPU 处理器核、DSP 及音频处理核等规模更小的子系统。继而它们又可分解为若干规模更小的部件,直至最后可以分解为由许多元件组成的电路。类似地,RF 发射/接收器子系统也可由顶层(子系统的系统级)向下,一层一层地一直分解到元件级(底层)。一般情况下,稍微复杂一点的电子系统均具有如图 1.2 所示的层次式结构。

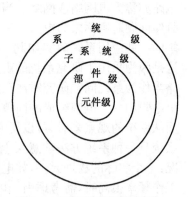

图 1.2　电子系统结构的层次性

①MT 系列芯片的设计与制造商为联发科技股份有限公司(MediaTek)。

②FEM—Front End Module。

③BB—Base Band。

④ARM—Advanced RISC Machines,具体请参见本书第 6 章。

⑤SIM—Subscriber Identity Module(用户识别模块)。

（2）自动控制系统

该自动控制系统是一个由计算机控制的电动机转速调节系统（见图 1.3），由 5 个子系统组成。子系统的类型有数字的、模拟的和数字模拟混合的（如数字转速计及 D/A 部件）。这是一个有反馈的闭环系统。控制算法由计算机中的数字信号处理（DSP）软件决定。众所周知，利用软件很容易实现诸如数字 PID（比例—积分—微分）等控制算法。

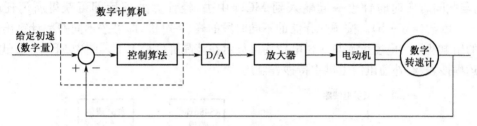

图 1.3　电动机转速调节系统

（3）RFID（Radio Frequency Identification）系统[①]

射频识别（RFID）是一种利用射频信号实现的免接触自动识别技术，是当今物联网的核心技术之一。任何物品只要贴上 RFID 电子标签（Tag）芯片[②]，就能使得不会说话的物品按照约定的协议与互联网相连后进行信息交换和通讯，从而实现对物品的智能化识别、定位、跟踪、监控和管理。已广泛应用于物流和仓储管理、道路自动收费等方面。

一个 RFID 系统由三个部分组成：电子标签；读写器；互联网＋数据管理与应用系统，如图 1.4 所示。若电子标签是有源的，它能主动发送一定频率的信号，令读写器读取存放在 Tag 芯片存储器中的物品数据，并送至数据管理系统进行处理。有源标签自带电池，读写距离较远（可达 100～1 500 m）。另有一种无源的电子标签，它进入读写器的作用场后，通过天线接收读写器发出的射频信号，将部分射频能量转化为直流电，以启动芯片将存储的物品数据发送给读写器。无源电子标签可做到免维护，且成本低、寿命长，但读写距离较近（约在 1～30 mm）。通常用于乘车卡、门禁系统、电子门票等方面。

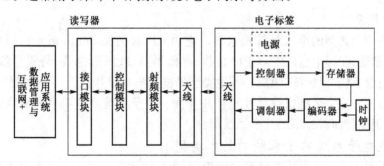

图 1.4　RFID 系统的组成结构

---

①吴欢欢，周建平，等.RFID 发展及其应用综述[J].计算机应用与软件，2013，(30)12 ：203 - 206。

②按应用频率的不同分为低频（LF）、高频（HF）、超高频（UHF）与微波（MW）类别的 tag，相对应的工作频率分别为：低频（125～134）kHz，高频 13.56 MHz，超高频（868～915）MHz、微波（2.4 ～5.8）GHz。

（4）复费率数字式电度表

图 1.5 所示是一种复费率数字式电度表的硬件方框图。其核心部分为高精度电能计量芯片（ADE7755）及单片机（MCU）。ADE7755[①] 是一款数模混合的 VLSI，其中集成有两路 16 bit 过取样 A/D 转换器、数字乘法器与滤波器，能够将取样的电压与电流值相乘计算出瞬时有功功率的平均值，并以脉冲信号输出送到 MCU 去，脉冲信号的频率即代表了瞬时有功功率，与此同时实时时钟也一起输入到 MCU 中去，经计算处理后即可获得所消耗的电能——电度数（kW·h）。按预先存储的不同时段的峰、谷电价，即可按不同费率计算出用户应付的用电费用。电度读数与应付电费均可显示在液晶屏（LCD）上。图中 RS485 通讯信道用于远程抄表，红外通讯信道供手持抄表器用。

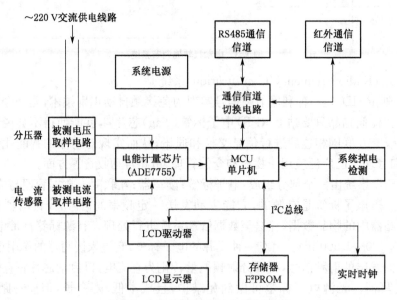

图 1.5 复费率数字式电度表硬件方框图

（5）计算机系统

图 1.6 是一个典型的个人计算机系统。它由 CPU（例如 Pentium 4 系列）、芯片组（北桥、南桥）、存储器、图形卡（显卡）、CPU 总线、存储器总线、图形总线、外设总线以及各种外设（显示器、硬盘、键盘鼠标等）组成。其他类型的微型机或单片机具有不同程度简化的类似于图 1.6 的结构。一个微型机或单片机往往作为一个子系统嵌入到各种更大、更复杂的系统中去使用，正如前面所介绍的几个系统那样。

3）构成电子系统的子系统的基本类型

从上面所列举的五个电子系统可以看出，每个系统均由若干个不同的子系统构成，尽管子系统的类型很多，但是归纳起来不外乎下列五种基本类型：① 模拟子系统；② 数字子系统；③ 模拟、数字混合子系统；④ 微机子系统；⑤ DSP（数字信号处理）子系统。

---

① 详见 ADE7755—Energy Metering IC with Pulse Output ，Analog Devices Data Sheet ，Rev A，08/2009，出处：http://www.analog.com/。

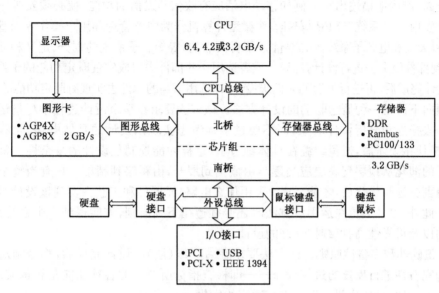

图 1.6 个人计算机系统

现代大型、复杂的电子系统中一般总要包括上述五种类型的子系统,但某些系统可能仅包括前四种子系统,而一些简单的系统,可能只包括其中的三种、两种甚至一种。从设计的基本方法上来讲,掌握了三种最基本的子系统的设计方法也就可以设计上述五种子系统。这三种子系统即:模拟子系统、数字子系统、微机子系统。以硬件实现的 DSP 子系统的设计可在掌握 DSP 的理论和算法的前提下,借助数字子系统的设计方法完成设计;以软件实现的 DSP 子系统的设计可在掌握 DSP 的理论和算法的前提下,借助微型计算机子系统的程序设计方法和硬件配置方法去完成。混合子系统的设计可将模拟子系统与数字子系统的设计方法结合起来去完成。本教材的读者在先修的理论课及实验课中已经接受过上述三种基本子系统的设计与分析的学习和实践训练。在此基础上,通过本门课的学习将要掌握更大、更复杂的电子系统的设计和分析方法。

1.2 电子系统的设计

1.2.1 电子系统设计的一般方法

因为电子系统的复杂性,必须用有效的方法去管理复杂性才能使系统设计得以成功。基于系统的功能与结构上的层次性,演化出了如下三种设计方法:

1) 自顶向下法(Top—Down)

该设计方法首先从系统级设计开始。系统级的设计任务是:根据原始设计指标或用户的需求,将系统的功能(或行为)全面、准确地描述出来,也即将系统的输入 / 输出关系全面、准确地描述出来。然后进行子系统级设计,具体讲就是根据系统级设计所描述的该系统应具备的各项功能,将系统划分和定义为一个个适当的能够实现某一功能的相对独立的子系统,每个子系统的功能(即输入 / 输出关系)必须全面、准确地描述出来,子系统之间的联系也必须全面、准确地描述出来。例如移动电话应有收信与发信的功能,就必须安排一个接收机和一个发射机子系统,还必须安排一个微型计算机作为内务管理和用户操作界面管理子系统。此外,天线和电源子系统的必要性是不言而喻的,等等。子系统的划分、定义和互连完成后,就下到部件级上去进行设计,即设计或者选用一些部件去组成实现既定功能的子系统。部件级的设计完成后,再进行最后的元件级设计,即选用适当的元件去实现有既定功能的部件。

自顶向下法是一种概念驱动的设计方法。该方法要求在整个设计过程中尽量运用概念(即抽象)去描述和分析设计对象,而不要过早地考虑实现该设计的具体电路、元器件和工艺,以便抓住主要矛盾,避免纠缠在具体细节上,这样才能控制住设计的复杂性。整个设计在概念上的演化从顶层到底层应当逐步由概括到展开,由粗略到精细。只有当整个设计在概念上得到验证与优化后,才能考虑"采用什么电路、元器件和工艺去实现该设计?"这类具体问题。此外,设计人员在运用该方法时还必须遵循下列原则,方能得到一个系统化的、清晰易懂的以及可靠性高、可维护性好的设计:

(1) 正确性和完备性原则。该方法要求在每一级(层)的设计完成后,都必须对设计的正确性和完备性进行反复的过细检查——即检查指标所要求的各项功能是否都实现了,且留有必要的余地,最后还要对设计进行适当的优化。

(2) 模块化、结构化原则。每个子系统、部件或子部件应设计成在功能上相对独立的模块,即每个模块均有明确的可独立完成的功能,而且对某个模块内部进行修改时不应影响其他的模块;从方法学角度上来看,上述要求与结构化程序设计中对各级程序模块设计的要求是相同的。

(3) 问题不下放原则。在某一级的设计中如遇到问题时,必须将其解决了才能进行下一级(层)的设计,切不可将上一级(层)的问题留到下一级(层)去解决。

(4) 高层主导原则。有时在底层遇到的问题找不到解决办法时,必须退回到它的上一级(层)去甚至再上一级去,通过修改上一级的设计来减轻下一级设计的困难,或找出上一级设计中未发现的错误并将其解决,才是正确的解决问题的策略。

(5) 直观性、清晰性原则。设计中不主张采用那些使人难以理解的诀窍和技巧,应当在实际的设计中和文档中直观、清晰地反映出设计者的思路。设计文档的组织与表达应当具有高度的条理性与简洁明了性。一个可懂性好的设计,不仅使得同一项目组的设计人员之间的交流方便、高效,而且使今后系统的修改、升级和维修大为方便,即达到可维护性好的目标。

综上所述,实际上进行一项大型、复杂系统设计的过程,往往是一个在自顶向下的过程中还包括了由底层返回到上层进行修改的多次反复的过程,如图1.7所示。

2) 自底向上法(Bottom—Up)

自底向上法的设计过程与自顶向下法正好相反。该方法是根据要实现的系统的各个功能的要求,首先从现有的可用的元件中选出合用的,设计成一个个的部件,当一个部件

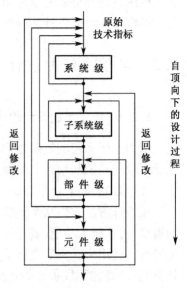

图 1.7 实际的自顶向下的设计过程

不能直接实现系统的某个功能时,就需要设计由多个部件组成的子系统去实现该功能,上述过程一直进行到系统所要求的全部功能都实现了为止。该方法的优点是可以继承使用经过验证的、成熟的部件与子系统,从而可以实现设计重用,减少设计的重复劳动,提高设计生产率。其缺点是设计过程中设计人员的思想受限于现成可用的元件,故不容易实现系统化的、清晰易懂的以及可靠性高、可维护性好的设计。然而自底向上法,在系统的组装和测试过程中确是行之有效的,因此该方法常用于这种场合。此外,对于以 IP 核(详见下面将要介绍的电子系统设计的 EDA 方法)为基础的 VLSI 片上系统的设计,自底向上法亦得到重视和采用。

3) 以自顶向下方法为主导,并结合使用自底向上的方法(TD & BU Combined)

近代的系统设计中,为了实现设计重用以及对系统进行模块化测试,通常采用以自顶向下方法为主导,并结合使用自底向上的方法。这种方法既能保证实现系统化的、清晰易懂的以及可靠性高、可维护性好的设计,又能减少设计的重复劳动,提高设计生产率。这对于以 IP 核为基础的 VLSI 片上系统的设计特别重要,因而得到普遍采用。

上面所述的电子系统的一般设计方法,从方法学上来说与大型软件的设计方法是完全一致的。如果读者在软件设计方面已经具有一定的实践经验,在学习硬件设计的方法和原则时不妨将软件设计中的方法和原则与其做一个对照,从而可以加深理解。

1.2.2　电子系统设计的一般步骤

为了介绍电子系统设计的一般步骤,首先引入描绘所要设计的电子系统属性的 Y 图。在图 1.2 基础上,从圆心出发画上 3 个坐标轴(呈大写英文字母 Y 状),分别代表系统属性的行为域、结构域和物理域,如图 1.8 所示。可以认为,该 Y 图是描述系统特性的三维坐标系。它全面地表示出了系统设计在各个层次和域上所涉及的信息及其内在联系。一个完整的电

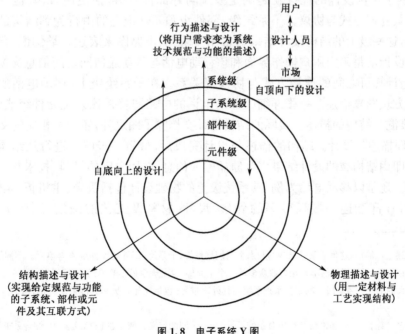

图 1.8　电子系统 Y 图

子系统设计过程,均是由顶层(系统级)从行为域出发,沿 Y 图以一种向心式螺旋线行迹逆时针旋转,每转一圈下降一层,直至底层(元件级)的设计全部完成为止。不论在哪一级(层)上逆时针转一圈,均要经历三个设计步骤:① 行为描述与设计;② 结构描述与设计;③ 物理描述与设计。

概括地讲,所谓行为系指系统、子系统、部件或元件诸单元①的功能(常用输入/输出关系来描述);所谓结构系指为实现相应功能所用的单元以及单元之间的互连方式;所谓物理系指实现结构的具体形式、技术与工艺(包括单元的物理类型、布局的几何式样、尺寸、位置和装配方法等)。

下面分别对每一个设计步骤予以具体的说明。

(1) 行为描述与设计。按照自顶向下的设计方法,行为描述与设计应首先从系统级开始。设计人员首先要对用户需求与市场状况做深入细致的调查研究,然后对收集来的原始信息进行需求分析,最后用工程语言将所要设计的系统的各项功能和技术指标、与外部世界的接口方式和协议等描述或定义出来。例如,移动电话的双工通话功能、短信息功能、来电显示功能、存储功能、时钟 / 闹钟功能以及与计算机接口的功能;接收 / 发射频率、调制方式、待机时间、连续通话时间、供电电池电压、尺寸和重量等。而子系统级、部件级和元件级上的行为则由各个层次上所用单元的功能——即输入/输出关系来描述。它们是由设计人员从系统级逐层向下进行功能划分逐步推演和定义出来的。显然,不同的设计人员会有不同的结果,是一种一对多的映射关系。

(2) 结构描述与设计。完成了行为域的描述与设计后,下一步就要将行为映射为结构。也即以行为域的设计结果作为原始输入信息,选用或设计一定的单元并按一定方式(含规则)互连起来,实现给定层次上的行为(功能)。系统从行为域到结构域的映射又称之为综合②。系统级上结构设计的任务就是确定系统与外部世界(包括使用者、其他系统或部件等)的互作用、互连方式与协议。子系统级、部件级和元件级上的由行为到结构的映射是大家所熟悉的,这些级上的结构设计结果通常用方块图、电路图来表达。举例说,移动电话系统级的结构设计就是确定用户操作界面和该移动电话与移动通信网之间信息交换的方式与协议,确定与计算机之间的连接方式与协议等关系。在子系统级上,移动电话的结构可用图 1.1 所示方块图来描述。一张详细的移动电话的电路图就是该系统元件级或者元件、部件、子系统级混合结构的描述。实际的结构设计文档除了图之外,还应有相应的文字说明。

(3) 物理描述与设计。结构的描述与设计完成后,最后一步就是进行从结构域到物理域的映射。即用结构域的设计结果作为原始输入信息,选用一定的材料、技术与工艺去实现给定的结构。还是以移动电话为例,其系统级上的物理设计包括机壳、主机板、操作按键、显示屏窗口、与外部互连的接插件等的外形、尺寸、材料及工艺的确定,还要决定是否采

---

①为了叙述上的简洁,这里从系统结构的观点上我们把系统、子系统、部件和元件统称为单元。不同层次上的单元有不同的级别与规模。元件级上的单元是为数众多的一个个元件,也是规模最小的单元;系统级上只有一个单元,即系统本身,是规模最大的单元。系统级上的结构系指系统与其外部世界(包括操作人员和其他系统或部件)的互作用、互连方式与协议。

②需要注意,"综合"一词随论域及适用对象的不同,会有不同的定义。例如在 EDA 工具中,综合系指设计的不同描述形式之间的自动转换。切勿将它们混淆起来。

用 VLSI 专用芯片(ASIC)来实现整个系统;子系统级与部件级上的物理设计的内容基本相同,包括每个子系统或部件的尺寸、安放位置、互连线的材料与布局的确定,还要决定是否采用 VLSI 专用芯片(ASIC)来实现子系统或部件、是否需要屏蔽与散热等;元件级上的物理设计包括每个元件的型号与尺寸、主机印刷底板布线的设计、是否需要屏蔽与散热等。如果系统、子系统或部件决定采用 ASIC,那么物理设计还需要做集成电路版图的设计。根据物理设计提供的完备而正确的设计文档,就可以送交工厂制造出系统的样机来。

必须强调指出的,设计过程中必须适时地进行正确性验证。传统的做法是靠人工检查以及搭试电路和制作样机来实现的。随着系统的规模与复杂度的增加,单纯地靠人工方法去设计与验证不但无能为力,也是根本不可能的。必须采用下面所要介绍的 EDA(Electronic Design Automation)方法。设计验证所用的基本方法是分析,利用 EDA 工具进行模拟就是以分析为基础的验证过程。一个完整的系统分析过程其步骤正好与设计过程相反,即由物理域→结构域→行为域(在 Y 图上是按顺时针方向旋转)。

最后还要说明的一个问题就是设计的层次问题。按照自顶向下的设计方法,当考虑到设计重用时,某个层次的设计中所用的单元可以不限于该层次上的。这是因为引用已有的成熟单元时,是不用关心其内部结构的,只需知道其外部特性与技术指标就够了。这样一来,当设计由顶层向底层过渡时,被引用的单元就不必再细化(即不必重新设计)而保持原样。结果,在部件级上出现的单元除了部件外,还会夹有在上一级设计中被引用的子系统;同理,在元件级上就会出现元件、部件和子系统相混合的情况。这种将不同层次上的单元混合使用的设计方式,被称之为混合层次设计方法。现代各种先进的 EDA 工具均支持这种混合层次设计方法。实际中还会遇到一些较简单的系统,不宜按层次再做任何分解,否则就难以理解该系统的功能。这种仅在一个层次上完成系统所有功能元件的详细设计的方法称为平坦式设计方法。

1.2.3 设计文档的作用

从上述三个设计步骤的一开始,就要同时平行地建立设计文档,即将每一步的设计思想、方案比较与选择、分析计算结果、各层次上的最终设计图纸等加以记录,随后整理编写成结构化、条理分明、文字简练的文档。文档在设计过程中对于设计管理者与设计人员之间、设计人员之间、设计者与用户之间进行必要与及时的交流,对于管理设计的复杂性,起到多方面的桥梁作用与约束管理作用。设计管理者通过文档可以及时了解整个设计的进度和工作的质量与存在问题。因为大型复杂系统的设计总是由多人合作共同完成的,没有交流和对复杂性的有效管理,是不可能成功的。所以文档的建立关系到系统的设计能否成功。文档的作用不仅如此,文档还是系统设计进入工程化生产的依据和保证,也是系统投入使用以后进行维护与管理的依据和保证。正因为文档对复杂系统的作用如此之大和重要,所以早在 20 世纪 80 年代,美国国防部就曾经宣布,凡是 1988 年 9 月 30 日后签订的合同,无论是硬件或软件,无论是芯片、电路板还是分机,没有文档的设计一律拒绝接受①。因此,作为一个电子系统的设计人员必须牢记:没有文档的设计是无用的设计!

---

①参见:沈永朝. 无线电工程教育向何处去[J]. 南京:电工教学,1991(4)。

1.2.4　传统手工设计步骤

在没有 EDA 工具的条件下,或者是作为学习的目的,仅做一些简单系统设计的练习,可采用传统的手工设计方法去完成。此外熟悉传统手工设计步骤,还有助于学习与掌握使用 EDA 工具的设计方法与步骤。下面就对电子系统的手工设计步骤做一介绍:

1) 审题

通过对给定任务或设计课题的具体分析,明确所要设计的系统的功能、性能、技术指标及要求。这是保证所做的设计不偏题、不漏题的先决条件。为此,就要求设计人员在用户和设计主管人之间反复进行交流与讨论。或者,如果是作为学生的大作业,就应与命题老师进行充分的交流,务必弄清系统的设计任务要求。在真实的工程设计中如果发生了偏题与漏题,用户将拒绝接受你的设计,你还要承担巨大的经济责任甚至法律责任;如果该设计是一次电子设计竞赛,你将会丢掉名次。所以审题这一步,事关重大,务必走稳、走好。

2) 方案选择与可行性论证

把系统所要实现的功能分配给若干个子系统中的单元电路,并画出一个能表示各单元功能的整机原理框图。这项工作要综合运用所学的知识,并同时查阅有关参考资料;要敢于创新、敢于采用新技术,不断完善所提的方案;还应提出几种不同的方案,对它们的可行性进行论证。即从完成的功能的齐全程度、性能和技术指标的高低程度、经济性、技术的先进性以及完成的进度等方面进行比较,最后选择一个较好的方案。

3) 单元电路的设计、参数计算和元器件选择

在方案选择与论证完成后,对各单元电路的功能、性能指标、与前后级之间的关系均应当明确而无含糊之点,下一步就是进行单元电路的设计了。首先,要对各个单元电路可能的组成形式进行分析、比较。单元电路的形式一旦确定之后,就可选择元器件;然后根据某种原则或依据先确定好单元电路中部分元件的参数,再去计算其余的元件参数和电路参数(如放大倍数、振荡频率等)。显然,这一步工作需要有扎实的模拟电子线路和数字电路的知识和清楚的物理概念。

4) 组装与调试

设计结果的正确性需要验证,但手工设计无法实现自动验证。虽然也可以在纸面上进行手工验证,但由于人工管理复杂性的能力有限,再加上人工计算时多用近似,设计中使用的器件参数与实际使用的器件参数不一致等因素,使得设计中总是不可避免地存在误差甚至错误,因而不能保证最终的设计是完全正确的。这就需要将设计的系统在面包板上进行组装,并用仪器进行测试,发现问题时随时修改,直到所要求的功能和性能指标全部符合要求为止。一个未经验证的设计总是有这样那样的问题和错误,若送到工厂投产去必将导致巨大的浪费。所以通过组装与调试对设计进行验证与修改、完善是传统手工设计法不可缺少的一个步骤。

5) 编写设计文档与总结报告

正如前面指出过的,从设计的第一步开始就要编写文档。文档的组织应当符合系统化、层次化和结构化的要求;文档的文句应当条理分明,简洁、明白;文档所用单位、符号以及文档的图纸均应当符合国家标准。可见,要编写出一个合乎规范的文档并不是一件容易的事。

初学者先从一些简单系统的设计入手进行编写文档的训练是很有必要的。文档的具体内容与上面所列的设计步骤是相呼应的,即:① 系统的设计要求与技术指标的确定;② 方案选择与可行性论证;③ 单元电路的设计、参数计算和元器件选择;④ 参考资料目录。

总结报告是在组装与调试结束之后开始撰写的,是整个设计工作的总结,其内容应包括:① 设计工作的进程记录;② 原始设计修改部分的说明;③ 实际电路图、实物布置图、实用程序清单等;④ 功能与指标测试结果(含测试方法及使用的测试仪器型号与规格);⑤ 系统的操作使用说明;⑥ 存在问题及改进方向等。

1.2.5　电子系统设计的 EDA 方法

1) 采用 EDA 技术的必要性、必然性与发展水平

早在 20 世纪 60 年代中期 Intel 公司的总裁 Moore 在观察了微电子工业的发展趋势之后,总结出了一个规律:每 3 年芯片的集成度翻两番(或者每 18 个月翻一番),特征线宽[①]缩小 $\sqrt{2}$ 倍。这就是著名的摩尔定律。近 50 年微电子工业的发展历程基本上印证了该定律。2006 年问世的 Intel 酷睿(Conroe)2 双核处理器[②]上集成的晶体管数目已达到 2.9 亿只,特征线宽只有 65 nm。DRAM 的规模已达到 10^9 bit 量级。当今的微电子技术,已经能够将构成电子产品的专用处理器、数字和模拟系统、DSP 等子系统集成在一块硅片上,其晶体管数目超过百万只,形成一种 VLSI 片上系统(SOC—System On Chip),不但使得电子产品的功能与性能极大地增强,而且体积、重量和价格大大降低。这些产品已成为当今市场的主角。例如,各种手机、掌上电脑、电子计算器、电子词典、电子血压计、数字调谐收音机、DVD 机、MP3 随身听等。看起来这些产品外形不大,有的甚至很小,但却都是一种复杂系统。如此复杂的系统是无法用传统的手工方法去设计的,必须采用与计算机技术、微电子技术以及电路系统理论平行发展起来的 EDA 技术去设计。促使采用 EDA 技术的另一个因素是由于市场竞争、产品的上市时间与市场寿命在缩短。从我们的日常观察中不难发现每隔半年或一年同一种产品就会有新的型号出来,老的产品就要从市场中退出去。一个企业要能在市场上立足,就要不断地比其对手棋先一步推出新产品。而缩短产品上市时间的关键在于缩短产品的设计时间;运用 EDA 工具去设计电子产品是缩短设计时间最有效的途径。

EDA 是从 20 世纪 60 年代集成电路问世起,经历了 CAD(70 年代)、CAE[③](80 年代)发展阶段,到 90 年代才进入 EDA 阶段的。EDA 工具系指以计算机硬件和系统软件为基本工作平台,继承和借鉴前人在电路与系统、模型和算法等方面的成果而研制的电子设计通用软件包。它旨在辅助电子设计师开发新的电子系统和电路(主要包括 PCB 和 ASIC 两类载体的设计)。如今 EDA 已成为电子学领域的一门新的学科,并已形成一个独立的产业部门。

---

①所谓特征线宽是指集成电路工艺在芯片上所能制作的最小线宽,目前的工艺水平已经能够做到 3 nm。

②此后酷睿系列的特征线宽按照 Intel 的 Tick-Tock(钟摆)模式从 65 nm 经历了 45 nm,32 nm,22 nm,14 nm 工艺节点走到了 2018 年,酷睿系列已从双核发展为 8～18 核,功耗从最初的 65 W 降到了 10 W。不难看出,酷睿系列处理器特征线宽的缩小步伐基本上符合 Moore 定律。

③CAD 为 Computer Aided Design 的缩写,意为计算机辅助设计;CAE 为 Computer Aided Engineering 的缩写,意为计算机辅助工程;EDA 为 Electronic Design Automation 的缩写,意为电子设计自动化。CAD、CAE、EDA 分别代表了不同发展阶段的电子设计 CAD 技术,由于它们的内容和水平不同,故采用了不同的名称来表达。

比较著名的 EDA 公司有美国的 Cadence、Synopsis、Mentor Graphics 等。这些公司均能为客户提供从芯片设计前端到后端的设计和验证工具。2007 年 9 月 Cadence 提出了"设计即所得"（What You Design Is What You Get）的口号，简称"WYDIWYG"，是一种面向 65 nm 以下工艺的全新 EDA 技术。它提供了面向定制数字、模拟/混合信号与系统级芯片设计的全面解决方案。通过对设计流程的早期优化，将可制造性设计（DFM—Design for Manufacturability）、性能目标等考虑贯穿始终，从而缩短了整体设计时间，并提升了芯片设计师实现原始设计意图的信心。Cadence 目前正致力于 EDA 产业的转型，并将此次转型构想命名为 EDA360。EDA360 扩展了传统纯硬件（即芯片）的 EDA 范畴，囊括了应对各种应用的完整软硬件的开发，它定义了三层设计：① 系统实现，包括早期的软件开发，系统级的验证和纠错；② SOC 实现，主要解决 SOC 中 fireware（固件）等底层软件以及与器件相关的软件的开发；③ 硅片实现，解决将设计转化为硅片的传统问题，包括低功耗等。由于应用是产品的主要区别因素，故整机公司希望 EDA 公司不止提供芯片设计的点工具，还要提供可用于系统应用开发的全套软硬件工具，并对从顶层设计到下游制造的整个流程提供全方位的跟踪与服务，这正是 Cadence 不断的努力方向。

中国华大集成电路设计集团有限公司自主研发的九天（Zeni）EDA 系统，为 IC 设计师提供了一种功能全面、性能优越、界面友好、操作简便的超大规模集成电路设计平台。其全定制模拟电路设计平台具有国际领先水平，并拥有国内外众多客户群体。

如前所述，现代电子产品的复杂性大大上升，但其体积、重量却很小，其原因就是采用了基于片上系统（SOC）的设计与制造技术，使电子系统实现了单芯片化。上述的那些著名的 EDA 公司均能提供支持 SOC 设计的 EDA 工具。这些 EDA 工具支持可重用的 IP（Intellectual Property—知识产权）核①为基础的 SOC 设计。采用 IP 核设计 SOC，设计人员不必了解 IP 核复杂的内部结构，只需了解 IP 核的功能、性能指标与互连接口，以便根据系统的功能要求选择合适的 IP 核。接下去就是将各个 IP 核正确地互连起来，并进行相关的设计验证。从而可以较快的速度和较高的质量设计出很复杂的 SOC，顺应上市时间缩短的趋势。

值得关注的是，近年来有的芯片研发与制造商通过为用户提供一种"目标设计平台"来减轻复杂系统设计的难度。该平台集成了芯片、EDA 工具、IP 核（含处理器软/硬核）、参考设计、可扩展的开发板等，从而使设计师免去大量的底层设计工作，有效地缩短了产品的设计周期。更有甚者，一些芯片设计公司将多功能芯片方案、系统开发平台、第三方应用软件、生产线支持工具软件捆绑在一起，并提供全方位的技术支持服务，为整机制造商提供一种称之为"Turn-key"的一步到位式服务。获得此种服务的整机厂只需设计外壳与面板、进行装配和生产测试等工作，就能进行复杂系统产品的生产，从而使得复杂系统的新品上市时间大大缩短。这是将 EDA 工具与目标软、硬件设计以及端到端的服务紧密地整合起来，并融入电子产品生态链中的结果，这是当今减轻复杂系统设计与制造难度的一种趋势。

---

①所谓 IP 核系指封装有 5000 门以上的硅功能块的设计，它是一种可重复利用的知识产品，是高度创造性的思维所生产的一种知识财富。IP 核是由用户或专用 IC 公司或独立的 IP 公司开发而成。IP 核分为软核、硬核和固核三种。具体地说，软核是一种可综合的 HDL（Hardware Description Language）描述，硬核为芯片版图，固核是一套带有物理布局约束的网表，它包含有可综合的 RTL（Register Transfer Level）代码与相应的工艺库。当前可获得的 IP 核的种类很多，有 MPEG、DSP、MPU、SRAM、DRAM、PCI、USB、MAC 等。

　　由于 Internet 的广泛使用,从而促使建立以 Internet 为基础的设计环境。利用基于 TCP/IP 协议的 Internet 上的客户机/服务器组构,将各种工业级的 EDA 软件(通常价格较昂贵)安装在服务器(工作站)上,并以浮动许可(License)方式运行这些软件,可使接入 Internet 的多台客户机(常用 PC 机)共享服务器上的各种 EDA 软件,则可大大提高这些软件的使用效率,发挥其巨大的经济效益。

　　当今所要设计的集成电路的规模越来越大(晶体管的数量已超过 190 亿只),结构越来越复杂,致使所需要的 EDA 计算能力与数据存储资源雪崩式地增长,大大超出芯片公司自身数据中心的承受能力。从而催生了越来越多的电子公司引入云计算服务[1][2],来扩充其内部数据中心,以满足他们日益增长的峰值设计运算需求。由于云计算服务拥有大量的、可扩展的计算资源——接近无限的全球容量、速度和性能,能对用户提供高性价比的按需服务——实时可用、弹性的计算资源与计算能力,从而能够更经济、快捷地组建以云计算为基础的 IC 设计环境。还可建立网上虚拟设计组,将全球地域上相距甚远的优秀人才组织起来去攻克一些高难度的尖端设计项目。所以,尽管 IC 新设计的强度和复杂性都在不断增加,基于云计算的 EDA 使工程师依然能够更快、更高效地交付产品,从而提高工程生产率,缩短上市时间,最终实现对设计总成本的管理和控制。可以预言"云计算将是 VLS IC 设计的未来"。

　　2)PC 环境下的 EDA 软件组成框图

　　随着微型计算机技术的发展,微机的性能得到了大幅度的提高,从而使得原来要在工作站上运行的 EDA 软件可以在 PC 机上运行了。这类软件很多,使用比较广泛的有 Pspice、OrCAD、EWB/Multisim 、Tanner Tools 等。由于微型机的价格低廉,使得这种在 PC 环境下运行的 EDA 软件迅速得到普及。如今在大学的实验室里总能接触到这类 EDA 软件。当代大学生应抓住这个机遇,努力学习,迎接电子系统设计方法巨大变革的挑战。

　　尽管各种 PC 级 EDA 软件有其自己的特色结构,但总可用图 1.9 的框图来描述它们的组成。因为设计人员是将 EDA 软件作为工具来使用的,所以他们并不需要过多地了解 EDA 软件内部的细节。但若能清楚地理解图 1.9 所示的框图,则对他们正确、熟练地掌握各种 EDA 软件的使用是有很大帮助的。见图 1.9,其中的后处理程序是连接设计输入/输出和各个分析(模拟)软件的纽带。使用者根据需要调用后处理程序,将人工输入并由计算机加工好的电路图的图形文件或文本文件的数据分别转换为模拟电路分析、数字电路分析或印制板布线所需要的数据格式(通常是后缀为 .net 的网表文件)。在 EDA 系统中既提供了丰富的器件图形符号库及器件模型库,也允许使用者根据自己的需要自己建库或建立新器件的模型,还可修改库中已有的内容。在功能齐全的建库软件的支持下,各个功能块提供的电路模拟功能才可以发挥强大的作用。

---

　　①共有三类服务:IaaS(基础设施即服务)、PaaS(平台即服务)、SaaS(软件即服务),可供选择使用。

　　②cadence-cloud-future-of-eda-wp. pdf,来源:http://www. cadence. com/content/cadence-www/global/zh ＿CN/ home/ solutions/cadence-cloud. html。

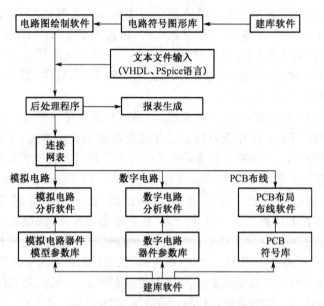

图 1.9　PC 环境下的 EDA 软件组成框图

　　如果在图 1.9 中的上部仿照电路图绘制软件和电路符号图形库,再加入集成电路版图绘制软件和单元电路版图图形库以及相应的后处理软件(设计规则检查软件、版图参数与网表提取软件、版图提取网表与电路图网表一致性检查软件和反标注软件等),则所组成的 EDA 软件就可以用来设计集成电路。上面提到的 Tanner Tools 就是一种可以完成从设计输入、逻辑综合、模拟、版图综合、掩模层面设计,直到布局布线和验证的 IC 全程设计软件。

　　3) 用 EDA 工具设计电子系统的流程

　　要用 EDA 工具设计电子系统除了需要坚实的电路与系统的理论知识外,还必须具备两个条件:一要会选择和使用 EDA 工具;二要清楚地知道用 EDA 工具设计电子系统的流程。虽然,不同公司的 EDA 软件有不同的使用方法,但用这些 EDA 工具设计电子系统的基本流程却是一样的,具有普遍意义。下面利用图 1.10 对该流程做一个简略的介绍。这是一个按自顶向下设计方法的流程。为了控制设计复杂性和规范设计文档,通常采用 VHDL(Very High Speed IC Hardware Description Language)硬件描述语言或图文件来描述系统的行为与结构,并且在子系统级或部件级上同时伴以细化的方块图来描述系统结构。当系统级的模拟验证(这部分未画出)通过后,就可进行子系统级以下的设计。这时根据子系统、部件的类型需要选择不同的设计工具,如图中所示。经过模拟验证后的各个子系统电路,在进入物理设计与实现之前,首先按其实现的物理类型将电路的组成模块做一个划分,每个模块选择一种最合适的实现方式。例如,用掩模 ASIC 实现(即在硅片上制作专用集成电路);用 MCM(Multichip Module——多芯片模块,是由多片未封装的硅电路片,在陶瓷片上经二次集成后的模块)或 SiP(System in Package——系统级封装)实现。SiP 系一种利用薄裸片工艺和三维堆叠技术实现的由多个裸芯片封装而成的系统,它能把更多的系统功能集成到更小的空间之中,因而其性价比大为提高,并使开发和制造周期缩短到只有 1 到 2 个月,顺应了上市时间缩短的形势;也可用分立集成电路(如 MCU、DSP、Flash 存储器等)——特别是采用可编程逻辑器件(FPGA、CPLD 等)与印刷电路板来实现。最后一种实现方法可在实验室条件下制作各种 ASIC 或者 SOPC①,适合于小批量的样机试制。选择何种实现方法,是由系统设计目标决定的,涉及性能、价格和上市时间等多方面的因素,属于一种多目标优化的工程问题。一个完整的电子系统设计,除了电路和软件的设计外,还要做电磁兼容性(EMC)、热学、机械等方面的设计,也有相应的工具与专业人员去完成这些工作。

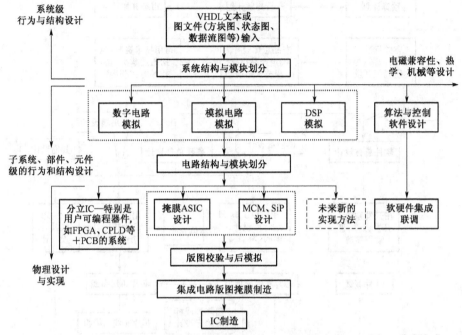

图 1.10 用 EDA 工具设计电子系统的简略流程图

图 1.10 是从设计方法学的观点出发概括出的流程图。亦可从用 EDA 工具设计一个产品的工程实施步骤出发,将可行性、市场和成本等问题的考虑反映进去,并将 IC 的前端设计与后端设计细化地反映到流程图中去,图 1.11 就是按此考虑并以一个 IT(信息技术)产品为例,整理出来的典型开发流程图②。该流程图将图 1.10 中掩膜 ASIC 的实现方法做了细化的表达。将图 1.10 和图 1.11 所包含的知识融合起来,就可获得一个全面的关于用 EDA 工具设计电子系统的流程的知识。

读者在上面所介绍的内容的基础之上,通过今后使用具体的 EDA 工具进行电子系统设计的实践,对用 EDA 工具设计电子系统的流程的认识还需要结合具体情况进一步细化,并达到对流程中的有关细节了如指掌,又能够总揽全局、运用自如的程度,才能成为一个名符其实的电子系统设计人员。

①SOPC—System On a Programmable Chip,可编程片上系统。首先它是片上系统(SOC),即由单个芯片完成整个系统的主要逻辑功能;但它又不是普通的 SOC,它是一种软硬件均可在系统编程的系统,其设计方式灵活,可方便地裁剪、扩充与升级。SOPC 通常由大容量的 FPGA/CPLD 来实现。通过现场编程把所设计的整个用户系统做到一片 FPGA/CPLD 上,其中至少包括一个处理器内核(硬核或软核),此外还可能有存储器、I/O 口、外设接口逻辑等,所以它又是一种特殊的嵌入式系统。发展趋势表明,由于 FPGA 的性价比不断提升,SOPC 也能用于大批量生产的产品之中。有关 SOPC 更具体的介绍可以在本书第 5 章及第 6 章中找到。

②该流图引自:倪光南. IT 产业发展对大学教学工作的挑战[J]. 电气电子教学学报,2000, 22 (2)。

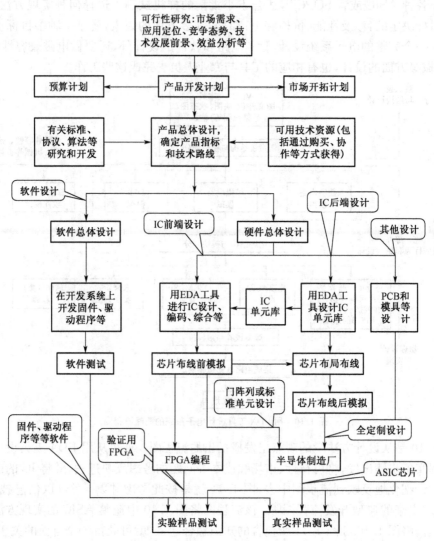

图 1.11　一个 IT 产品的典型开发流程

1.2.6　电子系统设计的三要素——人才、工具、库

　　虽然有关三要素的若干具体内容在前面已经多次涉及,但是在这里还是有必要做一个简要的归纳与总结,以期在 EDA 环境下的设计人员明确这个重要的观点。

　　由于现代的电子系统所采用的技术越来越先进,功能越来越强,结构越来越复杂,用传统的手工设计方法是无法设计的,也不能满足越来越短的上市时间的要求,只有采用先进的 EDA 工具才行。而工具是要人来掌握的,但光会使用 EDA 工具还不够,设计者还必须具备坚实的电路与系统的理论知识,对模拟、数字、微机和 DSP 的工程设计均要熟悉,还要熟悉使用 EDA 工具设计电子系统的流程。因此电子系统的设计越来越依赖于人的知识与才能。统计表明,电子系统,特别是片上系统(SOC)的设计紧密地依赖于信息科学与工程、电路与系统的专业人才,这些人才已成为知识经济的重要源动力之一。另外,EDA 工具必须配有丰富的库(元器件图形符号库、元器件模型库、工艺参数库、标准单元库、可重用的电路模块库、IP库等)才有高的设计效能与效率以及具体工艺实现的可行性(由设计文档变成产品)。此外,与EDA工具相关的可以提高复杂系统设计效率的各种设计平台也是必须掌握的重要的工具。由此可见,人才、工具、库对电子系统的设计是缺一不可的三要素,而其中人才又是首位的要素。

1.3 各种电子系统设计步骤综述

为了承前启后,也为了便于查阅和复习在前修课中已经学过的数字、模拟和微机系统的设计方法,这里对它们的设计步骤做一个扼要的总结。前面我们曾经介绍过电子系统的一般设计步骤,它与下面所列出的三类系统的设计步骤之间的关系,是一般与具体、共性与个性以及原则与实施的关系。由此决定了前者对后者将起着导向、规范与统筹的作用,从而保证后者遵循正确的理念与方法。虽然下面所列的这些设计步骤,最初是面向采用通用集成电路和印刷底版去实现电子系统的方法的。但只要将使用新器件、新工艺和新的设计工具来实现电子系统的新方法绑定到这些设计步骤上去,它们亦适用于诸如以用户可编程的PLD或者ASIC芯片等新器件来进行电子系统的设计。用后两种器件设计电子系统的方法将分别在本书其他章节和另外的教材里专门进行介绍。

1.3.1 数字系统设计步骤

(1)明确设计要求(明确系统的各项功能以及用户操作要求);

(2)确定系统方案(完成系统总体方框图——将控制器与受控器分开;拟订系统的总体算法流图及定时图);

(3)完成受控器的详细设计;

(4)将系统级算法流图及定时图逐步细化,直到生成算法状态机(ASM)流图,然后进行控制器的设计;

(5)工程实现与调试。

1.3.2 模拟系统设计步骤

(1)任务分析、方案比较、确定总体方案;

(2)将要设计的模拟系统划分为各个相对独立的功能块,得到总体原理框图;

(3)以集成电路为中心,完成各功能单元配置的外电路的设计;

(4)完成单元之间的耦合及整体电路的配合,以得到整体系统的原理图;

(5)根据第3、4步的结果,重新核算系统的主要指标,检查是否满足要求且留有一定余地;

(6)画出系统元器件布置图和印刷电路版的布线图,并考虑好测试方案、设置好测试点。

1.3.3 以微机(单片机)为核心的电子系统的设计步骤

(1) 确定任务,完成总体设计

① 确定系统功能指标,据此选择机型,编写设计任务书;

② 确定系统实现的软、硬件子系统划分,分别画出硬件与软件子系统的方框图。

(2) 硬件、软件设计与调试

① 按模块进行硬件设计,力求标准化、模块化,要有高的可靠性和抗干扰能力;

② 按模块进行软件设计,力求结构化、模块化,要有高的可靠性和抗干扰能力;

③ 选择合适的单片机开发系统和测试仪器,进行硬件、软件的调试。

(3) 系统总调、性能测定

将调试好的硬软件装配到系统样机中去,进行整机总体联调。排除硬软件故障后,进行系统的性能指标测试。

1.4　电子系统设计选题举例

最后,列出两个电子系统设计选题,目的是让读者对本课程将要布置的电子系统设计作业的规模、难度与工作量有一个初步的认识。通过阅读这些选题,可以训练一下理解题意的能力,为完成实际分配到的电子系统设计作业做好准备。

1.4.1 简易数控直流电源 (1994 年全国大学生电子设计竞赛题之一)

1) 设计任务

设计一个有一定输出电压范围和功能的数控电源。其原理示意图如图 1.12 所示。

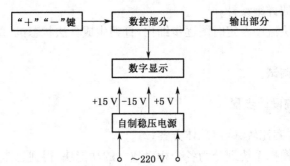

图 1.12　数控直流电源原理示意图

2) 设计要求

(1) 基本要求

① 输出电压:范围(0~9.9)V,步进量 0.1 V,纹波不大于 10 mV;

② 输出电流:500 mA;

③ 输出电压值由数码管显示;

④ 由"+""−"两键分别控制输出电压以 0.1 V 间隔步进增减;

⑤ 为实现几部分工作,需自制一个稳压直流电源,输出为±15 V,+5 V。

(2) 发挥部分

① 输出电压可预置在 (0~9.9)V 之间的任意一个值上;

② 用自动扫描代替人工按键,实现输出电压变化(步进量仍为 0.1 V);

③ 扩展输出电压种类(比如三角波等)。

3) 评分指标与标准(见表 1.2)

表 1.2 评分指标与标准

项 目	项 目	得 分
基本要求	方案设计与论证、理论计算与分析、电路图	30
	实际完成情况	50
	总结报告	20
发挥部分	完成第一项	5
	完成第二项	15
	完成第三项	20

1.4.2 频率特性测试仪(1999 年全国大学生电子设计竞赛题之一)

1) 设计任务

设计并制作一个频率特性测试系统,包含测试信号源、被测网络、检波及显示三个部分,如图 1.13 所示。

图 1.13 频率特性测试系统

2) 设计要求

(1) 基本要求

① 制作幅频特性测试仪

a. 频率范围:100 Hz~100 kHz;

b. 频率步进量:10 Hz;

c. 频率稳定度:10^{-4};

d. 测量精度:5%;

e. 能在全频范围内自动步进测量,可手动预置测量范围及步进频率值;

f. LED 显示,频率显示为 5 位,电压显示为 3 位,并能打印输出。

② 制作一被测网络

a. 电路形式:阻容双 T 网络;

b. 中心频率:5 kHz;

c. 带宽:±50 Hz;

d. 计算出网络的幅频和相频特性,并绘制相位曲线;

e. 用所制作的幅频特性测试仪测试自制的被测网络的幅频特性。

(2) 发挥部分

① 制作相频特性测试仪。

a. 频率范围:500 Hz~10 kHz;

　　b. 相位度数显示：相位显示值 3 位，另以 1 位作为符号显示；

　　c. 测量精度：3°。

② 用示波器显示幅频特性。

③ 在示波器上同时显示幅频特性和相频特性。

④ 其他。

3) 评分指标与标准（见表 1.3）

表 1.3　评分指标与标准

项　目	项　目	满　分
基本要求	设计与总结报告：方案设计与论证，理论分析与计算，电路图，测试方法与数据，对测试结果的分析	50
	实际制作完成情况	50
发挥部分	完成第一项	20
	完成第二项	10
	完成第三项	10
	完成第四项	10

习题与思考题

　　1.1　从下列各种电子产品中选择一种你所熟悉的，描述出它的系统级功能与主要指标，画出它的系统级和子系统级方框图，并附上必要的说明（数字式电子钟、计算器、数字调谐收音机、电子词典、由行人控制的过马路交通灯系统）。

　　1.2　从你接触到的工具中为图 1.10 流程中的物理设计与实现阶段选择合适的 EDA 工具。

　　1.3　试用图 1.8 所示的 Y 图分别将数字、模拟及微机系统的设计步骤表示出来。

　　1.4　根据你的实践体会，将电子系统的设计方法和大型软件的设计方法做一个对比。

　　1.5　试将采用 IP 来设计 SOC 与采用通用 IC 和印刷底板来设计电子系统的方法做一类比。

　　1.6　通过上网查找有关资料，阐述系统设计平台在应对复杂系统设计中的作用。

参 考 文 献

[1]　何小艇，等. 电子系统设计[M]. 浙江：浙江大学出版社，1998

[2]　刘润华，等. 现代电子系统设计[M]. 东营：石油大学出版社，1998

[3]　孙龙杰. 移动通信与终端设备[M]. 北京：电子工业出版社，2003

[4]　何成强. 基于 MTK 平台的智能手机研究[D]. 广州：暨南大学，2013

[5]　数字设计与调试样本 2001[K]. 北京：Agilent Technologies Inc. ，2001

[6]　周祖成. EDA（电子设计自动化）的进展[J]. 北京：电子技术应用，1997(6)

[7]　张纯蓓. IP/SOC 与设计技术[J]. 北京：电子产品世界 ，1999(11/12)

[8]　汪蕙，王志华. 电子电路的计算机辅助分析方法[M]. 北京：清华大学出版社，1996

[9]　Daniel D. Gajski , Nikil D. Dutt, *et al*. HIGH-LEVEL SYNTHESIS, Introduction to Chip and System Design[M]. Kluwer Academic Publishers，1992

2 常用传感器及其应用电路

2.1 概述

传感器(transdusor/sensor)是通过某些材料及元件的物理、化学及生物学原理或效应来感知被测量的信息,并将它按照一定的规律变换成电信号或其他形式的信息输出的器件或装置。通常它由敏感元件及转换单元构成。它是实现自动检测和自动控制的首要和关键环节。

由传感器和微机系统组成的检测与控制系统,按其用途和功能的不同,可有各种不同类型。图 2.1 和图 2.2 分别给出了气象观测系统和电炉控制系统的组成框图。

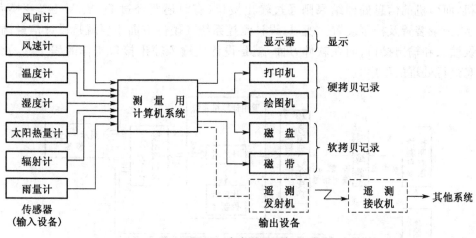

图 2.1 气象观测系统

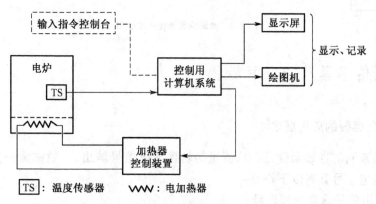

图 2.2 电炉控制系统

图 2.1 的信息源是风向、风速、温度、湿度、日照、辐射、雨量等七种传感器。微机每隔一定的时间间隔对数据进行收集并处理,处理后的数据被实时显示在显示屏上,同时被送到记

录装置进行记录。此外,还可通过遥测发信装置向其他系统传送数据。

图 2.2 的电炉控制系统的测控对象是电炉,为使电炉内的温度按预先设定的规律变化,微机从电炉内的温度传感器采集信息,根据设定的温度时间曲线变化要求进行运算,运算结果送给加热器控制装置,以控制加热器产生最佳热量,从而完成控制操作。同时,可对电炉内的温度作实时显示并绘图等。此外,测控系统还具有从外部控制电炉的启动与停止,以及输入运转程序的功能,即备有输入指令控制台。显然,图 2.1 属于开环工作的检测系统,图 2.2 则属于闭环工作的测控系统。

一般的测控系统由图 2.3 来表示。通常测控对象可以是多个装置或系统,由一个或多个传感器感知被测控对象的状态量(如液位、温度、压力等)并将其转化为相应的电学量(电压、电流、电阻、频率等),为使传感器的信息被微机所处理,必须进行信号的预处理(即信号调理①,如放大、整形、滤波等)及 A/D 变换,转换为数字信息送入微机。可见,测控系统的基本操作是借助微机从传感器收集信息,然后进行加工处理,再将处理结果输出到某个装置。收集信息端是把从传感器得到的信息经过预处理及 A/D 转换后通过输入接口输入给微机,而微机的信息处理结果则通过输出接口(有时还要经过 D/A、V/I 等变换后)送到显示、记录装置及控制装置。所以,设计测控系统在硬件方面主要就是设计信号调理电路以及输入和输出接口;而在软件方面,就是设计使输入输出接口工作的程序,以及对收集信息进行处理的程序。

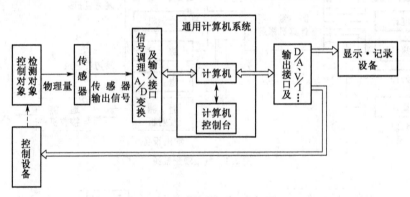

图 2.3　检测控制系统一般框图

2.2　常用传感器及其应用要求

2.2.1　传感器的应用要求

传感器将被测信息如温度、压力、流量等转换成电信号输出,一般称为一次变换。通常一次变换后的电信号具有以下特点:

(1) 输出电信号通常为模拟量;

---

①通常将传感器之后至 A/D 转换器之前的电路(例如模拟信号的放大、滤波、线性化、温度补偿、电压-电流变换、绝对值检测、峰值保持以及采样保持等电路)统称为信号调理电路。

（2）输出电信号一般较微弱，如 $\mu V \sim mV$ 级或 $nA \sim mA$ 级；

（3）输出电信号的信噪比较小，甚至有用信号淹没在噪声之中；

（4）传感器的输入输出特性通常存在一定的非线性，并易受环境温度及周围电磁干扰的影响；

（5）传感器的输出特性与电源的稳定性等有关，通常要求恒压或恒流供电。

由上可见，传感器输出的信号一般不能直接送计算机进行处理或用于仪表显示或作控制信号用，往往需要经过一定的预处理与变换，如将微弱信号进行放大，通过有源滤波滤除干扰杂波，进行线性化处理及温度补偿，进行电压-电流变换，绝对值检测，峰值保持，采样保持以及 A/D 及 D/A 变换、V/F 及 F/V 变换等。

由于传感器应用电路是接在传感器和后续电路之间的，因此它在设计上要根据传感器输出特性并满足后续电路及处理与控制装置对信号的要求，还要考虑使用环境及整个系统的要求等。归纳起来，通常应满足以下要求：

（1）考虑与传感器及后续电路的阻抗匹配问题，必要时可加一级电压跟随器，以减小传输线路电阻及电容的影响。

（2）放大器的放大倍数及输出电压动态范围应满足后续电路及整个系统的精度、动态性能的要求。

（3）考虑使用环境的要求（如温度及电磁场干扰），必要时应加温度补偿及抗干扰措施（如屏蔽、光隔等）。

（4）传感器信号调理电路的结构、尺寸、电源电压、功耗及成本应与整个系统相协调，以使产品的性价比更高。

本章主要介绍集成温度传感器、光电传感器和霍尔传感器。

2.2.2　传感器的应用要求

（1）传感器与其后续电路的匹配。

为使来自传感器的信号最大限度地送到放大器，应使传感器与放大器之间满足以下两方面的匹配：即阻抗匹配和信息通量匹配。

① 阻抗匹配

如果传感器输出是电压信号，则放大器应设计成高输入阻抗型。实现高输入阻抗的方法很多，例如，选用电压跟随器作为输入级；选用场效管为输入级的高输入阻抗集成运放（如 CF355/CF356/CF357 及 CF3140 等）；对放大器施加电压或电流串联负反馈等等。

如果传感器输出是电流信号，则放大器应设计成低输入阻抗型。例如，选择共基极晶体管放大器作为输入级；对放大器施加电压或电流并联负反馈等等。

② 信息通量匹配

传感器与放大器之间的信息通量匹配包括带宽匹配和动态范围匹配两个方面的匹配。

为了实现带宽的匹配，一般应使放大器的带宽略宽于传感器输出的带宽，当然，放大器的带宽也不宜过宽，因为这将会增加放大器的本底噪声。控制放大器的带宽，首先应选用带宽足够宽的器件，如宽带集成运放，也可以借助负反馈来展宽放大器的频带，使其满足所需带宽。如果传感器输出信号的有效成分中伴有直流成分，此时，应选用直流放大器，如差分放大器,相应地就应该考虑其输入失调和温漂等问题,或选用低漂移集成运放(如 OP-07,ICL7650 等)。

下面再来讨论放大器与传感器之间的动态范围匹配问题。所谓动态范围是指信号幅度变化的有效范围,通常用下式来衡量:$\log(A/A_n)$,式中 A 是指信号的最大值,A_n 是指信号中噪声的最大值,它受传感器信号源的质量、信号源传输过程以及放大器本身的噪声等制约。动态范围越大,信号的信息量也越大,为此,要求 A 值尽量大,A_n 值尽量小。必须指出,信号动态范围主要受限于各环节的噪声电平,无法通过负反馈来使其减小,必须选择本底噪声足够低的前置放大级(如 ICL7650),其噪声应低于传感器输出噪声(3~10)dB,此外,还应选用输出动态范围大的末级放大器,以满足系统的精度和动态范围的要求。

(2)传感器与前置放大器的隔离与屏蔽。

为防止后级对前级产生干扰,通常可采用变压器或光耦器件进行隔离。

在传输电压信号时,由于高输入阻抗放大器及宽带放大器均容易受到外来电磁干扰,因此传输线与放大器之间应该有良好的屏蔽。

(3)传感器信号的补偿处理。

很多传感器的输出存在非线性以及线性动态范围较窄,同时,传感器输出常常易受温度影响。故应该考虑对放大器进行非线性补偿、温度补偿以及在后续数据处理环节中进行校正处理等。

(4)传感器信号调理电路的结构、尺寸、电源电压、功耗及成本应与整个系统相协调,以使产品的性价比更高。

本章主要介绍集成温度传感器、光电传感器和霍尔传感器。

2.3 温度传感器

2.3.1 集成温度传感器

根据晶体管 b-e 结压降 U_{BE} 与热力学温度 T 以及通过发射极的电流 I 的关系式 $U_{BE}=(kT/q)\ln I$,可以实现对温度的检测。式中 k 为玻尔兹曼常数,q 为电子电荷量。集成温度传感器实质上是一种半导体集成电路。它从 20 世纪 80 年代开始进入市场,由于其线性度好、灵敏度高、精度适中、响应较快、体积小、使用简便等优点,因而得到广泛应用。

集成温度传感器的输出形式分电压输出和电流输出两种。电压输出型的灵敏度一般为 10 mV/K,温度为 0 K 时的输出为 0 V,温度为 25℃ 时的输出为 2.981 5 V。电流输出型的灵敏度一般为 1 μA/K,25℃ 时在 1 kΩ 电阻上的输出电压为 298.15 mV。

表 2.1 给出了几种集成温度传感器的测温范围和灵敏度,可供选用时参考。

表 2.1　几种集成温度传感器

型　号	厂　名	测温范围	封　装	输出形式	温度系数	其　他
XC616A	NEC	(−40~125)℃	TO-5(4 端)	电压型	10 mV/℃	内有稳压和运放
XC616C	NEC	(−25~85)℃	8 脚 DIP	电压型	10 mV/℃	内有稳压和运放
XC6500	NS	(−55~85)℃	TO-5(4 端)	电压型	10 mV/℃	内有稳压和运放
XC5700	NS	(−55~85)℃	TO-46(4 端)	电压型	10 mV/℃	内有稳压和运放
XC3911	NS	(−25~85)℃	TO-5(4 端)	电压型	10 mV/℃	内有稳压和运放
LM134	NS	(−55~125)℃ (0~70)℃	TO-46(3 端) TO-92	电流型	1 μA/℃	
AD590	AD	(−55~150)℃	TO-52(3 端)	电流型	1 μA/℃	
REF-02	PMI	(−55~125)℃	TO-5(8 端)	电压型	2.1 mV/℃	
AN6701	Panasonic	(−10~80)℃	SOP008-P(8 端)	电压型	110 mV/℃	
LM35	NS	(−55~150)℃	TO-46 及 TO92	电压型	10 mV/℃	

以下介绍几种常用的集成温度传感器。

1) AN6701

AN6701 是一种高灵敏度、线性度好、精度高、响应比较快的集成温度传感器。其测温范围是(−10~80)℃。它采用小外形塑料封装(SOP),图 2.4 是其内部电路方框图,它由温度敏感部分、偏置温度调整和输出缓冲部分组成。R_C 是外接校正电阻。在被测温度为零时,其输出电压可以通过调整外接电阻 R_C 来任意设定,而其灵敏度(又称温度系数)比一般集成温度传感器约高 10 倍。例如,调整外接电阻 R_C,可使在 25℃时输出为 5.0 V,而在 80℃时输出为 11.0 V,这样在(25~80)℃范围内,其灵敏度则为 109 mV/℃。当 R_C 在(1~100)kΩ 范围变化时,灵敏度在(105~114)mV/℃变化。偏置温度(即输出为 0 V 时的温度)为(−30~10)℃。若要求在 25℃时输出为 5 V,则 R_C 在(3~30)kΩ 范围内,此时灵敏度为(109~111)mV/℃,校正后灵敏度的分散性为±1%,其非线性为 0.5%。在(−10~85)℃范围内,对于 110 mV/℃灵敏度的传感器,可获得±1℃的测温精度。

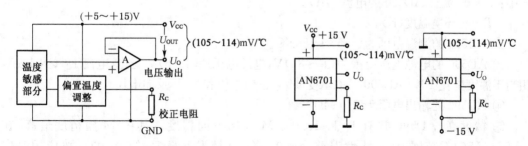

图 2.4　AN6701 内部电路方框图　　　　图 2.5　AN6701 的应用电路

图 2.5 为 AN6701 的应用电路。除 R_C 调整电阻外,无需任何外接元件,且正、负电源均

可以工作,值得注意的是,AN6701 的输出电压 U_O 是以 V_{CC} 为基准,而不是以地电位(GND)为基准,即输出电压为 $U_{OUT}=V_{CC}-U_O$。

归纳起来,AN6701 有以下特性:

① AN6701 属电压输出型。在(-10~80)℃范围内非线性误差为 0.5%。

② 电源电压 V_{CC} 可在(+5~+15)V 范围选取。但应注意,当 V_{CC} 取+5 V 时,测温范围只是(-10~20)℃;仅当取 $V_{CC}\geqslant12$ V 时,测温范围才达到(-10~80)℃。其典型电源电压 $V_{CC}=+15$ V。

③ 可以通过改变调整电阻 R_C 阻值对偏置温度进行调整。亦即在某一温度下,改变 R_C 阻值也就改变了输出电压 U_{OUT},或者说,在同样 U_{OUT} 下,不同的 R_C 值对应于不同的温度,R_C 越大,U_{OUT} 也越大。

④ R_C 还对灵敏度有影响,R_C 越大,灵敏度越高。例如,若 $R_C=1$ kΩ,则灵敏度约为 105 mV/℃;若 $R_C=100$ kΩ,则灵敏度约为 109 mV/℃。

⑤ 电源电压 V_{CC} 对 U_O 有影响,因而对输出电压 $U_{OUT}=V_{CC}-U_O$ 也有影响。例如,当 V_{CC} 从+5 V 变到+15 V,输出电压的增大量折算为温度的变化量小于 2℃。

⑥ 测温时间常数:在静止空气中约 24 s;在流动空气中约 11 s。

⑦ 电源电流(输出空载时)约 0.4 mA。输出电流为±100 μA(对应于电源电压 V_{CC} 为±15 V 时)。输出电阻为 30 Ω。

2) AD590

AD590 是电流输出型的集成温度传感器。其封装外形和基本应用电路见图 2.6。它适合于长线传输,但要采用屏蔽线,以防止干扰。其工作电压范围较宽(4~30 V),为了减小传感器自身热效应,应尽可能选用低一些的电压,引脚之间要良好绝缘,以免影响测温精度。

AD590 的主要特性如下:

① 流过器件的电流微安数等于器件所处环境温度的热力学温度数。即

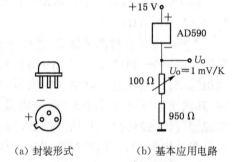

(a) 封装形式　　(b) 基本应用电路

图 2.6　AD590 封装形式和基本应用电路

$$I_T/T = 1\ \mu\text{A/K}$$

式中:I_T——流过 AD590 的电流(μA);

　　　T——环境温度(K)。

② AD590 的测温范围为(-55~150)℃。

③ AD590 的电源电压范围为(4~30)V,电源电压从(4~6)V 变化,电流 I_T 变化 1 μA,相当于温度变化 1 K。AD590 可以承受 44 V 正向电压和 20 V 反向电压。

④ AD590 的输出电阻为 710 MΩ。

⑤ 精度高,AD590 共有 I、J、K、L、M 五挡不同精度。其中 M 挡精度最高,在(-55~150)℃范围内,非线性误差为±0.3℃;I 挡误差最大,约±10℃,故应用时应校正(补偿)。

AD590 各挡的精度不同,即其温度校正误差不同。所谓温度校正误差是指传感器输出

的信号所对应的温度与实际温度值之间的差值。如
图 2.7 所示。通常温度校正(补偿)的方法有两种:单点
调整及双点调整。

　　单点调整方法如图 2.8 所示。即只要在外接电阻
950 Ω 上串联一个 100 Ω 可变电阻,调整可变电阻使得
在温度为 25℃时输出电压 U_O 为 298.2 mV 即可。由于
仅在一个温度点上调整,故在整个测温范围上仍有误差
存在,选在哪一个温度点上进行调整,应根据测温范围而
定。图 2.9 为校正前后误差的示意图。

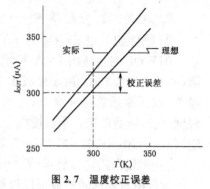

图 2.7　温度校正误差

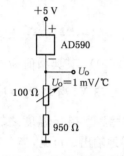

图 2.8　单点调整补偿

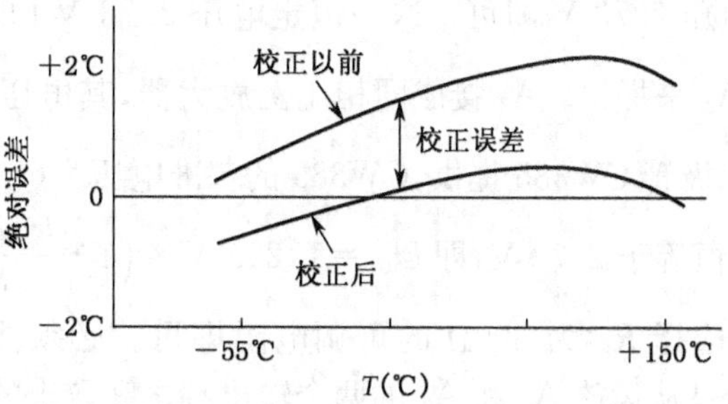

图 2.9　补偿前后误差

　　双点调整法如图 2.10 所示。它可以进一步提高测温范围内的精度。图中 AD581 为基
准电压源,输出+10 V 电压,在 0℃时(将 AD590 置于冰水混合物中)调整电位器,使输出为
0 V;然后在 100 ℃时(将 AD590 置于沸水中)调整电位器,使输出为 10 V。故满足
100 mV/℃的灵敏度。双点调整时的精度曲线示于图 2.11。

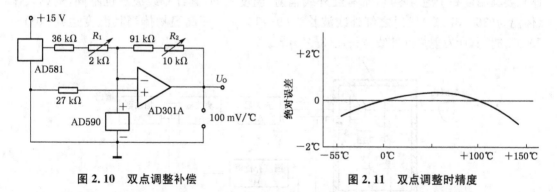

图 2.10　双点调整补偿

图 2.11　双点调整时精度

　　如果要改变灵敏度(如使之增大),则可改变图 2.10 中的反馈电阻(增大 91 kΩ 与 10 kΩ
串联总阻值)。又如,当要测量华氏温度(℉)时,因华氏温度等于热力学温度减去 255.4 再
乘以 9/5,所以若要求 U_O = 1 mV/℉,则反馈电阻为(100×9)÷5=180 kΩ。调整时,在
0 ℃时,使 U_O =17.8 mV;100℃时,U_O =197.8 mV。还应指出,图 2.10 中的运放 AD301A
(其输入电阻 2 MΩ,输入偏流<0.3 μA)也可用其他高输入阻抗的运放代替,如 LF355 等。

3）AD590L 应用举例——绝对温度/摄氏温度电压转换

① 绝对温度/电压转换（K—mV）电路如图 2.12 所示。

AD590L 对地流出 1 μA/K 的电流，它在 10 kΩ 电阻（$R_1 // R_{P1} = 10$ kΩ）两端形成了 10 mV/K 的电压，再经 A₁ 电压跟随器缓冲输出 $U_{o1} = 10$ mV/K，此即绝对温度/电压转换输出。当温度为 273 K（即 0 ℃）时，该输出 $U_{o1} = 10$ mV/K × 273 K = 2.73 V。

② 摄氏温度/电压转换（℃—mV）

为将绝对温标转换成摄氏温标，只需将输出 U_{o1} 减去恒定电压 2.73 V 即可。这一恒定电压 2.73 V 由图

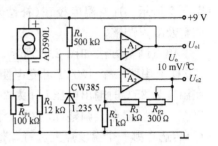

图 2.12　绝对温度和摄氏温度转换电路

中运放 A₂ 来提供。A₂ 接成同相比例放大器，其电压放大倍数为 $1 + \dfrac{R_3 + R_{P2}}{R_2}$，其输入电压由稳压二极管 CW385 提供，CW385 的基准电压为（1.205～1.260）V，其典型值为 1.235 V。为使 U_{o2} 恒等于 2.73 V，即 $U_{o2} = 1.235$ V × $\left(1 + \dfrac{R_3 + R_{P2}}{R_2}\right) = 2.73$ V，当取 $R_2 = R_3 = 1$ kΩ 时，只需选择 R_{P2} 为 300 Ω 的可调电阻即可。必须注意，绝对温度/摄氏温度之转换电压 $U_{o1} - U_{o2}$ 是从运放 A₁ 和 A₂ 的两个输出端之间取出的，它是浮地输出。可见，当 0 ℃ 时输出 $U_{o1} - U_{o2} = 0$ V，其他温度时输出 $U_{o1} - U_{o2} = 10$ mV/℃，这样就实现了摄氏温标的电压转换。

2.3.2　应用举例——红外热辐射温度仪

作为非接触式测温技术的应用，介绍一款基于红外热辐射（又称热释电红外传感）测温原理的红外热辐射温度仪，其原理框图及电路图如图 2.13 和图 2.14 所示。一切自然界物体只要其温度高于绝对零度，都有红外线辐射，温度不同，其红外线波长也不同，例如人体（体温为（36～37）℃）发射之红外线波长为（9～10）μm，而高温物体当其温度达到（400～700）℃时，其所发射之红外线波长在（3～5）μm。

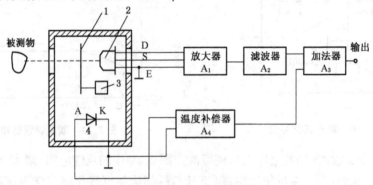

图 2.13　传感器单元及热辐射温度仪框图

1—遮光器；2—传感器——LN-206P；3—慢速电机；4—温度补偿二极管

本测温仪所用之敏感元件为 LN-206P 热释电红外传感器。将它固定于一个盒体内，其前方加装一个红外滤光片，以滤除灯光及太阳光等杂散的光干扰。由于热释电传感器测温

时要求它与被测温物体(即热源)之间有相对运动,故本装置中采用慢速电机带动遮光片来完成,而杂散光的热辐射干扰则通过二极管进行温度补偿。

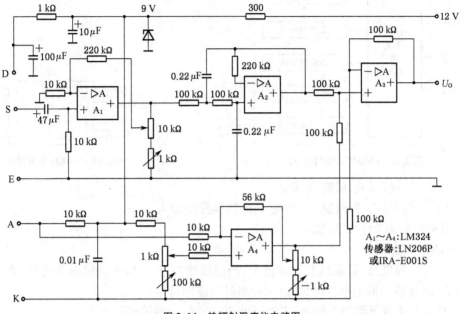

图 2.14 热辐射温度仪电路图

温度仪电路中 A_1 为同相比例放大器,用于放大 LN-206P 输出的测温信号;A_2 及其外围元件组成低通有源滤波器(其截止频率为 7 Hz 用于滤除测温信号中大于 7 Hz 的杂散光干扰);用于温度补偿的测温电桥由一个负温度系数的二极管(-2 mV/℃)和相关电阻组成,其输出经温度补偿放大器 A_4 放大后,再与 A_2 输出的测温信号共同送入加法器 A_3 进行叠加。

本红外测温仪适合于近距离非接触测温场合,如齿轮箱内齿轮的温度,可测最高温度为200 ℃,被测物体与传感器的距离为 10 cm 左右。经过标定后 A_3 的输出与被测物体的温度基本呈线性关系。可用模拟或数字表头显示之。

2.3.3 数字温度测控芯片 DS1620

DS1620 是美国 Dallas 公司推出的数字温度测控器件,它通过片载(ON—BOARD)温度测量技术进行温度测量,集温度传感、温度数据转换与传输、温度控制于一体。其内部结构框图见图 2.15,供电电压(3~5.0)V,测量温度范围为(-55~$+125$)℃。内部 A/D 转换器输出 9 位数字量表示温度值,分辨率为 0.5 ℃。在(0~70)℃精确度为 0.5 ℃;在(-40~0)℃ 及($+70$~$+85$)℃精确度为 1 ℃;在(-55~-40)℃及($+85$~$+125$)℃精确度为 2 ℃。寄存器中的高、低温度报警限设定值 T_H、T_L 存放在非易失性存储器中,掉电后不会丢失。通过三线串行接口完成温度值的读取和 T_H、T_L 的设定。DS1620 不仅可以脱离 CPU 单独使用,作为热传感器、热继电器,还可以方便地与单片机组成温度测控系统。DS1620 采用 8 脚DIP 封装或 8 脚 SOIP 封装(见图 2.16)。其引脚功能如下:

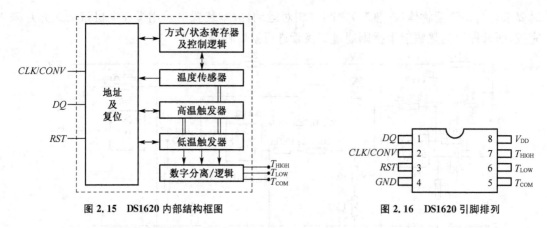

图 2.15　DS1620 内部结构框图　　　　图 2.16　DS1620 引脚排列

1—DQ　三线制的数据输入/输出。

2—CLK/CONV　三线制的时钟输入和转换控制输入。

3—RST　三线制的复位输入。

4—GND　地。

5—T_{COM}　温度高/低限结合触发输出,当温度超过 T_H 时,此端输出高电平,直到温度下降至 T_L 时才输出低电平。可见,此端输出具有滞回特性。

6—T_{LOW}　温度低限触发输出,当温度低于 T_L 时,此端输出高电平。

7—T_{HIGH}　温度高限触发输出,当温度超过 T_H 时,此端输出高电平。

8—V_{DD}　电源电压(3~5)V。

温度值的数据格式如下:DS1620 的温度输出为 9 位数字量,最高位为符号位,1 表示负数,0 表示正数。最低位为 1,表示 0 ℃,最低位为 0 表示 0.5 ℃。当中的 7 位数据表示温度值的整数部分,负温度值的整数部分用补码表示。操作和控制:控制/状态寄存器用于决定 DS1620 在不同场合的操作方式,也可用于指示温度转换时的状态。在进行温度转换之前要由 PC 机或单片机对其进行初始化设置。其各状态位定义如下:

DONE	THF	TLF	NVB	1	0	CPU	ISHOT

DONE　温度转换状态标志,1 转换完成,0 转换进行中。

THF　高温标志位。当 $T \geqslant T_H$ 时,THF 置 1,直至寄存器置 0 复位或器件断电。

TLF　低温标志位。当 $T \leqslant T_L$ 时,TLF 变为 1,直至寄存器置 0 复位或器件断电。

NVB　寄存器忙标志位。1 表示正在向寄存器写入数据;0 表示寄存器不忙。写入寄存器需要 10 ms 时间。

CPU　CPU 使用标志位。1 表示 DS1620 工作在 CPU 控制状态;0 表示 DS1620 工作在无 CPU 状态,此时,端子 CLK/CONV 为转换控制端。

ISHOT　温度测量方式标志位。1 表示以温度单次转换方式运行,0 表示以连续转换方式运行。

图 2.17 为用 DS1620 控制仪表风扇的应用实例。

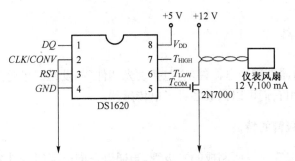

图 2.17　用 DS1620 控制仪表风扇

由于此例中 DS1620 是脱离 CPU 单独工作,故须预先写入控制状态寄存器操作模式和温度设定值 T_H、T_L,然后将 $CLK/CONV$ 及 RST 接低电平。为使温控具有滞回性能,故选择 T_{COM} 端作输出控制端。当环境温度 $T \geqslant T_H$ 时,T_{COM} 输出高电平,2N7000 导通,风扇工作。只有当 $T \leqslant T_L$ 时,T_{COM} 才输出低,使 2N7000 截止,风扇才停止工作。

图 2.18 给出 DS1620 与单片机组成温度测控系统的框图。

此处 DS1620 工作于 CPU 工作模式,它与单片机 CPU 以三线串行通信方式相连。单片机实现对 DS1620 的读写操作与 T_H、T_L 值的设定,以及温度值的数显控制。DS1620 则完成温度传感、温度数据转换、传输并输出控制信号(T_{HIGH}、T_{LOW}、T_{COM})去控制被控设备(如加热器、风扇等),最终实现对温控对象的温度测控。

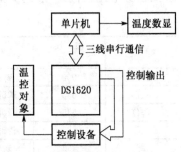

图 2.18　DS1620 与单片机组成温度测控系统框图

DS1620 的三线制操作时序如图 2.19 所示,三线制由三个信号组成:RST、CLK、DQ。其中只有 RST 由低变高以后才能进行数据传输,一旦 RST 变为低电平就会终止数据传输。DS1620 输入、输出数据必须在时钟 CLK 的上升沿才有效。读、写数据时低位在前,高位在后。三线制的操作大部分是命令字在前,数据在后。例如,写 T_H 寄存器[01h]命令后的 9 个脉冲写入 T_H 寄存器 9 位温度高限设定值。写 T_L 寄存器[02h]命令后的 9 个脉冲写入 T_L 寄存器 9 位温度低限设定值。读 T_H 寄存器[A1h]命令后的连续 9 个脉冲读出 T_H 寄存器 9 位温度高限设定值。读 T_L 寄存器[A2h]命令后的连续 9 个脉冲读出 T_L 寄存器 9 位温度低限设定值。

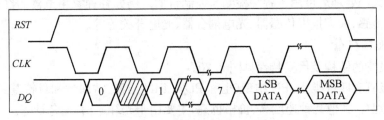

图 2.19　DS1620 三线制操作时序图

2.4 光电传感器

完成光电转换的器件称光电器件,它包括发光器件(如发光二极管)和光敏器件(如光敏三极管)两大类。利用它们可以做成各种光电传感器。

2.4.1 发光二极管的特性

用砷化镓、磷化镓等材料所制成的二极管,当通以正向电流时便能发光。随内部晶片所用材料的不同,所发出光线的光谱(即频率或波长范围)不同,因而颜色也不同,如可见光的红、绿、黄色光以及不可见的红外光。

发光二极管的伏安特性类似于普通二极管。差别在于其正向导通压降比普通二极管更大一些(见表 2.2)。开启电压还随环境温度的升高而减小。其反向电流约$(10 \sim 100) \mu A$。反向击穿电压较低,一般约 5 V 左右,最高也不超过 30 V。

表 2.2 发光二极管的主要特性

颜 色	波 长 (nm)	基本材料	正向电压 (10 mA 时)(V)	光强(10 mA 时,张角±45°) (mcd*)	光功率 (μW)
红外	900	砷化镓	$1.3 \sim 1.5$		$100 \sim 500$
红	655	磷砷化镓	$1.6 \sim 1.8$	$0.4 \sim 1$	$1 \sim 2$
鲜红	635	磷砷化镓	$2.0 \sim 2.2$	$2 \sim 4$	$5 \sim 10$
黄	583	磷砷化镓	$2.0 \sim 2.2$	$1 \sim 3$	$3 \sim 8$
绿	565	磷化镓	$2.2 \sim 2.4$	$0.5 \sim 3$	$1.5 \sim 8$

* cd 为坎[德拉]发光强度的 SI 单位。

注意不同发光二极管的响应时间不同,最长约 100 μs(发黄光的发光二极管),最短约 10 ns(发红光和橙光的发光二极管)。

发光二极管常用于做显示器件,其另一重要用途就是将电信号变为光信号,再与光缆耦合传递到远方。

2.4.2 光敏二极管和光敏三极管

光敏二极管和光敏三极管均为近红外接收管。它将接收的光信号的变化转换为电流的变化,再经放大等处理后可用于各种检测与控制目的。例如各种家用电器的红外遥控器、光纤通信、光纤传感、火灾报警传感器、光电耦合器、光电开关等等。

1) 光敏二极管

光敏二极管的结构及伏安特性见图 2.20。

光敏二极管有四种类型:PN 结型(也称 PD)、PIN 结型、雪崩型和肖特基结型。用得最多的是 PN 结型。其他几种速度高、价格也高,主要用于光纤通信、比色计等。

由图 2.20(c)可见,光敏二极管的伏安特性分布在第Ⅰ、Ⅲ和Ⅳ三个象限。

(1) 最常用状态处于第Ⅲ象限。光敏二极管加反向电压,其电流(称光电流)随光照强度的增大而增大。当光照强度为零时,电流(称暗电流)为零(实际上小于 0.2 μA)。光电流最大约几十微安。反向电压一般小于 10 V,最大不超过 30 V。

（2）第Ⅳ象限。光电二极管不加电压,当 PN 结受光照后产生正向电压,从而使闭合回路中产生电流。此时相当于光电池,可用于光电检测。

（3）第Ⅰ象限。光敏二极管加正向电压。

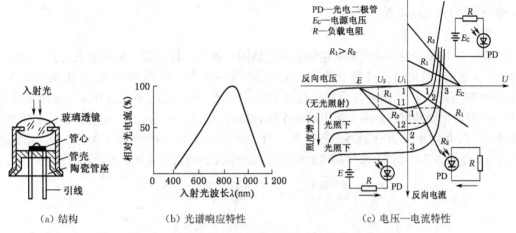

（a）结构　　　　（b）光谱响应特性　　　　（c）电压—电流特性

图 2.20　光敏二极管的结构和特性曲线

图 2.20(b)给出了硅光敏二极管的光谱特性。它表明硅光敏二极管的光谱范围在(400~1 100)nm,其峰值波长为(800~900)nm。这与 GaAs 红外发光二极管的光谱响应特性相匹配,这两种器件组成发送、接收单元可以获得较高的传输效率。

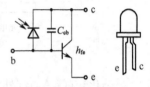

图 2.21　光敏三极管的等效电路及外形

2）光敏三极管

光敏三极管是靠光照射使输出电流发生变化的器件,可看成是一个光控电流源,其发射极电流或集电极电流近似与光照强度成正比。其等效电路及外形见图 2.21。

2.4.3　应用举例

将发光二极管和光敏二极管或光敏三极管组合并封装起来可以构成各类光电耦合器、光耦放大器及固态继电器(SSR),它们在测控系统中均有广泛应用。这方面有专著及手册可查阅,这里不作介绍。下面仅举几例说明发光二极管及光敏二极管或光敏三极管的应用。

1）光电开关（见图 2.22）

当光线照射到光敏二极管时,光敏二极管通过电流,经三极管 3DG6 驱动使输出开关管9013 饱和,从而使继电器 J 的线圈得电,其触点动作,完成所需控制操作或报警功能。

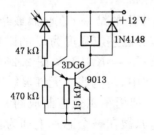

图 2.22　光电开关电路

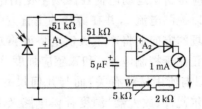

图 2.23　照度计电路

2) 照度计(见图 2.23)

运放 A₁ 是光电流/电压变换器，A₂ 则为电压/电流变换器。光照越强，A₁ 输出电压越大，经 RC 滤波后在 A₂ 输出端所接表计上的电流也越大。如果用这一输出电流去控制执行机构，则可构成光控装置。

3) 光电传感器

图 2.24 给出了透射式光电测速装置和电路图。每当旋转圆盘上的长方孔与光电开关上的透光孔重合，则光敏三极管受光而通过电流，使三极管 BG 饱和导通，故施密特触发器 CD4093 输出高电平，当圆盘转至透光孔被遮时，CD4093 输出低电平。随着圆盘不停地转动，CD4093 便输出脉冲序列。测出输出脉冲个数，结合圆盘每一周的孔数，便可算出旋转的转速及转角。图中 CD4093 用于脉冲整形。图 2.24(a)中旋转圆盘下方的光电开关是一简化示意图，在其与圆盘长方孔处于同一水平高度的两竖柱上，分别安装有红外发光二极管和硅光敏三极管。

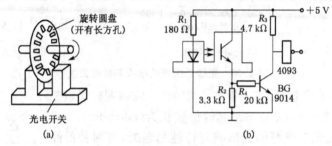

图 2.24　透射式光电测速装置

砷化镓(GaAs)红外发光二极管的上升和下降时间为 4 ns，硅光敏三极管的上升和下降时间为 3 μs。故光电开关的速度决定于光敏三极管，其开关频率可达 100 kHz。

注意，由于光敏三极管接收的峰值波长是(880～900)nm 的近红外光，而阳光的波长在 280 nm 以上，故易对光电传感器形成干扰，在应用时应避免阳光照到光敏三极管上。

2.5　霍尔传感器

对磁敏感的传感器称为磁敏传感器，又称磁传感器。主要有干簧管、磁敏二极管、磁敏三极管、磁阻传感器及霍尔传感器等。霍尔传感器以磁场作媒介，可以测量多种物理量，如位移、振动、力、转速、加速度、流量、电流、电功率等。它主要用于无刷直流电机(霍尔电机)和高斯计、电流计和功率计等仪器中。霍尔传感器的主要优点是：可以实现非接触测量；当采用永磁铁产生磁场时，不需附加能源；尺寸小、价格便宜、应用电路简单、性能可靠，因而获得极为广泛的应用。

霍尔效应是由于运动电荷在磁场中受洛伦兹力作用的结果。在金属或半导体薄片的两个端面通以控制电流 I，并在薄片的垂直方向上施加磁感应强度为 B 的磁场，则在垂直于电流和磁场的方向上将产生霍尔电势或霍尔电压 $U_H = K_H IB$(见图 2.25(c))，即霍尔电势的大小正比于控制电流 I 和磁感应强度 B(T)。式中 K_H 为霍尔元件灵敏度 (mV/(mA·T))。它只与所用材料有关，而与几何尺寸无关。利用霍尔效应制成的元件称为霍尔元件。将霍尔元件、放大器、温度补偿电路及稳压电源做在一个芯片上即是霍尔传感器。根据其特性和使用要求的不同它分为线性霍尔传感器和开关型霍尔传感器两种。它们分别适用于不同场合。

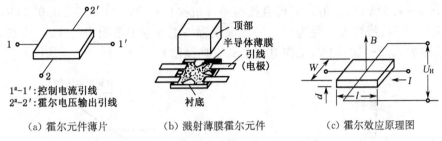

(a) 霍尔元件薄片　　　(b) 溅射薄膜霍尔元件　　　(c) 霍尔效应原理图

图 2.25　霍尔传感器的结构和原理图

2.5.1　线性霍尔传感器

这里介绍 Honeywell 公司生产的 SS49 系列及 SS495 系列线性霍尔传感器。

1) SS49 系列

它是一种三端器件,有 TO-92 封装及 SOT-89 贴片式封装,其管脚排列及外形尺寸见图 2.26,它在不同工作电压时的输出特性如图 2.27 所示。它有如下特点:电源电压范围为 (4~10)V,随电源电压增加,输出信号幅度增大,但线性度却变差;在很宽的磁感应强度范围内有较好的线性度;静态工作电流较小,典型值为 4 mA,适用于便携式供电的场合;有较大的电流输出能力(10 mA 连续,20 mA 最大);尺寸小。

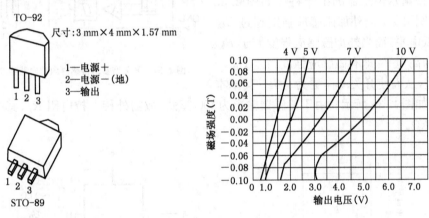

图 2.26　SS49 系列的管脚及尺寸　　　**图 2.27　SS49 系列的输出特性**

该元件的温度特性如图 2.28 所示。在工作温度范围较大时需加温度补偿。其典型应用电路如图 2.29 所示。

2) SS495A1

SS495A1 是高精度线性输出霍尔元件。该元件尺寸小,并有贴片式封装形式,其管脚排列同 SS49 系列。其输出特性如图 2.30 所示。它的特点如下:内部有温度补偿电路且集成电阻经激光修正,使零点温漂达±0.04%/℃,灵敏

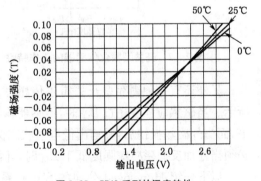

图 2.28　SS49 系列的温度特性

度漂移为(±0.02~±0.03)%/℃;在磁感应强度为(−0.064~+0.064)T范围内,输出电压为(0.5~4.5)V(典型值),它可直接与单片机接口;0T时为(2.5±0.075)V;灵敏度为3.125±0.094;线性度误差为−1.0%(满量程);工作温度范围为(−40~+150)℃;工作电压范围为(4.5~10.5)V,工作电流7 mA(典型值)。

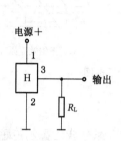

图 2.29　SS49 系列的应用电路

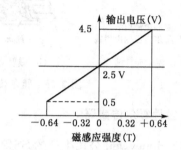

图 2.30　SS495A1 系列的输出特性

2.5.2　开关型霍尔传感器

开关型霍尔传感器的外形及内部电路组成如图 2.31 所示。由图可见,其内部电路包括霍尔元件、放大器、稳压电源、滞回比较器及 OC 输出管等。

开关型霍尔传感器的工作特性如图 2.32 所示。由图可见,当外加磁感应强度超过 B_{OP} 时,输出低电平,而当外加磁感应强度低于 B_{RE} 时,输出为高电平。即有磁感应强度回差 $B_H = B_{OP} − B_{RE}$,从而使开关动作更为可靠。其基本

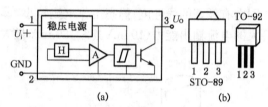

图 2.31　开关型霍尔传感器内部电路组成及外形

应用电路如图 2.33 所示。由于传感器输出为 OC 型式,故需外接上拉电阻 R_L,其阻值一般取(1~2)kΩ。

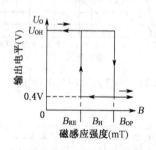

图 2.32　开关型霍尔传感器的工作特性

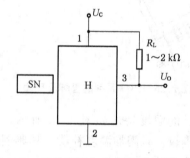

图 2.33　开关型霍尔传感器基本应用电路

另外还有一种锁存型开关霍尔传感器,其输出特性如图 2.34 所示。当磁感应强度超过 B_{OP} 时,传感器输出由高电平跃变到低电平,而当外磁场撤销后,其输出低电平状态保持不变(即锁存状态),必须当施加反向磁感应强度低于 B_{RE} 时,才能使输出跃向高电平。

以下介绍 Honeywell 公司的 SS100 系列及 SS40 两种开关型

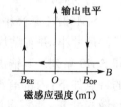

图 2.34　锁存型输出特性

霍尔传感器。

1) SS100 系列

SS100 系列是贴片器件,SOT-89 封装(见图 2.26)。其特点是工作电压范围宽[(3.8~24)V];工作电流小(最大为 10 mA);输出级集电极电流最大可达 20 mA;工作温度较宽[(-40~125)℃];有单极型、双极型及锁存型可供选用。其参数性能见表 2.3。

表 2.3　SS100 系列(部分产品)参数性能表

参　　数	SS111A	SS113A	SS141A	SS161A	SS166A
磁性能	双极	双极	单极	锁存	锁存
工作电压(V)	3.8~24	3.8~24	3.8~24	3.8~24	3.8~24
最大工作电流(mA)	10	10	10	10	10
开关上、下降时间(μs)	1.5	1.5	1.5	1.5	1.5
最大动作点(25℃)(mT)	6.0	14	11.5	8.5	18
最小释放点(25℃)(mT)	-6.0	-14	2.0	-8.5	-18
最小回差(25℃)(mT)	1.5	2.0	2.0	5.0	2.0

注:在不同温度时,动作点、释放点有一些差别。

2) SS40(双极型)

SS40 为 TO-92 封装,其外形及管脚见图 2.31(b),其工作速度可达 100 kHz;工作温度范围可达(-55~150)℃;工作电压范围(4.5~24)V;工作电流最大值为 8.7 mA(典型值为 4 mA);输出低电平典型值为 0.15 V(最大值为 0.4 V);上升时间 0.2 μs(典型值),下降时间 0.5 μs(典型值);在 25 ℃时的动作点最大值为 4.0 mT,最小释放点为-4.0 mT,最小回差为 8.0 mT。

3) 应用举例

(1) 门窗开闭及防盗报警器(见图 2.33)

只需将开关型霍尔传感器配合一块小的永久磁铁,便可构成车门、电梯门等是否关闭的指示器,如公共汽车的车门必须关好,司机方可开车,电梯门必须关闭,才能升降等。同样,当门窗被非法撬开时,利用本电路接上报警器亦可发出报警信号。

(2) 转速或转数的测量(见图 2.35)

图 2.35 为转速或转数测量装置的示意图。在非磁性材料制作的圆盘上粘一块磁钢,将开关型霍尔传感器的感应面对准磁钢并固定在支架上。被测机器的轴带动圆盘旋转,每当磁钢经过传感器位置时,霍尔传感器便输出一个脉冲,根据相邻两个脉冲的时间间隔便可算出转速。若用计数器记录脉冲数,则可得知转数。沿圆盘周边增加小磁钢数,则可提高测量转速或转数的精度。

图 2.35　转速测量或转数测量示意图

利用图 2.35 同样可以制成里程计以及流量计(在齿轮流量泵上配置磁钢和霍尔传感器即可)。

(3) 液位检测和控制

图 2.36 是液位检测和控制的示意图。在浮子上装有磁钢,在上、下限位置处装上开关

型霍尔传感器。当液位到达上、下限位置时,相应的两个传感器分别给出脉冲信号。根据它们便可对液位进行检测与控制。

（4）驱动继电器和晶闸管的应用电路（见图 2.37）

在机床等拖动系统中,常需要对行程进行控制,一旦到达限位值时,开关型霍尔传感器输出低电平,使驱动晶体管 9012 饱和,从而使继电器的线圈 K（或光控可控硅的输入端）受激励,使继电器触点动作（或光控可控硅输出端导通）,执行控制操作。

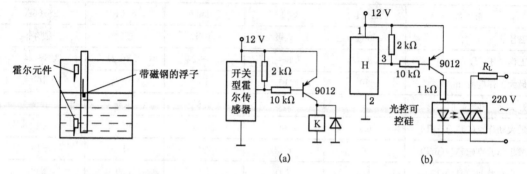

图 2.36　液位控制示意图　　　　　图 2.37　驱动继电器和晶闸管的应用电路

习题与思考题

2.1　试设计一个电动机转速检测与控制的系统原理框图,并指出该系统在硬件及软件方面的主要设计任务是什么?

2.2　传感器一次变换后的信号有何特点? 通常传感器信号的调理电路包括哪些功能单元?

2.3　试用 AD590 设计一个实用的温度检测电路,其测温范围为(0～100)℃,其后续电路可以是模拟表计或 A/D 变换器。

2.4　试分别用线性及开关型霍尔传感器设计一个检测及报警应用电路。

2.5　试用光敏二极管设计一个光控型节能开关,其功能是:白天开关不工作;夜晚当有人按动开关时开关闭合,并经过(3～5)min 后自行关断。

参考文献

[1]　王福瑞,等.单片微机测控系统设计大全[M].北京:北京航空航天大学出版社,1999

[2]　方佩敏.新编传感器原理·应用·电路详解[M].北京:电子工业出版社,1995

[3]　丁镇生.传感及其遥控遥测技术应用[M].北京:电子工业出版社,2003

3 模拟系统及其基本单元

3.1 模拟系统及其特点

通常，一个实用的电子装置往往同时具有模拟与数字两类功能电路，两者相互配合、互为依托。随实用系统的不同，模拟与数字电路所占比重也不尽相同。所谓模拟系统通常是指信号源、信号处理与变换、传输、驱动及控制等主要单元基本上由模拟电路组成的系统，它更多的是作为某一复杂系统的子系统，如功率放大、信号调理等。

与数字系统相比，模拟系统在设计与调试中应注意以下几个特点：

（1）模拟系统在设计与调试时不仅应满足一般的功能、指标要求，尤其应注意技术指标的精度及稳定性，应充分考虑元器件温度特性、电源电压波动、负载变化及干扰等因素的影响。不仅要注意各功能单元的静态与动态指标及其稳定性，尤其要注意组成系统后各单元之间的耦合形式、反馈类型、负载效应及电源内阻、地线电阻等对系统指标的影响。

（2）应十分重视级间阻抗匹配问题。例如一个多级放大器，其输入级与信号源之间的阻抗匹配有利于提高信噪比；中间级之间的阻抗匹配，有利于提高开环增益；输出级与负载之间的阻抗匹配有利于提高输出功率和效率等。

（3）元器件选择方面应注意参数的分散性及其温度的影响。在满足设计指标要求的前提下，应尽量选择来源广泛的通用型元器件。

（4）模拟系统技术实现的最大难点是安装与调试。通常遵循的原则是先单元后系统、先静态后动态、先粗调后细调。关于印刷电路板的布线、接地及抗干扰等具体问题详见本书第8章有关内容。

3.2 模拟信号产生单元

模拟式函数波形发生器是一种典型的信号源，其核心部分是信号产生单元，产生的信号通常有正弦波、脉冲波、三角波及调制波等。它们可由分立元件、集成运放、数字集成电路、专用单片集成电路及单片机系统构成。本节介绍几种由通用与专用集成电路和PLL电路构成的信号源电路。

3.2.1 单片精密函数发生器 ICL8038

ICL8038是一种多波形输出的单片精密函数发生器。它可以同时输出方波（或脉冲波）、三角波（或锯齿波）及正弦波。

ICL8038的主要性能指标如下：

- 输出波形：可同时输出正弦波、方波、三角波等。
- 频率范围：0.01 Hz～300 kHz。
- 频率的温漂很小，约为 $50 \times 10^{-6}/℃$。

● 正弦波输出的失真低达 1%以下。

● 三角波输出线性度高达 0.1%。

● 方波占空比可调范围宽:2%~98%。

● 供电电压:单电源(+10~+30)V;双电源(±5~±15)V。

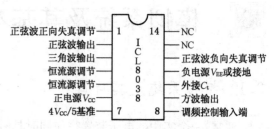

图 3.1 ICL8038 引脚图

ICL8038 采用双列直插式封装,其引脚排列见图 3.1,内部组成框图如图 3.2 所示。它由两个比较器 A_1、A_2,触发器 FF,恒流源 I_A、$2I_B$,电子开关 S 及正弦波变换电路等组成。其中触发器的 Q 端控制电子开关 S,使恒流源对 10 号引脚上的外接定时电容 C_t 充放电形成三角波。两个比较器的基准电压 $2V_{CC}/3$ 及 $V_{CC}/3$ 由片内提供,在三角波作用下,使两个比较器在输入大于 $2V_{CC}/3$ 或小于 $V_{CC}/3$ 时翻转,其输出去控制触发器 FF。FF 的 $\bar{Q}$ 端输出方波经缓冲器自 9 脚输出;三角波通过缓冲器自 3 脚输出,同时经正弦波变换器形成正弦波自 2 脚输出。两个恒流源对外接定时电容的充放电由电子开关 S 控制。当 $Q=0$ 时,S 断开,C_t 仅由恒流源 I_A 充电。当 C_t 两端电压充至略大于 $2V_{CC}/3$ 时,比较器 A_1 输出为 1,使 FF 输出置 1,即 $Q=1$,致使电子开关 S 闭合,此时恒流源 $2I_B$ 对 C_t 反向充电,使 C_t 端电压下降,当降至略小于 $V_{CC}/3$ 时,比较器 A_2 输出为 1,则 FF 的 Q 端置 0,电子开关 S 又断开,此时仅剩恒流源 I_A 对 C_t 充电。如此周而复始。若 $I_A=2I_B$,则 3 脚输出三角波,而 FF 输出为占空比 50%的方波。通过改变 4 脚和 5 脚的外接电阻,可使 I_A 及 $2I_B$ 的大小改变,从而使 3 脚输出为锯齿波,同时,9 脚出现可调占空比的矩形波。三角波经正弦变换后自 2 脚输出正弦波,正弦波的正向失真可由接于 1 脚与 6 脚(V_{CC})间的电位器调节,而正弦波的负向失真则可由 12 脚与 11 脚(V_{EE})所接电位器来调节。

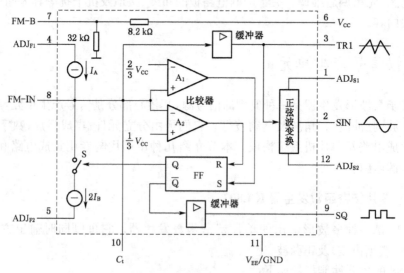

图 3.2 ICL8038 内部组成框图

由 ICL8038 组成的音频信号发生器电路如图 3.3 所示。改变 8 脚电位可使 ICL8038 处于压控振荡器状态,因此可通过图中 R_{P1} 来调节输出频率。8 脚电位越高,则输出频率越低;

反之则输出频率越高。图示参数使输出频率可调范围为 20 Hz～20 kHz。当采用双电源供电时，则输出波形的直流电平为零；当采用单电源供电时，输出波形的直流电平为电源电压的一半。R_{P2} 用于调节输出方波的占空比。R_{P4}、R_{P3} 分别用于调节正弦波的正、负向失真。

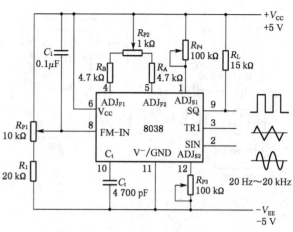

图 3.3　ICL8038 组成的音频信号发生器

3.2.2　高精度 50 Hz 时基电路

CD4060 为内部具有振荡器和 14 级二分频器的数字集成电路。按图 3.4 连接，选外接石英晶体 SJT 的频率为 480 kHz，4 个二极管 VD_1～VD_4 构成与门电路，其输出接至分频器复位端 R，当连到该与门输入端的分频器的 4 个输出端全部置 1 时，分频器被复位，则其分频系数为 $2^6+2^7+2^9+2^{12}=4\,800$。480 kHz 的源振荡信号经 4 800 分频后，由 Q_{12} 输出即为 100 Hz 的信号，再经双 D 触发器 4013 进行二分频，即可从 4013 的 Q 和 $\overline{Q}$ 端得到一对互补对称的 50 Hz 时基信号。

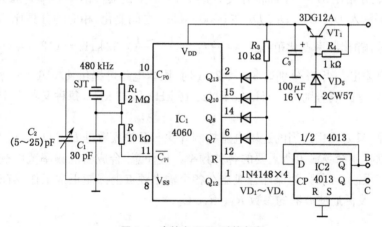

图 3.4　高精度 50 Hz 时基电路

本电路的调试要点是，微调电容 C_2，并用频率计监测以获得精确的 480 kHz 振荡信号。图中 VT_1 及其外围元件组成稳压电源可使 50 Hz 时基信号的频率和幅度稳定。用类似的电路组成原则可构成秒信号发生器、60 Hz 时基信号产生电路及 1 kHz 信号产生电路等。

3.2.3　锁相环频率合成器

用一个高稳定度的晶体振荡源，经过锁相环(PLL)电路可产生一系列频率稳定度与晶振十分接近、频率改变十分方便的信号输出，这就是 PLL 频率合成器。图 3.5 便是用数字锁相环 CC4046 构成的一个频率合成器的电原理图。工作原理如下：

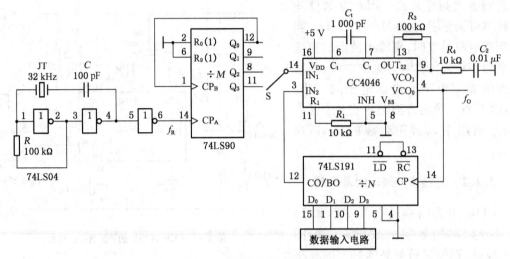

图 3.5　CC4060 组成的频率合成器

晶振 JT 与六反相器 74LS04 组成晶体振荡电路提供 32 kHz 基准频率 f_R 输出,计数器 74LS90 组成 M 分频电路,当开关 S 分别置于 74LS90 的 Q_3、Q_2、Q_1 及 Q_0 端,可获得的分频比 M 相应为 8、4、2 和 1;4 位二进制计数器 74LS191 组成可置数的 N 分频电路,改变数据输入 D_3、D_2、D_1、D_0 即可改变分频比 N。

例　设取分频比 $M = 4$,即将开关 S 接于 74LS90 的 Q_2 端,则频率间隔为 32 kHz/4＝8 kHz,随数据输入 D_3、D_2、D_1、D_0 在 0000～1111 之间变化,相应的分频比 N 在 16～1 之间变化。于是,输出频率变化范围 $f_o = \dfrac{N}{M} f_R = \dfrac{16 \sim 1}{4} \times 32\,\text{kHz} = (128 \sim 8)\,\text{kHz}$,共有 16 种不同的频率输出。当 M 分别取 8、4、2、1 时,则本电路可提供 $4 \times 16 = 64$ 种不同的频率输出,即输出频率间隔分别为 4 kHz、8 kHz、16 kHz 和 32 kHz,每种又各有 16 种不同频率的信号。

由此可见,只要采用适当的逻辑电路控制开关 S 及输入数据 D_3、D_2、D_1、D_0,则频率合成器便可根据控制命令输出所需要的各种频率。应注意,合成器的频率范围受 PLL 电路的最高工作频率限制。同时,为保证合成器在各个输出频点上都能正常工作,有时需要改变定时参数 R_1、C_t 及低通滤波器的参数 R_3、R_4、C_2。

3.3　模拟信号的常用处理单元

众所周知,一般传感器输出的信号通常是模拟信号,其输出幅度很小,为毫伏或微伏级,而且常常伴有噪声和干扰,并存在非线性。为了满足系统的测控要求,在送到后续电路进行变换之前,常常需要将它们进行预处理,如放大、滤波、线性化、温度补偿、整形等。

本节将从工程实用角度出发,介绍集成运放在信号调理中的典型应用、测量放大器及 RC 有源滤波器的实用电路等内容。

3.3.1　集成运放及其在信号调理电路中的典型运用

1）常用运放的分类及其参数

目前,国内外生产的集成运放品种繁多,性能指标差异很大,通常可分为以下几类:

(1) 通用型运放

如 μA741(通用单运放)、CF124(四运放)等,其性能指标适于一般使用,常用于对速度和精度要求均不太高的场合。其中 μA741 要求双电源供电(($\pm 5 \sim \pm 18$)V),典型值为 ± 15 V。CF124/CF224/CF324 这三种四运放的内部结构、封装形式及引脚排列完全相同。其中 CF124 为军品,其工作温度范围为($-55 \sim 125$)℃;CF224 为工业用品,其工作温度范围为($-20 \sim 85$)℃;CF324 为民用品,其工作温度为($0 \sim 75$)℃,CF324 既可双电源供电(($\pm 1.5 \sim \pm 16$)V),也可单电源供电(($+3 \sim 32$)V)。

(2) 高输入阻抗运放

如 CF355/CF356/CF357,其特点是采用结型场效应管(JFET)作输入级,故输入阻抗很高,约 $10^{12}\,\Omega$,且有较高的工作速度,CF355 的 $SR = 5$ V/μs,CF356 的 $SR = 12$ V/μs,CF357 的 $SR = 50$ V/μs。它们均要求双电源供电,且使用中应对电源加去耦电容。对应的工业品型号为 CF255/CF256/CF257,军品型号为 CF155/CF156/CF157。

而采用 MOS 场效管(MOSFET)作为输入级的运放有 CF3140 等,其输入阻抗高达 $10^{12}\,\Omega$,输入偏流约 10 pA,工作速度较高($SR = 9$ V/μs)。常用于积分及保持电路等。它既可双电源供电(($\pm 2 \sim \pm 18$)V),又可单电源供电(($4 \sim 36$)V)。其工作温度范围为($-55 \sim 125$)℃。

(3) 低失调低漂移运放

此类运放如 OP-07,输入失调电压及其温漂、输入失调电流及其温漂都很小,因而其精度较高,故称高精度运放。但其工作速度比 μA741 还低,常用于积分、精密加法、比较、检波和弱信号精密放大等,如热电偶输出信号的放大、电阻应变传感器输出的信号放大等。OP-07 要求双电源供电,使用温度范围为($0 \sim 70$)℃。

(4) 斩波稳零集成运放

以 ICL7650 为代表的斩波稳零集成运放属于第四代运放,其特点是超低失调、越低漂移、高增益、高输入阻抗,性能极为稳定。广泛适用于电桥信号放大、测量放大及物理量的检测等领域。

典型集成运放的参数表见表 3.1。

2）选用运放的注意事项

(1) 若无特殊要求,应尽量选用通用型运放。当一系统中有多个运放时,建议选用双运放(如 CF358)或四运放(如 CF324 等)。

(2) 对于手册中给出的运放性能指标应有全面的认识。首先,不要盲目片面追求指标的先进,例如场效应管输入级的运放,其输入阻抗虽高,但失调电压也较大,低功耗运放的转换速率必然也较低。其次,手册中给出的指标是在一定的测试条件下测出的,如果使用条件和测试条件不一致,则指标的数值也将会有差异。

表 3.1　集成运放参数(±15 V)

参数名称	符号	单位	CF741 μA741	CF124/ 224/324	CF081/ 082/084	CF355/ 356/357	CF3140 CA3140	F118/218 LM118/ 218/318	LM318 OP-07	OP-15/ 16/17	OP-27	5G7650 ICL7650
双电源电压	V_{CC}, V_{EE}	(V)	±(9~18)	±16	±18	±18	±18	±(5~20)	±22	±22	±(4~22)	±(3~8)
单电源电压	V_{CC}	(V)		3~30			4~36					
输入失调电压	U_{IOS}	(mV)	2	±2	7.5△	3	4	2~4	85	0.7	30	0.7
失调电压温漂	αU_{IOS}	(mV/℃)	15△		10		8		0.7	4	0.2	0.01
输入失调电流	I_{IOS}	(nA)	20	±3	3△	3×10⁻³	0.5×10⁻³	6~30	0.8	0.15	12	0.5×10⁻³
失调电流温漂	αU_{IOS}	(nA/℃)	0.5△						12×10⁻³			
输入偏置电流	I_{IB}	(nA)	80	45	7	30×10⁻³	10×10⁻³	120~150	2	±0.25	15	1.5×10⁻³
偏置电流温漂	αI_B	(nA/℃)							0.018			
差模电压增益	A_{VD}	(dB)	106	100		106	100	>106	104	91	125	120
共模电压增益	$KCMR$	(dB)	84	70~85	86	100	90	100	110	94	118	130
差模输入电阻	R_{ID}	(MΩ)	1		10⁶	10⁶	1.5×10⁶	3	31	10⁶	4	10⁶
单位增益带宽	BW_o	(MHz)	0.3	1		2.5~20	4.5	15	0.6		9	2
转换速率	SR	(V/μs)	0.5		13	5~15	9	70	0.17	15~70	2.8	2.5
输出电阻	R_o	(Ω)	75					60	60			
电源电流	I_s	(mA)	1.7	0.7	1.4	2~5	4	5		2.7~4.8		2
电源电压抑制比	$KSUR$	(dB)		100	86	100	76	80	104	86	114	130
差模输入电压范围	U_{IIM}	(V)	±30	±32	±30	±30	±8	±30	±30		±0.7	±7
共模输入电压范围	U_{ICM}	(V)	±15	±15	±15	±16	$V_+ +8$ $V_- -0.5$	±15	22	±16	±22	$V_+ +0.32$ $V_- -0.3$
输入噪声电压	U_N	(nV/√Hz)			25	15~25	40		10.5	20	3.8	
输入噪声电流	I_N	(pA/√Hz)				0.01			0.35	0.01	1.7	0.01
建立时间	t_s	(μs)				1.5~4	4.5				0.2	
长时间漂移		(μV/月)							0.5			0.1
备　注				内补偿	内补偿	内补偿	内补偿	内补偿	内补偿			内补偿

注：△表示最大值，其余为典型值。

（3）当使用 MOS 场效应管输入级的运放，例如 CF3140 时，应注意如下几点：

● 因其输入级为 MOSFET，故安装焊接时应符合 MOSFET 的要求；

● CF3140 的最大允许差模电压为 ±8 V，故一般应接保护电路，以免因电压过高而击穿。其输入回路电流应小于 1 mA，因此需在输入及反馈回路中串接限流电阻，一般不小于 3.9 kΩ。

● 其输出负载电阻应大于 2 kΩ，否则将使负向输出动态范围变小。

(4) 当用运放作弱信号放大时,应特别注意选用失调以及噪声系数均很小的运放,如ICL7650。同时应保持运放同相端与反相端对地的等效直流电阻相等。此外,在高输入阻抗及低失调、低漂移的高精度运放的印刷底板布线方案中,其输入端应加保护环。

(5) 如果运放工作于大信号状态,则此时电路的最大不失真输出幅度 U_{om} 及信号频率将受运放的转换速率 SR 的制约。以 $\mu A741$ 为例,其 $SR = 0.5\,V/\mu s$,若输入信号的最高频率 f_{max} 为 $100\,kHz$,则其不失真最大输出电压 $U_{om} \leqslant \dfrac{SR}{2\pi f_{max}} = 0.5 \times 10^6/2\pi \times 10^5 = 0.8\,V$。

(6) 当运放用于直流放大时,必须妥善进行调零。有调零端的运放应按推荐的调零电路进行调零;若没有调零端的运放,则可参考图 3.6 进行调零。

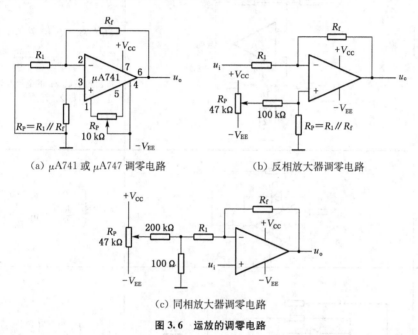

(a) $\mu A741$ 或 $\mu A747$ 调零电路   (b) 反相放大器调零电路

(c) 同相放大器调零电路

图 3.6 运放的调零电路

(7) 为了消除运放的高频自激,应参照推荐参数在规定的消振引脚之间接入适当电容消振。同时应尽量避免两级以上放大级级连,以减小消振困难。为消除电源内阻引起的寄生振荡,可在运放电源端对地就近接去耦电容,考虑到去耦电解电容的电感效应,常常在其两端再并联一个容量为(0.01~0.1)μF 的瓷片电容。

3) 集成运算放大器在信号调理中的基本应用

集成运算放大器广泛用于信号调理,是最常用最重要的部件。用于信号调理的集成运算放大器电路(除了比例、微分、积分运算外)简要归纳如表 3.2 所示。由于滤波器应用广泛,且内容很多,故将另行介绍,不包括在此表以内。

表 3.2　集成运算放大器在信号调理器中的基本应用

序号	功能	基　本　电　路	主　要　描　述
1	I-U 变换		$u_O = -RI_P$ （I_P 为光电流）
2	U-I 变换		当 $R_1 R_3 = R_2 R_4$ 成立时，有： $$i_L = -\frac{u_I}{R_2}$$ 即流过负载 Z_L 的电流与输入电压成正比，而与 Z_L 无关
3	精密半波整流		$u_O = \begin{cases} 0 & u_I > 0\,(\text{VD}_1\ \text{导通}) \\ -\dfrac{R_2}{R_1}u_I & u_I < 0\,(\text{VD}_2\ \text{导通}) \end{cases}$
4	精密全波整流（绝对值电路）		$u_{O1} = \begin{cases} -u_I & u_I > 0 \\ 0 & u_I < 0 \end{cases}$ $u_O = -u_I - 2u_{O1}$ $\quad = |u_I|$
5	峰值检波		$u_I > u_O$，VD 导通，电路工作在跟踪阶段 $u_I < u_O$，VD 截止，电路工作在"保持"阶段

续表 3.2

序号	功能	基 本 电 路	主 要 描 述
6	相敏检波（符号电路）		$u_O = \begin{cases} -u_I & u_G \text{ 为高电平时，T 导通} \\ +u_I & u_G \text{ 为低电平时，T 截止} \end{cases}$ 当 v_G 与 v_I 同频不同相（相位差 φ）时，经低通滤波输出 $u_O = K\cos\varphi$。即 u_O 与两信号相位差的余弦成正比
7	采样保持电路	 T 是场效应管双向开关 u_S 为高电平时，采样；u_S 为低电平时，保持	
8	过零比较器（整形）		
9	迟滞比较器	 $U_H = |U_L| = \dfrac{R_2}{R_1 + R_2}|U_Z|$	传输特性 回差 $\Delta U = U_H - U_L$

序号	功能	基 本 电 路	主 要 描 述
10	窗口比较器	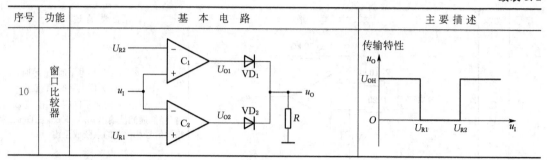	传输特性

3.3.2　测量放大器

测量放大器又称数据放大器、仪表放大器。其主要特点是：输入阻抗高、输出阻抗低，失调及零漂很小，放大倍数精确可调，具有差动输入、单端输出，共模抑制比很高。适用于大的共模电压背景下对缓变微弱的差值信号进行放大，常用于热电偶、应变电桥、生物信号等的放大。

1）三运放测量放大器

图 3.7 中运放 A_1 和 A_2 构成第一级，为具有电压负反馈之双端同相输入、双端输出的形式，其输入阻抗高，放大倍数调节方便；第二级 A_3 为差动放大电路，它将双端输入转换为单端输出，在电阻精确配对的条件下，可获得很高的共模抑制比。

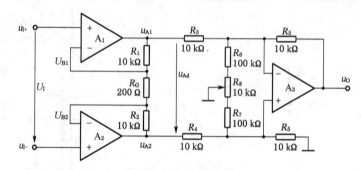

图 3.7　三运放测量放大器

分析可得，测量放大器的差模增益为：

$$G = 1 + 2\frac{R_1}{R_G}$$

测量放大器的共模抑制比为：

$$CMRR = \left(1 + 2\frac{R_1}{R_G}\right)CMRR_3$$

式中：$CMRR_3$——第二级 A_3 的共模抑制比。

输入阻抗很大，约为 $10^9\,\Omega$。

2) 单片集成测量放大器

目前,专用测量放大器品种繁多,按性能分类有通用型(如 INA110、INA114/115、INA131 等)、高精度型(如 AD522、AD524、AD624 等)、低噪声低功耗型(如 INA102、INA103 等)及可编程型(如 AD526、PGA102 等)。下面介绍高精度型单片集成测量放大器 AD522。AD522 是美国 AD 公司生产的单片集成测量放大器。图 3.8 给出了它的引脚图,用它接成的电桥放大电路见图 3.9。

其引脚说明如下:

1、3:信号的同相及反相输入端;

2、14:接增益调节电阻 R_G;

7:放大器输出端;

8、5、9:分别为 V_{CC}、V_{EE} 及地端;

4、6:接调零电位器;

11:参考电位端,一般接地;

12:用于检测;

13:接输入信号引线的屏蔽网,以减小外电场的干扰。

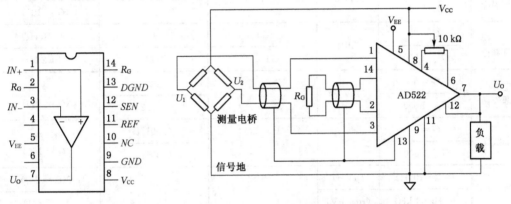

图 3.8 AD522 引脚图 　　　　　图 3.9 AD522 电桥放大电路

为提供放大器偏置电流的通路,信号地必须与电源地端 9 脚相连。负载接于 11 与 7 脚之间,同时 11 脚必须与 9 脚相连,以使负载电流流至地端。

放大器的差模增益:

$$G = \frac{U_O}{U_1 - U_2} = 1 + 2 \times \frac{100}{R_G}$$

式中:R_G 的单位为 kΩ。

AD522 等测量放大器的性能参数见表 3.3。

表 3.3　测量放大器性能指标

参 数 名 称		单 位	参 数 值		
			AD521S	AD522B	ZF605
增益	增益范围	（倍）	$0.1\sim1\,000$	$1\sim1\,000$	$1\sim1\,000$
	温度稳定性	$(\times(10^{-6}/℃))$	$\pm(15\pm0.4G)$		
动态特性	小信号带宽　$G=1$	（kHz）	$>2\,000$	300	
	小信号带宽　$G=100$		>300	3	
	满功率带宽	（kHz）		1.5	$15(G=1)$
	转换速率 SR	（V/μs）	10	0.1	
输入偏置电流		（nA）	80	±15	±60
差动输入电阻		（GΩ）	3	1	1
共模输入电阻		（GΩ）	6	1	1
输入失调电压		（mV）	0.5	$\pm0.2(G=1)$	$\pm0.2(G=100)$
失调电压温漂	$G=1$	（μV/℃）	7	±10	1
	$G=100$			±6	$(G=100)$
共模抑制比	$G=1$	（dB）	80	90	$70(10\text{ Hz})$
	$G=1\,000$		120	>120	$110(2\text{ Hz})$
电源引起失调	$G=1$	（μV/%）	3	±20	3
	$G=1\,000$			±0.2	$(G=100)$
非线性	$G=1$			0.001%	0.02%
	$G=1\,000$			0.005%	$(G=100)$
噪声	$(0.1\sim10)$Hz	（μV$_{\text{PP}}$）			$1.5(G=1\,000)$
	10 Hz$\sim$1 kHz	（rms/μV）			$15(G=1)$
工作温度范围		（℃）	$-55\sim-125$	$-55\sim+125$	$-55\sim-85$
电源电压		（V）	$\pm(5\sim18)$	$\pm(5\sim18)$	$\pm(6\sim18)$

说明：μV/%表示电源电压变化1%引起1μV失调电压。

3.3.3　RC 有源滤波器的实用电路

　　滤波器是模拟信号处理的常用单元。由 R、C 元件与运放组成的有源滤波器称作 RC 有源滤波器。按其幅频特性的不同滤波器可分为低通、高通、带通和带阻四种类型。和无源滤波器相比，RC 有源滤波器的主要优点是：截止频率（或中心频率）调节方便；可提供通带内一定的增益；输出阻抗低，便于级联组合为高阶滤波器，或由高通及低通滤波器组合成带通或带阻滤波器。但是，由于受运放带宽的限制，RC 有源滤波器仅适用于低频范围。按滤波器逼近函数的不同，又分巴特沃斯（Butterwoth）滤波器、切比雪夫（Chebyshev）滤波器和椭圆（Eliptic）滤波器。这里主要介绍若干常用一阶、二阶有源滤波器电路及其性能参数。

表 3.4 给出常用一阶、二阶有源滤波器电路。

表 3.4 常用一阶、二阶有源滤波器电路

功能	电 路	传递函数及主要参数	幅频特性及相频特性
一阶低通		$A(j\omega) = -\dfrac{R_2}{R_1}\dfrac{1}{1+j\omega R_2 C}$ $A(s) = -\dfrac{R_2}{R_1}\dfrac{1}{1+sR_2 C}$ $A_{uo} = -\dfrac{R_2}{R_1}$，$\omega_0 = \dfrac{1}{R_2 C}$	
二阶低通		$A(s) = \dfrac{A(0)\omega_0^2}{s^2 + \dfrac{\omega_0}{Q}s + \omega_0^2}$ $A(0) = (1+R_f/R_1)$，$\omega_0 = \dfrac{1}{RC}$ $Q = \dfrac{1}{3-A(0)}$，$A(0)=1$，$Q=0.5$ 为保证稳定，$A(0)<3$，$Q<10$ $K_{uf} = (1+R_f/R_1) = A(0)$	
二阶高通		$A(s) = \dfrac{A(\infty)s^2}{s^2 + \dfrac{\omega_0}{Q}s + \omega_0^2}$ $A(\infty)=1$，$\omega_0 = 1/RC$ $Q = \dfrac{1}{3-A(\omega)} = 0.5$ 为保证稳定 $A(\infty)<3$，$Q<10$	
二阶带通		$A(s) = \dfrac{A(\omega_0)\dfrac{\omega_0}{Q}s}{s^2 + \dfrac{\omega_0}{Q}s + \omega_0^2}$ $A(\omega_0) = k_{vf}/(5-k_{vf}) = \dfrac{1}{4} = 0.25$ $\omega_0 = \dfrac{\sqrt{2}}{RC}$，$Q = \dfrac{\sqrt{2}}{5-k_{vf}} = \dfrac{\sqrt{2}}{4}$（$k_{vf}=1$） 为保证稳定，$k_{vf}$ 一定要小于 5 $BW_{-3dB} = \dfrac{\omega_0}{Q} = \dfrac{5-k_{vf}}{RC}$	

功能	电　路	传递函数及主要参数	幅频特性及相频特性
二阶低通(多重反馈)		$A(s) = \dfrac{A(0)\omega_0^2}{s^2 + \dfrac{\omega_0}{Q}s + \omega_0^2}$ $A(0) = -R_3/R_1,\ \omega_0 = \sqrt{\dfrac{1}{R_3 R_4 C_2 C_5}}$ $Q = \dfrac{1}{\sqrt{\dfrac{C_5}{C_2}}\left(\sqrt{\dfrac{R_3}{R_4}} + \sqrt{\dfrac{R_4}{R_3}} + \sqrt{\dfrac{R_3 R_4}{R_1^2}}\right)}$	
二阶带通(多重反馈)		$A(s) = \dfrac{A(\omega_0)\dfrac{\omega_0}{Q}s}{s^2 + \dfrac{\omega_0}{Q}s + \omega_0}$ 当 $R_2 \ll R_1$、$C_3 = C_4$ 时 $A(\omega_0) = -\dfrac{R_5}{2R_1},\ \omega_0 = \dfrac{1}{C}\sqrt{\dfrac{1}{R_2 R_5}}$ $Q = \dfrac{1}{2}\sqrt{\dfrac{R_5}{R_2}},\ BW_{-3\mathrm{dB}} = \dfrac{\omega_0}{Q} = \dfrac{2}{CR_5}$ 调节 R_2，仅改变 ω_0、Q，而 $A(\omega_0)$、 $BW_{-3\mathrm{dB}}$ 均不变	
二阶带阻(双T网络)		$A(s) = \dfrac{s^2 + \omega_0^2}{s^2 + \dfrac{\omega_0}{Q}s + \omega_0^2}$ $\omega_0 = \dfrac{1}{RC},\ Q = \dfrac{1}{4\left(1 - \dfrac{R_2}{R_1 + R_2}\right)}$	
一阶全通		$A(s) = \dfrac{1 - sR_T C_T}{1 + sR_T C_T}$ $|A(j\omega)| = 1$ $\Delta\varphi(j\omega) = -2\arctan R_T C_T$ $\omega_0 = \dfrac{1}{R_T C_T}$	

有源滤波器设计中元器件选用应注意以下几点：

● 运放　应根据工作频率范围选择合适的运放。尤其在构成较高频率的(如 10 kHz 以上)有源滤波器时，不但应选用增益带宽积 GBW 高，且要注意选择转换速率 SR 也大的运放；注意避免运放在高频段由于附加相移引起的振荡，宜适当降低输入信号电平，以不使输出过大而饱和；必须注意运放的输入阻抗对滤波参数所带来的影响，必要时可选用 FET 输入级的运放。

● 电容　必须选用损耗小的优质电容，如聚苯乙烯电容、聚四氟乙烯电容等。

● 电阻　宜选温度系数小的电阻，如金属膜电阻，且精度必须达到 0.1%。考虑到运放输入电阻及输出电阻的影响，元器件取值范围一般是：$1\ \text{k}\Omega \leqslant R \leqslant 100\ \text{k}\Omega$，$C \geqslant 10$ pF。

此外，在实际制作有源滤波器之前，宜先根据所设计的电路及元器件值，利用 EWB (Electronics Workbench)进行模拟，并利用其软件高级分析功能，对滤波电路的各项性能指标进行分析，以减少实际调试的工作量。

值得一提的是，目前已有通用型集成有源滤波器，如 UAF42，用它可以方便地设计成高通、低通、带通和带阻滤波器，而无需选配精密电阻和低损耗电容。它广泛地用于各种精密测试设备、通信设备、医疗仪器和数据采集系统中。有关 UAF42 的结构、特性参数及设计方法参见有关参考文献。

3.3.4　D 类音频功率放大器

1) 基本组成及工作原理

众所周知，功率放大器是一种向负载输出足够大不失真功率的装置。按功放管的工作状态不同，功放电路分为 A 类、AB 类、B 类、C 类和 D 类(又称甲类、甲乙类、乙类、丙类和丁类)。其中 D 类功放又称开关功放、数字功放或 PWM 功放。相比模拟功放，D 类功放的特点是：功放管处于开关状态，效率高、失真小。

D 类功放电路组成框图如图 3.10 所示。它由 PWM 调制器、PCM—PWM 转换器、脉冲驱动器、脉冲功率放大器和低通滤波器等几部分组成。

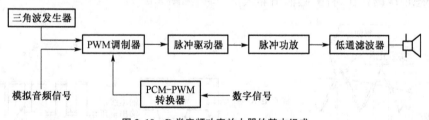

图 3.10　D 类音频功率放大器的基本组成

设输入的调制信号为模拟音频信号，它与高频载波信号(三角波或锯齿波)共同输入到 PWM 调制器，则调制器输出为脉冲宽度与输入调制信号幅度成正比的等高脉冲序列，再经脉冲驱动器送至脉冲功放电路，将功放电路输出经过低通滤波器滤除高频载波后，在负载上便得到所需要的具有足够功率的音频输出。当输入为 PCM 数字信号时(例如 CD 和 VCD 输出信号)，则需先经过 PCM—PWM 转换器使之成为 PWM 信号，再经脉冲驱动、脉冲功放及低通滤波后输出至负载。

下面对 D 类功放的主要功能单元作一说明：

(1) PWM 电路(即 PWM 调制器)

PWM 电路实为一个开环电平比较器,调制输入(音频)接至其同相端,高频载波接至其反相端,见图 3.11。由电平比较器的工作原理可知,当其同相端输入信号为正弦波时,其输出即为正弦脉宽调制(SPWM)波——脉宽正比于正弦调制信号幅度的等高矩形脉冲序列,该脉冲的高、低电平由 PWM 电路即电平比较器的电源电压决定。

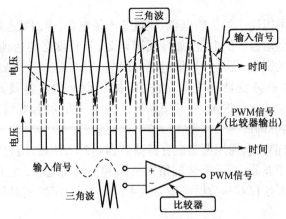

图 3.11　PWM 信号形成的原理图

(2) 开关功放(即 PWM 逆变电路)

它是 D 类功放的功率输出级,本质上它是一个逆变电路。通常逆变电路有半桥逆变电路和全桥逆变电路两种。电路中的功率开关管通常采用 N 沟道 MOSFET 或 IGBT。在驱动器输出的 SPWM 波驱动下,逆变电路的交流输出为双极性 SPWM 波,该输出脉冲的正、负电平及调制度由逆变电路的直流输入电压 U_d 及 PWM 电路的调制系数决定。这一双极性 SPWM 波经过低通滤波后,便可在负载上得到正弦信号(调制信号)功率输出。

2) 关于 D 类功放电路的失真与负反馈

由 D 类功放电路工作原理可知,从理论上讲其非线性失真应该为 0,但实际上由于以下一些非理想情况的存在,将引起输出非线性失真(见图 3.12):

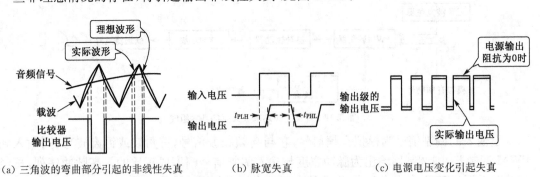

(a) 三角波的弯曲部分引起的非线性失真　　(b) 脉宽失真　　(c) 电源电压变化引起失真

图 3.12　D 类功率放大器的失真现象

(1) 载波(三角波或锯齿波)的非线性会导致输出 PWM 波占空比(即调制系数)的改变;

(2) 脉冲上升及下降延时会引起输出 PWM 波占空比变化;

(3) 逆变电路输入直流电压的波动将引起交流输出 SPWM 波的幅度变化。

解决或减少非线性失真的办法是引入负反馈,图 3.13 即为一款采用负反馈的改善 D 类功放非线性失真的实例。其中负反馈取样量为逆变电路的双极性 SPWM 输出,经低通滤波后将包含在 SPWM 波中的低频分量取出并放大作为反馈量。当然,由于引入了适量的负反馈,在改善电路非线性失真的同时,还将展宽其带宽、减少自激。

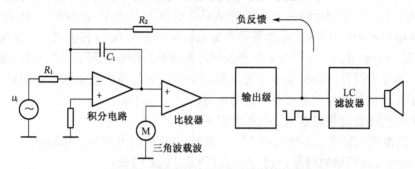

图 3.13　采用负反馈改善非线性失真的实例

图 3.14 给出一个由专用控制、驱动芯片 HIP4080 构成的 D 类功放电路图,读者可以自行分析之。

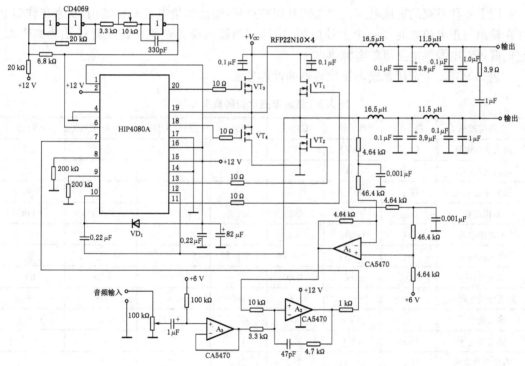

图 3.14　D 类功率放大器电路图

3.4　模拟信号变换单元

在测控系统和一般电子装置中,经常需要将模拟信号进行某种变换。常见的电信号之间的变换有电压-电流变换、电压-频率变换、光-电变换、模-数变换等等。本节先对信号变换单元中应用较多的电压比较器、采样保持器、模拟多路开关等做一介绍,然后讨论电压-电流变换、电压- 频率变换以及频率解码电路。

3.4.1　集成电压比较器

完成两个电平大小的比较并将比较的结果以逻辑 1(高电平)或逻辑 0(低电平)来提示的电路即为电压比较器,因而比较器可看作是最简单的一位 A/D 转换电路。从电路结构上看,比较器是一个输出级工作于开关状态的开环高增益直耦放大器。从这点看,运放也可作比较器用。但是专门设计的集成电压比较器,在响应速度、输出电平与数字电路的兼容性、工作点稳定及价格等方面比运放有明显的优势。

常用的性能优良的集成电压比较器有以下四种系列:

(1) 高精度通用集成电压比较器 CJ111 系列(对应的国外型号为 LM111 系列),其中军用品、工业用品及民用品的型号分别为 CJ111、CJ211 及 CJ311。

(2) 高速集成双电压比较器 CJ119 系列。

(3) 低功耗低失调集成双电压比较器 CJ193 系列。

(4) 低功耗低失调集成四电压比较器 CJ139 系列。

以上 4 种系列的集成电压比较器的共同特点是:输出为集电极开路结构,正常工作时必须在输出与正电源之间接一个上拉电阻。否则,当输出应为逻辑 1 时实际输出为高阻态。它们既可双电源供电又可单电源供电。

表 3.5 列出了常用集成电压比较器的性能参数。

表 3.5　集成电压比较器典型参数

参数与规格	符　号	单　位	CJ111	CJ311	CJ293　CJ393	CJ239　CJ339	FX119
输入失调电压	U_{IOS}	(mV)	2	0.7	1	2	0.7
输入失调电流	I_{IOS}	(nA)	6	4	5	5	30
输入偏置电流	I_{IB}	(nA)	100	60	25	25	150
差模增益	A_{VD}	(V/mV)	200	200	200	200	84 dB
正电源电流	I_{S+}	(mA)	5.1	5.1		1	8
负电源电流	I_{S-}	(mA)	−4.1	−4.1			8
响应时间	t_S	(ns)	200	200	1 300	1 300	80
大信号响应时间	T_S	(ns)	300	300	300	300	
输入低电平	U_{OL}	(V)	<0.5	<0.5	<0.25	<0.25	<0.5
输出高电平	U_{OH}	(V)	V_-	V_+		V_-	V_-
输出吸收电流	I_{OL}	(mA)	>5	>5		16	>5
最大差模输入	U_{DM}	(V)	±30	±30		36	±5
最大共模输入	U_{DM}	(V)	±13	±13		$V_+-1.5$	±13
每片内含比较器数			单	单	双	四	双
选通端			有	有	无	无	无

以下介绍 CJ111 系列比较器的几个典型应用电路。

（1）具有调零电路的过零比较器（见图 3.15）

电位器 R_W 用于调零，电容 C 用以防止振荡，可用 1 000 pF。若无需调令，可不用 R_W，但应将 6 脚与 5 脚短接以防止振荡，当工作频率不高时也可将 5 脚与 6 脚悬空。上拉电阻 R_2 必须接于输出 7 脚与正电源 8 脚之间，R_2 值越大，其响应时间越长；R_2 过小将使输出低电平时的吸收电流过大。通常当 $V_{CC}=5$ V 时 R_2 的典型值取 3 kΩ。电阻 R_1 和二极管 VD$_1$、VD$_2$ 构成比较器的输入端保护电路，以防止比较器的输入端加上过高电压。

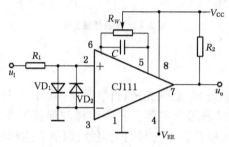

图 3.15　过零比较器

（2）具有选通控制的电平比较器

当比较器工作与否需要可控制时，则可按图 3.16 连接之。当选通脉冲为高电平时，晶体管 T 饱和，故 6 脚为低电平，此时比较器输出立即变为与输入无关的高电平。当 6 脚为高电平或悬空后，比较器又恢复正常工作。这里需要指出，CJ111 的输出级有这样的特点（见图 3.17），即其输出管的集电极 7 脚是开路的，其发射极 1 脚也是浮置的，在使用中当将 1 脚接到地端时，即使是双电源供电也呈现单极性输出；而当将 1 脚接到 V_{EE} 端时，若采用双电源供电，则可得到双极性输出。若采用单电源供电，则可得单极性输出。例如，取双电源±5 V供电，将 1 脚接地，则比较器的输出便可直接与 TTL 相连。

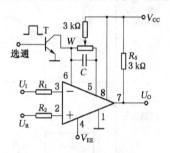

图 3.16　电平比较器

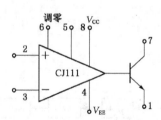

图 3.17　CJ111 的输出级

（3）施密特触发器（又称滞回比较器）

为了防止比较器的输出因干扰而产生抖动，并提高其输出前后沿的陡度，通常可提供一定的正反馈使其传输特性具有回差特性。一种同相输入过零滞回比较器（施密特触发器）的电路、传输特性及波形图见图 3.18。

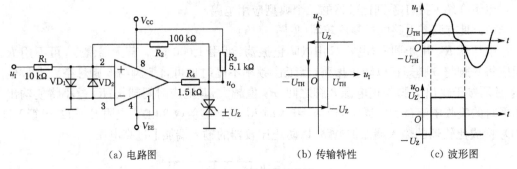

（a）电路图　　　　　　　（b）传输特性　　　　（c）波形图

图 3.18　施密特触发器

3.4.2　采样保持器

为将模拟量输入计算机处理，必须先进行模-数变换（即 A/D 变换）。一般 A/D 变换过程包括采样、保持、量化和编码四个步骤。其中采样与保持系由同一芯片——采样保持器（S/H）完成。采样是将输入模拟量变为时间上离散、幅值上连续的采样信号（又称为离散模拟信号），而幅值变为数字量即为量化、编码的过程。由于模拟量随时间连续变化，而完成 A/D 变换需要一定时间 Δt，为使 A/D 变换结束时的值能代表采样时刻的模拟量值，应该在 Δt 内保持送到 A/D 变换的模拟量值不变，这就是保持器的任务。采样与保持功能一体化的器件即为采样保持器。图 3.19 给出了一个单通道模拟系统的框图。图中 PGA 为程控前置放大器，为使来自传感器的信号（通常是 mV 级或更弱）在整个信号范围内与 A/D 转换器匹配，以满足精度要求，放大器必须具有自动量程控制功能。每个量程的放大倍数为：

$$K = \frac{\text{A/D 满刻度输入（一般为参考电压）}}{\text{传感器某量程的最大输入}}$$

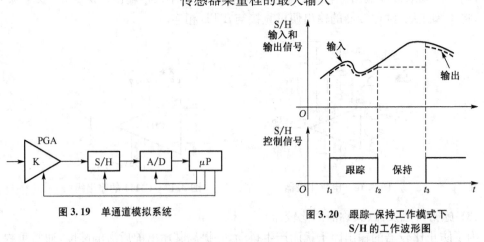

图 3.19　单通道模拟系统　　　　　　图 3.20　跟踪-保持工作模式下 S/H 的工作波形图

在跟踪-保持工作模式下采样保持器 S/H 在控制信号控制下的波形图如图 3.20 所示。在跟踪期间（$t_1 \sim t_2$），S/H 的输出信号跟踪输入信号的变化；在保持信号到来时刻 t_2，S/H 的输出保持在 t_2 时刻所具有的数值，并且一直保持到保持信号结束 t_3；在保持周期内（$t_2 \sim t_3$），A/D 转换器完成转换。上述工作模式适用于低速 S/H 器件以及输入模拟信号上限频率较低的场合。对高速 S/H 以及输入模拟信号上限频率较高的情况，通常采用采样-保持工作模式,关于该工作模式的详细分析可参考有关文献。

采样保持集成芯片和组件通常分以下四类:

(1) 通用芯片:如 AD282K、AD583K、LF198/298/398,组件式有 SHA1134、SHA-5 等。

(2) 高速芯片:如 HTS-0025、THS-0060、HTC-0300、THC-1500,组件式有 SHA-2A 等。

(3) 高分辨率芯片:如 SHA1144,组件式有 SHA-6 等。

(4) 低下降率组件:如 SHA-3、SHA-4 等。

常用集成采样保持器介绍如下。

1) AD582

AD582 是通用低价格采样保持 IC,它有圆形和双列直插式两种封装形式,分别见图 3.21(a) 和 3.21(b)。图中 U_{i+} 和 U_{i-} 分别是模拟量输入的正端和负端,U_{L-} 是参考逻辑端,U_{L+} 控制逻辑端,U_{os} 是外接调零电位器引脚,C_H 是外接保持电容器,U_o 是输出端,$+U_s$ 和 $-U_s$ 分别是电源的正、负端。如果 U_{L-} 接地,则当 U_{L+} 为高电平时为保持,U_{L+} 低电平时为采样。

图 3.22 为 AD582 的典型应用电路。采样保持电路的增益为:

$$A = \frac{U_o}{U_i} = 1 + \frac{R_F}{R_1}$$

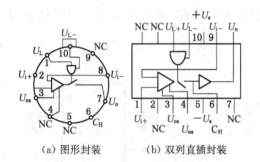

（a）图形封装　（b）双列直插封装

图 3.21　AD582 的封装形式

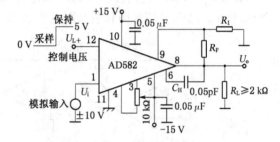

图 3.22　AD582 应用电路

保持电容 C_H 应选漏电流小的聚苯乙烯电容、云母电容或聚四氟乙烯电容。C_H 数值直接影响采样速度和保持精度,C_H 越大,采样时间越长,精度越高。当精度要求不高(如 $\pm 0.1\%$)而速度要求较高时,C_H 可小至 100 pF;当精度要求高(如 $\pm 0.01\%$),与 12 位 A/D 相配合,为减小下降误差和干扰,应取 $C_H = 1\,000$ pF;若要求精度更高,还可增大 C_H 值,如取 $C_H = 1\,\mu F$,下降率约 5 mV/s,但采样时间更长。通常,当 $C_H \geqslant 400$ pF 时,采样时间 t_{AC} 与 C_H 有以下经验公式:

$$t_{AC} = C_H / 40$$

式中:C_H 单位为 μF;t_{AC} 单位为 s。

显然,采样保持芯片的供电电源必须经过稳压和滤波。

AD582 的特性参数见表 3.6。

表 3.6　采样保持器芯片(组件)特性

参数名称	AD 公司的 AD582 通用芯片	AD 公司的 AD583 通用芯片	NSC 公司 LF198/298/398 通用芯片	AD 公司的 SHA-2A 高速组件
输入电压范围	单端 30 V,差动 $+V_S$	±30 V	$(\pm5\sim\pm18)$V	±10 V
输入电流	3 μA	0.2 μA		0.1 nA
输入电阻	30 MΩ	$10^9\ \Omega$	$10^9\ \Omega$	$10^{11}\Omega$, 7 pF
输出电压			$(\pm5\sim\pm1.8)$V	±10 V
输出电流	±5 mA	±10 mA		±20 mA
输出阻抗	12 Ω	5 Ω		容性负载 200 Ω
电源电压 V_S	$(\pm5\sim\pm18)$V	$(\pm15\sim\pm18)$V	$(\pm5\sim\pm18)$V	±15 V
采样(捕捉)时间	6 μs, $\pm0.1\%$($C_H=100$ pF) 25 μs, $\pm0.01\%$($C_H=1\ 000$ pF)	4 μs, $\pm0.1\%$ ($C_H=100$ pF)		300 ns, $\pm0.1\%$ 500 ns, $\pm0.01\%$ ($C_H=100$ pF)
下降电流 I	1 nA		1 nA	
保持电压下降速率 dV_o/dt				10 $\mu V/\mu s$
线性度	$\pm0.01\%$		$\pm0.01\%$	
使用温度范围	$(-2.5\sim+8.5)$℃	$(0\sim70)$℃		

说明:6 μs, $\pm0.1\%$($C_H=100$ pF)表示若 $C_H=100$ pF,则输出达到满量程的 $\pm0.1\%$ 误差带内,采样(捕捉)时间为 6 μs。

2) LF198/298/398

LF198/298/398 这三种芯片的内部结构和引脚排列相同,系由美国国家半导体公司(NSC 公司)生产,其原理图和引脚图见图 3.23。

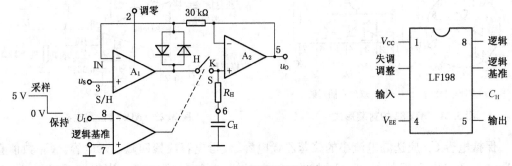

图 3.23　LF198 原理图和管脚图

采样保持器主要有以下两个参数:

(1) 采集(捕捉)时间 t_{AC} 指电路收到"采样"控制信号后,至模拟输出电压达到指定的误差范围如 0.1% 或 0.01% 之内所需时间。它与输入级的工作速度、保持电容 C_H 的大小及输入电压的最大变化率有关。如 LF398,当 $C_H=1\ 000$ pF 时,$t_{AC}=4\ \mu s$;当 $C_H=0.01\ \mu F$ 时,$t_{AC}=20\ \mu s$。

(2) 保持电压变化速率 dU_O/dt 在保持阶段输出电压下降(或上升)的快慢,这是由电容的放电(或充电)所造成的。dU_O/dt 的大小与 A_2 输入偏置电流、电子开关 K 的漏电流及保持电容 C_H 的大小及漏电等有关,LF398 的电压下降速率与 C_H 的关系曲线如图 3.24 所示。

在实际应用中总希望采样要快(即 C_H 宜取小),保持下降要慢(即 C_H 宜取大),显然这是一个矛盾。最终 C_H 的取值应考虑所用的 A/D 变换器的速度和所要求的系统精度而定。例如,在结温 T_j = 85℃时(这是不利条件),当取 C_H = 1 000 pF 时,由图 3.24 曲线可知下降速率约为 1 000 mV/s,如果 A/D 变换时间为 100 μs,则在 100 μs 时间内,S/H 输出电压下降约为 100 μV。当然,还要确保在采样阶段逻辑控制端 8 脚应保持高电平不小于 4 μs 时间(因为当 C_H = 1 000 pF 时,t_{AC} = 4 μs)。总之,对于高速 A/D 变换来说,不仅要选用高速 A/D 变换器,还应选用高速采保器。目前,还有将采保器和 A/D 变换器做在一起的器件,如 ADHS12B 就是一种带有采保器的高速 12 位 A/D 变换器。而 SHA- 2A 等组件式采样电路,则把电路和保持电容 C_H 组装在一块板上,无需外接 C_H。

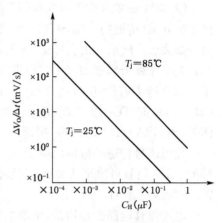

图 3.24 LF398 下降速率与保持电容关系曲线

3.4.3 多路模拟开关

众所周知,多路数据选择器用于对多路数字信号进行选择,随选择地址信号的不同,每次选择多路信号中的一路进行传输。它只要求所传送信息的逻辑状态不变,允许电压幅度有一定变化。而多路模拟开关是一种能够在选择地址信号控制下双向传输模拟及数字信号的电子开关,它主要用于选择多路模拟信号,故所要求的指标高得多。例如,要有很小的导通电阻、很高的断开电阻,要求所能传输的信号幅度大、线性好、精度高,而且还要求功耗低等。多路模拟开关常用于测控系统中信号通道的选择及可编程放大器等方面。

常用的 CMOS 多路模拟开关有:四 1 对 1 双向开关,如 CC4066;三 2 对 1 单向开关,如 CC4053;双 4 对 1 单向开关,如 CC4052;单 8 对 1 双向开关,如 CC4051;单 16 对 1 双向开关,如 CC4067。

1) CC4051 的工作原理

CC4051 的逻辑图和引脚图分别见图 3.25(a)与(b)。

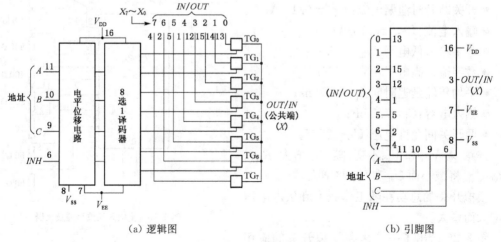

（a）逻辑图   （b）引脚图

图 3.25 CC4051 逻辑图和引脚图

　　CC4051 是单 8 对 1 双向模拟开关。它由电平位移电路、8 选 1 译码器和 8 个 CMOS 双向模拟开关(传输门 $TG_0 \sim TG_7$)组成。图中 C、B、A 是地址输入端,INH 是禁止端。其真值表如表 3.7 所示。由表可见,当 $INH=1$ 时,无论地址 CBA 为任何状态,模拟开关 $TG_0 \sim TG_7$ 均处于断开状态,IN/OUT(即 $X_0 \sim X_7$)中的任一端均不与公共端 X 接通,信号不能传送。只有当 $INH=0$ 时,才由地址 CBA 的状态决定选通 $TG_0 \sim TG_7$ 当中某一路。例如 $CBA=000$ 时 TG_0 接通,即信号可由 X_0(13 脚)传送至 X(即 3 脚),也可由 X 传送至 X_0。同理,当 $CBA=111$ 时,TG_7 接通。

　　模拟信号传送的范围取决于 $V_{EE} \sim V_{DD}$。例如 $V_{EE}=-5$ V,$V_{DD}=+5$ V,则在 $X_0 \sim X_7$ 端的 ± 5 V 信号可传至 X 端或相反传送。如果将 V_{EE} 与 V_{SS} 相接,则可传送 $0 \sim V_{DD}$ 的信号。V_{DD} 的取值在 $3 \sim 15$ V。

　　电平位移电路的作用是,由单电源供电的 CMOS 电路(或其他逻辑电路)所提供的数字信号(加到 INH、C、B 和 A 端的逻辑信号)能直接控制 CC4051,使其可传送峰-峰值 V_{p-p} 达 15 V 的交流信号。

表 3.7　CC4051 真值表

输 入 状 态				接通通道	输 入 状 态				接通通道
INH	C	B	A		INH	C	B	A	
0	0	0	0	0	0	1	0	1	5
0	0	0	1	1	0	1	1	0	6
0	0	1	0	2	0	1	1	1	7
0	0	1	1	3	1	ϕ	ϕ	ϕ	均不接通
0	1	0	0	4					

　　CC4051 的技术指标如下($V_{DD}=10$ V、$V_{SS}=V_{EE}=0$ V):

- 静态电流:$I_{DD}=10$ μA;
- 导通电阻:$R_{ON}=400$ Ω;
- 导通电阻路差:$\Delta R_{ON}=10$ Ω;
- 开关断开时泄漏电流:$I_z < \pm 0.1$ μA;
- 输入电流:$I_I < \pm 0.1$ μA;
- 数字输入低电平:$U_{IL} < 3$ V;
- 数字输入高电平:$U_{IH} > 7$ V;
- 平均传输延迟时间:$t_{pd}=320$ ns;
- 输入电容:$C_I < 7.5$ pF;
- 两开关间允许电压:$U_G < 25$ V。

　　注意:若 V_{EE} 和 V_{SS} 不变,随 V_{DD} 增大,R_{ON}、ΔR_{ON}、t_{pd} 将减小而 U_{IL} 和 U_{IH} 将增大。

　　模拟开关的总功耗随工作频率和供电电压的增大而增大。

　　图 3.26 给出了一个多路模拟开关的应用

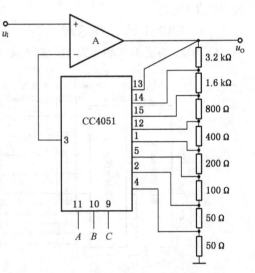

图 3.26　高输入阻抗程控放大器

实例——高输入阻抗程控放大器。由于运放在线性放大区里呈现"虚断"特性,故模拟开关的导通电阻不影响程控放大倍数。

3.4.4　电压-电流变换器

在测控系统中,当需要远距离传送电压信号时,为避免信号源电阻和传输线路电阻带来的精度影响,通常可以先将电压信号变换为相应的电流信号再进行传送。完成这一变换功能的电路,就是电压-电流变换器。

下面先介绍几个由运放组成的电压-电流变换电路,再介绍专用的精密电流变送器。

1) 基本电压-电流变换电路

由图 3.27 可见,本电路属于电流串联负反馈类型。当工作于线性范围时,净输入端存在"虚短"及"虚断",故有:

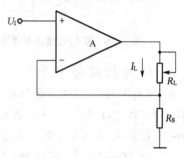

$$I_L = \frac{U_I}{R_S}$$

式中:R_S——取样电阻。

这里应注意以下几点:

图 3.27　基本电压-电流变换电路

(1) 电路中负载 R_L 不能直接接地,即 R_L 处于浮地状态。

(2) 待变换的输入电压 U_I 受运放的最大共模输入电压 U_{ICmax} 限制,即 $U_I \leqslant U_{ICmax}$。

(3) 满足电压-电流线性变换的限制条件还应有:负载电流 I_L 必须小于运放最大输出电流 I_{Omax},即 $I_L = \frac{U_I}{R_S} < I_{Omax}$。

运放输出电压应满足:$U_O < U_{OM}$,即 $U_O = I_L(R_L + R_S) < U_{OM}$。

2) 允许负载接地的电压-电流变换电路

图 3.28 给出了一个允许负载接地的双向电流源电路。运放 A_1 为高输入阻抗的同相比例放大电路,A_2 是电压跟随器。在 $R_3 = R_4$ 条件下,A_1 的同相端电压:

$$U_a = U_I \times \frac{1}{2} + U_O \times \frac{1}{2} = \frac{1}{2}(U_I + U_O)$$

A_1 的输出电压:

$$U_b = U_a\left(1 + \frac{R_2}{R_1}\right) = 2U_a = U_I + U_O$$

取样电阻 R_O 上的电流即为负载电流 $I_O = \frac{U_b - U_O}{R_O} = \frac{U_I}{R_O}$。可见,这一电路实现了电压-电流变换,而且,当运放为双电源供电时,随 U_I 极性的正、负可提供双向电流输出。

同样,这一变换的范围也应受到运放的 U_{ICmax}、U_{OM} 及 I_{Omax} 等参数指标的限制。

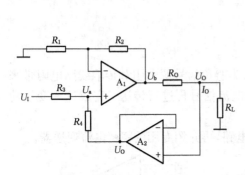

图 3.28　双向电流源原理图

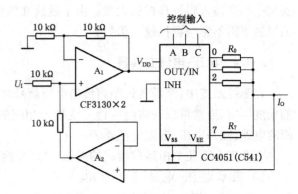

图 3.29　数控双向电流源电路

3）数控双向电流源

只需将图 3.28 中的取样电阻 R_0 以图 3.25 中的多路模拟开关 CC4051 和相应的电阻 $R_0 \sim R_7$ 替代，即构成了一个数控双向电流源，如图 3.29 所示。显然，一旦选定了电阻 $R_0 \sim R_7$ 的数值后，电压 U_1/电流 I_0 的变换比将随地址输入 CBA 的不同而不同。

4）（0～10）V 变换为（4～20）mA 的电压-电流变换器

工业自动化仪表中常常需要将（0～10）V 电压转换为（4～10）mA 电流。图 3.30 给出了由运放实现这一变换的实用电路。

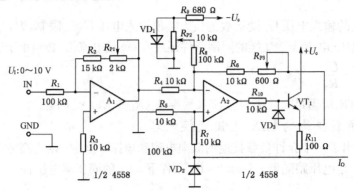

图 3.30　电压-电流转换电路

运放 A_1 为反相比例运算电路，输入信号 $U_1 = (0 \sim 10)$V 经比例运算 $\left(A_{Vfi} = -\dfrac{R_2 + R_{P1}}{R_1} = -\dfrac{16\ \text{k}\Omega}{100\ \text{k}\Omega} = -0.16 \right)$ 后变成（0～−1.6）V 电压自 A_1 输出，运放 A_2 为电压-电流变换电路，其反相端有两个输入信号，一个是比例部分：A_1 的输出；另一个是偏移部分：由 R_{P2} 提供的 −4 V 偏移电压。这两个信号经过 A_2 的变换后，形成了（4～20）mA 的电流经电阻 R_{11} 向外输出。

5）精密电压-电流变换器 XTR110

XTR110 是一种精密电压-电流变换器。它可将（0～5）V 或（1～10）V 电压信号变换成（4～20）mA、（0～20）mA 和（5～25）mA 电流输出。芯片上的精密电阻网络提供了输入比例和电流偏移。它广泛地应用于压力、温度等信号变送、工业过程控制等领域。

XTR110 的外形及引脚排列见图 3.31。

（1）性能特点

● 通过对管脚的不同连接实现不同的输入/输出范围；

● 最大非线性≤0.005%；

● 内部提供＋10 V 基准电压；

● 电源电压范围：(13.5～40)V，单电源工作。

（2）主要参数

XTR110 的主要参数如表 3.8 所示。

（3）内部结构与基本接法

XTR110 的内部电路结构如图 3.32(a)所示，它主要由输入放

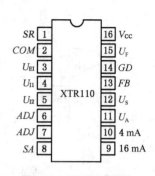

图 3.31　XTR110 外形及引脚排列

大器、电压-电流变换器、基准电压及输出管组成。其中 10、9 脚为 4 mA 和 16 mA 量程控制端，6、7 脚为调零端，14、13 脚为信号输出和反馈端。图 3.32 给出了它的基本接法，即输入为(0～10)V 电压，输出为(4～20)mA 电流。如果是其他输入电压与输出电流，则只需对某些管脚按表 3.9 进行适当连接便可实现。

表 3.8　XTR110 的主要电性能参数

（电源电压 $U_\mathrm{S}=+24$ V；室温 $T_\mathrm{A}=+25℃$；负载 $R_\mathrm{L}=250$ Ω）

参　　数		单位	条　　件	XTR110AG/KP/KU			XTR103BG		
				最　小	典　型	最　大	最　小	典　型	最　大
传输特性	输入电压范围	(V)	引脚 U_I1	0		+10	*		*
			引脚 U_I2	0		+5	*		*
	输出电流	(mA)	额定值	4		20	*		*
			降低特性	0		40	*		*
	非线性	满量程的(%)	16/4 mA 量程		0.01	0.025		0.002	0.005
	失调电流		$I_\mathrm{O}=4$ mA		0.2	0.4		0.02	0.1
	量程误差		$I_\mathrm{O}=20$ mA		0.3	0.6		0.05	0.2
	输出电阻	(GΩ)	使用 FET	10				*	
	输入电阻	(kΩ)	引脚 U_I1	22				*	
		(kΩ)	引脚 U_I2	27				*	
		(kΩ)	引脚 U_EI	19				*	
	建立时间	(μs)	满量程的 0.1%		15			*	
			满量程的 0.01%		20			*	
	电流摆幅	(mA/μs)			1.3			*	
基准特性	输出电压	(V)		+9.95	+10	+10.05	+9.98	*	+10.02
	输出电压温漂	(10⁻⁶/℃)			35	50		15	30
	输出电压稳定性	(10⁻⁶/月)			72			*	
	调整范围	(V)		−0.100		+0.25	*		*
	额定输出电流	(mA)		10			*		
	电流源幅度	(mA)			0.8			*	
电源	工作电压范围	(V)		+13.5		+40	*		*
	静态电流	(mA)		3		4.5	*		*

＊表示参数与 XTR110AG/KP/KU 相同。

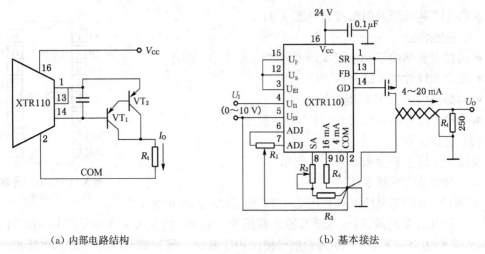

(a) 内部电路结构　　　　　　　　　　　(b) 基本接法

图 3.32　XTR110 的内部结构与基本接法

表 3.9　不同的输入/输出范围与管脚的关系

输入范围(V)	输出范围(mA)	3 脚	4 脚	5 脚	9 脚	10 脚
0~10	0~20	2	输入	2	2	2
2~10	4~20	2	输入	2	2	2
0~10	4~20	15、12	输入	2	2	开路
0~10	5~25	15、12	输入	2	2	2
0~5	0~20	2	2	输入	2	2
1~5	4~20	2	2	输入	2	2
0~5	4~20	15、12	2	输入	2	开路
0~5	5~25	15、2	2	输入	2	2

在图 3.32 中,输出信号可由外接 MOSFET 管或双极型三极管复合驱动。调整过程如下:在输入为 0 V 时,调 R_1 使输出为 4 mA;在输出为 +10 V 时,调 R_2,使输出为 20 mA。R_1 为量程调整,选用 100 kΩ 多圈电位器,R_2、R_3 用于失调电压调整,R_2 选 100 kΩ 电位器,R_3 选 50 Ω 电阻。

3.4.5　电压-频率变换器

完成模拟信号(电压或电流)与脉冲频率之间的相互转换的电路称电压-频率变换器。这一类 V/F 变换器 IC 品种繁多,如同步型 V/F——VFC100、AD651;高频型 V/F——VFC110;精密单电源 V/F——VFC121;通用型 V/F——VFC320、LMX31。这里介绍 LMX31 系列(包括 LM131A/LM131、LM231A/LM231、LM331A/LM331),其性价比较高,适于作 A/D 转换器、精密频率电压转换器、长时间积分器、线性频率调制或解调及其他功能电路。

LMX31 系列外形采用 8 脚 DIP 封装结构,其内部结构与基本接法见图 3.33。

1) 性能特点

(1) 最大线性度:0.01%;

(2) 双电源或单电源供电;

（3）脉冲输出与所有逻辑形式兼容；

（4）最佳温度稳定性：最大值为 $\pm 50 \times 10^{-6}/{}^{\circ}C$；

（5）功耗低：5 V 以下典型值为 15 mW；

（6）宽的动态范围：10 kHz 满量程频率下最小值为 100 dB；

（7）满量程频率范围：1 Hz～100 kHz。

2）电压频率变换的工作原理

由图 3.33(b) 简化电路可知，每当单稳态定时器产生宽度为 t_0 的脉冲时，电子开关 S 导通，电流源对电容 C_L 充电。t_0 结束后，S 断开，C_L 对 R_L 放电，直至放电电压等于 U_I 时，再次触发单稳定时器。如此反复，形成自激振荡。内部电路从 1 脚流出的电流 I_R 虽是恒定的，但 C_L 充电电流却随着 U_I 的增加而减小。

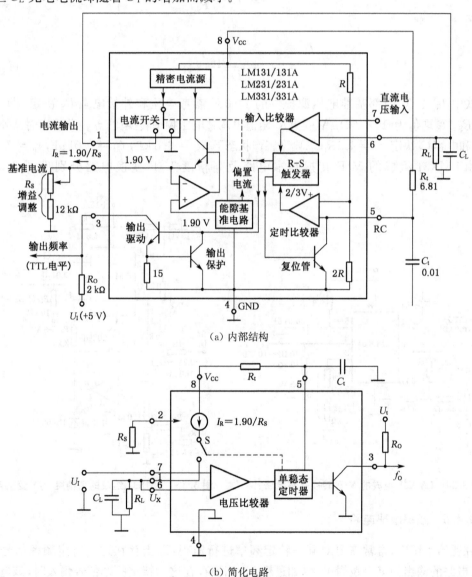

(a) 内部结构

(b) 简化电路

图 3.33　LMX31 内部结构与基本接法

电容 C_L 的充电电荷平均值：

$$\overline{Q} = \left(I_R - \frac{U_X}{R_L}\right)t_0 f_0$$

电容 C_L 放电电荷平均值：

$$\overline{Q'} = \frac{U_X}{R_L}(T - t_0)f_0$$

根据充、放电电荷平衡原则，$\overline{Q} = \overline{Q'}$，且 $U_X \approx U_I$，于是可得：

$$I_R t_0 f_0 = \frac{U_I}{R_L}$$

所以

$$f_0 = \frac{U_I}{I_R R_L t_0}$$

式中 I_R 由 IC 内部基准电压源提供的 1.90 V 参考电压和外接电阻 R_S 决定，即 $I_R = 1.90/R_S$。I_R 取值为 $(10 \sim 50)\mu A$，变更 R_S 阻值可调整电压频率转换比。t_0 由单稳定时器外接电阻 R_t 和电容 C_t 决定，$t_0 = 1.1 R_t C_t$；典型工作状态下，$R_t = 6.8 \text{ k}\Omega$，$C_t = 0.01 \mu F$，$t_0 = 7.5 \mu s$。

由 LMX31 组成的 V/F 转换基本电路及高精度 V/F 变换电路分别见图 3.34 及图 3.35。

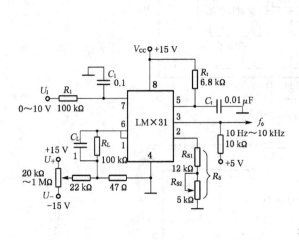

图 3.34　LMX31 组成的 V/F 转换基本电路　　　　图 3.35　LMX31 组成的高精度 V/F 变换电路

3.4.6　频率解码电路

在通信系统中，常常需要对某一特定频率进行监视，即当存在这一特定频率信号输入时，该电路的输出为某一逻辑电平（如逻辑 0）；当不存在这一特定频率信号输入时，该电路则输出另一逻辑电平（如逻辑 1）。通常称完成这一功能的电路为频率解码器。用音频解码/锁相环集成电路 NE567 可以十分方便地实现上述频率解码功能。

(1) NE567 简介

NE567 是一个高稳定度的低频模拟锁相环集成电路,其内部电路组成框图见图 3.36。图中放大器 A_1 的作用有二:将低通滤波器的输出电压放大,以增加压控灵敏度;将输入电压转换为电流信号去控制电流控制振荡器。和普通锁相环电路相比,NE567 多了一个正交相位检测器,正是由于有了它,才能进行频率解码。当环路锁定时,即输入信号频率与电流控制振荡器输出频率一致时,正交相位检测器的两个输入信号同相位(即无正交分量),它使比较器 A_2 的输出 8 脚变为低电平;反之 8 脚则为高电平。这一锁定频率的带宽可在(7%~14%) f_0 之间。这里的 f_0 是当电流控制振荡器的输入信号为 0 时 NE56F 的中心振荡频率。

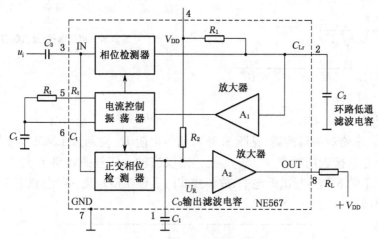

图 3.36 NE567 内部组成框图

(2) NE567 的主要参数

① 工作频率范围:0.01 Hz~500 kHz。

② 输出具有 100 mA 的吸入电流能力,输出可兼容 TTL 及 CMOS 逻辑电平(因其输出为 OC 式结构,8 脚至正电源之间必须接上拉电阻)。

③ 电源电压范围:(4.75~9)V,8 脚经上拉电阻后可接(5~15)V 电压,视逻辑电平兼容需要而定。

(3) 外接元件参数选择

$$固有振荡频率:f_0 = \frac{1}{1.1R_tC_t}$$

式中:R_t 取(2 ~ 20)kΩ;$C_1 \geqslant 2C_2$;

f_0 附近的带宽:

$$BW \approx 1\,070\sqrt{\frac{U_i}{f_0C_2}}$$

式中:BW——以 f_0 的百分数为单位的带宽;

U_i——输入信号电压有效值,通常取(20~200)mV。

【例 3.1】 试设计一个频率监示电路,它以 LED 的亮、暗来指示普通电话机的摘机与挂机状态。

解 分析：由于电话处在摘机状态时电话线路上才出现 400 Hz 正弦电压信号，故只需用 NE567 设计一个频率解码电路，参数选择使其 $f_0 = 400$ Hz，并在 8 脚与正电源之间接上 LED 即可。设计电路见图 3.37，参数选择如下：

因为 $f_0 = \dfrac{1}{1.1R_tC_t}$，且 $f_0 = 400$ Hz，令取 $C_t = 0.2\ \mu\text{F}$。

则

$$R_t = \frac{1}{1.1f_0C_t}$$

$$= \frac{1}{1.1 \times 400 \times 0.2 \times 10^{-6}}$$

$$= 11\,363\ \Omega$$

取标称值 $R_t = 11\ \text{k}\Omega$。

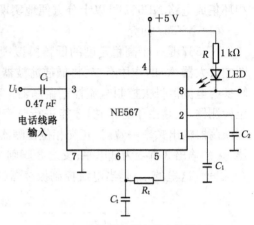

图 3.37　电话摘机/挂机状态监视电路

【例 3.2】 窄带频率检测器（见图 3.38），调节电阻 R_1 使两片 LM567 的中心频率处于待检测的两个非常接近的频率 f_{01} 与 f_{02} 上。则仅当输入信号的频率 f_i 处于 $f_{01} \sim f_{02}$ 以内时，两片 LM567 的 8 脚同时出低电平，故经或非门后使 LED_3 亮；否则，仅有 LED_1 或 LED_2 亮，而 LED_3 不亮。

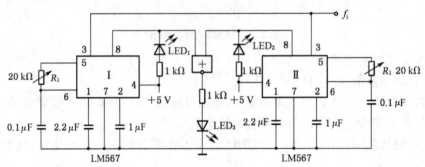

图 3.38　窄带频率检测器

3.4.7　数字电位器及其应用

1) 概述

数字电位器（Digital Potentiometer）是一种新型数/模器件，又称数控电位器 DCP（Digitally Controlled Potentiometers），它和机械电位器相比，有许多优点，是机械电位器的理想替代品。

数字电位器的主要特点：

(1) 它是一种新型、特殊的数/模转换器，其输出量并非电压或电流，而是电阻或电阻比率，故又称为电阻式数/模转换器（RDAC）。

(2) DCP 或 RDAC 的位数越多，即电位器的抽头数越多，则其分辨率也越高。表 3.10

给出了 RDAC 的位数与分辨率、抽头数的对应关系。

表 3.10 分辨率、抽头数与 RDAC 位数的对应关系

RDAC 的位数	4	5	6	7	8	9	10
抽头数	$2^4=16$	$2^5=32$	$2^6=64$	$2^7=128$	$2^8=256$	$2^9=512$	$2^{10}=1\,024$
单元电阻的个数	15	31	63	127	255	511	1 023
分辨率(%)	6.7	3.2	1.6	0.79	0.39	0.196	0.098

（3）体积小、抗振动、温度影响小。

（4）使用灵活，可将它进行串联、并联或混联，以提高电阻值或电阻分辨率，也可组成同轴电位器、精密电阻分压器等。

（5）可通过微机或单片机总线来控制 RDAC 滑动端的位置，对其阻值进行自动调整。掉电后能长期保存原有的控制数据及滑动端位置。

（6）借助 RDAC 可真正实现"把模拟器件放到总线上"的理念，从而组成各类可编程模拟器件，例如可编程 LED、可编程滤波器、可编程电压放大器、衰减器、可编程基准电压源、可编程稳压电源等等。

2）数字电位器的基本工作原理

数字电位器属于集成化的三端可变电阻，其等效电路及内部简化电路如图 3.39 和图 3.40 所示。R 为其总电阻值，当 RDAC 作分压器使用时，其三个端子的电位分别用 U_H、U_L 及 U_W 表示；当 RDAC 作可调电阻时，三个端子相对于低端 L 的阻值分别为 R_H、R_L 及 R_W。在 U_H 与 U_L 端之间串联 n 个阻值相同的电阻，每个电阻的两个端子分别经过模拟开关连到公共的滑动端，模拟开关组件等效于一个单刀多掷开关，在输入代码控制下，每次只能有 1 个模拟开关闭合。

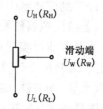

图 3.39 数字电位器的
等效电路

在图 3.40 所示的数字电位器的内部，假设 RDAC 有 16 个抽头，步进量阻值为 660 Ω，模拟开关导通电阻为 100 Ω，并设自下而上模拟开关为 S_0、S_1，…，S_{15}，则当 S_0 闭合时，R_W 即为 100 Ω，这是 RDAC 的起始电阻；当滑动端移到使 S_{15} 闭合时，此时 R_W 应为 100 Ω＋660 Ω×15=10 kΩ，即 RDAC 的可调范围是 100 Ω～10 kΩ，步进量为 660 Ω。

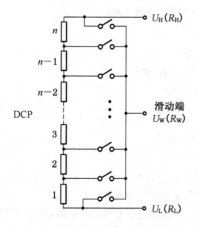

图 3.40 数字电位器的内部简化电路

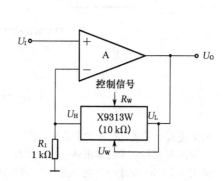

图 3.41 可编程增益放大器的电路

3) 数字电位器应用举例

(1) 程控电压放大器

只需将同相比例放大器中的反馈电阻 R_f 换成数字电位器(见图 3.41),即构成了程控放大器。其电压放大倍数为:

$$A_{vf} = 1 + \frac{R_{WH}}{R_1}$$

由单片机对数字电位器给出控制信号改变反馈电阻 R_{WH} 值,它可使电压放大倍数在 $1 \sim 11$ 之间变化。

(2) 程控电压衰减器(见图 3.42)

为克服信号源内阻 R_S 及负载电阻 R_L 对电压衰减比的影响,须在 DCP 与信号源以及 DCP 与负载之间分别插入一级电压缓冲级 A_1 及 A_2,以进行阻抗变换。

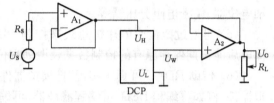

图 3.42 程控电压衰减器

(3) 实现模拟功能的程控化

许多测控领域中仍然大量使用各类模拟器件,若给模拟器件配上 DCP,再通过 DCP 接口与计算机总线相连,则由计算机控制模拟电阻相关参数即可实现自动调节或控制。总之,对于任何参数与电阻变化相关的模拟电路,都可通过 DCP 配上计算机即可将"模拟器件放到总线上"。参数与电阻变化相关的模拟器件有:放大器、调节器、滤波器、振荡器、稳压器及信号转换器等等。实现模拟功能的程控化的示意图见图 3.43,其控制流程为计算机→DCP→模拟电路→参数调整。

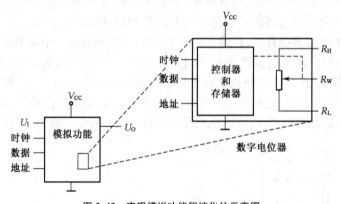

图 3.43 实现模拟功能程控化的示意图

习题与思考题

3.1 何谓模拟电子系统? 与数字系统相比较,模拟系统在设计与调试中应注意些什么问题?

3.2 如何调节 ICL8038 的输出频率? 如何减小其输出正弦波的失真度?

3.3 试用 ICL8038 设计一个能产生方波、调频波、锯齿波输出的信号发生器电路,并测试其输出波形。

3.4 参考图 3.4 的组成原理,分别设计一个频率为 60 Hz 和 1 kHz 的信号产生电路。

3.5 数字锁相环 CC4046 的输入信号可否为模拟信号？为什么？当环路锁定后，其①脚输出电平为高还是低？

3.6 试通过实装实现图 3.5 所示的频率合成器电路。

3.7 简述运放的增益带宽积 GBW 及转换速率 SR 这两个参数对反相比例运算电路的工作有何限制？

3.8 根据参考文献[1]，试用快速设计方法设计一个话音带通滤波电路，其下限频率 $f_L = 300$ Hz，上限频率 $f_H = 3.4$ kHz。

3.9 试分析图 3.34 外接元件的作用，并实测其电压-频率曲线。

参 考 文 献

[1] 谢自美.电子线路设计・实验・测试[M].武汉：华中理工大学出版社,2000

[2] 魏立君,等.CMOS 4000 系列 60 种常用集成电路的应用[M].北京：人民邮电出版社,1993

[3] 何希才.常用集成电路应用实例[M].北京：电子工业出版社,2007

[4] 沙占友.数字电位器应用指南[M].北京：化学工业出版社,2008

4 模拟设计中的 EDA 技术

4.1 引言

在一个电子系统中常常包含了各种模拟的器件、电路及子系统。这部分的设计具有两个显著的特点:① 虽然这些模拟电路及子系统的规模没有数字的大,但其设计难度与设计周期却往往超过数字部分;② 许多模拟电路的指标往往十分关键,甚至决定电子系统的总体指标。因此,在系统设计分工时,对模拟部分必须安排专门的人力。为了缩短设计周期、提高设计效率和成功率,必须采用 EDA 工具来设计系统中的模拟部分。

模拟设计所涉及的问题大致有如下三个方面:① 模拟子系统功能级的设计,即实现放大、变换、控制、信号产生等功能;② 模拟子系统、子电路关键技术指标的实现与验证,如低噪声、低非线性、微弱信号、大功率、高电压、大电流、宽温差工作、高增益、宽频带、高输入阻抗、高共模抑制比、低输出阻抗以及高速电路的信号完整性(Signal Integrity —SI)等;③ 模拟电路与数字电路之间常常需要包括 A/D 或 D/A 在内的接口电路,这部分属于模拟与数字的混合设计,通常将这类设计也放在模拟设计中讨论。

由于模拟电路的性能和结构的抽象提取与表达要比数字电路复杂得多,所以模拟电路的层次化设计,特别是高层设计远不如数字电路成熟,因此模拟电路和系统的设计自动化程度亦不如数字电路和系统的高。目前各个 EDA 公司的模拟电路和系统的设计工具,都是以美国加州大学伯克莱(Berkeley)分校 1972 年开发的 SPICE(Simulation Program with Integrated Circuit Emphasis)程序为基础实现的。其中比较著名的可在 PC 机上运行[①]的有:由 MicroSim 公司 1984 年推出的 PSpice;由加拿大 IIT (Interactive Image Technology) 公司 1989 年推出的 EWB (Electronics Workbench),其升级版中的电路设计模块在 2000 年后更名为 Multisim;由 OrCAD 公司和 MicroSim 公司 1998 年联合推出的 OrCAD/Pspice9 等。其他还有 Silvaco 公司的 SmartSpice;Synopsys 公司的 Hspice 等。近年来由微捷码(Magma)公司推出的 FineSim SPICE,与传统的 SPICE 相比,其模拟速度在单 CPU 计算机上可提高(3～10)倍,多 CPU 计算机上则可提高(20～30)倍之多。从而使得在设计大型模拟与混合电路以及系统时所需要的模拟时间大为缩短,并且还能保证很高的模拟精确度。

当前用于模拟设计的 EDA 工具在不断地向更高层次发展,各种模拟系统的硬件描述语言(AHDL)已在不断完善之中(如 Verilog-A/AMS 语言,VHDL-AMS 语言等)。另外,以 Internet 网为基础的模拟和混合信号的设计环境也在形成。例如,2000 年 Cadence/OrCAD 公司就在 Internet 网上设立了一个站点(http://www. activeparts. com),为用户提供元器件产品样本(其品种超过 2×10^6 个)的免费在线服务。用户通过 OrCAD 的电路图输入工

---

① 在工作站上运行的模拟和混合电路设计软件有 Cadence 公司的 Spectre (高级电路模拟器)和 Analog Artist Design System (高性能模拟和混合信号设计系统),这两个系统中均集成了 Cadence-SPICE 程序。其他还有 Mentor Graphics 公司的模拟和混合设计工具 AccuSim 等。

具,可以将所选择的元器件样本下载到自己的设计中去,从而使设计效率大大提高、设计周期缩短。此外,许多著名的器件公司[①]也在网上提供了针对自己公司模拟及混合器件的各种免费专用设计工具,例如放大器、有源滤波器及稳压电源的设计工具等。

4.2　用于模拟设计的 EDA 工具简介

由于运行于工作站上的供模拟电路与系统设计用的 EDA 工具价格昂贵,多数本科生没有条件使用,所以下面仅对运行于 PC 机上的几种常见 EDA 工具做一简介。

4.2.1　PSpice 简介

PSpice 是一种通用电路分析程序,被广大的电子工程师运用,是公认的一种优秀的软件。目前最新的是由 Cadence 公司推出的 OrCAD/ PSpice16.6 版本。各种 Windows 版本 PSpice 的主要特点如下:

(1) 可以采用电路图或者自由格式语言输入所要分析的电路或系统,其语言格式、语法和命令简单易学。

(2) 有丰富的元器件库及高精度模型,并有建模工具支持元器件模型的创建。

(3) 分析功能全、范围广。不仅能够分析普通的交直流电路,还能对模拟、数字及模/数混合电路进行分析。提供的分析类型有:① DC 工作点分析;② AC 频率分析;③ 瞬态分析;④ 傅里叶分析;⑤ 噪声分析;⑥ 参数扫描分析;⑦ 温度扫描分析;⑧ 传递函数分析;⑨ DC 灵敏度分析;⑩ 最坏情况分析;⑪ 蒙特—卡罗(Monte Carlo)分析。

(4) 方便的节点访问功能—用户只要在选定的节点上放置一个标记(Marker),模拟结束时在波形探测器(Probe)的窗口中便显示出该节点上的"V(或 I)—t(或 f)"图形。

(5) 图形后处理能力强。对模拟结果图形再处理时,不仅可进行诸如加、减、乘、除等基本数学运算,还可做正弦、余弦、绝对值、对数、指数、平方差等基本函数运算。

(6) 有良好的人机界面和控制方式。在命令执行和文件创建等操作的过程中都有在线提示。

下面以 MicroSim 公司 Windows 版本的 PSpice 7.1 为例,对其组成及其相关的文件做一简介。读者在此基础上,去学习与理解其他较高版本的 PSpice 就能触类旁通。

PSpice7.1 由电路图编辑器 Schematics、电路模拟器 PSpice、波形探测器 Probe、信号源编辑器 Stimulus 以及元件模型创建器 Parts 等 5 个软件包组成。为简明起见,图 4.1 中仅示出了前三个软件包以及有关文件之间的因果关系,文件的属性由其后缀来辨别。

只要跟踪 PSpice 进行电路模拟分析的步骤,就不难看出有关文件之间的因果关系。从使用电路图编辑器 Schematics 进行设计输入(亦可打开已有的电路图文件)开始,输入的电路图保存为带 .sch 扩展名的文件。接着,对输入的电路图进行电学规则检查(ERC),在探测点安放标记 Marker,并对所要进行的分析如直流、交流或瞬态等分析的条件进行设置,然后执行 Simulate(模拟)命令。结果首先生成扩展名为 .net(网表)、.als(别名)和 .cir(电路)

---

①如 Analog Device、Texas、Maxim、National Semiconductor 公司等。

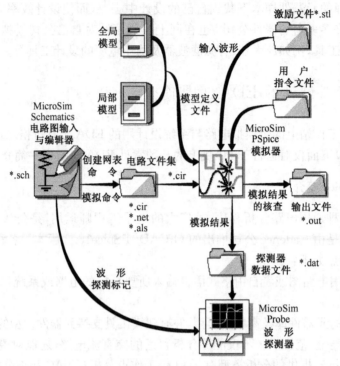

图 4.1　PSpice 的组成软件包及有关文件之间的联系

的文件集。其中 *.cir 文件被送到电路模拟器 PSpice 进行模拟分析,输出扩展名为. dat 和
. out的两种结果文件。当波形探测器 Probe 设置为自动运行方式时,上述 *. dat 文件就被
自动送到 Probe 去,转换为屏幕图形显示结果。Probe 的基本功能就是起着示波器和扫频仪
的作用;此外,它还具有对模拟数据进行各种数学运算等后处理的功能,所以 Probe 又常被
称为后处理器。上述的 *.out 文件中跟踪记录了被模拟电路的. net、. als、. cir 三种形式的
描述以及模拟命令、模拟结果、出错和警告等信息,可供设计人员浏览与查核之用。实际进
行模拟分析时送到模拟器 PSpice 的文件除了*. cir 文件外,还有元器件的模型定义文件,有
时还有用户定义的波形激励文件等。

　　最后还需指出,除了用 Schematics 以电路图输入设计的方式外,还可在文本编辑器中用
PSpice 格式的语句编写电路的描述文件(即*. cir 文件),然后用电路模拟器 PSpice 打开所
编写的*. cir 文件,也能对该电路进行模拟分析并由 Probe 显示结果。

4.2.2　OrCAD 简介

　　OrCAD 软件是美国 OrCAD System 公司在 20 世纪 80 年代推出的,其版本经过多次升
级,从 4.0 版本起采用了集成运行环境,可对 OrCAD 中不同软件包的调用进行统一组织与
调度,以实现设计数据的内部自动传递,从而大大提高了设计人员的工作效率。1998 年该
公司与开发 PSpice 的 Microsim 公司联合,推出了新版本 OrCAD/PSpice 9,该版本不仅大大
丰富和完善了模拟电路的分析功能,还进一步增强了数字电路、数/模混合电路的分析功能。
2000 年 1 月 OrCAD 公司被 Cadence 公司收购,随后于 2005 年推出了功能更加强大的
Cadence OrCAD/PSpice 10.5 版本。OrCAD 由下列软件包组成:① 原理图绘制软件

OrCAD/Capture CIS。它除了电路图输入这一基本功能外,还能对 OrCAD 中设计项目进行统一管理。此外,通过该软件的 ICA(Internet Component Assistant)功能,还能从 OrCAD 网站上的百万品种中调用所需的元器件①;② 电路模拟软件 OrCAD/PSpice A/D 以及优化软件;③ CPLD/FPGA 设计软件;④ PCB 设计软件(支持多达 16～30 层复杂电路板的设计)。图 4.2 是 OrCAD 软件的组成示意图:

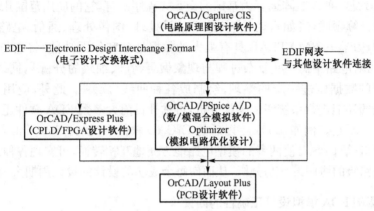

图 4.2 OrCAD 的组成示意图

4.2.3 EWB 简介

EWB(Electronics Workbench)是加拿大 IIT 公司推出的虚拟电子实验台。它实际上是将功能强大的 SPICE 包上了一层非常直观、使用更加方便的人机接口—虚拟仪器而构成的。EWB 中的虚拟仪器有示波器、扫频仪、函数发生器、逻辑分析仪、数据字发生器、数字多用表等。显示在计算机屏幕上的虚拟仪器的面板布置和操作方法,与硬件工程师所熟悉的真实仪器非常相似,因而深受硬件工程师的欢迎。EWB 还提供了大量的虚拟元器件(与 PSpice 中的元件库类似)。使用 EWB 来分析或者设计电路的过程与进行传统的硬件电路实验非常相似,因此,稍有硬件实验经历的人在很短的时间内就能掌握该软件的初级使用。该软件还包括了下列 14 种分析功能:① DC 工作点分析;② AC 频率分析;③ 瞬态分析;④ 傅里叶分析;⑤ 噪声分析;⑥ 失真分析;⑦ 参数扫描分析;⑧ 温度扫描分析;⑨ 零极点分析;⑩ 传递函数分析;⑪ DC 灵敏度分析;⑫ AC 灵敏度分析;⑬ 最坏情况分析;⑭ 蒙特—卡罗(Monte Carlo)分析。上述分析功能不仅包括了 PSpice 中已有的 11 种,而且还增加了失真分析、AC 灵敏度分析和零极点分析三项功能。EWB 用户欲从初级到进级直至高级使用,就应当掌握上述 14 种分析功能的使用。

EWB 中电路设计模块升级为 Multisim② 后,也具备了与 Pspice 类似的后处理功能,元

---

① 网址:http://www.activeparts.com。

② IIT 公司在 2003 年推出的 Multisim 7 是广泛使用的一个版本,其中虚拟仪器达到 18 种,元器件库达到 13 种(元器件总数达 16 000 个)。同时它还能采用 VHDL、Verilog HDL 语言进行仿真。2005 年 IIT 公司被 NI(National Instruments)公司收购,其后的 Multisim 9、Multisim 10 均由 NI 公司推出。与以前 IIT 的版本相比,这些版本将 NI 公司先进的 LabVIEW(Laboratory Virual Instrument Engineering Workbench)技术结合了进去,还增加了对单片机(MCU)和通信系统进行仿真的功能。

器件和虚拟仪器的种类也增加很多,元器件模型的精度亦大大提高,还增加了许多射频元器件,其总体性能上已经不亚于 PSpice。此外,由于它入门快、使用方便,所以赢得了广大师生的青睐,在各类专业的电路理论及模拟、数字电路的教学中获得了广泛的使用。

4.2.4　MATLAB 简介

MATLAB 是一种以矩阵运算为基础的交互式程序语言,它的应用范围几乎涵盖了所有的科学和工程计算领域,诸如自动控制、数字信号处理、图像处理、通信、电路理论、信号分析、数学、物理、力学……MATLAB 具有强大的数据处理和作图功能,将它与其他 EDA 软件结合起来,可对电路中的一些复杂过程与现象做更精确、细致的分析[1],同时还能将 EDA 软件模拟获得的数据做进一步的整理,绘制成各种曲线(族)[2]。此外,应用 MATLAB 的 Simulink 工具箱还能进行系统级的模拟分析,可弥补目前大多数 EDA 软件还不具备系统级模拟分析能力的不足。例如,2004 年以后的 OrCAD 软件中,就为 Simulink 与 PSpice 之间提供了一种接口—SLPS[3],使两者的模型电路能方便地互相转换,可实现各种复杂模拟系统从系统级到电路级的协同设计与分析,从而使每个成功的设计的设计周期大为缩短。

4.2.5　影响 EDA 模拟设计正确性的因素

偶尔有人反映"用 EDA 工具设计的模拟电路与实际情况相差太大",因而主张放弃使用 EDA 工具,还是采用实际的元器件来搭试电路进行模拟电路的设计。其实这是一种误解。大量的事例表明,造成用 EDA 工具设计的模拟电路与实际情况相差过大主要有三种原因:① 所用的元器件模型与实际所用的元器件不一致;② 实装电路中引入了一些事先没有考虑到的寄生参数;③ 所设计的电路制造出来后,进行测试时测量仪器引入一定的寄生参数,从而使电路的性能发生变化。为了克服第一个原因的影响,在用 EDA 工具进行模拟电路的设计与分析之前,要做好元器件模型的建立与准备,也即要建立一个与设计项目相匹配的设计环境。正确的元器件模型可通过理论分析计算或者生产厂发布的元器件参数以及实际测量的数据来建立。通常,可通过查阅元器件生产厂提供的参数资料,利用 EDA 工具所带的建模工具,去建立符合特定设计要求的元器件模型。为了克服第二个原因的影响,应当通过测量和计算去建立与实装情况相一致的寄生参数的模型,或者利用 EDA 工具在电路的物理设计完后,从电路的物理结构中提取出寄生参数,并将它们加入到原始设计中去,再重新进行模拟(通常称之为后模拟)。最后一个因素的影响,应当通过查阅测量仪器手册,将仪器的输入输出阻抗等考虑到电路的模型中去,对测试结果进行修正。总之,采用 EDA 工具进行模拟设计时,设计环境的建立、寄生参数的提取、测量误差的修正是保证设计正确的三个关键因素。一名成熟的模拟设计人员必须具备正确处理上述三个因素的能力,只有这样才能够设计出与实际情况基本相符的模拟电路。

---

①陈艳峰,丘水生,等. MATLAB 与 PSpice 相结合用于开关功率变换器仿真的方法[J]. 电机与控制学报,1999,3(2)。

②朱丽平,王淑静,等. 用 MATLAB 实现电子实验数据的快速整理及显示[J]. 电气电子教学学报,1999,21(4)。

③参见:http://www.cadence.com/cadence/newsroom/press_releases/Pages/pr.aspx? xml=081104_orcad。

4.3 PSpice 及 EWB 中高级分析的使用

前面曾经列出了 PSpice 及 EWB 中的十几种分析功能,其中有几种为高级分析功能——参数扫描分析、温度扫描分析、灵敏度分析、最坏情况分析及蒙特—卡罗分析。这些分析功能在模拟设计的工程化阶段非常有用,但由于它们的分析过程以及相关的原理比起其他的分析要复杂一些,故有必要对这四种高级分析做一专门介绍。

掌握和应用这些高级分析功能的关键在于充分理解每种分析的物理意义,所以在下面的介绍中将此作为重点,同时伴有相应的分析举例。

4.3.1 参数扫描分析

利用该项功能可以指定电路中任何一个元件或器件的某个参数,按一定的范围、扫描类型(线性或对数)与步进量进行变化(扫描),每步进一次后,对电路的 DC、AC 或瞬态响应重新进行一次计算,从而可以迅速得知指定元器件的参数对电路性能的影响程度。这项分析可以与通过人工每调换一次不同参数的元器件,测试一次电路的性能相比拟,但整个过程要比人工法快捷便利得多。所以参数扫描一个最常见的用途就是,为冗长繁琐的手工调试预先寻找到合适参数值的元器件,从而消除手工凑试参数的盲目性,使实际硬件调试工作的效率大大提高。

例 4.1 图 4.3 是一个在 EWB 界面上输入的用于 $(45\sim550)$ MHz 电缆电视传输系统中的均衡器的电路图。试用 EWB 的参数扫描分析电阻 R_4 从 10 Ω 变到 100 Ω 时均衡器传输特性的变化。

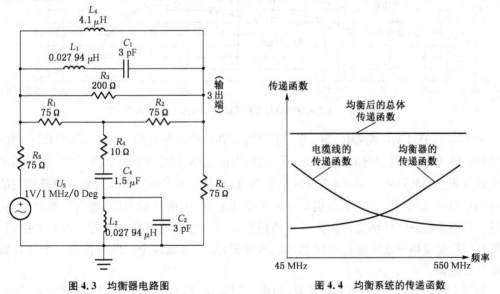

图 4.3 均衡器电路图 　　　　图 4.4 均衡系统的传递函数

首先对均衡器的作用做一说明:因为同轴电缆对信号的传输损耗(dB)与信号频率的平方根成比例地增加。如果信号在传输前各频段幅度是相同的,但经过一定长度的同轴电缆传输后,高频段信号的幅度将低于低频段信号的幅度,同轴电缆愈长,这种影响将愈严重。

因此,在电缆电视传输系统中每隔一定距离,就要插入一个均衡器对信号进行一次幅度均衡。均衡器的传输特性应当设计成与同轴电缆的传输特性应正好相反,这样均衡后的传输特性高低频段就能恢复平坦一致,如图4.4所示。

图4.3中,L_1、C_1构成串联谐振电路,L_2、C_2构成并联谐振电路,在它们的共同作用下使得均衡器的传输系数随频率升高而提升。它们的谐振频率构成均衡器的上限频率f_H,$f_H=550$ MHz;另一方面,L_1、C_1与L_4构成并联谐振电路,起到压低均衡器低端频率下传输系数的作用,其谐振频率为均衡器的下限频率f_L,$f_L=45$ MHz。

在EWB电路窗口中完成图4.3的输入后,选择Analysis下拉菜单中的Parameter Sweep命令,在弹出的分析设置窗口中选择扫描的元件为R_4,阻值由10 Ω到100 Ω,按30 Ω步进值扫描,扫描方式为线性;并将分析的探测点选在均衡器的输出端(节点3),分析项目选为AC Frequency,分析的频率范围设为(30～1 000)MHz,最后点击Simulate按钮,就可显示出如图4.5所示的分析结果。

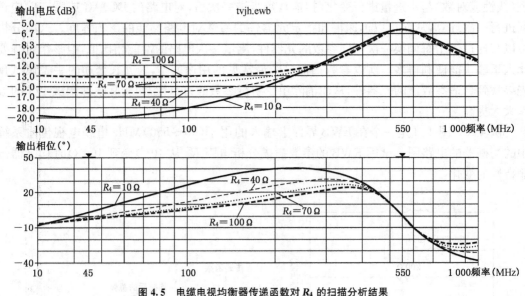

图4.5　电缆电视均衡器传递函数对 R_4 的扫描分析结果

由图4.5(a)可见均衡器传递函数的幅频特性在电缆电视频段((45～550)MHz)内随频率增高而逐步上翘,其翘升的斜率则随R_4的增大而减小,且在$R_4=(10～40)$ Ω之间斜率的变化较显著。因此可将R_4的步进量减小为10 Ω再做一次扫描分析,就能获得较精细的结果。不难得知,调节R_4的数值就能对不同长度的电缆(因而衰减不同)进行均衡补偿,从而获得平坦的系统总体传输特性。比较好的做法应当对电缆再建立一个与长度有关的模型,并将它与均衡器串联起来进行一次总体模拟分析,限于篇幅这个课题就作为一个练习留给读者自己去做了。

如果上述扫描分析用PSpice来做,利用其数学运算功能还可获得均衡器输入、输出电阻随频率变化的曲线(因为$R_i=U_i/I_i$,$R_o=U_o/I_o$),从而可以搜索出应当调节哪个元件以使输入、输出电阻在工作频段内接近传输电缆的特性阻抗(75 Ω)。不难得知,经过上述参数扫描分析后再进行实际的硬件调试,元件参数调整的盲目性与工作量均会大大减少。

4.3.2 温度扫描分析

利用该项功能可以指定电路的环境温度按一定的范围、扫描类型(线性或对数)与步进量进行变化(扫描),每步进一次后,就对电路的 DC、AC 或瞬态响应进行一次计算,从而可以迅速得知环境温度对这些性能的影响程度。从而可以迅速判断电路的温度稳定性是否满足要求。温度扫描分析的正确性取决于分析时所用的元器件参数的温度模型与实际所用的元器件参数的温度模型的一致程度。PSpice 提供了各种元器件参数精细的温度模型供选用,而 EWB 只提供了部分元器件参数的温度模型。使用时应根据具体情况合理地选用分析工具。

例 4.2 图 4.6 所示是一个在 EWB 界面上输入的由集成运放组成的有源低通滤波器电路,假定其中的电阻的温度系数 $T_{C1} = 0.001(1/℃)$; $T_{C2} = 0.015(1/℃)$,应用 EWB 的温度扫描分析功能,设置温度由 $(27 \sim 100)℃$ 以步进量 $20 ℃$ 进行扫描,可以得到如图 4.7 所示的频率响应随温度变化的曲线族。

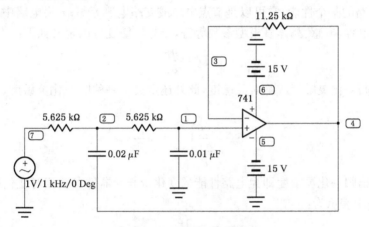

图 4.6 RC 有源低通滤波器电路

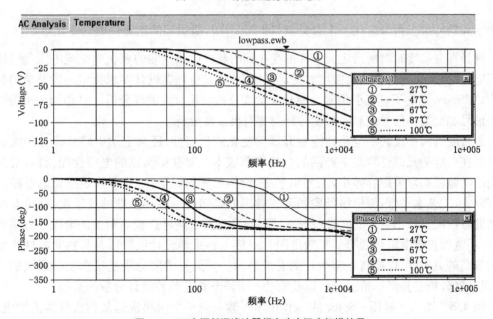

图 4.7 RC 有源低通滤波器频率响应温度扫描结果

由分析结果可见,该有源滤波器的温度稳定性相当差。必须改用温度系数特别小的电阻,如精密金属膜电阻(其 T_{C1}、T_{C2} 在 10^{-5} 量级),可使该电路的温度稳定性大大改进。

4.3.3 灵敏度分析

在电路的设计和模拟中,通常是从已知的激励源以及电路中各元器件的设计值,来分析和计算电路的工作状态及其响应特性,但将这些计算结果与实际测量值进行比较时,可能不相符合。这是因为在实际电路中的元器件参数值往往与设计计算的值不一致。设计计算所用的值通常称为标称值,而实际使用的元器件值则是在一定容差范围内的一个随机数值,这是一方面。另一方面,实际电路的参数值在工作条件发生变化时,如电源电压或温度变化,也会发生变化而引起电路输出特性的改变。为了衡量电路的各种参数的变化引起的电路性能变化量的大小,人们就引入了灵敏度(Sensitivity)这个参数,来度量电路的性能对电路中的元器件参数的敏感程度。

设 F 为电路的某个性能,它可以是节点电压或支路电流等等;x 为电路中某个元器件的参数,如电阻、电容、电感、晶体管模型参数等等,于是灵敏度可以定义如下:

$$D_x^F = \frac{\partial F}{\partial x} \tag{4.1}$$

该灵敏度为非归一化灵敏度或绝对灵敏度,此外还定义了一种归一化灵敏度,又称之为相对灵敏度:

$$S_x^F = \frac{\Delta F}{\frac{\Delta x}{x}}\bigg|_{\Delta \to 0} = x\frac{\partial F}{\partial x} \tag{4.2}$$

由上式不难看出归一化灵敏度即为电路性能的变化量与元器件参数相对变化量之比。

上式在 PSpice 中表示为:

$$S_x^F = \frac{\partial F}{\partial x} \cdot \frac{x}{100} \tag{4.3}$$

它表示元器件的参数每变化一个百分点$\left(\text{即 } 100\frac{\partial x}{x}\right)$,所引起的电路性能的变化量。

视计算灵敏度时对所指定元器件的变化而引起的电路性能的变化是交流电压(流)还是直流电压(流),又分为直流灵敏度和交流灵敏度,后者应根据设计要求指定一段分析的频率范围。PSpice 提供了直流小信号的绝对灵敏度分析与相对灵敏度分析。Multisim 可提供直流小信号和交流小信号绝对灵敏度分析与相对灵敏度分析。

灵敏度的大小反映了电路性能对元器件变化的稳定性,还决定了电路从设计到大批量生产时在一定的元器件容差下产品的合格率与成本。要获得满意的电路性能指标,对灵敏度高的电路就必须采用容差小,工艺水平高,价格昂贵的元器件;而对灵敏度低的电路就可用容差大,工艺水平低,而价格低廉的元器件。如果知道了各种参数的灵敏度,则可对灵敏度高的参数配以较小容差的元件(例如电阻,对分立式电路可选较高精度的电阻。对集成电路,可用宽的扩散电阻代替窄的扩散电阻),或将电路重新设计以降低与某些元器件参数对应的较高的灵敏度,以提高电路生产的总成品率。可见灵敏度分析是很有实际意义的。此外,灵敏度分析还是最坏情况分析以及蒙特—卡罗分析这两种统计分析的基础。

例 4.3 图 4.8 是用 PSpice 的 Schematics 输入的一个由集成运放构成的恒流源电路,

下面用 PSpice 的 DC 灵敏度分析功能分析它的负载电流 I_L 对各个电路元件变化的灵敏度,以便看出各个元件对恒流源精度影响的大小。由于 PSpice 规定当灵敏度分析的考察变量为电流时,该电流必须是流经电压源的,为此在图 4.8 中附加了一个 0 V 的电压源 V_3[①],将它与负载电阻 R_L 相串联,并以 I(V3)代表负载电流 I_L,设置到 DC 灵敏度分析设置窗口的输出变量表项中去。具体步骤如下:在 Schematics 的 Analysis 下拉菜单中选择 Setup 项,并在弹出的 Analysis Setup 菜单中选择 Sensi-

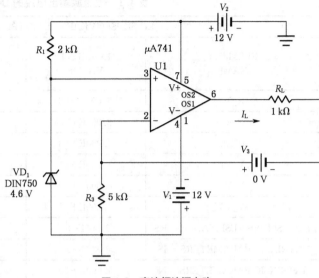

图 4.8 直流恒流源电路

tivity 分析,就会弹出一个 Sensitivity Setup 设置菜单,如图 4.9 所示。在 Output variable(s)栏中填入灵敏度分析对象 I(V3),并点击 OK 按钮确认。然后运行 PSpice 模拟程序(通过点击 Schematics 的 Analysis 下拉菜单中的 Simulate),运行结束后,打开产生的*.out 文件就可看到 DC 灵敏度分析的结果,如表 4.1 所示[②]。表中第三列为绝对灵敏度,第四列为归一化灵敏度。由该列数据可以看出恒流源的输出电流 I_L 对电路中各个元器件变化的灵敏度:输出电流对负载电阻 R_L 变化的灵敏度非常小,约在 10^{-11} 量级,这正是我们所期望的恒流源的特性。但是对电阻 R_3 的灵敏度则比较大,约在 10^{-5} 量级。对电阻 R_1 以及电源 V_2 的灵敏度约在 10^{-7} 量级。对稳压二极管的串联电阻 R_S 的灵敏度约在 10^{-9} 量级。因此为了获得好的恒流特性,电阻 R_3 必须采用精度高的、稳定性好的品种。电阻 R_1 也应采用较稳定的。最后不难看出,对电源 V_2 的稳定性要求比电源 V_1 要高。

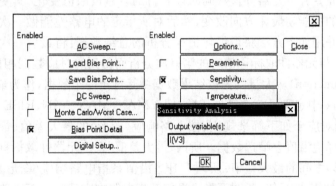

图 4.9 灵敏度分析输出变量的设置

---

①在 PSPICE 中 V_3 表示为 V3。

②受篇幅限制只列出与讨论相关的一部分内容。

表 4.1　恒流源输出电流的 DC 灵敏度

	DC SENSITIVITIES OF OUTPUT I(V_V3)		
ELEMENT NAME	ELEMENT VALUE	ELEMENT SENSITIVITY (AMPS/UNIT)	NORMALIZED SENSITIVITY (AMPS/PERCENT)
R_R3	5.000E+03	1.841E−07	9.206E−06
R_R1	2.000E+03	6.936E−09	1.387E−07
R_RL	1.000E+03	9.152E−13	9.152E−12
V_V1	1.200E+01	3.386E−09	4.064E−10
V_V3	0.000E+00	−9.941E−10	0.000E+10
V_V2	1.200E+01	−1.879E−06	−2.255E−07
D_D1 SERIES RESISTANCE　　RS	2.500E−01	−7.327E−07	−1.832E−09
INTRINSIC PARAMETERS　　IS	8.805E−16	3.701E−03	3.259E−20
INTRINSIC PARAMETERS　　N	1.000E+00	−0.000E+00	−0.000E+00

4.3.4　最坏情况分析

所谓最坏情况分析,就是当电路中所有元器件的参数在其容差范围均取其最坏的极端值和最不利的组合下,分析电路性能(DC、AC 或瞬态响应)所呈现的最坏情况和最大方差。通过该分析可以知道由于元器件参数的统计变化对电路性能可能产生的最坏影响。

最坏情况分析是一种由多次运行实现的统计分析。在 EWB 或 PSpice 中该分析是这样实现的:

首先用元器件的标称值对所指定的电路性能做一次分析(DC、AC 或瞬态响应分析),然后在容差范围内每次只改变一个元器件的参数,并做一次(DC、AC 或瞬态响应的)灵敏度分析,当与各个元器件对应的所有的灵敏度数据均取得后,最后一次就是进行电路性能的最坏情况分析了——先令各个元器件参数同时以各自的容差极限值变化,其变化方向(即±号)的选取应使电路的性能朝最坏方向改变,然后对所指定的电路性能做一次分析(DC、AC 或瞬态响应分析),并用如下方法获得最坏情况分析的总结数据:将最后一次分析得到的有关电路性能的数据,与元器件取标称值时的第一次分析而得到的对应数据相比较,并通过筛选函数(Collating function)从大量的比较结果数据中筛选出一个数据,作为最坏情况分析的总结数据。在 PSpice 中定义了 5 个筛选函数:即 YMAX、MAX、MIN、RISE-EDGE 和 FALL-EDGE,它们分别对应于如下筛选规则:按电路响应(图形)的最大差值、最大值、最小值、上升边沿值以及下降边沿值去筛选数据。所谓"最大差值"系指元器件取标称值时与取实际值时电路响应(图形)之间的最大差值;所谓上升边沿值系指电路响应(图形)上升刚达到用户设定的 Y 阈值时的 X 坐标值;所谓下降边沿值系指电路响应(图形)下降刚达到用户设定的 Y 阈值时的 X 坐标值。在 EWB 与 Multisim 中也定义了相应的筛选函数,欲具体了解并正确选用这些整理函数可查阅软件中的帮助文件。

实际上,电路最坏情况的出现概率是很小的,而且电路的规模越大,最坏情况出现的概率将趋近于零。所以最坏情况分析是对电路可能的最不理想情况的一种估计。如果在最坏情况下,电路性能仍能满足设计要求,则该电路设计方案应该是很成功的方案,同时也是很保守的方案,对大批生产的电子产品不一定是最经济和最有效的方案。但对用于航天、反应堆等一些风险较大的设备中的电路,通常要求零失效率,其成本往往不是第一位的考虑因素,因而可能采用最坏情况设计的方案。

例 4.4　图 4.10 是用 PSpice 的 Schematics 输入的一个由集成运放构成的有源高通滤波器,其截止频率 f_c 为 500 Hz,现运用 PSpice 的最坏情况分析功能分析它的频率响应。该例中将对滤波器频率响应有影响的元件容差假设为 ±5%。为了进行最坏情况分析,需要在 Schematics 的 Analysis 下拉菜单中选择 Setup 项,并在弹出的 Analysis Setup 菜单中选择 Monte Carlo / Worst Case 分析,就会弹出该分析的设置菜单,如图 4.11 所示。在该菜单中选择 Worst Case,并在其 Analysis Type 下选择 AC 分析(同时必须在上一级 Analysis 菜单中复选 AC Sweep①,并设置扫描起始与终止频率等);从 5 个筛选函数(Function)项中选择 YMAX,这时 Direction(最坏情况分析的方向)自动被选为 HI(增至最大)②;容差类型选择 Dev③,并选择 Output All(输出全部的数据)及 List (列出每次运行所用的元件值);最后输入器件类型(Devices)RC。然后点击 Schematics 的 Analysis 下拉菜单中的 Simulate,运行 PSpice 模拟程序,就能得到如图 4.12 所示的结果。此外还有大量的数据存在 *.out 文件中,限于篇幅不能在此列出。

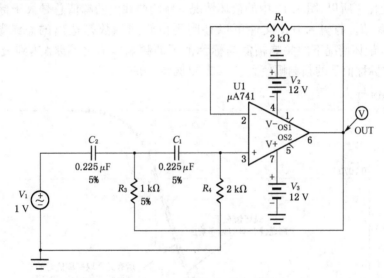

图 4.10　有源高通滤波器电路图

---

①如果在 Analysis Type 下面选择了 DC 或 Transient,这时在上一级 Analysis Setup 菜单中需复选 DC Sweep 或 Transient,并设置相应的分析条件。对下面将要讨论的 Monte-Carlo 分析也需要做与此一样的复选。

②视分析的需要,亦可通过手工改选为 LO(降至最小)。

③图 4.11 中容差选项中的 Dev 称之为器件容差,适用于各个元件容差的变化各自独立互不相关的场合,如分立元件;Lot 为批容差,适用于各个元件的容差的变化是统调的场合,如集成电路中的元件;Both 为组合容差,适用于上述两种容差兼而有之的场合,详见本章参考文献[2]。

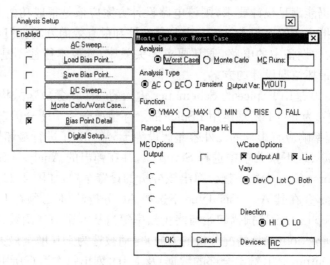

图 4.11　最坏情况分析菜单的设置

因为筛选函数选为 YMAX,此时的最坏情况被定义为使高通滤波器的频响在元件容差范围内变化为与标称值时的幅度差成最大,并且由于分析方向选择了 HI,将使输出向增至最大的方向变化。所以,图 4.12 中的最坏情况下频响曲线上的幅值总是大于标称值时的频响曲线上的幅值。打开 *.out 文件可以查阅到由筛选函数筛选出的总结数据:在 $f=$ 354.81 Hz时,最坏情况下的频响幅值与标称值下的频响幅值之偏差Δ达到最大,其值Δ=0.043 2(或比标称值下的频响幅值大了 109.62 %=1.096 2 倍)。

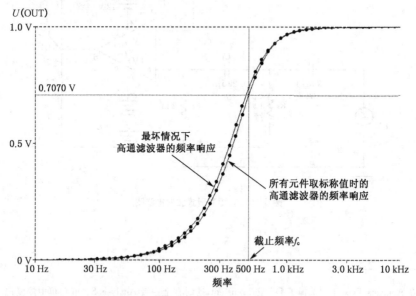

图 4.12　有源高通滤波器最坏情况分析结果

4.3.5　蒙特—卡罗(Monte-Carlo)分析

任何电子产品的设计均是按成品率 100 %给出电路中各个元器件的中心值(标称值)。

但由于实际安装中所用的元器件的参数值是随机的,比标称值有一定的偏差,结果常常使得部分电路性能偏离原始技术指标,成为不合格产品。所以实际产品的成品率将是随机的。针对这种情况,要求电路设计完成后,在大批投产之前,按照给定的元器件参数的容差,对产品的合格率先做一个估计(或预测),以免由于合格率太低造成浪费,或者由于采用了过高精度的元器件去提高合格率而致使产品成本大大增加。

采用蒙特—卡罗分析就能在投产之前对批量产品的合格率及成本做出估计(预测)。该分析法使用随机数发生器按生产时所用元件值的实际概率分布来选择元件,然后对电路进行模拟分析,从而可在元器件模型参数赋给的容差范围内,进行各种复杂的分析,包括直流分析、交流及瞬态特性分析,并由这些分析结果估算出电路性能的统计分布规律及统计参数,据此对电路批量生产时的成品率及成本等就能做出预测。由此可见电子电路的蒙特—卡罗分析就是对电子电路实际生产情况的一种计算机模拟。

蒙特—卡罗分析的流程如图 4.13 所示。PSpice 及 EWB 中的蒙特—卡罗分析功能就是按此流图实现的。但是 EWB 只实现了该流图的前面部分,而 PSpice 则实现了全部。PSpice 可通过求直方图的功能对模拟结果进行统计分析,从而求得电路性能的统计参数(方差(sigma),均值(mean),中位数(median),最大值(maximum),最小值(minimum)等)。

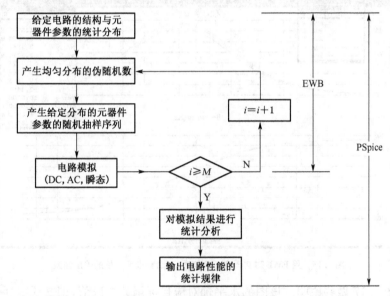

图 4.13　蒙特-卡罗分析流程图

用蒙特—卡罗分析法设计电路最大的优点是,可以用最低的元器件代价得到所设计的电路指标,这是因为该方法对按最坏情况分析所得的极端情况不予考虑,因此比较接近大批生产的实际情况,可使产品的合格率与成本之比达到最大。

例 4.5　文氏电桥是一种广泛使用于振荡及选频滤波电路中的 RC 网络,它的中心频率的准确度非常重要,应用蒙特—卡罗分析能够预测大批生产时由于 RC 元件参数的偏差引起中心频率的偏差情况,再通过一定的约束条件就能决定应采用多高精度的元件。

现有一个已知参数的文氏电桥,用 PSpice 输入后的电路图如图 4.14 所示,其中各个元件的容差为±5%,参数值呈正态分布。图 4.15、图 4.16 分别为用 EWB 和 PSpice 做的频率响应的蒙特—卡罗分析结果；接着再使用 PSpice 的蒙特—卡罗直方图分析功能，并选择文氏电桥的中心频率为目标函数（Goal Function）—Ceter-Freq(1 , db_level)，就可输出如图 4.17 所示的统计直方图。在该直方图的下方还同时显示了目标函数的各种统计参数。用 PSpice 做蒙特—卡罗分析的开始步骤与最坏情况分析相同，当弹出如图 4.11 所示菜单后，在右前方的菜单中需进行如下设置：在 Analysis 下选择 Monte Carlo 分析，在 MC Runs 项中填入运行次数（本例为 100），Analysis Type 下选择 AC(同时在上一级 Analysis Setup 菜单中需复选 AC Sweep，参见最坏情况分析中的有关注释)，Output Var 项中填入 V(OUT)（文氏电桥的

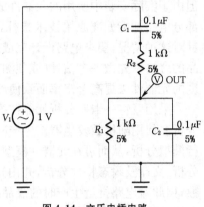

图 4.14　文氏电桥电路

输出)，筛选函数 Function 选择 YMAX，MC Options 下的 Output 类型选择 All，其余可不做选择，系统将自动取默认值。

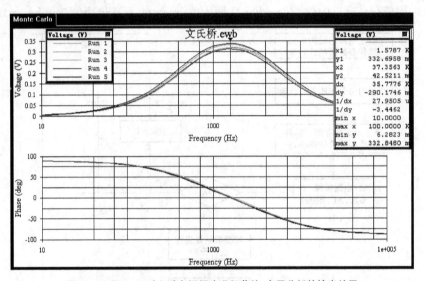

图 4.15　用 EWB 对文氏电桥频响进行蒙特-卡罗分析的输出结果

　　下面对图 4.17 做些说明。该图的水平轴对应目标函数的取值，即文氏电桥中心频率的随机分布值；垂直轴为中心频率出现的概率；分析次数为 100 次；直方图条块为 20 个[①]（该图的实际意义就相当于用一批容差为±5%、元件值呈正态分布的 RC 元件试投产了 100 个如图 4.14 所示的文氏电桥，并测出每个电桥的中心频率实际值，然后将该频率的最低值与最高值构成的区间分为 20 个相等的间隔，并对中心频率值落在每个间隔中的产品数进行统计，最后由统计结果作出直方分布图）。不难得知，该直方分布图是服从正态分布的。若选择其他的目标函数则可得到其他各种不同的直方分布图，例如文氏电桥通频带的直方分布图等。

---

①直方图条块数目可通过打开 probe options 窗口进行设置。

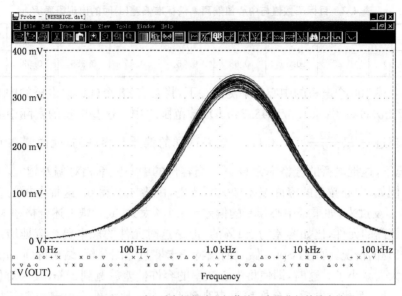

图 4.16 用 PSpice 对文氏电桥频响进行蒙特—卡罗分析的输出结果

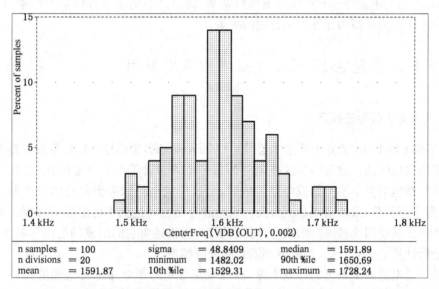

图 4.17 用 PSpice 对文氏电桥中心频率进行蒙特—卡罗统计直方图分析的结果

该文氏电桥中心频率的理论值可由下式计算出来：

$$f_0 = \frac{1}{2\pi \sqrt{R_1 R_2 C_1 C_2}} = \frac{1}{2\pi \times 10^3 \times 0.1 \times 10^{-6}} = 1\,591.549 \text{ Hz}$$

该文氏电桥中心频率的理论值与图 4.17 下方统计数据中的中心频率的平均值 (mean)—1 591.87(Hz)非常接近。统计数据中的 sigma＝48.840 9，为中心频率的标准偏差(通常用 σ 代表)。由概率论分析结果可知，正态分布情况下，目标函数值偏离中心值 (mean)不超过一个 σ 时的出现概率为 68%，而偏离中心值 k 倍 σ 时的各种出现概率皆列在表 4.2 中备查。

表 4.2　　目标函数值与中心值偏离 k 倍标准偏差(σ)时的出现概率 P

k	0.00	0.32	0.67	1.00	1.15	1.96	2.00	2.58	3.00
P	0.00	0.25	0.50	0.68	0.75	0.95	0.955	0.99	0.997

　　如果对上述 100 个电桥的中心频率测试一下,将会有 68 个(68%)电桥的中心频率分布在(1 591.87$\pm\sigma$)Hz=(1 591.87$\pm$48.840 9)Hz 范围之中。这些电桥的实际中心频率的相对偏差不会超过 $\frac{\pm48.840\ 9}{1\ 591.87}=\pm3.1\%$。如果这样的偏差是容许的,就说明在元件容差为 $\pm5\%$ 的情况下,这批电桥的合格率为 68%。当容许的中心频率相对偏差越大,电桥的合格率就越高。例如,中心频率的容许偏差增大到 $\pm2\sigma$,由表 4.2 得知,这批电桥的合格率就增加为 95.5%。反过来,如果嫌中心频率的偏差 $\pm3.1\%$ 太大,或者嫌上述合格率太低,那就必须采用精度更高的元件,比如容差为 $\pm1\%$ 的,但是这时元件的成本要相应地增加。对于元件容差为 $\pm1\%$ 的情况,再用 PSpice 做一回蒙特—卡罗直方图分析,结果得到 sigma(即 σ)= 8.7,比原先大大减小了。这时,即使将中心频率的容许偏差放宽到 $\pm3\sigma$,其相对偏差也不会超过 $\pm1.64\%$[①],而此时电桥的合格率可提高到 99.7%,比元件容差取 $\pm5\%$ 时大为改进。不难推知,利用上述蒙特—卡罗直方图分析结果,再以产品的成本等因素为约束条件,就能对应当采用精度为多高的元件作出合理的决策。

4.4　器件宏模型在 PSpice 模拟中的应用举例

4.4.1　关于器件宏模型

　　在 PSpice 等 EDA 软件中均采用宏模型(Macromodel)来描述集成运算放大器及电压比较器等模拟集成电路。这是因为这些电路的每一个均包含了数十个晶体管,当我们所要分析的电路与系统由多个模拟集成电路组成时,对这样的电路如果仍在晶体管级上来描述的话,将变得十分复杂,致使模拟分析所需的机时和存储空间达到不可忍受的程度。解决这个问题的办法就是使用这些模拟集成电路的宏模型,去描述由它们组成的电路与系统,从而既能减轻分析计算的时空开销,又能得到满意的分析精度。

　　宏模型是电路或子系统的等效电路,是以端点变量对原电路进行精确的描述。它的拓扑结构简单,含元件数比原电路少,但在模拟原电路的静态和动态端特性的精度上则完全能够满足要求。如集成运算放大器的宏模型的支路和节点数量约只有原来的 1/6,宏模型的 8 个 PN 结相当原电路的 60~80 个 PN 结。研究表明,采用宏模型模拟运放、定时器和滤波器等模拟集成电路,可使计算时间减少为原来的 1/5 至 1/10。因此运用宏模型能有效降低模拟所用的机时和存储空间,并使复杂系统的分析得以实现。

　　构造宏模型常用简化法和构造法,而实用上常采用将两者结合起来的方法。构造法不考虑实际运放内部的电路结构,只从它的端口参数出发,用一些理想元件(如电阻、电容、受

---

①即 $\frac{\pm3\sigma}{1\ 591.87}=\frac{\pm3\times8.7}{1\ 591.87}\times100\%=\pm1.64\%$。

控源等)来组成电路,去逼近实际运放的外部特性,把得到的等效电路,作为它的宏模型。该等效电路与运放的原电路形式可以完全不同,但其端口的外部特性与原电路却很逼近。简化法是在对实际运放进行灵敏度分析的基础上,略去灵敏度相对较低的元件,将实际运放进行简化而得到宏模型。但在模拟精度要求较高的情况下,由于不能略去的实际元件较多,致使该法的有效性大大下降。在 PSpice 中为常用的集成运算放大器和电压比较器建立了大量的宏模型供设计人员选用。PSpice 中的运算放大器和电压比较器等的宏模型均是以子电路来定义的(即以. SUBCKT 开头的文件),并将它们置于元件库中。用户在所编写的*. cir 文件中可自由地调用这些子电路,去组成某个更大的模拟系统,例如当要使用μA741 运放时,只要在 *. cir 文件中插入下列语句:

　　　　XU1　3　2　13　0　11　uA741

　　　　. LIB

　　其中 X 字母是关键字。对调用于主电路中的子电路规定采用以 X 为首的假元件名(此例为 XU1),其后是用来连接到子电路上的电路节点号(此例共有 5 个节点),最后是被调用的子电路名。因为子电路文件 . SUBCKT 中的外节点号是局部参数,所以和调用时的节点号不必相同,但调用语句中的节点号顺序必须与子电路文件中定义的顺序一致。此外,最后必须包括一条.LIB 语句,以使 PSpice 能找到这个被调用的子电路。该例的库文件 LINE-AR. LIB 中包含了子电路 μA741 运放的定义。

　　由于新的模拟集成电路层出不穷,PSpice 的宏模型库中不可能将它们包括进去。为此PSpice 提供了由用户自己去建立集成运算放大器和电压比较器的宏模型的工具软件——Parts。用户只要查到生产厂提供的集成运算放大器和电压比较器的实验测试数据,利用该建模工具,输入要求的测试数据,就能提取出所需的宏模型参数。此外许多器件生产厂还直接提供某些器件的宏模型文件,用户可以在所编写的 *. cir 文件中直接引用,非常方便。例如美国的 MAXIM 公司,在对其产品进行批量性能参数测试并取平均的基础上,将简化法和构造法相结合起来,对该公司的集成运放和电压比较器建立了工业标准的宏模型,提供给用户辅助他们进行样机设计。这些宏模型可在该公司的网站上(http://www. maxim-ic. com.cn/)以及免费发放的 CDROM 中找到。宏模型的文件名格式为:MAX(或 LMX)xxx. fam,字母 MAX(或 LMX)与后缀. fam 之间是产品的型号。

4.4.2　应用举例

　　下面以美国的 MAXIM 公司免费发放的 CDROM 为例,举例说明如何应用该光盘中提供的关于高速集成运算放大器与高速电压比较器的宏模型文件。

　　MAX4100 是一种 500 MHz 的低功耗宽带集成运放,在 MAXIM 公司的产品 CDROM上,从 *:\PRODUCTS\Spice 目录下可找到该集成运放的宏模型文件 MAX4100. fam。该文件可用 WORD 文字处理软件打开,其内容如图 4.18 所示。为节省篇幅,图中略去了部分内容,读者如需详细资料,可到 MAXIM 公司的网站上自行查阅。图 4.18 开头一段是MAX4100 的主要技术性能、引脚名称;接着就是该器件宏模型的子电路定义段,它由 .SUBCKT MAX4100 1 2 99 50 97 语句开头。随后对输入级、频率响应形成级、输出级以及所用的晶体管模型逐一给出描述定义,为设计人员提供了丰富的信息。下面通过举例说明MAX4100 宏模型文件的应用。

```
* MAX4100 FAMILY MACROMODELS
* --------------------------
* FEATURES:
* 500MHz Unity-Gain Bandwidth
* 5mA Typical Supply Current
* 80mA Output Drive
* 250V/uS Slew Rate
* Available in 8-Pin SO/uMAX
*
* PART NUMBER    DESCRIPTION
* _____     _____
* MAX4100        500MHz, Low-Power Op Amp
*
*
*    ////////////// MAX4100 MACROMODEL //////////////////
*
*    ====>     REFER TO MAX4100 DATA SHEET        <====
*
* connections:           non-inverting input
*                            inverting input
*                              positive power-supply
*                                negative power-supply
*                                  output
*
* OUTPUT CONNECTS:       1     2     99     50     97
*
* FEATURES:
.SUBCKT MAX4100 1 2 99 50 97
****************INPUT STAGE*********************
Isy 99 50 -9MA
*fixes supply current
IOS 2 1 50N
I1 4 50 14MA
GIN 2 1 2 1 50E-9
*CIN 1 2 .5PF
        .
        .
        .
        .

****GAIN, 1ST POLE****
*G3 98 12 5 6 0.0352
G3 98 12 5 6 0.0176
R4 12 98 40K
*40K
*C3 98 12 1.4E-11
C3 98 12 .5E-11
*
***************FREQUENCY SHAPING STAGES*********
*
****POLE STAGE****
G5 98 15 12 98 1E-3
*D13 50 15 DX
R5 98 15 1E3
*                      ^ POLE AT 130MEGHZ
*c5 98 15 .15E-13
c5 98 15 .15E-12
*
*******************OUTPUT STAGE****************
F6 99 50 VA7 1
F5 99 38 VA8 1
D9 40 38 DX
D10 38 99 DX
VA7 99 40 0
****************
G12 98 32 15 98 1E-3
        .
        .
        .

***** MODELS USED ******
.MODEL DX D(IS=1E-15)
.MODEL QX NPN(BF=6.25E4)
.ends
```

图 4. 18　MAX4100 宽带集成运放的宏模型文件

图 4.19 是 MAX4100 的管脚排列,图 4.20 为 MAX4100
的各种电路组态,图 4.20(d)是考虑寄生电容及反馈电阻影响
的反相放大器。宽带放大器使用中特别要注意寄生电容的
影响。

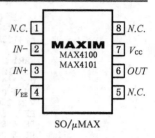

图 4.19　MAX4100 管脚排列

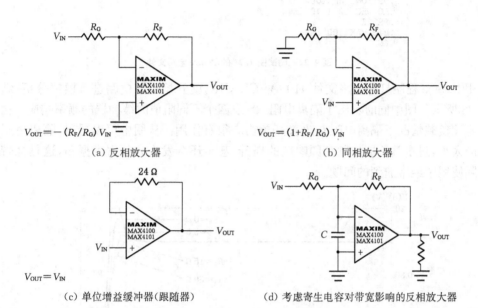

(a) 反相放大器　　　　　　　　　　　(b) 同相放大器

(c) 单位增益缓冲器(跟随器)　　　　(d) 考虑寄生电容对带宽影响的反相放大器

图 4.20　MAX4100 的各种电路组态

例 4.6　下面以单位增益放大器为例,利用 MAX4100 的宏模型来分析负载电容对其频率响应的影响。

首先应用文本编辑器为图 4.21 编写一个 PSpice 电路文件,文件名为 4100AVCL. CIR,如图 4.22 所示。为了使用宏模型,该文件中有两条关键语句:第四条语句是调用图 4.18 中宏模型文件中子电路。SUBCKT MAX4100 的;倒数第二条语句是宏模型库文件调用语句。为了使这条语句执行时能够找到库文件,最简单的方法是将文件 MAX4100. FAM 拷到存放电路文件 4100AVCL. CIR 的目录下。电路文件的倒数第四行语句是进行交流分析的指令,分析的频率范

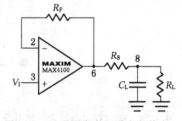

图 4.21　采用隔离电阻减少负载电容影响的单位增益缓冲器

围从 1 Hz 到 1 000 MHz,按 10 倍频增量扫描。倒数第 5 句设置模拟相对精度。余下的语句为描述测试该电路所用的 AC 信号源以及电路中各个元件互连关系的。

```
* MAX4100 CLOSED-LOOP GAIN AVCL=1 RESPONSE TEST CIRCUIT
* 4100AVCL.CIR
*
XAR1 3 2 7 4 6 MAX4100
*   +IN -IN VCC VEE OUT
VP 7 0  5V
VN 4 0  -5V
VIN 3 0 AC 1
RF 2 6 100
RS 6 8 15
RL 8 0 200
CL 8 0 40p
.OPTIONS RELTOL=.01
.AC DEC 10 1 1000meg
.PROBE
.LIB MAX4100.FAM
.END
```

图 4.22　测试图 4.21 的 PSpice 电路文件

用 PSpice 程序打开电路文件 4100AVCL. CIR,就开始对该电路进行模拟分析,结果如图 4.23 所示。图中同时示出了隔离电阻 RS 取四个不同阻值时缓冲器的频率响应。由此可见在容性负载情况下隔离电阻对改善高频响应很有作用。从图中可以看出,隔离电阻的阻值不能太小,过小就不能抑制高频响应的提升,甚至还会发生高频寄生振荡,这是宽带放大器实际使用中经常遇到的问题。

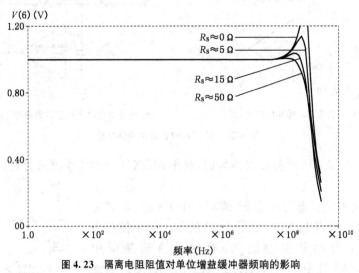

图 4.23　隔离电阻阻值对单位增益缓冲器频响的影响
$(R_F = 100 \ \Omega; \ R_L = 200 \ \Omega; \ C_L = 40 \ \text{pF})$

4.5　基于 ISP 技术的模拟与数字混合系统的原理及应用

4.5.1　概述

20 世纪 90 年代美国 Lattice 公司先后发明了在系统可编程(ISP—In System Programmable)数字与模拟器件,这类器件可以在不脱离其工作系统的情况下,由设计人员使用开发软件在计算机上进行设计输入、编辑修改并进行模拟,最后通过 JTAG 编程电缆将设计方案(对应于配置文件)下载到 ISP 器件的片上非易失性 E^2 CMOS 存储器中去,一个由用户定义的系统芯片即制成。从而给电子产品设计人员以及大学的电子信息实验室提供了极大的便利。Lattice 早期的在系统可编程模拟器件(ispPAC),已经停产,但其相关技术被应用到随后推出的更为复杂的在系统可编程电源管理芯片(ispPower Manager(2003 年),ispPower Manager II(2006 年))、在系统可编程时钟芯片(isp Clock(2007 年))以及 isp 系统平台管理芯片(Platform Manager(2010 年))中。上述这些芯片已经不是单纯的模拟电路或系统,而是模拟与数字混合的 ISP 可编程系统芯片。这些芯片的应用设计均有相应的 EDA 软件来支持[①],且用户设计无需从底层电路级开始,而是在较高的系统级层次上进行个性化的应用系统设计,因而省时、省力,方便高效,可使产品的上市时间大大缩短。

4.5.2　大型设备的电源系统简介

一些小型的电子装置,如电子仪表,家用电器、个人电脑等,其所用的电源仅为一个模块而已,但是一个大型电子设备,例如市局级程控交换机系统、无线通信基站、大型电站控制系统、大型厂矿生产过程自动控制系统、大数据处理计算机系统等,其所用电源就不是一个模块或一个部件那么简单了。外部电网的停电和电子元件的失效等突发事件是不可避免的,要保证大型电子设备的正常运行,其电源系统对各种突发状况必须能作出实时响应("微秒"量级)和进行实时处理,以保证不停电,实现不间断供电。因此大型电子设备的电源实际上是一个实时控制与处理系统。由于大型电子设备的能耗较高,所以其供电系统还必须符合节能环保的要求。

图 4.24 示出了一个典型的大型设备电源系统的组成。它由多个模块组成,其中滤波以及浪涌抑制模块的作用是滤除从电网引入的噪声与瞬态干扰信号。有源功率因数校正(APFC—Active Power Factor Correction)模块用来提高电能的利用率。经过 APFC 电路校正后使流入电源系统输入端的电流与输入端电压的相位接近一致,相应的功率因数将由 ~0.5 提高到 0.999,使电源系统的效率大大提高。APFC 电路自身带有非隔离型升压开关

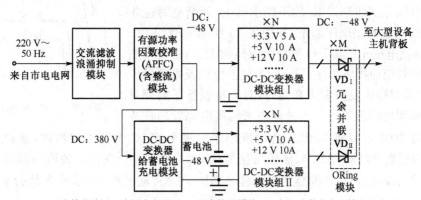

(为简化绘图,该图略去了DC—DC变换器模块Ⅰ、组Ⅱ中的负电压输出部分)

图 4.24　大型设备电源系统的组成

[①]这些 EDA 软件有:isp PAC Designer 6.32;Power Manager II;Platform Manager II;ispClock 等。可以在 Lattice 公司网站上免费下载得到。Lattice 公司网站:http://www.latticesemi.com/Solutions.aspx。

整流电路,为此其后需要安排一个隔离型降压开关 DC-DC 变换器,将 380 V 的高压变换为－48 V[①],并对蓄电池充电,保证在电网停电时电源系统不停电。此处获得的－48 V 直流电即为大型设备的基础供电电源,送至后续的降压型开关 DC-DC 变换器[②],变换为插在主机背板上的电路板卡所需要的各种不同的电压。由于板卡上的集成电路的工作电压远低于－48 V,若每种电压都使用一个隔离型 DC-DC 变换器由－48 V 来产生则是低效和昂贵的。现代设计改用一个隔离型 DC-DC 变换器,先产生一个高功率的 12 V 中间电压,再由它为后续的各个非隔离型 DC-DC 变换器提供电能,来产生所需的各种电压,这样不仅可以提高电源系统的效率,而且可以降低成本。这些 DC-DC 变换器采取冗余结构,即将 2 个(或>2 个)相同输出电压的 DC-DC 变换器的输出通过 2 个二极管并联(ORing)起来对背板供电,这样当在 ORing 输出中任何一路有故障时将自动由无故障的另一路实现无缝接替。所以该电源系统无论是在电网断电还是电路出现故障时均不会停止供电。ORing 模块中的二极管采用肖特基(Schottky)二极管,因其管压降很小(0.4 V),其功耗较低。如今更多地采用 MOS 场效应管(FET),由于其漏源之间电阻很小(几十~数百 mΩ),管压降更低(<0.01 V),从而可使电源系统有更高的效率。但是 MOSFET 的源漏之间没有单向导通的特性,因此要用 MOSFET 来实现 ORing 必须增加相应的控制电路或芯片。下面即将介绍的 Lattice 公司的电源管理芯片的应用中就有外加 MOSFET 来实现 ORing 电源的例子。

4.5.3　在系统可编程电源管理器件——ispPAC Power Manager

1) 概述

在一个电子系统中往往要采用许多不同种类的集成电路,有数字的、模拟的或者数模混合的,其中包括 FPGA、MCU、DSP、ASIC 等。这些 IC 不仅需要不同的供电电压,而且在系统上电时,某些 IC 还要求按规定的先后时间顺序将不同的电压分别加到该 IC 的不同引脚上;而断电时也要求按规定的先后时间顺序断电,如图 4.25 所示。例如 FP-GA 要求其核电压先于其 I/O 部分的电压加上去,否则可能会导致闩锁效应而损坏器件。此外,系统上电以及电源发生故障时,要及时提供复位和中断信号,对大型设备还需要对其电源能耗实施管控等。上述种种要求均属电源管理任务

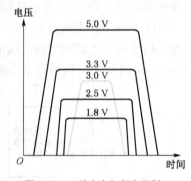

图 4.25　一种上电与断电示例

的范畴。自 2001 年以来 Lattice 公司推出了多种 ispPAC 电源管理器件,通过将多功能 CPLD 核与模数转换器(ADC)、数模转换器(DAC)、模拟差分阈值比较监控器、I²C 通信口以及在系统可编程(ISP)功能整合在一起,只用一块芯片就可实现过去由多块分立电源管理

---

①电话局的蓄电池组－48 V 总是正极接地,除历史原因外,还为了防止由于继电器或电缆金属外皮绝缘不良时产生的电蚀作用,使继电器绕组和电缆金属外皮损坏。

②现代各种各样的 DC—DC 变换器由于采用高频开关稳压电源其效率可以做到大于 90%,体积与重量均较小,已成为电源系统的一种基础部件。每个模块可以输出规定数值与极性的直流电压,如 12 V、5 V、3.3 V、2.5 V、1.8 V、1.5 V、1.2 V 等标准电压,也可根据需要调整为非标准数值的电压(例如供给 ASIC 内核的 0.9 V 电压),以满足各种不同集成器件的供电要求。隔离型比非隔离型的 DC-DC 变换器的价格要高。

器件实现的全部功能,大大减轻了设计人员的负担。该器件所占用的 PCB 面积很小(<0.5
$\sim 3\ \mathrm{cm^2}$),总体价格比采用分立电源管理器件的方案低,且可靠性、灵活性与精确度均有大
幅提高。

　　当今大型设备背板上插入的板卡上均使用了电源管理芯片,以达到对一次电源和板卡
上的二次电源进行监视与管理,使整个系统的可靠性与可维护性大大提高。这些板卡上集
成了多种 IC 芯片,根据这些 IC 芯片的供电需求又集成了多种规格的二次电源芯片,构成一
个以电源管理芯片为中心的板卡上供电系统,如图 4.26 所示。其中 POL(Point of Load)为
负载点电源芯片,专为那些低压大电流的芯片供电(如 FPGA、CPU、DSP 中的芯核单元),
POL 就布置在该芯片核的电源引脚附近,以提供瞬时动态高电能供给。LDO(Low Drop
Output)为低压降电源芯片,是一种线性模拟电源,输出电压纯净,没有开关稳压电源的脉冲
干扰,适用于对干扰噪声敏感的模拟电路的供电。图中有效负载为板卡上其他 IC 芯片。

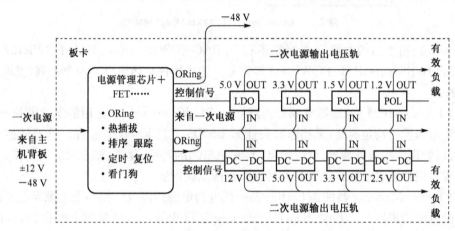

图 4.26　以电源管理芯片为中心的板卡上供电系统

2) Lattice ispPAC 电源管理器件的典型结构

　　下面以比较典型的 Lattice ispPAC-POWR1014/607 为例介绍一下它们的功能与结构
(见图 4.27)。这两种器件内集成了许多传统的分立器件:电源电压监控器——对电源的欠
压与过压状态进行监控;复位信号发生器——用于 CPU 等器件的复位启动;监控定时器(俗
称看门狗)——对软件的运行进行监控,以防止死机。ispPAC-POWR1014 还集成了上电/
断电排序器与跟踪器——顺应某些器件安全而正常工作的要求,以及热插拔控制器(Hot-
Swap Controller)——可在不停电状态下(如通信、金融等服务行业的设备是不允许停电的)
对大型设备中有故障的电路板带电进行更换。

　　在图 4.27 中以 ispPAC-POWR1014/607 典型应用为例,示出该电源管理器件在电路板
上与相关周边器件的互连方案。该图中 DC-DC♯1～♯n 为一组直流—直流变换器,它们输
出各种数值的电压,通过电源总线(二次供电轨)为电路板上的各个器件(仅画出 DSP、FP-
GA、μP,其余省略)提供所需的电压。除前述各种管理任务外,还要对这些 DC-DC 变换器的
输入/输出电压进行监视,以及对 DSP、FPGA、μP 复位、中断与定时的监控等等。上述各种
电源管理功能,均可通过编程轻松地在系统的电路板上得以实现。

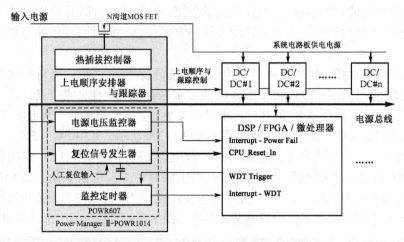

图 4.27　Lattice ispPAC POWR1014/607 结构图

Lattice 公司推出的电源管理器件还有 ispPAC-POWR1208、ispPAC-POWR1220AT8、ispPAC-POWR604、ispPAC-POWR605 等型号。这些器件具体可分为四个系列（见图 4.28、图 4.29）：

（1）ProcessorPM（处理器电源管理器）——POWR605 是一个通用的电源监控器，带有复位发生器和看门狗定时器，采用非易失性 E2CMOS 工艺保存配置文件。该器件拥有默认配置，可以管理大多数处理器（DSP、FPGA，和 ASIC）的监测、复位、和定时器的工作，无需额外的编程。用户也可根据特殊需要通过编程修改默认配置。

（2）Power Manager 器件是 Lattice 第一代专为电源排序及监控多个电源而设计的完全可编程的电源管理器件。其中 POWR1208P1 是在 POWR1208 的基础上改进的，提高了精度和阈值跳挡点的分辨率。POWR1208 监控多达 12 路电压并为电源排序提供 8 个数字输出。POWR604 监控多达 6 路电压并为电源排序提供 4 个数字输出。

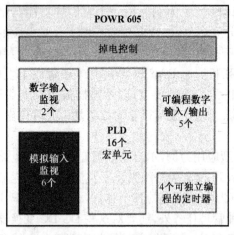

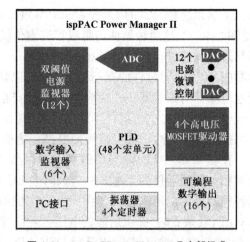

图 4.28　POWR 605 内部组成　　　　　图 4.29　isp PACPower Manager Ⅱ 内部组成

（3）Power Manager II 器件是第二代电源管理器件系列，用于电路板级的电源管理。该器件包含：监测电源故障的精确阈值的比较器；一个用于测量电源电压的 10 位 ADC，一组用于控制电源输出电压的 DAC;一组可独立编程的定时器,可用于控制电源开启/关闭过程中的延时;几个电荷泵驱动器用于驱动 N 沟道 MOSFET;还有一个 I^2C 接口。该系列有 POWR1220AT8、POWR1014/A 、POWR6AT6、POWR607 四个器件。这些器件内部包括的功能模块与规格详见表 4.3、表 4.4。

表 4.3　根据二次电源轨的数目选择最小规模的 Lattice 电源管理器件

二次电源轨的数目	<3	3 to 5	5 to 8	>8	附注
复位发生器		ProcessorPM	POWR1014	POWR1220AT8	
电压监视		ProcessorPM	POWR1014	POWR1220AT8	
看门狗定时器		ProcessorPM	POWR1014	POWR1220AT8	
最少排序<3 组		ProcessorPM	POWR1014	POWR1220AT8	
48 V 热插拔控制器	POWR607	POWR607	POWR607	POWR607	用于−48 V 电源轨
+5 or 12 or 24 V 热插拔控制器	POWR607	POWR1014	POWR1220AT8	POWR1220AT8	
I^2C ADC 测量	POWR1014A	POWR1014A	POWR1220AT8	POWR1220AT8	
电源裕度测试及微调	POWR6AT8	POWR6AT8	POWR1220AT8	POWR1220AT8	

表 4.4　根据电路板设计所要求的电源管理功能选择 Lattice 电源管理器件

项　目	ProcessorPM	POWR607	POWR1014	POWR1014A	POWR1220AT8
板卡一次输入电源管理					
热插拔					
−48 V 热插拔控制器(隔离有效负载)		×			
+12/24 V 热插拔控制器		×	×	×	×
对外部系统供电					
−48 V 供电		×			
+12/24 V 供电		×	×	×	×
冗余供电备选					
采用 MOSFET 实现−48 V 供电 ORing(隔离有效负载)		×			
采用 MOSFET 实现+12/24 V 供电 ORing		×	×	×	×
有效负载(二次)电源管理					
电源排序		×	×	×	×
电压监视	×	×	×	×	×
复位发生	×	×	×	×	×
看门狗定时器	×	×	×	×	×
采用 ADC 测量电压				×	×
电源供电电压微调					×
电源供电电压裕度测试					×

　　(4) isp 系统平台管理芯片(Platform Manager)。该芯片于 2010 年推出,实际上是第三

代的电源管理芯片。它将可编程模拟功能、一个 CPLD 和 FPGA 集成到一块芯片上[1]（见图 4.30），使电源管理和数字电路板管理功能集成在一起[2]（见图 4.31），可用于各种系统，为每个设计提供一个标准通用的解决方案来代替多个单一功能的集成电路的组合。该方案的成本将更低、可靠性将更高。此外，由于其具有可模拟验证与可重新编程的功能，使设计的灵活性得以提升，从而将电路板重新设计的风险降至最小。

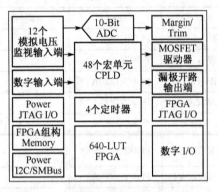

图 4.30 系统平台管理芯片内部组成   图 4.31 系统平台管理功能划分

  Lattice 其后推出的 Platform Manager 2 的功能更加强大，采用 FPGA 内的集中硬件管理算法来控制分布式硬件管理，将电源、发热以及控制范围的管理功能，有效而紧凑地集成在一块电路板上。使用软件 Platform Designer™，对电路板的硬件管理进行集成，采用边修正边构造的设计方法（可为给定设计自动选择 IP、定制和布线）使模拟通道、数字 I/O 和FPGA 的 LUTs 能够无缝地缩放，达到最优地满足给定电路板的特定硬件管理要求。有兴趣的读者可参阅相关资料[3]。

  3）Lattice 公司电源管理器件型号的命名与选用

  在电源管理器件型号中携带了该系列器件的重要的功能与参数：

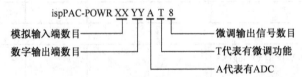

  下列表格给出 Lattice 公司的电源管理器件的功能模块与规格参数，可以帮助用户根据需要选用合适的器件。

  4）Lattice ispPAC 电源管理器件应用设计的实现

  （1）设计步骤[9]

  首先根据应用需求对照表 4.3、表 4.4 选择合适型号的 ispPAC 电源管理器件，然后采用 ispPAC-Designer 软件[4]对所选用的器件进行设计输入、编辑、模拟验证与修改，最后对器

---

①DS1036_01. 3—PlatformManagerDataSheet. pdf(K/OL)February 2012，http://www. latticesemi. com。

②王莹. Lattice 的另类生存模式_FPGA＋模拟(J/OL)，电子产品世界，2010.11. pp. 52。

③从 Lattice 公司网站下载：PlatformManager2Brochure. pdf ；PlatformManager2DataSheet. pdf （Lattice Data Sheet DS1043）。

④目前从 Lattice 网站上可以下载的 ispPAC-Designer 为 6.32 版。

件下载编程来实现的。其整个设计流程如下：① 创建/（打开）一个设计项目；② 配置模拟输入信号；③ 配置数字输入引脚；④ 配置数字输出引脚；⑤ 配置高压输出（HVOUT）引脚（驱动 MOSFET 的输出）；⑥ 配置定时器的值；⑦ 配置 I²C 地址；⑧ 使用 LogiBuilder 工具实现电源管理算法（状态机）；⑨ 模拟/验证设计（在步骤 2 到 8 之间迭代）。⑩ 将设计文件下载到电源管理器件中并测试设计。采用 2.1 版本及其以上版本的 ispPAC-Designer 软件就能支持上述设计流程。ispPAC-Designer 软件具有非常直观易操作的图形界面。图 4.32 以采用 ispPAC-POWR1220AT8 器件进行设计为例，给出了设计流程所经历的 6 个重要的步骤所显示的界面[8]。其中每个步骤中还包含了若干细节，只有查阅 ispPAC-Designer 软件的帮助文件以及所选用的电源管理器件的手册才能理解与掌握。此外，还有许多相关的技术资料，均可在 Lattice 的网站上找到。

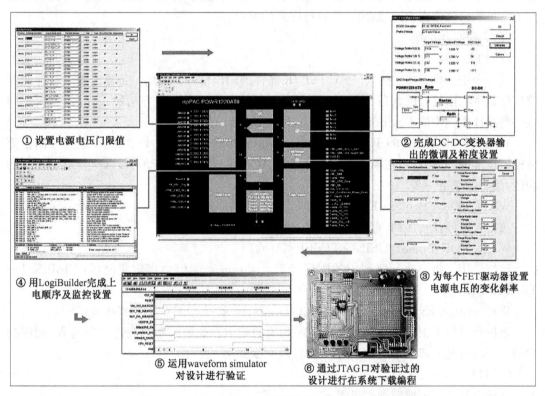

图 4.32　Lattice ispPAC 电源管理器件的应用设计编程步骤

（2）设计文件下载方法

完成了设计输入和模拟验证之后，最后一步就是对器件进行下载编程了。首先要检查一下：下载编程电缆是否将 PC 机（25 针并行口或 USB 口）与目标板上的插座——（接到器件的 JTAG 口）连接好了；目标板上的 ispPAC 器件是否安装了；+5 V 电源是否加上去了。如果一切就绪，就可进行下载操作了。步骤如下：依次点击电路图编辑窗口的主菜单命令 Tools→Download，即可完成下载。在 Tools 下拉菜单中，若点击 Verify 命令，可对器件中下载的内容与原始电路图是否一致进行校验；若点击 Upload 命令可将已下载的内容读出并显示在原始电路图中。

5) Lattice 的 LogiBuilder——数字逻辑设计工具简介[10]

(1) 引言

电源管理器件中的模拟与数字电路有各自的设计工具。LogiBuilder 是集成在 PAC-Designer 中，一种专为配置电源管理器件中小型 PLD 的简便工具，可使用户免受底层 PLD 逻辑的复杂性和细节的困扰。该工具提供了一个名为 LogiBuilder 序列控制器（LBSC）的指令集。设计人员根据电源管理所需的控制算法（状态机）设计一个由 LBSC 指令组成的程序，即可实现对 PLD 宏单元的配置。这些指令除了依次直线执行之外，还支持通过 Goto 和 if-then-else 指令执行循环以及条件跳转。此外，还提供等待指令，用来产生等待指定事件的延迟。在一些器件中，为实现用户定义的延迟还提供了一组各自独立的定时器。除了能够使用定时器指定控制序列和延迟之外，还可通过一种称之为"异常（Exception）"的机制对时间上紧迫的事件作出快速、跳出直线执行序列的响应。

(2) LBSC 指令集

OUTPUT

该指令用于打开或关闭 ispPAC-POWR 器件的输出信号。使用一条输出指令就能同时改变任意个输出信号的状态。因此由该指令对话框导出的具体内容与形式很多，建议多浏览一些设计举例中的 LogiBuilder 程序[11]，以增长见识与编程经验。

WAIT FOR AGOOD 开机后，立即启动模拟校准过程。在这个步骤中，序列控制器等待模拟校准的完成，而后在模拟部分内部激活 AGOOD 信号，并启动对输入电压进行监视的功能，然后继续下一步。

WAIT FOR＜Boolean Expression＞

该指令暂停执行序列，直到指定的表达式变为真为止。

WAIT FOR＜time＞USING TIMER＜1…4＞

该指令用于指定执行序列中的固定延迟。＜time＞的值由指定定时器（TIMER 1…TIMER n）决定。

IF＜Boolean Expression＞THEN GOTO＜step x＞ELSE GOTO＜step y＞

该指令提供了根据输入的状态修改序列流的能力。如果＜布尔表达式＞为真，则序列中的下一步将是＜步骤 x＞，否则下一步将是＜步骤 y＞。

GOTO＜step x＞

该指令强制序列跳转到＜步骤 x＞

NOP

该指令不影响任何输出或执行顺序。它实际上仅起到一个周期延迟的作用。

HALT

该指令停止执行序列。输出保持在当前状态。

(3) 用 LBSC 指令编写程序

双击器件结构布置图中央的 sequence controller 块（见图 4.32）即可打开 LogiBuilder 窗口。默认窗口只是 3～4 条指令的框架程序。程序指令输入是以对话框驱动方式实现的：用鼠标选择插入点，点击 Edit 下拉菜单中的 Insert 命令，根据弹出对话框提示的操作，按算法的构思找出所需的时序机指令，逐一添加到框架程序中，就可完成程序的编写与输入。

　　图 4.33 为一个 LogiBuilder 窗口的典型例子[11]，图 4.33 受屏幕空间限制，将 Sequencer Instruction 列中的 Step4 与 Step7 之间的指令略去了，它分为三个部分（垂直方向从上至下）：

图 4.33　LogiBuilder 窗口示例

　　（1）顺序执行部分——根据电源管理要求的算法向该窗口逐条输入由 LBSC 指令组成的程序。

　　（2）异常条件部分——根据算法设计一组布尔表达式，当其变为真时，中断上面窗口中顺序执行流。异常条件只能中断标记为可中断的（见下）程序步。所有其他程序步都不受异常条件的影响。

　　（3）监督逻辑部分——以布尔表达式直接控制一些不受算法顺序执行部分控制的输出。

　　异常条件下的布尔表达式以及监督逻辑部分与顺序执行部分中执行的指令是并行（同时）操作的。

　　在顺序执行部分中，每一步被分成五列（水平方向从左至右）：

　　（1）Step（程序步）——指示给定指令的程序步编号。此编号用于从不同的位置转移到给定的程序步。

　　（2）Sequencer instruction（时序机指令）——是该程序步正在执行的指令。每一步可占用一到几个时钟周期。例如，启动定时器指令占用一个时钟周期。等待定时器指令停留在该步骤中，直到定时器到期。

　　（3）Outputs（输出）——列出了在该步骤中输出值被改变的所有输出。输出状态的变化是在该步骤中的第一个时钟脉冲之后发生的。

　　（4）Interruptible（可中断）——此标志允许异常条件中断执行流程。如果可中断标记设置为"no"（否），则异常条件不能更改该步骤的执行流程。

　　（5）Comment（注释）——该列用于对所输入的每条指令进行注释。

　　在完成对 LogiBuilder 窗口的输入之后，接下去还要进行编译与模拟验证（见图 4.32）。

4.5.4 常用 Lattice ISP 电源管理器件应用设计举例(含周边电路的硬件电路)①

1) 用 POWR605 实现软硬件监视功能[12]

图 4.34 是处理器电源管理器件 POWR605 的一种典型应用方式。左边是该器件与周边器件的连接图。它们均布置在同一块电路板上。其中除 CPU/DSP 外,有 3 个不同输出电压的二次电源模块(DC-DC 变换模块),它们的输入电压由 5 V 的一次电源提供。DSP 的内核需要 1.2 V,与 DDRII 内存通信需要 1.8 V,与 Flash 内存和其他外设通信需要 3.3 V。只有在所有电源都在规定的电压容限内 DSP 才能可靠地工作。例如,可接受的容限为:3.3 V($\pm5\%$)、1.8 V($\pm5\%$)和 1.2 V($\pm3\%$)。DSP 在低于其指标的核心电压下工作时指令的执行会产生错误,导致程序执行不可预测的后果。如果 I/O 电压降到指标值以下时,将导致存储器和处理器之间指令/数据传输出错。

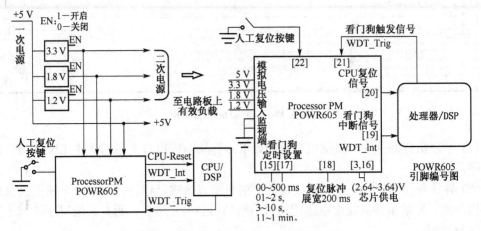

图 4.34 用 POWR605 实现软硬件监视的电路

图中所有 4 个电源电压均与 POWR605 的模拟输入监视端相连,如果这些电压值有一个或几个超出容限时(该容限是通过编程设定的),管理器件立即(在 12 μs 内)发出复位信号(CPU-Reset)。以阻止 CPU/DSP 进入错误的工作状态。为了屏蔽系统上电时的瞬态过程引起的超限,可通过编程设定 POWR605 内部定时器的延迟时间(也可将右图中的 18 号引脚接至高电位即可获得 200 ms 的延迟),等到所有电源稳定到正常值后才将复位信号撤销。

为了监视 CPU/DSP 软件的运行状况,启用了 POWR605 的看门狗定时器。CPU/DSP 周期性地生成看门狗触发信号(WDT_TRIG)。连续的 WDT_TRIG 之间的间隔取决于应用程序。如果看门狗定时器未能在规定的持续时间内被触发,该看门狗定时器就会生成一个中断信号 WDT_int 使处理器的工作及时中断,以免由于 CPU/DSP 软件的运行错误造成灾难性的后果。在右图中可以使用 15、17 两个引脚来设置看门狗定时器的持续时间。POWR605 具有一个人工复位引脚(22 号),按下复位键可直接产生 CPU-Reset 复位信号。为屏蔽按键抖动产生的假信号,在可编程定时器提供的延时(通常设置为 50 ms)之后才送出 CPU-Reset 信号。

①更多的例子可在参考文献[12]、[13]中找到。

　　图所示例子中 POWR605 还有三个尚未使用的数字 I/O 引脚(参见图 4.28),若通过这些引脚对三个电源模块(DC-DC)的使能端(EN)进行控制,则可实现电源上电与断电的排序功能。此外,该器件的任何一个模拟输入端的比较器阈值都可以设置为监视过电压,以实现过电压保护。以上所述的各种功能均需通过对器件编程、模拟、下载方可实现,下面的例子皆同此,不再赘述。

2) 用 POWR1014A 实现热插拔(Hot-swap)功能[13]

　　在图 4.35 中,背板上有个一次 5 V 电源。图中的板卡要在带电状态下插入背板,首先要在 POWR1014A 器件模拟输入端的监视下,等待接入的 5 V 一次电压达到稳定,即等到插入时的触点接触抖动周期结束后,POWR1014A 才通过软启动引脚打开 MOSFET Q_1。通过编程将 FET 驱动电压引脚至 Q_1 栅极 G 的电流设置为最小(12.5 μA),让 MOSFET 栅电容缓慢充电。使得 MOSFET 漏源之间的导通电阻缓慢地降到其最终的 RDS-on 值(通常在几十到数百 mΩ 范围内),从而消除了带电插入板卡时流

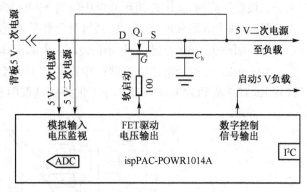

图 4.35　用软启动实现热插拔

过 5 V 一次电源的浪涌,这样就不会影响插在背板上的其他板卡的正常工作。该电路只适用于低功耗、低电压板卡。它还要求 MOSFET 所消耗的瞬时功率不超出其安全工作区(SOA)。可改变 POWR1014A 中比较器的阈值以适应不同的背板电压,例如 5 V 或 3.3 V。12 V 的软启动功能可以使用 P 沟道 MOSFET 实现,并由逻辑输出之一驱动。负电压轨的软启动可以用 N 沟道 MOSFET 实现。

3) 用 ispPAC-WPOWR1014A 实现电源冗余(ORing)功能[13]

　　图 4.36 所示是一个为背板上提供 5 V ORing 电源的电路,该电路通过将 MOSFET Q_1 和 Q_2 的漏极并联,从而将 5 V_a 和 5 V_b 两个电源轨组成了一个 5 V 的冗余电源轨。当 MOSFET 导通时其电流是可以双向流动的。举例:若两条电源轨之间有 1 V 的电压差就可能导致 20 A(1 V/((0.025＋0.025) Ω①)电流从较高电压的电源向较低电压的电源倒灌。这会造成 5 V_a 或 5 V_b 电源过载,甚至损坏。为了防止发生

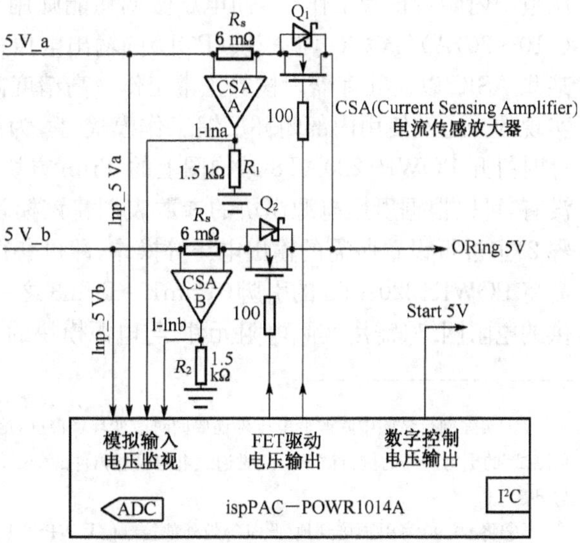

---

　　①0.025 Ω 是一个 FET 源漏之间的导通最小电阻值。

图 4.36　一种 5 V ORing 电源的实现方案

电源被倒灌,采用电流传感放大器 CSA_a 和 CSA_b(ZXCT 1009)将正比于流经 5 V_a 或 5 V_b 电源轨的电流的电压信号送至 POWR1014A 模拟输入端进行监测。如果两路的电流均大于 MOSFET 最小阈值,则 Q_1 和 Q_2 都被打开,对负载分摊提供电流。如果通过其中一个 MOSFET 的电流降到其低电流阈值以下(例如由于该电源线电压的突然下降),则该 MOSFET 立即被关闭。从而避免了电源被倒灌的问题。此时仅由 Q_1、Q_2 中的一个为负载提供电流。也可通过监测输入电源轨之间的电压差来避免倒灌。当两个电源轨之间的电压差大于二极管压降时,关闭连接到低电压轨的 MOSFET。当两个电源轨之间的电压差小于二极管压降时,两个 MOSFET 均导通,共摊对负载提供电流。

4) Margining and Trimming(裕度测试与微调)功能的应用

在 Lattice 公司的电源管理器件中有一部分是具有电源电压裕度测试与微调功能的,如 POWR6AT6 及 POWR1220AT8,下面的举例是采用 POWR1220AT8 实现的[12](见图 4.37)。

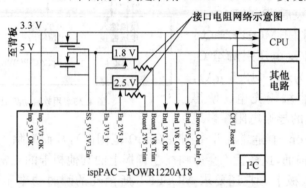

图 4.37　用 ispPAC-POWR1220ATB 实现裕度测试/微调等功能

该器件的电压裕度测试功能在产品例行试验中非常有用,它可以按电源电压标称值的上下限(例如±5～±10%)通过该器件的 I²C 口在线对受试系统使用的电源模块(可同时多达 8 个,大大方便了该项例试的进行)的电压进行改变,以考验该系统在指标设定的电源电压范围内能否正常工作①。而电压微调功能则用于对低电压(例如 1.2 V 或更低)、大电流((10～20)A)负载点电源模块(POL)的输出电压进行高精度微调(可达误差<1%),以保证某些 ASIC 以及处理器内核等正常工作。高精度微调是利用器件内部的 ADC、DAC 等部件实现的。通常使用内部闭环反馈工作模式[14],为此可将 89、90 号引脚接地进行设置②。设计时打开 POWR1220AT8 结构图上的 Trim 方块,找到所要调控的电源模块型号(如果库中没有,可以根据所用电源模块的参数表创建该模块的库文件),在界面(参见图 4.32 中的步骤 2)上进行设置所需的输出电压等操作,即可获得互连电阻网络结构与阻值的数据,使用时需将 POWR1220AT8 的引脚(Trim1～Trim8 之一)输出的微调控制电压通过设计界面上提供的电阻网络(需用实际电阻元件)与电源模块的 Trim 端子连接起来。图 4.37 除了实现裕

---

①实际例行试验中除改变电压外还要同时改变环境温度,这就需要将受试系统置于温控箱内,进行一种称之为"四角测试"的更为严格的例行试验。此时通过电源管理器件的 I²C 口在线调变受试系统中的各个电源电压就显得尤为方便与灵活。

②将 89、90 号引脚接到地(此时等效外部控制信号 VPS[1：0]=00),电压设定值 0 号存储文件将被激活。此时有三种工作模式可选用,通过编程将器件内部信号 PLD_CLT_EN 置 1 后,即可启动其中的闭环微调(CLT)工作模式。

度测试/微调功能外,还实现了许多其他功能。具体说明如下:

该电路从该电源管理器件复位开始工作。VMON 1 至 6 监视输入电源电压;使能信号 SS-5 V_3 V3 V_en(高有效)用于开/关两个 MOSFET,由它们的开启速率来限制 3.3 V 和 5 V 电源轨上的浪涌电流(与图 4.35 原理相同),实现背板电源 3.3 V 和 5 V 对底板供电的软启动;en_2.5_b,en_1V_8_b 为 2.5 V 和 1.8 V DC-DC 变换器的使能信号(低有效);按照 3.3 V、2.5 V、1.8 V 的上电顺序对底板供电,在所有电源电压稳定后,将 CPU 复位(低有效)释放;100 ms 后启动闭环微调机制(通过图 4.38 中 Step12 的 PLD_CLT_EN=1 指令);在已设置的内部闭环工作方式下,把 2.5 V 和 1.8 V 电源电压微调到设定值的 1‰;若任何电源出现故障,则激活中断信号 Brown-out_Intr_b(低有效)并终止闭环微调机制,等待中断过程结束后,发出 CPU 复位信号并按相反顺序关闭所有电源。上述所有操作步骤均反映在由 LogiBuilder 工具设计的逻辑控制程序中[11](见图 4.38),每一顺序指令步的右边均有注解,留给读者自学。

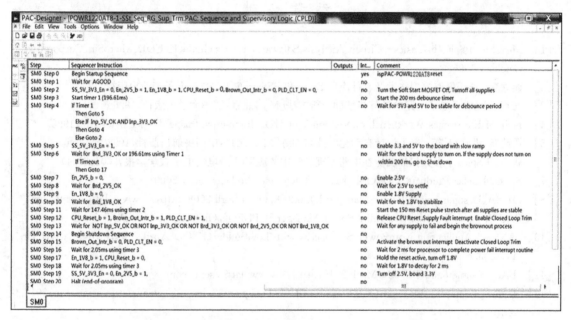

图 4.38 用 LogiBuilder 为 ispPAC-POWR1220ATB 中 PLD 设计的逻辑控制程序

习题与思考题

4.1 用 PSpice 重新对图 4.3 做一次参数扫描分析(具体条件参照举例)。

4.2 用 EWB 重新对图 4.8 做一次灵敏度分析(具体条件参照举例)。

4.3 用 EWB 重新对图 4.10 做一次最坏情况分析(具体条件参照举例)。

4.4 用 PSpice 对图 4.39 所示双 T 电桥的中心频率进行蒙特—卡罗分析,要求中心频率的相对偏差

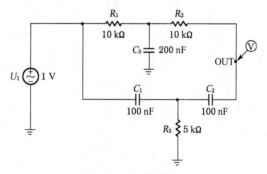

图 4.39 双 T 网络

为±1%,合格率大于97%,试决定要采用多大容差的元件?(提示:统计直方图分析时目标函数应选择 XatNthYpct,该目标函数的意义及其有关的参数,请通过阅读 Probe 中的帮助文件自行查找答案)

4.5 说明最坏情况分析和蒙特—卡罗分析各自适用的场合。

4.6 通过查看 EWB 和 PSpice 的帮助文件,分别将它们在进行最坏情况分析时所要选择的各种筛选函数列出来,并对其含义进行解释。同时从物理概念上说明选择不同的筛选函数时所得分析结果的意义。

4.7 到 Lattice 网站上下载 ispPAC-Designer 设计软件,并按提示进行安装,运行该软件浏览其中的设计例子,熟悉该软件的使用。

4.8 到 Lattice 网站上下载 ispPAC-POWR1208 电源管理器件的数据手册(Data Sheet,编号为 DS1031),阅读有关部分后将该器件的电源监控以及上电/掉电排序功能做一较具体的说明。

4.9 到 Lattice 网站上下载文件:PAC-Designer Tutorial Designing Power Manager II. PDF(August 2008 PDT01_01.1),依照该文件给出的设计举例步骤用 ispPAC-Designer 设计软件重复做一遍。

参 考 文 献

[1] MicroSim PSpice & Basics—Circuit Analysis Software, User's Guide(K/CD). MicroSim Corporation, October, 1996

[2] 姚立真. 通用电路模拟技术及软件应用 Spice 和 PSpice[M]. 北京:电子工业出版社,1994

[3] 汪蕙,王志华. 电子电路的计算机辅助分析方法[M]. 北京:清华大学出版社,1996

[4] Help of Electronics Workbench of Version 5. 0C(K). Interactive Image Technologies Ltd,1996

[5] 周政新,洪晓鸥,等. 电子设计自动化实践与训练[M]. 北京:中国民航出版社,1998

[6] 张霞. PSpice 中参数扫描功能在电路原理教学中的应用[J]. 电气电子教学学报,2001,23(4)

[7] Spice Models. Products' CDROM, Maxim Integrated Products Inc. , 2000

[8] I0178A(Designing with Power Manager II). pdf(X/OL),April 2008,http:// www. latticesemi. com

[9] PAC-Designer Tutorial Designing Power Manager II. PDF(K/OL)August 2008 PDT01_01.1

[10] AN6042 Application NotePower Sequencers with LogiBuilder(K/OL)April 2008,http:// www. latticesemi. com

[11] PAC-Designer6. 32(PC/OL)Mach 2016,http:// www. latticesemi. com

[12] Design_Examples_PPT. pdf(K/OL),From PAC-Designer632,http:// www. latticesemi. com,2011. 8. 10

[13] Shyam Chandra. Power 2 You(A Guide to Power Supply Management and Control)(M/OL),Lattice Semiconductor Corporation,September 2010

[14] DS1015 ispPAC-POWR1220AT8DataSheet. pdf(K/OL)September 2013,http:// www. latticesemi. com

[15] http://www. latticesemi. com/pac-designer (Lattice 公司在系统可编程模拟器件网页)

5 数字系统设计

5.1 概述

一个电子系统可以用模拟方法实现,也可以用数字方法实现。用数字方法实现有以下优点:

(1) 数字系统对元、器件参数的依赖较少,系统的抗干扰性较强,一般情况下,只要设计的逻辑正确,成功的可能性较大,而模拟系统对元、器件的要求较高,且影响系统性能的因素很多,设计人员如无较丰富的实践经验,很难设计出较完善的电子系统。

(2) 数字电路的集成工艺已相当成熟,集成规模已达单片 2 千万门左右(UV440),集成工艺达 16nm(Xilinx 之 3D IC 技术),用中、小规模数字器件构造的数字系统被淘汰,而由用高密度可编程逻辑器件(HDPLD),或用专用集成电路(ASIC)构建的数字系统所代替。

现代的复杂数字系统几乎都离不开用计算机处理,而被计算机处理的只能是数字信号,因此就必须采用数字方法去实现这些系统,它们无论在质量、精度、可靠性还是成本方面都比用模拟方法设计的系统优越。因此,在确定系统方案时应尽量考虑用数字方法实现。由于数字电路自身的局限,在对微弱信号、高速信号和大功率信号的处理方面还不能完全适应,但可以先将这些信号变换成数字系统能适应的信号,再用数字方法处理,所以现代电子系统的主体几乎都是数字系统。

由于自然界的物理量绝大多数都是模拟量,因此一个应用系统通常总是要和模拟信号打交道。在整个系统中,模拟子系统尽管只是一小部分,有的甚至只是输入、输出的某个环节,但如果处理不好,也会给系统的质量带来很大影响,所以在设计数字系统的时候,千万不可轻视系统与外界信号的接口,它们有时甚至是设计成功与否的关键。

本章所讨论的系统,其输入和输出都被假定为数字系统所能接受的数字信号,即不涉及由模拟信号转换为数字信号的信号调理电路,是一个纯粹的数字系统。对于这种系统,设计的第一步是选择一个好的算法,这需要对系统所要完成的功能有非常透彻的理解,对可能采用的实现方法及其优缺点有比较详细的了解,在深入研究,全面分析、比较的基础上确定。

算法确定以后,就应考虑用什么方法实现。数字系统可以用硬件(如 FPGA 或 CPLD)实现,也可以用软件实现。不言而喻,使用软件实现的系统成本较低,功能强大,但工作速度也较低。在对系统运行速度有一定要求时,有时必须采用硬件实现。此外在系统功能相对简单的情况下,也可采用硬件方法实现,以节约成本。本章着重介绍用硬件实现的数字系统的设计方法。前面说到,现在用来实现数字系统的硬件主要是可编程逻辑器件,如现场可编程门阵列(FPGA)和复杂可编程逻辑器件(CPLD)。本章将介绍常用 FPGA 和 CPLD 的应用知识以及对此设计非常有用的工具之一——硬件描述语言 Verilog HDL。

5.2 可编程逻辑器件(PLD)及其应用

5.2.1 可编程逻辑器件(PLD)概述

可编程逻辑器件是一种半导体集成电路的半成品。在可编程逻辑器件的芯片中集成有大量的门、触发器和基本逻辑单元,有的芯片中还集成了一些功能模块。如用某种方式将这些门、触发器、基本逻辑单元和功能模块按设计要求连接起来(此过程称为编程或配置),即可成为某个复杂的专用集成电路(ASIC),甚至成为一个片上系统(SOC)。

可编程逻辑器件从其结构上大致可分为 FPGA(现场可编程门阵列)和 CPLD(复杂可编程逻辑器件)。FPGA 和 CPLD 的结构、编程方法都有很大区别,由于 FPGA 的集成度比CPLD 高得多(已达千万门以上),现在在科技界使用更为广泛。

5.2.2 可编程逻辑器件的结构与编程方法

1) CPLD 的结构特点与编程方法

CPLD 是在 SPLD(简单可编程逻辑器件)基础上发展起来的,属阵列型结构。SPLD 的基本部分是与门阵列和或门阵列,加上若干输入和输出单元组成,如图5.1 所示。用这样的结构可实现任意组合逻辑电路,如输出电路中包含触发器,则可实现时序逻辑电路。

图 5.1 SPLD 的基本结构

规模更大的 PLD 中,输入、输出单元常常合成一个 I/O 单元。CPLD 一般有以下特点:

(1) 阵列分区,靠公共互联网络实现资源共享

上述阵列结构所占有的芯片面积将随输入变量的增大而急剧扩张,因此其输入变量通常不能超过 20 个。CPLD 芯片可处理的输入变量远超过此数字,为节省芯片面积(降低成本且提高速度),通常在芯片内制作若干规模较小的阵列,再制作一个没有门电路只有开关和连线的公共互联网络,也称布线池(其占用芯片的面积较小),实现相互的联接和资源共享。

(2) 内置 RAM,可部分使用计算技术

在数字系统中常常需要使用 ROM,其功能也等效于与门阵列和或门阵列的组合,但片内ROM 是用 RAM 工艺制作,而不是用普通阵列中的与门和或门构建,因而耗费的芯片资源要小得很多。CPLD 中通常都有内置 RAM,可以设计为 ROM 使用。对于软、硬件共同使用的数字系统,这些 RAM 还可以直接作为计算过程中的存储器或作为微程序 ROM 使用。

(3) 内置模块,能节约设计时间,提高设计质量

现代规模较大的 CPLD 中都包含许多内置模块,如计数器等,这些模块的设计精巧,功能强大,如合理加以利用,可以节省设计时间,并能使芯片的利用率提高。

对 CPLD 可编程逻辑器件的编程(即实现阵列及其他部分各节点的连接),靠对在这些节点上制作的 FAMOS[①] 晶体管开关的工作状态的设置实现。目前常用的编程工艺有 EE-

①FAMOS—Floating-gate Avalanche-injection MOS(浮栅雪崩注入 MOS)。

PROM(可电改写 PROM)，FLASH（闪速存储器）两类，它们所使用的 FAMOS 晶体管在未编程时是接通的，编程时在需要断开处的 FAMOS 晶体管的控制栅极上加上一定的电压，即可使之截止，达到编程的目的，并能长期保持。

由于 CPLD 采用阵列结构，信号从其输入引脚到输出引脚所经过的环节相同，因而所需要的时间(称为 Pin-Pin 延时)相同并且可知，这对很多设计而言很重要，是 CPLD 的一大优点。而且由于避免了信号需要经过很多单元传递的过程，速度相对较快。

CPLD 都采用 ISP（In System Program 在系统编程)工艺，用户可以将芯片安装在目标板上编程，可随意修改，并可以加密，以防其设计成果被人盗用。

2）FPGA 的结构特点与配置方法

FPGA 是在门阵列基础上发展的。组成 FPGA 阵列的不是简单的门而是逻辑元胞，输入输出电路也由功能较复杂些的 I/O 元胞所代替，整体上已成为一种逻辑元胞阵列。其示意图如图 5.2 所示。

FPGA 所使用的逻辑元胞相当于微缩了的 CPLD 中的一个区，如 Xilinx3000 系列的 CLB（Configurable Logic Block，可重构逻辑块）中包括触发器、数据选择器和一个组合逻辑函数（见图 5.3)，后者是一个只有几个变量输入的阵列，这些阵列采用了查找表的结构，即

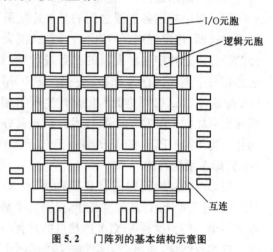

图 5.2　门阵列的基本结构示意图

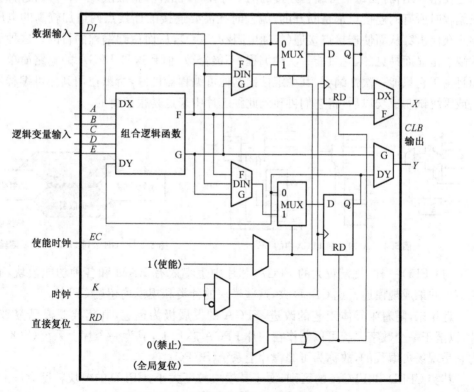

图 5.3　Xilinx 公司 3000 系列 CLB 逻辑图

PROM 的方式(与阵列固定,或阵列可编程),由于是用 ROM 工艺制作,因而占用芯片面积小,速度非常快。

由于 FPGA 的逻辑元胞粒度小,常常需要若干个元胞才能完成一项逻辑功能,因而其连线很复杂。FPGA 中的连线有集总总线、分段总线、双线互连、长线互连、直接互连等多种,实现同一功能的互连方式也不是唯一的,各种不同的互连方式所产生的延时不等。所以在设计时,除了作功能设计外,有时还要进行延时设计,达到优化的目的。

一般而言,FPGA 的工作速度低于 CPLD,但近年来 FPGA 发展迅速,由于工艺的改进,其工作速度越来越高,一些新器件已可与 CPLD 相媲美。

FPGA 中控制各连线之间的开关连接采用 SRAM 控制方式,即用触发器的状态来控制开关的通断,速度很高,但掉电后信息就消失,需要在每次开机时先通过计算机根据开关连接的信息将芯片中各触发器的状态进行"配置",显然这是不方便的。过去弥补此缺陷的办法是将关于连接的信息保存在一个 EPROM 中,开机后先设法用 EPROM 中的信息对 FP-GA 配置,Xilinx 公司为此专门设计生产了相应的配置芯片。随着闪速存储器技术的出现,现在也可如同 CPLD 的 ISP 技术一样非常方便地在系统内更换配置的信息,且也具有加密功能。为了与 CPLD 的 ISP 编程工艺相区别,此过程通常称为 icr (in-circuit reconfiguration),即在系统重构。

FPGA 的逻辑元胞还有其他种类,例如 Actel 公司生产的 FPGA 中使用的逻辑元胞(LE)如图 5.4 所示,其粒度最小,仅由几个数据选择器和一个或门组成,最多加上一个触发器和一个与门。这种 FPGA 连接点的连接方式也与上述 FPGA 迥异。它是采用图 5.5 所示之反熔丝结构,在每个可编程连接的两个导体(多晶硅和扩散层)中有一层很薄的绝缘层,未编程时所有的连接点都是断开的,编程时在需要连接的连接点两边加较高的电压使绝缘层永久性击穿从而使连接点接通(接通电阻约 50 Ω),从而达到编程的目的。这种编程方式的缺点是显而易见的,它只能一次性编程,不能修改,但是这种 FPGA 的电路简单,成本低,而且由于它只能一次性编程,其稳定性比其他可编程器件好,所以在用其他可编程器件将电路或系统试制成功以后,将它们再转到此种芯片中来也是很值得的。

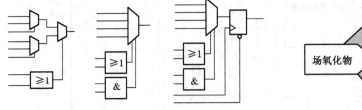
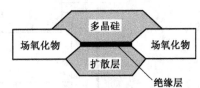

图 5.4　Actel 公司 FPGA 中的 LE　　　　　图 5.5　Actel 公司 FPGA 中的反熔丝结构

与 CPLD 一样,规模较大的 FPGA 芯片中也集成有 RAM 和各种功能模块,而且由于 FPGA 的集成规模通常比 CPLD 大,这些模块的种类和规模均超过 CPLD。

近年来,随着半导体工艺的改进,FPGA 的发展极为迅速,其集成规模已突破千万门/片,以至于一个数字系统可以制作在一片 FPGA 芯片上,成为一个片上系统(SOC),而且因为它是现场可编程的,故称为可编程片上系统(SOPC)。

其实 CPLD 和 FPGA 的区别,源于其模块粒度大小,CPLD 的模块粒度大,一个阵列模块通常即可完成一项功能,整个系统只需要一些公共布线网络(集总式互联)就能工作,而FPGA 的模块粒度小,必须要多块级联使用,所以连线复杂,Pin-Pin 延时不能固定。如何能综合两种结构的优点而又摒弃起其缺点呢? Altera 公司生产的 Flex 系列就是达此目标的方式之一。图 5.6 是 Flex 系列的逻辑图,图中的逻辑阵列块 LAB 由 8 个小单元组成,每个小单元(LE)与 FPGA 的元胞相近,在这 8 个 LE 之间,采用局部总线式互联,构成了一个粒度较大的 FPGA 大模块,而在这些大模块之间则靠图 5.6 中横条和竖条所示之总线(快速通道)互联,这又和 CPLD 的互联方式一致,因而它虽然是 FPGA,但又有 CPLD 的 Pin-Pin 等延时的优点。

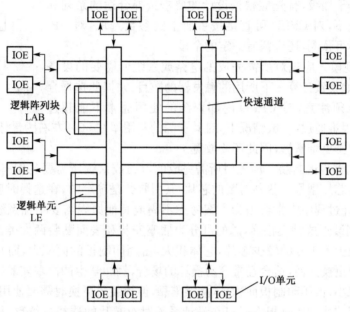

图 5.6　Flex10k 系列的逻辑单元 LE 逻辑图

从芯片信息写入与修改的角度看,isp 采用 E^2CMOS 的编程方式,属非易失性方法,使用方便,无需配置过程,但修改的次数有限制;icr 采用 SRAM 方式,占用芯片面积小,便于集成,修改次数无限,但属易失性方法,需要有配置芯片以实现每次上电配置。美国一家最先推出在系统编程技术的华裔公司 Lattice 在其 IspXPGA 等产品中采用了一种“扩展的在系统编程技术”(isp eXpanded Programming—isp XP),则是将 isp 和 icr 两种方式结合起来。isp XP 技术在联机调试时直接对芯片内置的 SRAM 配置(实现了无限次重构),脱机工作时用内置的 E^2CMOS 或闪存存储芯片的配置信息。上电时,这些信息以并行方式传递到SRAM 中,无需专门写入操作就能实现对芯片的配置。

5.2.3　可编程逻辑器件(PLD)的使用

1) PLD 的设计流程

用 PLD 器件设计数字系统的过程如图 5.7 所示。

(1) 构思设计

构思设计指的是对逻辑系统或电路结构方案的考虑。

（2）器件选择

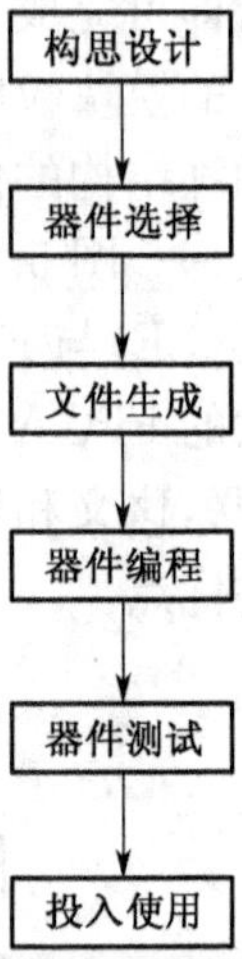

如前所述,CPLD 与 FPGA 各有所长。通常对数据量不是很大,但控制较复杂,即所谓控制密集型的系统,宜采用 CPLD,而对于控制不很复杂,但数据量很大,即所谓数据密集型的系统,宜采用 FP-GA（对集成规模相同的芯片,FPGA 包含的触发器的数量多）。究竟选用那一种,要看对系统的具体要求。

除此以外,还要考虑以下问题:

① 芯片的速度　PLD 产品通常有高速系列和低速系列之分,每个系列又分成若干档级,首先应根据设计的要求选择合适的系列和档级。一般情况下,对 CPLD 可直接按手册上的参数选取,对 FP-GA,则因延时不可预测,还应留有一定的余量。

② 芯片的规模　应先对所需完成的电路或系统所需要的设备量作一估计,例如大致计算一下所用的触发器的数目,并据此选择合适的芯片型号。须注意,对 CPLD 内部资源的使用通常不能超过80%,否则布线很难通过,一般情况下,对其资源的利用率在 50% 左右为最佳。而对 FPGA,由于对内部的安排更难掌握,因此还要放宽。

③ I/O 数与器件的封装　应先对所需完成的电路或系统所需要的引脚数进行统计,并据此选择合适的芯片型号。各种封装的芯片,其引脚数是确定的,在选择时应该留有一定的余量,因为在设计过程中常常会因为方案考虑不周或其他原因需要增加系统与外界连接的端口。PLD 的封装形式种类很多,总的可分为插座安装和表面贴装两大类。用插座安装的通常只有引脚数少于 100 的较少芯片,它体积大,占用印制板的面积大,而且因为属机械连接,可靠性差,但更换方便,适合经常容易损坏的场合,例如学生的简单实验装置使用。表面贴装的芯片体积小,占用印制板面积小,接触牢靠,但焊装与更换时需要使用专门设备,而且更换时容易损坏芯片和印制板。所以在设计系统时对芯片的选择要慎重,尽量避免在装配到印制板上以后再更换芯片。表面贴装又有多种形式,例如 TQFP、PQFP、RQFP、PGA①等,它们的功率容量、工作频率及损耗等各不相同,设计时要根据具体要求确定。

④ 其他考虑　新问世的 PLD 中集成了各种模块,应根据需要选用。需要加密的设计,宜选择 CPLD,而若需要经常更换处理电路的结构,则宜选择 FPGA。普通的 PLD 芯片只有输出口才有三态功能,如需要在芯片内部使用三态门还需要选择特殊的芯片。

总之,设计时应从上述方面综合选择,使设计出的系统价廉物美、性能优越且使用方便。犹须述及的是,一个芯片的成本,从生产的角度,当然是规模越小越便宜,但从市场的角度却未必,市场上芯片的价格是与其销售量有关的,有时规模大但却畅销的芯片的价格比规模小但产量低的芯片便宜。

我国业界使用较为普遍的 PLD 产品主要集中在 Xilinx 和 Intel® FPGA（即原来的 Altera,于 2015 年 6 月被 intel 收购）,表 5.1 是这两个公司的主要产品系列,其中一些是以前推出,但还在使用的成熟产品。请读者参看各公司的有关手册以获得更详细的信息。

构思设计

器件选择

文件生成

器件编程

器件测试

投入使用

图 5.7　PLD 的设计流程

————————————

①QFP—Quad Flat Package（四方形扁平封装）。TQFP—Thin QFP（薄型 QFP）；PQFP—Plastic QFP（塑封 QFP）；PQFP—Power QFP（功率 QFP）；PGA—Pin Grid Array（针栅阵列插入式封装）。

表 5.1 部分 PLD 产品系列

公司	器件类别	产品系列	
Xilinx	CPLD	XC9500,CoolRunner	
	FPGA	XC3000,XC4000,XC5200	
		Spartan/XL/II,Spartan3, Extended Spartan/XL/II Virtex-E/EM,Virtex-II/Pro, Virtex-4～5,	
		Virtex-6～7,Artix-7,Spartan-6～7,Kintex-7, ZYNQ-7000(SOC),UltraSCALE,Kintex Virtex UltraSCALE, Virtex UltraSCALE＋,Kintex UltraSCALE＋, Zynq UltraScale＋(MPSoC),Zynq UltraScale＋(RFSoC)	近 8 年推出的新系列
Intel® FPGA (原 Altera)	CPLD	Clasic,MAX7000,MAX9000	
		MAX3000A,MAXII	
	FPGA	FLEX8000,FLEX6000,FLEX10K APEX20K,APEX II ACEX1K Mercury Excalibur	
		Cyclone,Cyclone II,Cyclone III Arria,Arria II,Arria II GX Stratix,Stratix IV	
		Hardcopy ASIC	
		Intel Stratix 10 FPGAs View,Stratix V FPGAs View Intel Arria 10 FPGAs View,Arria V FPGAs View Intel Cyclone 10 FPGAs View,Cyclone V FPGAs View Intel MAX 10 FPGAs	Intel 收购后之新系列

设计时除了关心芯片的规模、速度等性能外,还要注意芯片中所包含的 RAM 大小和所包含的功能模块。

(3) 生成目标(编程或配置)文件

这一步是借助于电脑在仿真后完成的。首先将所设计的电路或系统的信息以某种形式输入到电脑中,依靠某个开发平台将其转换为计算机模型,并对其进行仿真,经反复修改,直至所设计的功能、延时性能等符合原始设计指标要求后,将它们转换为对 PLD 器件编程或配置的文件。通常,业界把对 CPLD 的编程文件称为 JEDEC 文件,而对 FPGA 的配置文件称为 BIT 文件。

(4) 对器件编程(重构),这一步也是借助于设计平台完成的。

(5) 对已装入设计信息的芯片检测,通常需要将器件安放在目标板或试验板上,使用合适的仪器或装置实现在系统检测。

设计者应在设计之初即对检测方法与途径有所考虑,以免因无法测试再更改设计。

最后,如测试无误,即可投入使用。

2) **PLD 的仿真与编程(配置)**

显然,上述过程中最关键的是逻辑模拟和生成编程(配置)文件,这两步都是借助于开发软件平台完成的。目前关于 PLD 的开发平台有三类:① 一些著名软件公司生产的著名软件诸如 Synopsis、Simplify、Viewlogic、OrCAD、Mentor、Cadence、DataI/O 等(常称为器件公司与客户以外的第三方软件),这类开发平台的功能都很强大,可支持任何一种 PLD 芯片,其综合的质量也很好,但通常价格很高,且往往还需要辅以与各器件公司产品的适配软件;② 各器件公司自己为本公司产品开发的平台,由于质量较差,现在多已淘汰;③ 器件公司引进著名软件开发的专门适用于自己公司产品的平台,其价格相对较低,有时还可获得免费赠送,所以仅作为开发 PLD 使用的用户多使用这种软件。

表 5.2 所示是上述各器件公司所推荐的开发平台,其中一部分(标"＊"号者)是免费提供的,初学者可与厂家联系获取。

表 5.2　主要 PLD 生产厂家的开发平台

公司	开发平台名称	适用器件	支持的输入方式
Xilinx	ISE WebPACK ＊	部分系列	原理图 VHDL Verilog HDL EDIF 网表
	ISE Fundation	全系列	
	Vivadox 系列		
	SDx 系列(含 SDSoC,SDAccel,SDNet)		
Intel® FPGA (原 Altera)	Quartus II Web Edition ＊	部分系列	原理图 VHDL,Verilog HDL Altera HDL EDIF 网表
	Quartus II	全系列	

使用开发软件设计数字电路或系统的流程如图 5.8 所示。

下面对图 5.8 所示流程图中各个步骤分别予以说明

(1) 输入源文件

图 5.8 中的第一步是以某种方式将设计者的思想用源文件的形式输入到开发系统中去。可使用的源文件的形式很多,最常用的有:

① 原理图输入　在系统的器件库中调用合适的器件,将其逻辑符号调到电脑的屏幕上,然后按设计要求加以联接,成为完整的电原理图。图中的器件还可以是设计者自己编制的器件模块。

② EDIF 网表输入　网表是用表格形式表示的关于器件之间连接的信息。EDIF 网表是各开发平台皆认可的一种格式。

③ 语言输入　各器件公司有自己开发的专用硬件描述语言,但也允许采用 VHDL、Verilog HDL 等通用语言。考虑到可以同时适用于复杂系统的顶层设计和进一步实现超大规模版图设计,采用 VHDL 和 Verilog HDL 已成为当今设计的主要方向。

④ 状态图输入　设计时序机的原始信息是其状态图。众所周知,当采用上述 3 种方法时,需要将原始设计思想转换为语言文本或电原理图及 EDIF 网表,而此转换工作,特别是转换成原理图是比较困难的。

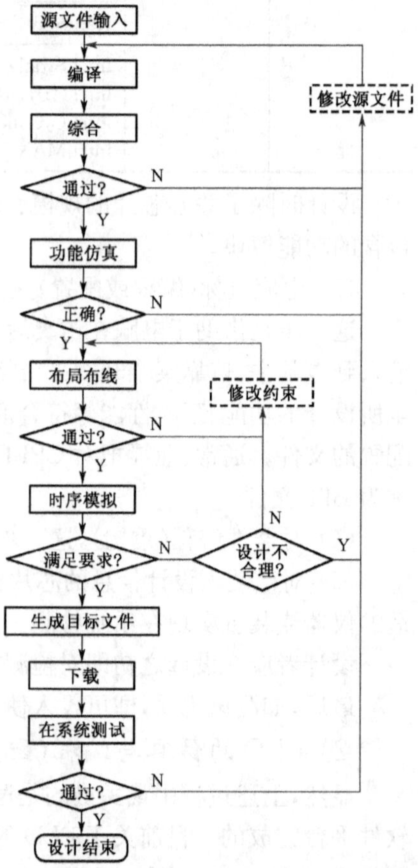

图 5.8　使用开发软件设计数字电路或系统的流程

有些开发平台允许在电脑屏幕上用"画"状态图的方式输入,这无疑是一种较便捷的方法,但这种方法只适用于规模较小的数字电路的设计。

⑤ 波形图输入　一个数字电路或系统的功能,常常可用其工作波形图来描述,有些开发平台允许在电脑屏幕上用"画"波形图的方法输入,是一种比较智能化的方式,它与前一种方法一样,把设计的底层任务交给电脑去完成了,但同样只能适合于规模不大的系统。

现在比较通用的源文件形式是前3种,显然,前两种支持的是模块级(含门级)设计,后2种则支持算法级设计,第3种语言输入法适用于从系统级到电路级的任何一种设计。

(2) 编译、综合设计文件

源文件输入后,开发系统首先检查源文件有无错误,如有错误便不继续进行,并将错误信息反馈给设计者。待输入的源文件的语法或绘图、标识错误被排除后,就对源文件编译和综合,即将源文件转换为相关的信息,并根据编译的结果在计算机内建立所输入的数字系统或电路的模型,供仿真用。

(3) 逻辑仿真

仿真是数字系统设计过程中极为重要的环节,切不可马虎从事。仿真分功能仿真(逻辑仿真)和时序仿真。前者的任务是验证所设计的电路或系统的逻辑,作此工作时,电路内各元件被认为是理想的(无延时)或等延时的。通常在布局布线前进行,有时称为前仿真。

仿真时须向开发平台输入关于所设计电路或系统的测试源文件,这些源文件常用波形图来描述,也可以采用测试向量等形式描述。

(4) 布局布线

上述逻辑仿真通过后,需要确定电路或系统的引脚位置(称之为引脚锁定),有时对它们在芯片内的布局和布线要求还要作一些约束规定。将这些信息输入开发平台后,开发平台便会将设计的结果合理地安排在芯片中。显然这一步只有用生产器件的厂家提供的软件才能完成。

在锁定引脚时,不仅要考虑引脚的位置与外电路之间的安排是否合理,还应注意下列问题:

① 芯片的引脚资源不要使用过满,要留有余地;同一模块的引脚安排宜相对集中,不要过于分散,以利于阅读和布线(需要对芯片的内部结构比较熟悉。)

② 芯片的一些专用引脚切不可占用;

③ 有些开发系统会提供关于引脚锁定的有关信息,设计者可参照这些信息对引脚位置进行调整,以得到满意的效果。

(5) 时序仿真(后仿真)

因为是时序仿真,仿真时要考虑不同器件的延时量,因此各种竞争险象都可一览无遗,电路的稳定性也可得到证实。对延时不能预测的 FPGA 还将显示出最大 Pin-Pin 延时值,所以是更重要的仿真。

时序仿真通过,并通过反复验证,取得满意效果后,就可以生成编程(或配置)的目标文件,并将它们下载到芯片或配置芯片中,经在系统测试成功,设计就大功告成。

5.2.4　可编程片上系统(SOPC)

1) 概述

随着半导体技术的飞速发展,在单个硅片上制作一个完整的电子系统(不包括机械部分和某些不能使用集成电路实现的部分),即所谓片上系统(SOC)已经成为现实,但这主要靠掩膜 ASIC 方式实现,其造价还是相当昂贵。如果能在单片 PLD 芯片上完成 SOC 设计,即所谓 SOPC，无疑是很诱人的。若干年前 PLD 的集成规模已足够大（超过 100 万门），已具备在单片 PLD 芯片上制作一个电子系统的基本条件，只是一些技术问题尚未解决。近年来出现的嵌入式系统及相应的快速的分析和编译，并可使多名设计人员以项目组的方式同步工作的技术（通常称为第四代现场可编程逻辑器件开发工具），给 SOPC 的设想带来了春风。

嵌入式系统基于 IP（知识产权）技术，它可以将 CPU 处理器作为 IP 核嵌入 PLD 芯片中，例如 ARM、ARC Cores 等公司推出的各种处理器内核，它们都具有可配置的性能，加上新型 PLD 中普遍存在的 RAM 资源，使得制成的系统可具有软件处理的功能。有了处理器内核和片内 RAM，再加上 DSP、总线接口、通信、存储控制等其他 IP 核的嵌入，这才使所构成的系统成为真正意义上的电子系统。就这个意义上看，SOPC 是单芯片、低功耗、微封装的一种特殊的嵌入式系统，能使用软件编程方法实现系统的功能。当然，它也是个可编程逻辑系统，它既具有 SOC 的各种特点，还兼具 PLD 和 FPGA 的优点，可对 CPU 的工作环境作系统调整，是一个设计方式灵活，可裁剪、可扩充、可升级，具备软、硬件在系统可编程的功能的 SOC。

2）SOPC 技术的应用方式

目前 SOPC 技术应用主要有以下方式：

（1）由 FPGA 生产厂家预先在 FPGA 中植入处理器硬核。此法将使 FPGA 灵活的硬核设计与处理器的强大软件功能有机地结合在一起，高效地实现 SOPC 系统，。

（2）由用户在 FPGA 中植入软核处理器，如目前使用非常广泛的一款通用的嵌入式处理器软核 NIOS II 等。用户可以根据设计的要求，利用相应的 EDA 工具，对 NIOS II 及其外围设备进行配置，使该嵌入式系统在硬件结构、功能特点、资源占用等方面全面满足用户系统设计的要求。这种方法是当今设计数字系统的非常必要的手段之一。本书将在第 6 章介绍它的使用。

（3）对于有较大批量要求并对成本敏感的电子产品，可以通过特定的 HardCopy 技术，将已成功实现于 FPGA 器件上的 SOPC 系统直接向 ASIC 转化。例如在 Altera 公司的 Stratix 系列的 FPGA 上开发的系统可以用此法 HardCopy 到该公司的 Hardcopy ASIC 系列产品中去，这样既体现 ASIC 的市场优势，又利用了大容量 FPGA 的设计灵活性，避开了直接设计 ASIC 的困难，是一种非常有效的方法。

从上面介绍看出，在实验和试制阶段，应用软核进行设计是一个比较切实可行的方案。由于 SOPC 在应用的灵活性和价格上有极大的优势，故被称为"半导体产业的未来"。

5.3 Verilog HDL 语言及其应用[①]

Verilog HDL 和 VHDL 是目前功能最强大的两种硬件描述语言。其中 VHDL 是美国国防部兵役局于 20 世纪 60 年代初推出，其全称是 Very High Speed Integrated Circuit HDL，即超高速集成电路硬件描述语言。该语言曾于 1987 年和 1993 年两次被定为（国际）电气与电子工程师协会（IEEE）的标准。Verilog 原是美国 Gateway Design Automation 公司于 20 世纪 80 年代开发的逻辑模拟器 Verilog-XL 所使用的硬件描述语言。1989 年 Cadence 公司收购该公司后于 1990 年公开以 Verilog HDL 名称发表，并成立了 OVI（Open Verilog International）组织来负责该语言的发展。由于该语言自身的优越性，各大半导体公

---

①在编写时参考了宋继亮老师编写的内部资料：Verilog 简明教程(1999)。

司纷纷采用它作为开发本公司产品的工具，IEEE 也于 1995 年将它定为协会的标准（即 IEEE1364 - 1995）。

　　Verilog HDL 虽然是硬件描述语言，但其风格与 C 语言非常相近，对已具有 C 语言基础的读者，掌握此语言是很容易的。鉴于绝大多数高校的 EDA 课程中教授的都是 VHDL 语言，本书特对 Verilog HDL 简单地介绍，作为补充。

5.3.1　Verilog HDL 语言的基本结构

　　Vertlog HDL 的代码结构较其他硬件描述语言简单，也比较自由，例如一条语句可以分成几行写，也可以几条语句写成一行，语句的次序也不很严格，一般情况下，对逻辑综合可使用图 5.9 所示之模板。[①]

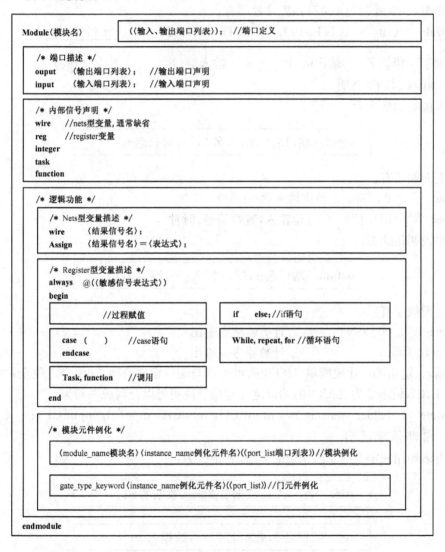

图 5.9　Verilog HDL 模块模板(用于综合)

①(1) 为便于读者学习，在代码中所有关键字皆用黑体字，并采用缩格形式，实际使用时不一定采用。
(2) / * …… * /所括和//……所引均为注释内容。

从图 5.9 上可以看到,整个程序由模块构成,每个模块的内容嵌在 module 和 endmodule 两个关键字之间,每个模块实现某个特定的功能,但模块中也可以进行层次嵌套。

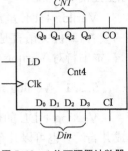

图 5.10　4 位可预置计数器

模块中的内容一般包含 2 大部分,即模块的接口和模块的逻辑功能。前者又可分为端口定义、I/O 说明和内部信号声明。

1) 端口定义

端口定义通常放在关键字 module 的后面,其格式为:

$$\textbf{module} \quad 模块名 \quad (端口 1,端口 2,端口 3,\cdots);\qquad(5.1)$$

例如图 5.10 所示之 4 位可预置计数器有:

module　Cnt4　(CNT, CO,　LD, Din, CI, Clk)// a 4 bits Counter

关键字　模块名　输出端口　　　输入端口　　　　注释

2) 输入、输出说明

输入说明的格式为:

$$\textbf{input} \quad 端口名 1,端口名 2,\cdots,端口名 n;\qquad(5.2)$$

对上面例子有:

input　[3:0] Din；//数据输入,4 位向量
input　CI, LD, Clk；//进位输入,置数信号,时钟

输出说明格式为:

$$\textbf{output} \quad 端口名 1,端口名 2,\cdots,端口名 n;\qquad(5.3)$$

对上面例子有:

output　[3:0] CNT；　　　//计数器状态输出
output　CO；　　　　　　//计数器进位输出

如输入、输出端口比较简单,I/O 说明也可以与端口定义合写,如一个 1 位全加器(输入端为 A、B、CI,输出端为 Σ、CO)的端口定义与端口说明可以合写成一句为

module　fulladder (output Σ, output CO, input A, input B, input CI)；

3) 内部信号说明

此类语句用来定义变量或常量的类型,其格式为:

$$\textbf{wire} \quad 数据名 1,数据名 2,\cdots,数据名\ n;\qquad(5.4)$$

$$\textbf{reg} \quad 数据名 1,数据名 2,\cdots,数据名\ n;\qquad(5.5)$$

其中 wire 指网络(nets)类变量,如输入信号,组合逻辑输出等,实际使用时,此语句常常缺省;reg 指寄存器(register)类变量,如上例中的 4 个触发器输出等。对上面例子有:

reg ［3：0］CNT；//说明 CNT 是 4 个触发器的输出

4）逻辑功能

逻辑功能部分描述各输出变量与中间变量的逻辑功能。因变量分 2 类，因此用两种语句描述。

① 对于 nets 类变量，用关键字"assign"引出，其格式为：

$$\boxed{\textbf{assign} \quad 〈\ 结果信号名\ 〉=〈\ 表达式\ 〉；} \tag{5.6}$$

式中"="是赋值符号，即将表达式中的内容赋给结果信号。

上例中进位输出 CO 属此类型，它应是计数器各输出以及进位输入的"与"，所以有

　assign　CO= **&** CNT **&&** CI；//**&** CNT 代表将向量 CNT 中的各位相"与"

② 对于 reg 类变量，用关键字"always" 引出，其格式为：

$$\boxed{\begin{array}{l}\textbf{always}\quad @（〈\ 敏感信号表达式\ 〉）\\\quad\textbf{begin}\\\qquad〈\ 语言描述\ 〉；\\\quad\textbf{end}\quad//此语句结尾不加"；"\end{array}} \tag{5.7}$$

对上例有：

always @（**posedge** Clk）//敏感信号为 Clk 的上升沿

　begin

　　if（LD）

　　　CNT=Din；//计数器并行置数

　　else

　　　CNT=CNT+CI；//CI=1 时计数器递增，CI=0 时计数器保持原状

　end

这样，描述一个 4 位同步，高电平置数，模 16 计数器的 Verilog HDL 代码为：

【代码 1】　/＊Counter：4bits，synchronous，active_high load，mod=16　＊/

module cunt4（CNT，CO，Din，CI，LD，Clk）；

output［3：0］CNT；

output CO；

input［3：0］Din；

input CI，LD，Clk；

reg［3：0］CNT；

　always @（**posedge** Clk）

　　begin

　　　if（LD）

　　　　CNT=Din；

　　　else

```
            CNT=CNT+CI;
        end
    assign CO=& CNT && CI;
endmodule
```

5.3.2　Verilog HDL 的基本语法

1）Verilog HDL 的数据类型及其常量与变量

在对 Verilog HDL 的基本结构初步了解的基础上,对其各部分的规则作进一步的说明。

数据类型直接关系到数据的储存和传送。Verilod HDL 的数据类型共有 19 种,最基本的有 integer,parameter,wire 和 reg 4 种,其余几种是 memory,large,medium,scalared,time,small,tri,tri0,tri1,triand,trior,trireg,vectored,wand 和 wor,对于后面几种,本书不做介绍,请查阅有关文献。

在每种数据类型中,都有常量和变量之分,现对最常用的几种作简单介绍。

（1）常量

常量是在程序运行过程中不能改变的量,在逻辑综合时常作为预置输入等出现。此处只讨论数字常量表示法。

在 Verilog HDL 中,常用的整型（integer）数可有二进制（b）、十进制（d）、十六进制（h）和八进制（o）4 种表示形式,完整的数字表达式为:

$$\langle 位宽\rangle'\langle 数制\rangle\langle 数字\rangle \tag{5.8}$$

其中位宽是指所表示的数字对应的二进制数的位数。例如:

$8'\mathbf{b}11000101$——位宽为 8 位的二进制数 11000101;

$8'\mathbf{h}C5$——位宽为 8 位的十六进制数 C5。

如缺省〈位宽〉与〈数制〉,则表示十进制数,例如 365 表示十进制数 365。

（2）变量

关于变量,前面"内部信号说明"一节已有涉及,这里主要讨论 wire、reg 及由它们构成的向量和数组。

① wire 型

wire 表示 nets 类变量,其特点是输出值紧跟输入的变化而更新,可用来表示任何逻辑方程的输入或"**assign**"语句和实例元件的输出。对于综合而言,其取值为 **0,1,X（不定）,Z（高阻）**,Verilog HDL 模块中通常可以缺省使用。

格式（5.4）是 wire 型变量的定义,**wire** 是 wire 型数据的确认符,它确认后面所跟的数据皆是 wire 型变量

若诸 wire 型变量（m 个）都是 n 位的向量（vector）,则用下面格式:

$$\mathbf{wire}\ [n-1:0]\ 数据 1,数据 2,\cdots,数据 m; \tag{5.9}$$

或

$$\boxed{\textbf{wire} \quad [n:1] \text{数据} 1, \text{数据} 2, \cdots, \text{数据} m;} \tag{5.10}$$

例如:一个 8 位恒等器的代码可以写作:

wire [7:0] in, out;

assign out=in;

若表达式只使用某数组中的几位,也可用上法说明,但应注意宽度必须一致,例如将数据 in(4 位向量)赋给数据 out(8 位向量)中的第 2~第 5 位,可使用下面代码:

wire [7:0] out;

wire [3:0] in;

assign out [5:2]=in ;

该代码等效于

assign out [5]= in [3];

assign out [4]= in [2];

assign out [3]= in [1];

assign out [2]= in [0];

② reg 型

reg 表示 register 类数据。这类数据的特点是在代码中需要被明确赋值,而在新的赋值产生前一直保持原值,故 reg 型变量通常用来代表寄存器或触发器的输出。在代码中,reg 型变量放在"always"模块中并由行为描述语句来表达其逻辑关系,在"always"模块中被赋值的任一个信号都必须被定义成 reg 型。

格式(5.5)是 reg 变量的定义,**reg** 是 reg 型数据的确认符。对 n 位的向量同样可用下面格式:

$$\boxed{\textbf{reg} \quad [n-1:0] \text{数据名} 1, \text{数据名} 2, \cdots, \text{数据名} m:} \tag{5.11}$$

或

$$\boxed{\textbf{reg} \quad [n:1] \text{数据名} 1, \text{数据名} 2, \cdots, \text{数据名} m:} \tag{5.12}$$

memory 型变量实际是若干个相同宽度的向量组成的数组,因此对 memory 型变量可以定义如下:

$$\boxed{\textbf{reg} \quad [n-1:0] \textbf{mymen} [m-1:0], \text{数组名};} \tag{5.13}$$

例如代码 **reg** [7:0] **mymen** [1023:0], MBR;

表示一个容量为 1024 字,字长为 8 的存储器 MBR,但存储器通常用下面格式来定义。

$$\boxed{\begin{array}{l} \textbf{parameter} \langle \text{wordwidth 赋值} \rangle, \langle \text{memsize 赋值} \rangle; \\ \textbf{reg} [\text{wordwidth}-1:0] \quad \textbf{mymen} [\text{memsize}-1:0], MBR; \end{array}} \tag{5.14}$$

例如上述 1024×8 存储器的代码为：

Parameter　wordwidth＝8 ，memsize＝1024；

reg [7：0]　**mymen** [1023：0]，MBR；

2）Verilog HDL 的运算符与逻辑表达式

（1）算术运算符

Verilog HDL 关系运算符如表 5.3 所示，其中前 4 个是双操作数运算符。

表 5.3　算术运算符

＋	加	／	除（常数或除数是 2 的整数次幂数）
－	减	％	求模（常数或右操作数是 2 的整数次幂数）
＊	乘（常数或乘数是 2 的整数次幂数）		

（2）关系运算符

Verilog HDL 的常用关系运算符如表 5.4 所示，其中"＜ ＝"也用于表示信号的赋值操作。

表 5.4　关系运算符

＝＝	等于	＜＝	小于或等于
！＝	不等于	＞	大于
＜	小于	＞＝	大于或等于

在进行关系运算时，如果声明的关系是真（true），则返回值是"1"，如果声明的关系是假（false），则返回值是"0"；如果某个操作数的值不定，则关系运算的结果是模糊的，返回值是不定值。

（3）逻辑运算符

Verilog HDL 的逻辑运算符如表 5.5 所示，这里的运算指单个逻辑变量之间的运算，例如 A 的非表示为！A，A 和 B 的与表示为 A**＆＆**B。

表 5.5　逻辑运算符

＆＆	逻辑与	！	逻辑非
‖	逻辑或		

（4）按位逻辑运算符

Verilig HDL 的常用按位逻辑运算符如表 5.6 所示，这里的运算指对操作数之间按位对位进行的逻辑运算，例如 A＝5′**b**11001，B＝5′**b**10101，

则　～A＝5′**b**00110

　　A＆B＝5′**b**10001

　　A^B＝5′**b**01100

表 5.6　按位逻辑运算符

～	按位取反	^	按位异或
＆	按位与	^～，～^	按位同或
｜	按位或		

（5）简化逻辑运算符

在对单个操作数进行与、或、非等递推逻辑运算时，可利用简化的（按位）逻辑运算符对逻辑运算式进行化简，例如对一个 4 变量的操作数 a，如欲将它的每一位相与，即作

a[0] **&&** a[1] **&&** a[2] **&&** a[3]

运算时就可以用简化逻辑运算符书写，例如：

reg[3：0] a；//此句放在内部端口的说明部分

b＝**&**a；//只有 a 的各位皆为 1 时，其运算结果 b 方为 1

常用简化逻辑运算符如表 5.7 所示。

表 5.7　简化逻辑运算符

&	与	~|	或非
~&	与非	^	异或
|	或	~^,^~	同或

（6）移位运算符

Verilog HDL 的移位运算符如表 5.8 所示，其格式是将运算符放在被移位的操作数与移位的位数之间，移位时用 0 填补被移出的数。例如将二进制数 11001 右移 2 位可写作

$$A=5'\mathbf{b}11001；$$
$$B=A\gg2；$$
$$也就是 B=5'\mathbf{b}\,00110。$$

表 5.8　移位运算符

$\gg i$　右移 i 位	$\ll i$　左移 i 位

（7）条件运算符

Verilog HDL 的条件运算符只有一个，即"?:"，这是一个三目运算符，对三个操作数进行运算，其定义与 C 语言中的定义一样，格式如下：

$$〈信号〉=〈条件〉? 〈表达式 1〉：〈表达式 2〉；\qquad(5.15)$$

其规则是当条件满足时，信号取表达式 1 的值，否则取表达式 2 的值。例如对 2 选 1 数据选择器（sel＝0 时输出 Out＝in1，sel＝1 时输出 Out＝in2）描述为：

$$Out=sel ? in2：in1；$$

（8）位拼接运算符

Verilog HDL 的位拼接运算符为"{　　　　　}"

其作用是将两个或多个信号的某些位拼接起来，其格式为：

$$\{信号 1 的某几位，信号 2 的某几位，\cdots，信号 n 的某几位\}；\qquad(5.16)$$

例如在进行加法运算时，可将进位输出与和数拼接在一起使用：

output[3：0] SUM；

output CO；

input [3 : 0] Ina, Inb ;

input Cin;

assign {CO, SUM}=Ina+Inb+Cin;

位拼接还可以嵌套使用,如{{a,b},{a,b},{a,b}},它等于{a,b,a,b,a,b},此式也可简化为{3{a,b}}。

(9) 运算符的优先级

Verilog HDL 运算符的优先级如表 5.9 所示,在必要时可以用括号()将某些运算提前。

表 5.9 运算符的优先级

运 算 符	优 先 级
~ !	高优先级别
* / %	
+ -	
<< >>	
< <= > >=	
== !=	
& ~&	
^ ^~	
| ~|	
&&	
||	低优先级别
? :	

3) Verilog HDL 的语句

Verilog HDL 支持许多语句,使之成为结构化和过程性的语言。下面介绍其中常用的结构说明语句、赋值语句、条件语句和循环语句,并介绍语句的顺序性和并行性。

(1) 赋值语句

在 Verilog HDL 中,信号有以下几种赋值方式:

① 连续(continuous)赋值语句

连续赋值语句就是用 **assign** 对 wire 型变量赋值,其赋值符号为"="。连续赋值就是即刻赋值,是指赋值号右边的运算值一旦变化,被赋值变量立刻随之改变,用来描述组合电路(门)。

② 过程(procedural)赋值语句

过程赋值语句用 always 对 reg 型变量赋值,过程赋值必须在其敏感信号(如时钟信号)被激活时才能完成,用来描述时序电路(触发器)。

过程赋值语句分为块内赋值(blocking)和非块内赋值(non blocking)两种方式。

• 块内赋值方式

块内赋值的符号为"=",这意味着在敏感信号被激活以后,赋值语句即按连续赋值方式处理。例如【代码 2】中有"b=a;"和"c=b;"两条语句,当敏感信号 clk 被激活时,a 的值赋予 b,接着又将变化后的 b 的值赋予 c,所以 c 和 b 在本时钟周期结束时同为 a 的值(见图 5.11(a))。这类似于 D 触发器的电平触发方式。

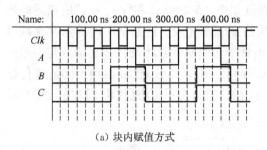 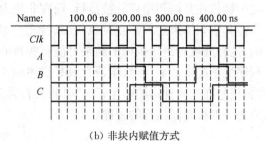

(a) 块内赋值方式　　　　　　　　(b) 非块内赋值方式

图 5.11　两种过程赋值模拟波形图

【代码 2】

```
/* 块内赋值举例 */
module blocking ( c, b, a, clk );
output c, b;
input clk, a;
reg c, b;
always @ ( clk )
    begin
        b=a;
        c=b;
    end
endmodule
```

• 非块内赋值方式

非块内赋值方式的赋值符号是"<=",这种赋值方式在敏感信号被激活时,各被赋值变量只能按当时的赋值输入变化。例如【代码 3】中的两条赋值语句是"b <= a;"和"c <=b;",

在时钟上升沿,将 a 的值赋予 b,同时将 b 原来的值赋予 c,因此一个时钟作用以后,c 和 b 的值是不同的(见图 5.11(b))。这类似于 D 触发器的边沿触发方式。

【代码 3】

```
/* 非块内赋值方式 */
module non blocking ( c, b, a, clk );
output c, b;
input clk, a;
reg c, b;
always @ ( posedge clk )
    begin
        b<=a;
        c<=b:
    end
endmodule
```

从代码形式上看,对块内赋值方式,似乎在模块的执行过程中,"b=a;"和"c=b;"所描述的操作在其语句结束就被执行,而在非块内赋值方式,"$b<=a$;"和"$c<=b$;"所描述的操作在其语句结束后并不立刻执行,须待整个模块结束时才完成。这是从时间的角度来理解的,这种理解对语句执行的结果可能有些帮助,但常常会使初学者将硬件描述语言与一般的程序混淆起来。事实上,本语言只是描述图 5.12(a)和 图 5.12(b)这样两种不同的硬件结构,信号在这两种结构中运行时,其行为符合上述时间关系,切不可将【代码 2】和【代码 3】看成是一般按时间执行的程序。

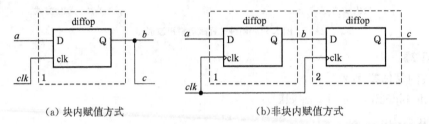

（a）块内赋值方式　　　　　　　　　　　（b）非块内赋值方式

图 5.12　两种过程性赋值的等效电路

（2）条件语句

常用 Verilog HDL 的条件语句有 if-else 语句和 case 语句两种,它们都是顺序语句,在 always 块中使用。

① if - else 语句

其格式与 C 语言中的 if - else 语句相似,有以下几种:

$$\text{if（表达式）语句;} \tag{5.17}$$

$$\begin{aligned} &\textbf{if（表达式）语句 1;}\\ &\textbf{else}\qquad\text{语句 2;} \end{aligned} \tag{5.18}$$

$$\begin{aligned} &\textbf{if（表达式 1）语句 1;}\\ &\textbf{else if（表达式 2）语句 2;}\\ &\textbf{else if（表达式 3）语句 3;}\\ &\qquad\cdots\cdots\\ &\textbf{else 语句 }n; \end{aligned} \tag{5.19}$$

上面格式中的表达式一般为逻辑表达式或关系表达式,包括一位变量的表达式。将代码送入计算机后,开发系统将先对表达式的值进行判断,若为 0、x 或 z,按"假"处理,若为 1,按"真"处理,执行指定的语句。

语句可以为单句,也可以为多句,对于多句,宜将每句用 begin-end 括起来。

单元有多层嵌套的 if 语句,为防止将 if 和 end 的匹配关系搞乱,也宜用 begin-end 语句括起来。下面就是用 if-else 语句书写的一个模 60 BCD 码计数器的代码。

【代码 4】

```
/ * 模为 60 的 BCD 码计数器 * /
module cnt60 （Qout,CO,Din,LD,CI,Reset,Clk）;
output [7:0] Qout;
output CO;
input [7:0] Din;
input LD, CI, Reset, Clk;
reg [7:0] Qout;
always @ （posedge Clk）;                        //Clk 上升沿更新状态
  begin
    if （Reset）
      Qout=0;                                   //同步清零
     else if （LD）
      Qout=Din;                                 //同步置数
       else if （CI）                           //低位有进位输入，即计数状态
         begin
         if(Qout [3:0]==9)                       //若低位计数器为 9
           begin
           Qout [3:0]==0;                        //低位计数器回到 0 状态
           if （Qout [7:4]==5 ）                 //若高位计数器为 5
             Qout [7:4]=0);                      //高位计数器回到 0 状态
            else
              Qout [7:4]=Qout [7:4] +1;          //否则高位计数器加 1
           end
          else                                   //低位计数器不为 9
          Qout [3:0]=Qout [3:0] +1;              //低位计数器加 1
       end
   end
    assign CO=(((Qout==8'd59 ) & CI )? 1:0;      //在 59 且 CI 为 1 时有进位输出
endmodule
```

② case 语句

Case 语句是多分支语句，常用于多条件译码电路如译码器、数据选择器、状态机及微处理器的指令译码等。其格式如下：

$$
\begin{array}{l}
\textbf{case}（表达式）\\
〈case 分支项〉\\
\textbf{endcase}
\end{array}
\tag{5.20}
$$

下面是用 case 语句编写的一个 7 段译码的代码，其译码关系如图 5.13 所示。

【代码 5】

```
/*4 线－7 线数字译码器*/
module decoder4－7 (decoderout，indec)；
output [6：0] decoderout；
input [3：0] indec；              //译码使能信号
reg [6：0] decoderout；
always @ （indec ）
    begin
        case （indec）
            4'd0：decoderout＝7'b1111110；
            4'd1：decoderout＝7'b0110000；
            4'd2：decoderout＝7'b1101101；
            4'd3：decoderout＝7'b1111001；
            4'd4：decoderout＝7'b0110011；
            4'd5：decoderout＝7'b1011011；
            4'd6：decoderout＝7'b1011111；
            4'd7：decoderout＝7'b1110000；
            4'd8：decoderout＝7'b1111111；
            4'd9：decoderout＝7'b1111011；
            default：deoderout＝7'bx；
        endcase
    end
endmodule
```

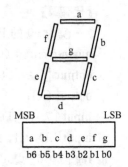

图 5.13　7 段译码器示意图

注意在使用条件语句时,如未列出所有的条件分支,编译器将认为在条件不满足时触发器处于保持状态,这对某些时序逻辑电路是正确的,例如对计数器,可设计为满足某些条件时计数器动作,否则计数器保持原状态不变;但在设计组合逻辑电路时,此结果通常是错误的,因为该处理方法隐含有触发器的存储功能。所以在设计组合逻辑电路时,必须列出所有的条件分支,但这通常又是不可能的,因为每个变量至少有 0,1,x,z 4 种取值,为保证包含所有的分支,结尾宜加上 default 语句,如【代码 5】所示。

其实 if-else 语句也存在此问题,例如要设计一个 2 输入的与门,如果使用【代码 6】,则在逻辑综合时,会认为在 a、b 不等于 1 时,c 保持不变,成为了图 5.14 所示之电路,这说明电路中有隐含的触发器存在。解决的办法是在 if 语句的最后加上 else 语句,如在【代码 6】的 end 以前加一句

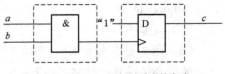

图 5.14　不加 else 语句时对应的电路

else c＝0；

即可。

【代码 6】

module buried-ff（c，b，a）；

output c；

input b，a；

always @（a or b）

　　begin

　　　if（(b==1)**&&**(a==1)）　　c=1；

　　　else　　c=0；　　　　//须加此句

　　end

endmodule

（3）循环语句

Verilog HDL 中的循环语句有 forever、repeat、while 和 for 4 种，用来控制某个语句的重复执行。

① forever——连续执行语句。多用在'initial'（初始化描述）块中，以生成周期性输入波形。其格式为：

$$\sharp（时间 1）\textbf{forever}\ \sharp（时间 2）\langle 信号名\rangle=!\ \langle 信号名\rangle；\qquad(5.21)$$

例如

$$\sharp 10\ \textbf{forever}\ \sharp 10\ clk=!\ clk；$$

表示时钟 clk 的作用期和休止期各为 10 ns。注意，该语句在代码中只执行 1 次。

② repeat——连续执行一条语句 n 次。其格式为：

$$\textbf{repeat}（循环次数表达式）；\qquad(5.22)$$

例如一个操作数为 size 位的移位相加乘法电路，其基本步的操作应进行 size 次，其代码可使用 repeat 语句书写如【代码 7】所示。

【代码 7】

module multi_repeat（PLO，A，B）；

parameter size=8；

output［2 * size：1］PLO；

input［size：1］A，B；

reg［2 * size：1］PLO；　　　　//积寄存器

reg［2 * size：1］temp_ A；　　　//被乘数寄存器，每执行一步左移一位

reg［size：1］temp_ B；　　　　//乘数寄存器，每执行一步右移一位

always @（A or B）

　　begin

　　PLO=0；　　　　　　　　//积寄存器清除

　　temp_A=A；　　　　　　 //被乘数送 temp_A 寄存器

```
      temp_B＝B;                    //乘数送 temp_B 寄存器
        repeat（size）;             //以下代码执行 size 次
          begin
            if（ temp_B［1］）        //如果 temp_B 的最低位为 1,
              PLO＝PLO＋ temp_A;   //积寄存器中数据与被加数寄存器中数据相加
            else PLO＝PLO;
            Temp_A＜＜1;            //被乘数左移 1 位
            Temp_B＞＞1;            //乘数右移 1 位
          end
      end
endmodule
```

③ while——执行一条语句直到某个条件不满足,其格式为:

$$\boxed{\textbf{while}（条件表达式）;}\qquad(5.23)$$

例如一个用来统计 8 位二进制数码中 1 码元个数的电路,其代码如【代码 8】所示。

【代码 8】

```
module count_code（ CNT, COD, clk）;
output ［3：0］ CNT;
input ［7：0］ COD;
input clk;
reg ［3：0］ CNT;                    //统计 1 的个数的计数器
reg ［7：0］ tempcod;                //存放输入的 8 位二进制码的寄存器
always @（posedge clk）
    begin
      CNT＝0;
      tempcod＝COD;                //将数码置入寄存器中
        while（tempcod ＞＝1）;      //如数码不为 0,则执行下面代码（直至数码为 0 为止）
          begin
            if（tempcod［0］）
              CNT＝CNT＋1;          //如数码最低位为 1,计数器加 1
            tempcod＝tempcod＞＞1;    //数码寄存器右移一位
          end
    end
endmodule
```

④ for 语句　其功能是按指定的次数将过程赋值语句重复若干次。其格式为:

$$\boxed{\textbf{for}（循环变量赋初值;循环结束条件;循环变量增值）执行语句;}\qquad(5.24)$$

例如,一个"7 人表决器"的功能是统计参加表决的 7 人中投赞成票的人数,若超过 4 人,则提案通过。如用 vote[7∶1]表示投票的情况,"1"代表赞成,即 vote[i]为 1 表示第 i 人赞成,则所得到的代码如【代码 9】所示。

【代码 9】

```
module voter7(pass, vote);
output pass;                    //提案通过
input [7∶1] vote;
reg [2∶0] sum;                  //定义一个 3 位二进制数,等于赞成票票数之和
integer i;                      //定义投票者的序号
reg pass;                       //pass=1 表示表决通过
always @ (vote)
  begin
    sum=0;                      //将 sum 置 0
    for ( i=1; i<=7; i=i+1 );   //for 语句,"序号 i 从 1 开始,每次加 1,直至 7 止"
      if (vote [i]) sum=sum+1;
                                //for 语句之执行语句,"如第 i 人赞成,则 sum 加 1"
      if (sum[2]) pass=1;       //如 sum 最高位为 1(即大于或等于 4),则 pass 为 1
      else pass=0;
  end
endmodule
```

仍须强调,Verilog HDL 是硬件描述语言,此代码描述的是七人表决器的行为,编辑器将根据此代码构造出能实现此功能的电路。

(4) 结构描述语句

Verilog HDL 中的任何过程模块从属于 initial;、always;、task 和 function 引导的 4 种结构的说明语句。

在一个模块(module)中,使用 initial 和 always 语句的次数是不受限制的,initial 语句用于模拟的初始化,仅执行一次,always 语句则是不断重复执行。task 和 function 语句只使用 1 次,但可以在程序模块中的一处或多处调用。

① initial 块语句

前面介绍 repeat 语句时已经述及 initial 块,它用于模拟的初始化,描述系统中的激励波形,例如【代码 10】表示一组每 10ns 变化一次的激励信号。

【代码 10】

```
initial
  begin
    inputs='b000000;
    #10inputs='b010011
    #10inputs='b011011
    #10inputs='b010010
    #10inputs='b010100
    #10inputs='b101000
```

　　end

② always 块语句

此处仅介绍可用于综合的 always 说明语句的使用。

always 块语句的模板如下：

> **always** @ (⟨event_expression⟩)　//event_expression 为敏感信号表达式
> 　**begin**
> 　　//过程赋值
> 　　//if 语句
> 　　//case 语句　　　　　　　　　　　　　　　　　　　　　　　　　(5.25)
> 　　//while, repeat, for 循环
> 　　//task, function 调用
> 　**end**

　　敏感信号表达式又称事件表达式或敏感表，即当此表达式的值改变时，执行一遍块内的语句。因此在敏感信号表达式中应列出影响块内取值的所有信号（一般为输入信号）。若有两个或两个以上的敏感信号，它们之间用"or"连接。例如对【代码 11】所示之 4 选 1 数据选择器，4 个数据输入信号和选择信号 sel[1：0]都是敏感信号，所以其敏感信号表达式为 in0 or in1 or in2 or in3 or sel。

【代码 11】

```
module multiplexor4_1 (out, in0, in1, in2, in3, sel);
output: out;
input in0, in1, in2, in3;
input [1：0] sel;
reg out;
    always @ (in0 or in1 or in2 or in3 or sel)
        case (sel)
            2'b00: out＝in0;
            2'b01: out＝in1;
            2'b10: out＝in2;
            2'b11: out＝in3;
            default: out＝2'bx;
        endcase
endmodule
```

　　对于时序逻辑电路，'事件'往往是时钟的边沿，在 Verilog HDL 中，边沿用"posedge"和"negedge"来描述，前者表示时钟的上升沿，后者表示时钟的下降沿。例如【代码 4】（模 60 计数器）中的敏感信号为

　　always @ (**posedge** clk)　　　　　　　//上升沿更新状态

　　在这里，并未将 Din、LD、CI 和 Reset 列入敏感信号表中，这是因为它们都是受时钟控制

的,只有在时钟上升沿出现时才起作用。如果该计数器是异步清零,则必须将清零控制信号(Clear)也列入敏感表中,如:

always @ (**posedge** Clk **or posedge** Clear)　　　　　　　//Clear 上升沿清零

或

always @ (**posedge** Clk **or negedge** Clear)　　　　　　　//Clear 下降沿清零

其他异步控制信号也可用此方法加入。但须注意,在块内的逻辑描述要与敏感信号表达式中信号的有效电平一致,例如下面的描述是错误的。

always @ (**posedge** Clk **or negedge** Clear)　　　　　　　//时钟下降沿清零

 begin

  if (Clear)　　　　　　//与敏感信号表达式低电平清零有效矛盾,应改为 **if** (! Clear)

  Qout＝0;

 else Qout＝Qout＋1;

 end

③ task

对于需要在大模块中不同地点多次使用的相同代码段。可将它们定义为 task(任务)或 function(函数)。task 用于希望对一些信号进行某种运算并输出多个结果(即多个输出变量)时,其模板如下:

$$
\boxed{
\begin{array}{l}
\textbf{task} \ \langle 任务名 \rangle; \qquad\qquad //任务定义 \\
\quad //端口及数据类型声明语句 \\
\quad //其他语句 \\
\textbf{endtask}
\end{array}
} \tag{5.26}
$$

在同一个模块内调用此任务的格式为

$$
\boxed{\langle 任务名 \rangle (端口 1,端口 2,\cdots\cdots);} \tag{5.27}
$$

例如某个 task 的代码为

【代码 12】

task my_task;　　　　　　　　//任务定义

 input A, B;

 input C;　　　　　　　　//双向端口的变量

 output P, Q;

 …

 〈语句〉

 …　　　　　　　　　　//执行与任务相应的语句

 C＝foo1;　　　　　　　　//对任务的双向变量赋值

 P＝foo2;　　　　　　　　//对任务的输出变量赋值

 Q＝foo3;　　　　　　　　//对任务的输出变量赋值

endtask

则在模块内调用此任务的格式为语句为

$$my\_task（v，w，x，y，z）$$

当此任务启动时，将 v，w，x 赋予 A，B 和 C，当任务执行以后，将输出 C，P，Q 赋予 x，y，和 z。

④ function

function 的目的是通过返回一个用于某表达式的值，来响应输入信号，适用于对不同变量采取同一运算的操作。

function 在模块内定义，通常在本模块中调用，也能根据按模块层次分级命名的函数名从其他模块调用（task 只能在同一模块内调用）。

其模板为：

> **function** 〈返回值位宽或类型说明〉函数名；
>   //端口声明
>   //局部变量定义   (5.28)
>   //其他语句
> **endfunction**

调用的格式为：

> **assign** 变量名=〈函数名〉(〈表达式〉〈表达式〉)   (5.29)

例如【代码 8】描述之统计 8 位二进制数中 1 的个数的的电路，使用 function 块语句的代码如【代码 13】所示。

【代码 13】

```
module cnt_func（NUM，COD）；        //NUM 是本模块最后得到的数字，COD 是被
                                    检测的 8 位码

output [7：0] NUM；
input [7：0] COD；

    function [7：0] BUNUM；                //定义函数
        input [7：0] x；                   //function 中的输入信号
        reg [7：0] CNT；                   //function 中的计数器
        integ i；                         //x 的某个码元
          begin
            CNT=0；                        //对 CNT 清零
            for (i=0；i<=7；i=i+1)          //i 从 0 开始，每次加 1，直至 i=7
              if (x[i]) CNT=CNT+1；         //完成统计 1 码元的操作
            BUNUM=CNT；                    //函数的返回值
          end
    endfunction
```

> **assign** NUM＝BUNUM（COD）；   //调用函数
> **endmodule**

代码中虚线框出部分是 function 块,将此块置于 module cnt_func（NUM,COD）模块中,再使用 assign 语句加以调用。在这里,函数的调用是通过将函数作为调用函数表达式的操作数实现的,在一个大模块的其他地方或其他模块中还可以调用此函数。

task 与 function 的区别如表 5.10 所示。

表 5.10　task 与 function 的区别

项　目	task	function
目的和用途	可计算多个结果值	通过返回一个值来响应输入信号
输入或输出	可以为任何类型(包括 input)	至少有一个输入变量,但不能有任何输出变量或 input 型变量
被调用	只可在过程语句中调用,不能在连续赋值语句中调用	可作为表达式中的一个操作数来调用,在过程赋值和连续赋值语句中均可调用
调用其他任务和函数	可调用其他 task 和 function	可调用其他 function 但不可调用 task
返回值	不向表达式返回值	向调用它的表达式返回一个值

（5）语句的顺序执行和并行执行

弄清在 Verilog HDL 的模块中,哪些是同时发生,哪些是顺序发生,是十分重要的。其规则如下:

① 在 always 块中,各语句是顺序执行的,其顺序不能改变;

② 在多个 always 块之间,以及 always 块与 assign 块、例化元件与元件之间是同时执行的(并发的),其顺序不影响所实现的功能。

先比较【代码 14】和【代码 15】。

【代码 14】

```
module serial 1(q, a, clk)
output q, a;
input clk;
reg q, a;
always @ (posedge clk)
  begin
    q=~q;
    a=~q;
  end
endmodule
```

【代码 15】

```
module serial 1(q, a, clk)
output q, a;
input clk;
reg q, a;
```

```
always @ (posedge clk)
    begin
        a=~q;
        q=~q;
    end
endmodule
```

- 两个代码中的两条赋值语句的位置是相互颠倒的,因为它们都是在 always 块内,是顺序执行的,【代码 14】是先将 q 取反,然后将已取反的 q 值的相反值赋予 a,因而输出 q 和 a 的值相反,而【代码 15】是先将 q 的相反值赋予 a,再将 q 的相反值赋予 q,所以输出 q 和 a 的值是相同的。它们对应的波形图和电路图分别如图 5.15 和图 5.16 所示。

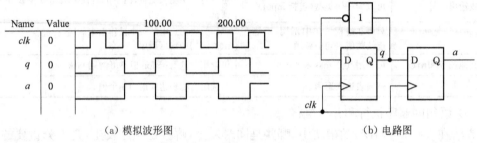

（a）模拟波形图　　　　　　　　　　　　（b）电路图

图 5.15　【代码 14】对应电路和波形图

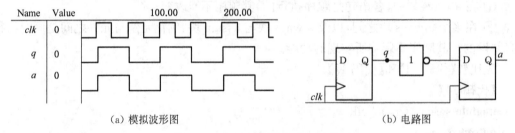

（a）模拟波形图　　　　　　　　　　　　（b）电路图

图 5.16　【代码 15】对应电路和波形图

如果将两条赋值语句分别放在两个 always 块中,不管这两个 always 块的次序如何,因它们是并发的,所以同样都是在同一个时刻将 q 的相反值赋予 q 和 a,其结果与【代码 15】相同。

至于 always 块与 assign 语句在一个模块中联用的情况,可以参看【代码 4】,如将此代码中的进位输出生成语句放在 always 块前面,不影响其逻辑功能。

（6）关键字

和其他许多语言一样,Verilog HDL 有保留使用的关键字,用户的变量名不可与其相同。需要特别注意的是,Verilog HDL 对文字的大、小写是不能混用的。Verilog HDL 关键字全部用小写,表 5.11 是 Verilog HDL 的关键字。

表 5.11　Verilog HDL 的关键字

关 键 字	关 键 字	关 键 字	关 键 字
always	endtask	or	supply0
and	event	output	supply1

关 键 字	关 键 字	关 键 字	关 键 字
assign	for	parameter	table
attribute	force	pmos	task
begin	forever	posedge	time
buf	fork	primitive	tran
bufif0	function	pull0	tranif0
bufif1	highz0	pull1	tranif1
case	highz1	pulldown	tri
casex	if	pullup	tri0
casez	initial	rcmos	tri1
cmos	inout	real	triand
deassign	input	realtime	trior
default	integer	reg	trireg
defpram	join	release	unsigned
disable	large	repeat	vectored
edge	macromodule	rtranifo	wait
else	medium	rtranif1	wand
end	module	scalared	weak0
endattribute	nand	signed	weak1
endcase	negedge	small	while
endfunction	nmos	specify	wire
endmodule	nor	specpram	wor
endprimitive	not	strength	xnor
endspecify	notif0	strong0	xor
endtable	notif1	strong1	

5.3.3 不同抽象级别的 Verilog HDL 模型

Verilog HDL 是一种功能非常强的硬件描述语言，它能支持从复杂的电子电路系统直至版图设计(提供最基本元件以及它们之间连接的信息)的全过程。而在这个过程中各个不同的层次应采用不同级别的抽象，对应于不同的模型。这些抽象的级别和对应的模型有以下五种，前三种是行为级描述。

(1) 系统级——用高级语言结构实现设计模块外部性能的模型；

(2) 算法级——用高级语言结构实现设计算法的模型；

(3) RTL 级(寄存器传递级 Register Transfer Level)——描述数据在寄存器之间传递和处理的模型；

(4) 门级——描述逻辑门以及逻辑门之间的连接的模型；

(5) 开关级——描述门器件中三极管和储存节点以及它们之间的连接的模型。

Verilog HDL 在开关级上可提供一套完整的组合型原语(primitive)，双向通路和电阻器件的原语，可建立 MOS 器件的电荷衰减动态模型。由于在 Verilog HDL 中，可提供延迟和输出强度的原语来建立精确度很高的信号模型，信号可以有不同的强度，可以通过设定宽范围的模糊值来降低不确定条件的影响，因而可用来设计电路的基本部件库，如门、缓冲器、驱动器等。

在数字系统设计中主要掌握前四种描述方法，下面将以一个 4 选 1 数据选择器为例来

说明上述几种级别的描述

1）门级描述的 MUX

图 5.17 是 4 选 1 数据选择器的电路图,根据此图可编写 Verilog HDL 的代码如下:

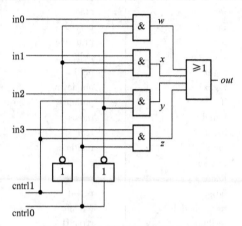

图 5.17　4 选 1 数据选择器的电路图

【代码 16】

```
module multiplexor 4_1 (out, in0, in1, in2, in3, cntrl0, cntrl1);
output out;
input in0, in1, in2, in3, cntrl0, cntrl1;
wire notcntrl0, notcntrl1, w, x, y, z;          //定义 6 个中间变量
  not (notcntrl0, cntrl0);                       //描述非门
  not (notcntrl1, cntrl1);
  and (w, in0, notcntrl1, notcntrl0);            //描述与门
  and (x, in1, notcntrl1, cntrl0);
  and (y, in2, cntrl1, notcntrl0);
  and (z, in3, cntrl1, cntrl0);
  or (out, w, x, y, z);                          //描述或门
endmodule
```

由此可见,门级描述乃是一种直观地描述门网络的方法,在 Verilog HDL 中可提供以下门原句(primitives):

> and, nand, or, nor, xor, xnor, buf, not, bufif1, bufif0, notif1, notif0

(分别为与门、与非门、或门、或非门、异或门、异或非门、缓冲器、非门、高电平使能的三态缓冲器,低电平使能的三态缓冲器,高电平使能的三态非门、低电平使能的三态非门)

其使用的句法如下:

$$\boxed{\text{门类型关键字〈例化的门名称〉(端口列表);}} \qquad (5.30)$$

其中:门类型关键字即某个门原句;例化的门名称指该门在代码中所使用的名称,这是

可选的,若有,则在设计中应是唯一的名称。端口列表对普通门应为:

$$(输出,输入 1,输入 2,\cdots,输入 n) \tag{5.31}$$

对三态门为:

$$(输出,输入,使能控制端) \tag{5.32}$$

例如   **and** myand (out, in1, in2, in3);   //名为 myand 的 3 输入与门

       and (out, in1, in2, in3);   //无名的 3 输入与门

       bufif1 mytri (out, in, enable);   //名为 mytri 的三态门,高电平使能

2) 行为级描述的 MUX

下面分别用逻辑功能、case 语句、条件运算符来描述上述 4 选 1 数据选择器。

(1) 逻辑功能描述

用逻辑功能描述的代码如【代码 17】所示。

【代码 17】

module multiplexor 4_1 (out,in0,in1,in2,in3,cntrl0,cntrl1);

output out;

input in0, in1, in2, in3, cntrl0, cntrl1;

assign out＝(in0 **&&** ～cntrl1 **&&** ～cntrl0) || (in1 **&&** ～cntrl1 **&&** cntrl0) ||

      (in2 **&&** cntrl1 **&&** ～cntrl0) || (in3 **&&** cntrl1 **&&** cntrl0);

endmodule

(2) case 语句描述

使用 case 语句描述更易理解,此处将 4 个条件分支都列出,代码如【代码 18】所示。

【代码 18】

module multiplexor4_1(out, in0, in1, in2, in3, cntrl0, cntrl1);

output out;

input in0, in1, in2, in3, cntrl0, cntrl1;

reg out;

always @ (in0 **or** in1 **or** in2 **or** in3 **or** cntrl0 **or** cntrl1);

  case ({cntrl1, cntrl0})

    2'**b**00:out＝in0;

    2'**b**01:out＝in1;

    2'**b**10:out＝in2;

    2'**b**11:out＝in3;

    default:out＝2'**b**x;

  endcase

endmodule

(3) 条件运算符描述

用条件运算符描述的代码如【代码 19】所示。

【代码 19】

module multiplexor4_1(out，in0，in1，in2，in3，cntrl0，cntl1)；

output out；

input in0，in1，in2，in3，cntrl0，cntrl1；

   assign out=cntrl1 ? （cntrl0 ? in3 ∶ in2 ）∶（cntrl0 ? in1 ∶ im0）；

endmodule

由上面几个代码可以看出，同一个电路可以有不同的描述方法，一般情况下，所采用的描述级别越高，其设计越容易，代码也越简单，但对我们所使用的特定的综合器而言，未必能将那些抽象级别高的描述转化成电路，所以在设计前，必须了解所使用的综合器的性能，选择合适的描述方法。

5.3.4 系统的分层描述

一个复杂电路的完整的 Verilog HDL 模型由若干个 Verilog HDL 模块构成，每一个模块又可由若干个子模块构成。利用 Verilog HDL 语言结构所提供的这种功能可以按自顶向下的方法来描述极其复杂的大型设计，并适应多人之间的合作，如同 C 语言编写大型软件一样。下面以元件例化的例子来说明如何建立这种层次结构。（此处不涉及函数调用）

【举例】 设计一个简单的 8 位累加器 ACC。

该 ACC 由一个 8 位的全加器和一个 8 位的寄存器组成，如图 5.18 所示

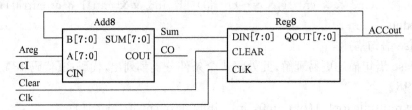

图 5.18　ACC 的分层结构

先分别设计全加器和寄存器的代码如【代码 20】和【代码 21】所示，它们的文件名分别为add8. v 和 reg8. v。

【代码 20】

module add8(COUT，Sum，A，B，CIN)；

output [7∶0] SUM；

output COUT；

input[7∶0] A，B；

input CIN；

   assign {COUT，SUM}=A+B+CIN；

endmodule

【代码 21】

module reg8(QOUT，DIN，CLK，CLEAR)；

output [7∶0]QOUT；

```
    input [7:0]DIN;
    input Clk, CLEAR;
    reg [7:0]QOUT;
      always @ (posedge CLK or posedge CLEAR)
        begin
          if (CLEAR)
            QOUT=0;
          else
            QOUT=DIN;
        end
endmodule
```

按图 5.18 连接关系写出累加存储器 ACC 的描述如【代码 22】(文件名 acc.v)所示。

【代码 22】

```
module acc.v(ACCout, CO, Areg, CI, Clk, Clear);
output [7:0]ACCout;
output CO;
input [7:0]Areg;
input CI, Clk, Clear;
    wire [7:0] Sum;          //全加器的输出,又是寄存器的输入,这是一组中间变量。
    add8 accadd (CO, Sum, Areg, ACCout, CI);        //调用 add8,元件例化
    reg8 accreg8 (ACCout, Sum, Clk, Clear);        //调用 reg8,元件例化
endmodule
```

这里遇到了元件调用的问题。将一个库中的元件或已定义的子模块在上一层代码中使用时,总要将其元件名和端口信号名作一些更改,此过程通常称为元件例化,其代码格式为:

$$\boxed{\langle 模块名\rangle\langle 例化元件名\rangle(\langle 端口列表\rangle);}\tag{5.33}$$

它与格式(5.30)所示之门的例化方式的一致的,模块名用库中的元件或已定义的子模块的原名,如 add8,例化元件名指在上一层代码中使用的名字,如 add8 在本模块中称为 ac-cadd(注意此名应是唯一的),端口列表按格式(5.30)确定,即按【代码 20】中端口列表的顺序,将本模块中实际所加的信号填入。add8 的端口列表原为(CO,Sum,A,B,CI),在本模块中,A 端所加为信号 Areg,B 端所加为 acc 的反馈信号 ACCout,所以例化后的元件列表为(CO,Sum,Areg,ACCout,CI)。

端口列表还可以用另一种格式:

$$\boxed{(.原输出(例化输出),.原输入 1(例化输入 1),.原输入 2(例化输入 2),\cdots)}\tag{5.34}$$

如采用此方式,则元件可不按原来的顺序排列,如 add8 例化的端口列表可写为:

(. CO(CO), . Sum(Sum), . CI(CI), . A(Areg), . B(ACCout))

至于如何让综合器知道此处调用的 add8 和 reg8 是前面所编写的代码，与所用的综合器有关，一般有如下方式：

① 将 add8 和 reg8 的代码复制到 acc. v 中，在综合时指明顶层模块；

② 采用′include 语句将底层文件 reg8. v 和 add8. v 包到顶层文件 acc. v 中，方式同 C 语言中的 ♯include，其格式如下：

$$′include\ “\langle 被调用文件名\rangle ”;　　　　　　　　　　(5.35)$$

对【代码 22】可以写作

【代码 23】

```
′include “add8. v”;
′include “reg8. v”;
module acc(ACCout, CO, Areg, CI, Clk, Clear);
output [7 : 0]ACCout;
output CO;
input [7 : 0]Areg;
input CI, Clk, Clear;
wire [7 : 0]Sum;
    Add8 accadd(. CO(CO), . Sum(Sum), . A(Areg), . B(ACCout), . CI(CI));
    Reg8 accreg8(. Qout(ACCout), . Din(Sum), . Clk(Clk), . Clear(Clear));
endmodule
```

在提供了库管理的综合器中，由用户指明所调用的底层文件所在的目录即可。

5.3.5　用 Verilog HDL 描述具体电路举例

如前所述，在 Verilog HDL 中，相同的逻辑功能可用不同的方法描述。由于不同的描述所生成的电路可能不一样，尽管它们能完成相同的功能，但在资源利用、系统速度上也许会有较大的差别。此处主要讨论用 FPGA 实现 Verilog HDL 代码时需要注意的一些问题。

1）对资源利用情况的考虑

如希望实现以下功能：有 4 个输入 A，B，C，D，用一个选择信号 Sel 去选择，当 Sel＝0 时，输出 sum＝A＋B；而当 sel＝1 时，sum＝C＋D。这里 A、B、C、D 都是 4 位二进制数。

此功能可用两种方法实现，其代码分别为

【代码 24】

```
module resource1(Sum, A, B, C, D, Sel);
output [4 : 0]Sum;          //2 个 4 位二进制数相加,其和应为 5 位数
input [3 : 0] A, B, C, D;
input Sel;
```

```
    reg [4：0]Sum;
always @ (A or B or C or D or Sel)
    begin
        if (Sel) Sum=C+D;
        else Sum=A+B;
    end
endmodule
```

【代码 25】

```
module resource2 (Sum, A, B, C, D, Sel);
output [4：0]Sum;
input [3：0] A, B, C, D;
input Sel;
reg [4：0] Sum;
reg [4：0] Atemp, Btemp;                          //设置 2 个中间变量
always @ (A or B or C or D or Sel)
    begin
        if (Sel)
            begin
                Atemp=C;
                Btemp=D;
            end
        else
            begin
                Atemp=A;
                Btemp=B;
            end
        Sum=Atemp+Btemp
    end
endmodule
```

【代码 24】的描述是先将 A 与 B,C 与 D 相加,再进行选择,而**【代码 25】**则是先选出 A,B
或 C,D,再将它们相加。看上去,似乎第一个代码比较简单。但它们分别对应与图 5.19(a)
和图 5.19(b)的电路,前者用了 2 个加法器(4 位)和 1 个选择器(四 2 选 1MUX),后者用了 1
个加法器和 2 个选择器。显然前者所耗费的资源比较多,(在 Altera 的 10K10 中综合的结
果,二者所耗用的 LCs 分别为 18 和 15)。

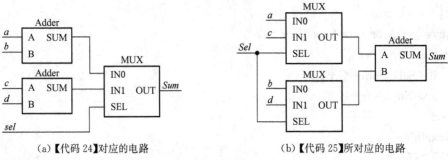

(a)【代码24】对应的电路　　　　　　　　　(b)【代码25】所对应的电路

图 5.19　【代码 24】和【代码 25】所对应的电路

2) case 语句与 if-else 语句

虽然这两个都是条件语句,但 case 语句中的各分支是不分先后的,而在 if-else 语句中的2 个分支则有先后之分。因此同样以这两个语句描述的 8 线-3 线的编码器,一个具有优先编码功能,另一个则没有此功能,分别如【代码 28】和【代码 29】所示。

【代码 28】

```
module encoder (none_on, outcode, a, b, c, d, e, f, g, h);
output none_on;                    //编码无效指示位
output [2:0]outcode;               //3 位编码输出
input a, b, c, d, e, f, g, h;      //编码输入
reg [2:0]outcode;
assign { none_on, outcode}=outtemp;
always @ (a or b or c or d or e or f or g or h)
  begin
    If ( h ) outtemp=4'b0111;
      else if (g) outtemp=4'b0110;
      else if (f) outtemp=4'b0101;
      else if (e) outtemp=4'b0100;
      else if (d) outtemp=4'b0011;
      else if (c) outtemp=4'b0010;
      else if (b) outtemp=4'b0001;
      else if (a) outtemp=4'b0000;
      else        outtemp=4'b1000;
  end
endmodule
```

注:该代码也可用嵌套条件运算符?:来描述,其描述语句为

```
assign out=h ? 4'b0111 : g ? 4'b0110 : f ? 4'b0101 : e ? 4'b0100 : d ? 4'b0011 :
          c ? 4'b0010 : b ? 4'b0001 : a ? 4'b0000 : 4'b1000;
```

【代码 29】

```
module encoder (none_on, outcode, a, b, c, d, e, f, g, h);
output none_on;
```

```
output [2：0]outcode;
input a, b, c, d, e, f, g, h;
reg [2：0]outcode;
assign {none_on, outcode}=outtemp;
assign { a, b, c, d, e, f, g, h}=decin;
always @ (a or b or c or d or e or f or g or h)
    begin
        case (decin)
            8'b10000000 :outtemp=4'b0000;
            8'b01000000 :outtemp=4'b0001;
            8'b00100000 :outtemp=4'b0010;
            8'b00010000 :outtemp=4'b0011;
            8'b00001000 :outtemp=4'b0100;
            8'b00000100 :outtemp=4'b0101;
            8'b00000010 :outtemp=4'b0110;
            8'b00000001 :outtemp=4'b0111;
            default outtemp=4'b1000;
        endcase
    end
endmodule
```

3）流水线技术

用 FPGA 实现数字系统时,由于 FPGA 的基本逻辑单元(元胞)粒度很小,一个较复杂的逻辑关系须用多级单元串接完成,因而其速度较低。采用流水线技术可以提高系统的速度。

【代码30】是一个 8 位加法器的代码,其对应的电路速度较低,【代码31】是按流水线技术来描述的代码,它对应于图 5.20 所示之电路。从该图可以看出,此加法器的运算被分成了四步,分别用 4 个 2 位加法器执行(在每次运算之前要对寄存器中的数据作必要的重组)。因为每一步只执行一次 2 位加法运算,其耗费的时间比一次执行 8 位加法运算短得多,虽然总的完成此运算需要 4 步,但对每个 2 位加法器而言,例如第一个 2 位全加器在执行了第一对 8 位数的低 2 位运算以后,第二级 2 位全加器在执行 a3a2 与 b3b2 的运算时,第一个 2 位全加器又可接着执行第二对 8 位数的低 2 位运算了,所以从总体看来,运算信号输入的频率得以提高。如将它们分别综合到 FPGA 和 CPLD 中,测试其允许的最大时钟频率(单位：MHz)如下(这是若干年前的数据)：

器件类型	器件型号	非流水线设计	流水线设计
FPGA	10K10 - 3	37.03	99.0
CPLD	7132 - 6	46.94	62.89

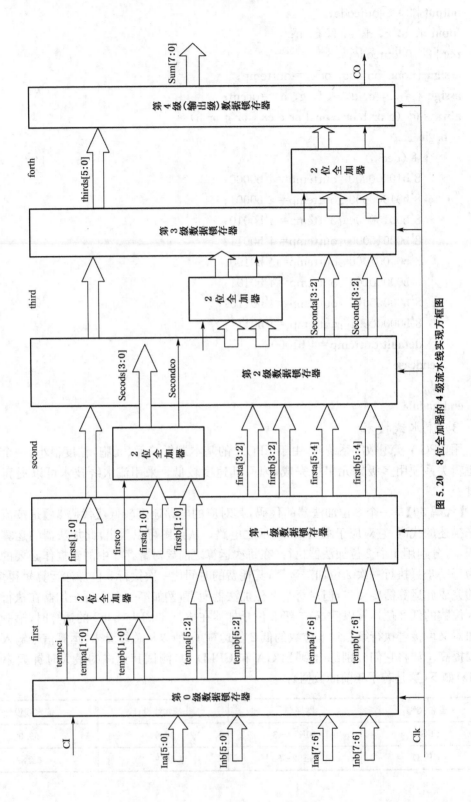

图 5.20　8 位全加器的 4 级流水线实现方框图

可见流水线技术大大提高了工作速度，对 FPGA 尤为显著。

【代码 30】 /＊非流水线设计＊/

```verilog
module adder8 (CO, SUM, Ina, Inb, CI, Clk);
output [7：0] SUM;
output CO;
input [7：0] Ina, Inb;
input Cl, Clk;
reg[7：0] tempa, tempb;              //定义两个存放 Ina 和 Inb 的寄存器
reg[7：0]SUM;
reg CO;
reg tempc;                          //定义一个存放进位信号 CI 的寄存器
always @ (posedge Clk)              //此块将各输入信号放入对应的寄存器
  begin
    tempa＝Ina;
    tempb＝Inb;
    tempc＝CI;
  end
always @ (posedge Clk)              //此块执行加法操作
  begin
    {CO, SUM}＝tempa＋tempb＋tempc;
  end
endmodule
```

【代码 31】 /＊ 流水线操作＊/

```verilog
module pipline (CO, SUM, Ina, Inb, CI, Clk);
output [7：0] SUM;
output CO;
input [7：0] Ina, Inb;
input Cl, Clk;
reg[7：0] tempa, tempb, Sum;
reg CO;
reg tempci, firstco, secondco, thirdco;   //定义进位输入与前 3 级加法器的进位输出
reg[1：0]firts;
reg[5：0]firta, firtb;
reg[3：0]seconds;
reg[3：0]seconda, secondb;
reg[5：0]thirds;
reg[1：0]thirda, thirdb;
always @ (posedge Clk)              //将各操作数放入对应的寄存器
  begin
```

```
        tempa＝Ina;
        tempb＝Inb;
        tempc＝CI;
    end
always @（posedge Clk）                        //第一级运算,对 Ina,Inb 的最低 2 位进行
    begin
    {firstco, firsts}＝tempa[1∶0]＋tempb[1∶0]＋tempci;//Ina, Inb 最低二位相加
    firfta＝tempa[7∶2];        //未参加运算的 6 位存于寄存器 firsta[5∶0]
    firstb＝tempb[7∶2];
    end
always @（posedge Clk）                        //第二级运算,对 Ina,Inb 的 2、3 位进行
    begin
    {secondco, seconds}＝{firsta[1∶0]＋firstb[1∶0]＋firstco, firsts};
            //first[1∶0]即 temp[3∶2],seconds 是两次相加的和数的组合
    seconda＝firsta[5∶2];
    secondb＝firstb[5∶2];
    end
always @（posedge Clk）                        //第三级运算,对 Ina,Inb 的 4、5 位进行
    begin
    {thirdco, thirds}＝{seconda[1∶0]＋secondb[1∶0]＋secondco, seconds};
     thirda＝seconda[3∶2];
     thirdb＝secondb[3∶2];
    end
always @（posedge Clk）                        //第四级运算,对 Ina,Inb 的高 2 位进行
    begin
     {CO, Sum}＝{thirda[1∶0]＋thirdb[1∶0]＋thirdco, thirds};
    end
endmodule
```

4）状态机设计举例

设计全硬件数字系统的控制器比较好的方法是先用状态机对要设计的控制器进行描述。采用 case 语句来描述状态机是非常方便的。

【举例】 图 5.21 是一个根据"简化的量程自动转换频率计"控制器的算法状态机画出的 MDS 图（助记符状态转换图，

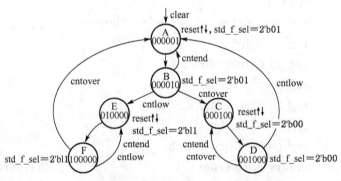

图 5.21　简化量程自动转换频率计控制器的 MDS 图

MDS-Mnemonic Documentation State)

根据此 MDS 图可编写该控制电路的 Verilog HDL 代码如【代码 32】所示。

【代码 32】

```
/ * 说明
```

输出信号 std_f_sel 用于选择标准时基,

选择方法:00—100 kHz; 01—10 kHz;11—1 kHz;

输出信号 reset 用于在量程转换开始时使测量计数器复位;

输入信号 clk 代表控制器的时钟;

输入信号 clear 为状态机的异步复位信号;

输入信号 cntover 代表超量程;

输入信号 cntlow 代表欠量程;

输入信号 cntend 代表正常计数结果;

状态 A——进入 10 kHz 量程;

状态 B——10 kHz 量程;

状态 C——进入 100 kHz 量程;

状态 D——100 kHz 量程;

状态 E——进入 1 kHz 量程;

状态 F——1 kHz 量程。

状态 A、B、C、D、E、F 采用"一对一编码"(参见《数字电路与系统设计基础(第 2 版)》160 页以及 P.360 8.2.1.3 节),这种编码方式对 FPGA 很合适 * /

```verilog
module cntrol (std_f_sel,clk,clear,cntover,cntlow,cntend);
output [1:0] std_f_sel;
output reset;
input clk, clear, cntover, cntlow, cntend;
reg reset;
reg [5:0] present, next;          //用于保存当前状态和下一状态的中间变量
parameter start_f10k=6'h01;       //定义 A 状态的编码
         f10k_cnt=6'h02;          //定义 B 状态的编码
         start_f100k=6'h04;       //定义 C 状态的编码
         f100k_cnt=6'h08;         //定义 D 状态的编码
         start_f1k=6'h10;         //定义 E 状态的编码
         f1k_cnt=6'h20;           //定义 F 状态的编码
wire [2:0] startshift;            //定义 3 种测量状态的编码
assign stateshift={ cntover, cntend, cntlow};
always @ (posedge clk or posedge clear);   //该块完成状态转移和清零
  begin
    if ( clear )
      next =6'h01;//状态机异步复位至初始状态 A
    else
```

```verilog
begin
  case (present)                    //以下描述状态图
    6'h01: next=6'h02;
    6'h02: begin
             if (stateshift==3'b001) next =6'h10;
             else if (stateshift==3'b100) next =6'h04;
             else if (stateshift==3'b010) next =6'h01;
          end
    6'h04: next=6'h08;
    6'h08: begin
             if (stateshift==3'b001) next=6'h01;
             else if (stateshift==3'b100) next=6'h04;
             else if (stateshift==3'b010) next=6'h04;
          end
    6'h10: next=6'h20;
    6'h20: begin
             if (stateshift==3'b001) next=6'h10;
             else if (stateshift==3'b100) next=6'h01;
             else if (stateshift==3'b010) next=6'h10;
          end
    default: next=6'h01;
  endcase
  present=next;
  end                               //end of begin
end                                 //end of always
always @ (present)                  //求每个状态下的输出
  begin
    case (present)
    6'h01: begin reset=1;
             std_f_sel=2'b01;
          end
    6'h02: begin reset=0;
             std_f_sel=2'b01;
          end
    6'h04: begin reset=1;
             std_f_sel=2'b00;
          end
    6'h08: begin reset=0;
             std_f_sel=2'b00;
```

```
                end
        6'h10: begin reset=1;
                    std_f_sel=2'b11;
                end
        6'h20: begin reset=0;
                    std_f_sel=2'b11;
                end
        default: begin reset=1;
                    std_f_sel=2'b01;
                end
        endcase
    end                                //end always
endmodule
```

以上是对 Verilog HDL 的一般介绍,由于不同的综合器在综合 Verilog HDL 代码时,还有一些特殊的规定,实际使用时完全按照本书的内容,有时可能会遇到不相容的情况,所以必须结合某个具体的综合器学习、运用,方能彻底掌握。

5.4　全硬件数字系统的设计

承接一个电子系统的设计课题后,首先应对该课题作充分的调研:一方面尽可能详细地了解课题的任务、要求、原理、相关知识和使用环境,同时还要调查相同、相近课题所采用的方案并对这些方案从技术指标、技术难度、性价比与可行性等方面进行比较,对产品设计还要进行市场分析,在上述调查研究的基础上,通过分析比较,拟定切实可行的方案。

这里介绍一种基于算法状态机的模块化设计方法,它属于自顶向下与自底向上相结合的设计方法,也就是说,从总的设计过程看,遵循自顶向下的原则,由外到内、由粗到细,按"系统—子系统—模块—电路"的步骤一步一步地设计,但在具体执行时,应尽量应用前人的研究成果,例如各开发平台的系统库中的元、器件,以节约设计时间和提高设计质量。

下面以一个"哥德巴赫猜想"游戏机的设计为例,来展示按照上述方法进行全硬件数字系统的设计过程。设计任务的具体内容如下:

"哥德巴赫猜想"认为:任何一个偶数都可以分解为 2 个素数之和,任何一个奇数都可以分解为 3 个素数之和。根据这个猜想,要求设计一个游戏机,其功能如下:游戏开始后,游戏机随机地给出 10~999 范围内的一个数,要求游戏者将该随机数分解为 2 或 3 个素数之和。此时内部计时电路开始计时,游戏者应在规定时间内送入 2 或 3 个素数的答案,经游戏机裁定后显示出正确抑或错误的信息,如答案错误或答题超时,则该局失败,如答案正确,该局通过。接着,游戏机又给出下一个随机数,游戏者连续数次(例如 3 次)答题成功后,游戏将被升级,即将每局允许的游戏时间缩短。当游戏者完成最高级别(例如 3 级)的所有游戏局后,游戏机显示胜利的信息,游戏终止。利用该游戏机,可以检验和训练游戏者的反应和速算能力。

5.4.1 总体方案设计

1) 系统级方案的拟定

(1) 系统级组成方框图与动作流程图

按照自顶向下的原则,拟定系统级方案时应从系统的外部信息入手。通过对游戏机设计任务的分析,找出系统外部的输入、输出信号及其所需的外部功能部件,构思出该游戏机的系统级组成方框图,如图5.22所示。

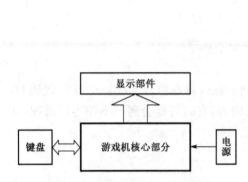

图5.22 游戏机系统级组成方框图

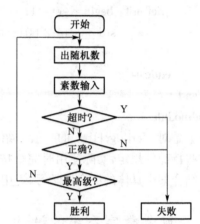

图5.23 "哥德巴赫猜想"游戏机的系统级动作流程

游戏机内部的功能及动作是由其核心部分实现的,显然,键盘向核心部分提供的信号和核心部分送给显示部件的信号都是数字信号,所以这是一个标准的数字系统,在系统级方案设计阶段,该数字系统的行为可以用图5.23所示的动作流程图粗略描述。

(2) 输入、输出方式与面板设计

首先确定该数字系统与外界联系的输入、输出方式,它与实现方案的选择是密切相关的。

从图5.23可知,需要由游戏人完成的操作有:

① 开始游戏　可在小键盘上安排一个按键KS(开始)实现。

② 输入数据　通过小键盘键入。除了数字0~9外,通常还需有清除键CC和确认键QR,连开始键KS共13个按键,如采用4×4小键盘,尚余3个键备用。

需要在显示器件上显示的信号有:

① 游戏机给出的随机数(10~999);② 游戏人键入的答案(2个或3个素数);③ 每局游戏的剩余时间(分3级,设分别为25~0 s,20~0 s和15~0 s)④ 游戏的级次信息(设分3级,每级各3局)⑤ 游戏结果:胜利SL或失败SB。

显示以上数据的器件最理想的是液晶显示屏,在一块显示屏上可以同时或轮流显示出上述的所有信息,甚至可将其胜利和失败的标识做得富有艺术性和趣味性。但液晶显示屏的价格较高,外围电路复杂。如果用纯硬件构成此系统,其控制电路也相当复杂,所以必须采用软件方法,即用单片机、数字信号处理芯片或使用FPGA+嵌入式系统实现。

第二种方法是用数码管显示数字,用LED显示状态信息。这种方法的外围电路与控制

电路都相对简单,用软件方法与硬件方法皆可实现。对系统规模较小,控制不十分复杂的情况,通常用硬件方法即可胜任,且因不需要配置运行软件的专用器件,成本可能会较低。

由此可见,采用软件实现方法还是采用硬件实现方式,与拟使用的终端设备(如显示器件)密切相关,反之亦然。当然取舍的原则首先取决于设计对象的规模和复杂程度,对运行速度以及成本的要求,对工业产品设计而言,甚至还要考虑到未来的开发规划,例如希望以后将只有一个游戏项目的游戏机扩展成为多个游戏项目共用,则必须使用软件方法,因为这样做只需要在软件上加以发展,游戏机的基本结构可以不加改变或较少改变,而若采用硬件实现,每个不同项目的电路,特别是控制器几乎都是相互独立的,需要分别设计和制作。

总之,在研究设计方案时一定要根据设计要求和设计环境对所使用的器件和采用的实现方法作通盘考虑。

由于本章只讨论用纯硬件实现的数字系统的设计方法,只能采用数码管+LED作为显示器件。而哥德巴赫猜想游戏机的规模较小,控制较简单,如不考虑以后会增加其他游戏项目,采用全硬件设计是合适的,而采用数字信号处理芯片或嵌入式系统实现反倒有些杀鸡用牛刀之嫌。

数码管又有液晶数码管和LED数码管之分。液晶数码管通常数只制作在一块数码组件板上,体积小,功耗低,且其译码器也集成在同一组件中,可直接用BCD码驱动,但价格稍高,控制稍复杂,不过二者差别不很大,可以任意选用。

为了节省成本,项目要求显示的数据(随机数和2~3个素数)是逐个分时显示的,因此需3~4只数码管。

本设计采用$3\frac{1}{2}$位液晶板(其最高位只能显示0和1)作为数码显示器件,图5.24所示面板图就是采用这种方案(A组)。

正是由于上述数据不是同时显示,需要对它们进行标识,若是采用$4\frac{1}{2}$位液晶板(由于成本较高,不建议使用)或是采用4只LED数码管显示,可以用最左面1只数码管来标识,本设计采用的是$3\frac{1}{2}$位液晶板,无法完成此功能,所以拟在液晶板下方安排4个红色LED(图4.24中的B组)。显然此项功能不是必须的。

游戏剩余时间的显示可以用2位数码管显示,拟采用减法计数方式。此处为节省成本,用5只绿色LED表示,全亮为25 s,每过5 s熄灭左面一只,直至全灭(0 s)(图4.24中的C组)。

游戏的级别与局次也可分别用2只数码管显示,同样,为了节省成本,改用9个黄色LED表示(图4.24中的D组)这里分成3行排列,行代表级别,列代表局次。

胜利或失败的信息可以用声或光(或同时)表达。例如用不同频率的脉冲信号源代替直流电源驱动LED使之"闪光"来描述。本设计在设计过程中还即兴追加了一个扬声器的发声孔(E组),游戏局胜利或失败由装于此处的扬声器发出相应的声响信息,以活跃气氛。

设计到这一步,最好勾画出一张游戏机的初步面板布置图,如图5.24所示。

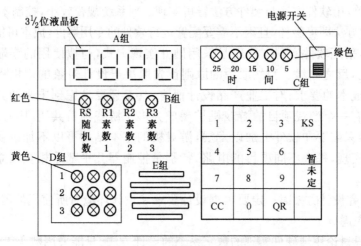

图 5.24　游戏机的初步面板布置图

最后要提醒读者注意的是,在拟定系统总体方案时,还要考虑系统性能的检测问题,这也是非常重要的。因为一个电子系统是否符合设计要求,不能"定性"地回答,需要凭借科学的数据和文件来证明。而用什么仪器和手段去检测,应在设计开始时予以拟定,并做好充分的准备。由于本游戏机仅有定性的功能要求,测量的问题比较简单,所以略去了对该问题的讨论。

2) 系统划分

系统划分的任务是按功能类别将整个系统划分为不同性质的子系统,着重理清它们之间的要求和制约关系。我们在设计系统时往往只注意核心部分,忽视对那些辅助部分的考虑,其实在设计之初就合理提出对辅助部分的要求,讨论其实现的可能性、性价比等也是很有必要的,以免在花大力气完成核心部分设计后,却因辅助部分无法实现而推倒重来。

整个系统可划分为游戏子系统、键盘子系统、显示子系统、电源子系统和时钟子系统等 5 个子系统,如图 5.25 所示。

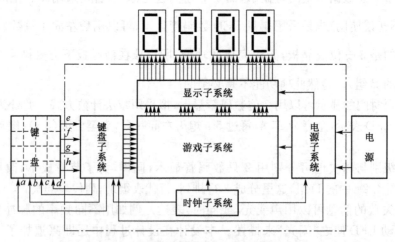

图 5.25　"哥德巴赫猜想"游戏机子系统级总体框图

在这 5 个子系统中,电源子系统和时钟子系统属模拟系统,另 3 个子系统属数字系统。电源采用干电池或用集成稳压块产生输出 2.5 V、稳定度 10^4、纹波小于 10 mV 的直流电压。

对时钟子系统的要求是,频率 10 kHz,频率稳定度 10^{-5},可采用晶体稳频电路。此处对这两个模拟子系统不做讨论,只对 3 个数字子系统进行设计。

(1) 键盘子系统

键盘子系统的任务是按时钟节拍对键盘扫描并将键盘的输出翻译成 BCD 码和控制信号。因此其输入有来自于键盘的检测结果 e、f、g、h、电源线、地线和时钟信号(后 3 个输入对每个子系统皆需要,在以下的讨论中不再作为输入信号列出)。输出信号应有加到键盘的扫描信号 a、b、c、d,送到游戏子系统与显示子系统的 3 位 BCD 码组成的数据信号和送到控制器的擦除信号 CC、确认信号 QR 和开始信号 KS。键盘子系统应具备如下主要功能:① 产生小键盘扫描信号;② 将键盘的输出结合扫描信号翻译成 BCD 码和其他控制信号;③ 将连续键入的一组数码转换为 3 位数字输出;④ 可根据需要将键入的数字擦除。⑤ 因键盘信号是机械动作产生的,不够稳定可靠,必须对输入数据进行调理。

(2) 显示子系统

显示子系统的任务是能实时显示系统给出的随机数(RS)和键盘子系统提供的输入数(R1、R2、R3),显示某个数字时还要用发光二极管指示所显示的数据的标识。此外,在查看信号(CK)的作用下还可以对存储在机器中的数据扫描显示(需增加一个按键'查看 CK')。因此该子系统中应有 1 个存放正在显示的数据的显示寄存器 XSR,1 个存放随机数的寄存器 SJR 和 3 个输入数据寄存器 SR1、SR2、SR3,还有一个能产生扫描信号的电路,它能将 4 个数据寄存器的内容轮流送到显示寄存器去显示(见图 5.31)。

这样,显示子系统的输入信号,除从游戏子系统来的随机数和从键盘子系统来的输入数外,还有查看信号 CK(因为该功能与其他子系统无关,可直接由键盘输出送入),以及总控制器送入的其他控制信号。

(3) 游戏子系统

游戏子系统是游戏机的核心子系统,其主要任务是裁定每局游戏的胜负。该子系统的输入信号为:从键盘子系统来的 3 位 BCD 码数据信号、擦除信号、确认信号、开始信号和控制器发出的控制信号,而输出信号则有:用来控制各个 LED 指示灯的亮/灭信号以及游戏通过、胜利和失败的音频驱动信号。

各子系统间的互联信号皆为逻辑电平,无其他特殊要求。

总体设计到此结束,下面转入对各子系统的设计,在子系统设计过程中如发现总体方案有不合理之处,应及时加以调整。

5.4.2　子系统设计

子系统设计通常也采用自顶向下的模块化设计方法。这种方法的核心在于将一个子系统划分为控制器和受控部件两大部分。控制器的控制机理与计算机中的控制器相似,它的任务是发出一系列命令去控制数据在寄存器之间的处理和传送,而在何时,根据何条件,发出何命令,则用算法状态机的方法实现。整个设计过程通常可分三步:① 拟定初步方案;② 确定详细方案;③ 设计具体电路。下面分别对上述 3 个子系统进行设计。当然,如在现代 PLD 芯片和开发系统器件库中有可以利用的模块甚至小系统,应尽量采用。

从 Verilog 设计的抽象级别看,这种设计方法主要涉及 RTL 级。而系统设计的抽象级别还有算法级和系统级两种,它们都不涉及具体器件。读者在学习系统设计初期,应尽量采用具体器件设计,故本书不介绍后两个抽象级别的设计方法。

1) 键盘子系统设计

(1) 初步方案

根据总体设计的分配,本子系统对外的接口和任务是:

输入信号:键盘的检测输出 e、f、g、h;

输出信号:3 位 BCD 码数据信号,开始信号 KS,擦除信号 CC,确认信号 QR,此外,在对输入素数进行处理时,需要有一个说明输出信号是数字的标志信号 SRB;在前面显示子系统设计中曾增加了 CK 键,用去了一个备用键,还留有 2 个备用键。现从控制方便考虑可再增加 2 个按键:① 开局键 KJ,② 答案确认键(即每局的全部答案键入后确认)QR2,而原单个数据(一个素数)键入后的确认键 QR 改名为 QR1,安排如图 5.26 所示。

(2) 任务与设计方案:

① 产生扫描信号。应有一个扫描信号发生器,产生高电平扫描信号。

② 应有一个译码器,能将扫描信号与键盘的输出结合扫描信号组成的 8 位码 $a\,b\,c\,d\,e\,f\,g\,h$(共 16 种可能)翻译成 BCD 码(B3 B2 B1 B0)和控制信号(B10 B9 B8 B7 B6 B5 B4),其中 B10 为 1 代表该输出为数字(SRB),其功能如表 5.12 所示。

1	2	3	KS
4	5	6	CK
7	8	9	KJ
CC	0	QR1	QR2

图 5.26　4×4 键盘安排

表 5.12　　　译码器功能表

$a\,b\,c\,d\,e\,f\,g\,h$	N	B10(SRB)	B9	B8	B7	B6	B5	B4	B3 B2 B1 B0(BCD 码)
×××× 0000	未按键	0	0	0	0	0	0	0	0 0 0 0
1 0 0 0 1 0 0 0	1	1	0	0	0	0	0	0	0 0 0 1
0 1 0 0 1 0 0 0	2	1	0	0	0	0	0	0	0 0 1 0
0 0 1 0 1 0 0 0	3	1	0	0	0	0	0	0	0 0 1 1
0 0 0 1 1 0 0 0	KS	0	1	0	0	0	0	0	0 0 0 0
1 0 0 0 0 1 0 0	4	1	0	0	0	0	0	0	0 1 0 0
0 1 0 0 0 1 0 0	5	1	0	0	0	0	0	0	0 1 0 1
0 0 1 0 0 1 0 0	6	1	0	0	0	0	0	0	0 1 1 0
0 0 0 1 0 1 0 0	CK	0	0	1	0	0	0	0	0 0 0 0
1 0 0 0 0 0 1 0	7	1	0	0	0	0	0	0	0 1 1 1
0 1 0 0 0 0 1 0	8	1	0	0	0	0	0	0	1 0 0 0
0 0 1 0 0 0 1 0	9	1	0	0	0	0	0	0	1 0 0 1
0 0 0 1 0 0 1 0	KJ	0	0	0	1	0	0	0	0 0 0 0
1 0 0 0 0 0 0 1	CC	0	0	0	0	1	0	0	0 0 0 0
0 1 0 0 0 0 0 1	0	1	0	0	0	0	0	0	0 0 0 0
0 0 1 0 0 0 0 1	QR1	0	0	0	0	0	1	0	0 0 0 0
0 0 0 1 0 0 0 1	QR2	0	0	0	0	0	0	1	0 0 0 0

③ 将连续键入的一组 3 个 BCD 数码转换为 12bits 并行数字输出;应安排一个串/并转换电路,通常用移位寄存器实现;

④ 能将键入的数字擦除。数码键入时高位在先,在显示器上是向左移,擦除则是向右移,因而串/并转换电路中的移位寄存器应为双向移位寄存器;

⑤ 对输入数据调理。通常用按键产生的信号存在抖动,且与时钟不同步,应作必要调理,保证输出稳定、可靠。

根据以上方案画出键盘子系统的简单框图如图 5.27 所示。

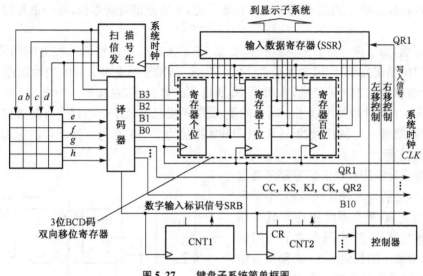

图 5.27　　键盘子系统简单框图

(2) 详细方案

在这一步,除了要对简单框图中的各方框选用合适模块实现外,更重要的是将此子系统划分为控制器和受控部件两大部分。

对于功能①所需之扫描信号发生器,可采用模 4 计数器加输出高电平有效的译码器实现,也可用具有自启动能力的 4 位环形计数器实现。此处采用第二种方法(电路略)。

对于功能②,可用组合逻辑电路或用 256×10 的 ROM 实现。

对于功能③和④,前面已经设计为一个 3 位 BCD 码的双向移位寄存器。具体实现时可采用 4 个 4 bits(完成所要求的功能只需要 3 bits 就行)的双向移位寄存器,分别存放键入的素数(SS)BCD 码的码元 B3、B2、B1 和 B0。当确认信号 QR1 出现时,所储存的数据存入另一个 12 bits 的寄存器 SSR。可以实现功能③和④的串、并转换电路的示意图如图 5.28 所示。

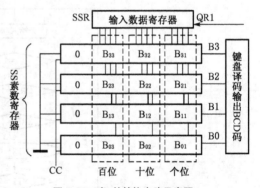

图 5.28　串、并转换电路示意图

功能⑤所要求的消抖动和同步化问题非常重要,设计时必须作重点考虑。小键盘按键抖动的时间通常小于 1 ms,如果设计的扫描信号周期大于 1 ms,例如当系统时钟采用250 Hz(周期为 4 ms),抖动将被限制在一个扫描周期以内。但扫描周期也不能过大,以免在一个扫描周期内有两次或两次以上按键动作发生,通常相邻按键动作的间隔时间在 0.1 s 以上,所以本设计系统时钟采用 250 Hz 信号是合适的。

为使存入寄存器的数字数据稳定可靠,应将信号存入寄存器的时间延迟 10 ms 以上,这可以利用按动数字键后的第 2 个数字输入标识信号 SRB 的前沿作为寄存器的存入时间的方法实现。为此,特安排了一个带自锁的 2 bits 计数器 CNT1,对 SRB 信号计数,当计至 2(10)时(已经 2 次检测到同一个按键信息),由子系统的控制器产生对数据移位寄存器的写入信号(即 SS 左移信号)。此后 CNT1 进入锁定状态,不管按键时间多长,不会重复写入移位寄存器。

另一方面,为了区分相邻的两次按键动作,子系统还应能识别两次按键的间隔,即能识别无信号时的情况(此时间通常大于 0.1 s),这可以借助于另一个 4 bits 的计数器 CNT2 来实现,该计数器对系统时钟计数,在每个 SRB 出现时被清零,在按键未释放时,计数器的数据只有 0~3,如果计数器出现了 4 以上的值,说明按键已释放了。与判定有按键信号出现一样,为稳定可靠起见,可将计数器计至 8(即其数据位为 1 000)作为按键释放的标志。其他输入也可类此处理。

由于本设计中所有输出信号都是通过扫描得到的,它们与时钟是同步的,不须另加同步化措施,如果在系统中还有其他用手按动按键输入的信号,因为它们与时钟不同步,且持续时间长短不一,必须采取措施让每次按键操作只产生一个与时钟同步并且宽度为一个周期的电平信号,这个过程称为同步化。图 5.29 是常用的消抖同步化电路(它同时具有消抖的作用)。

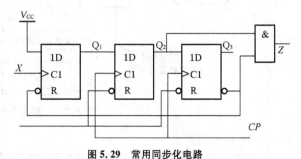

图 5.29　常用同步化电路

以上讨论的都是键盘子系统的受控部件,它们都是在子系统控制器的指挥下工作的,该控制器的控制流程如图 5.30 所示。图中 SS 为输入的素数寄存器(3 位 BCD 码共 12 bits)。

(注:清除信号 CC 与确认信号 QR1 一定在按键释放以后(即无输入状态)才会出现。)

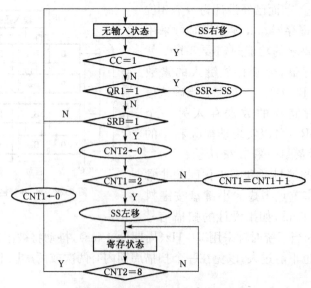

图 5.30　键盘子系统控制器控制流程图

（3）具体方案

在上面的方案中。所使用的器件都是一些抽象的模块，进一步的设计就是选择合适的器件代替上述抽象的模块，并用 Verilog 语言对某些没有现成器件可用的模块设计。例如使用 MAXPLUS II 平台设计时，扫描信号发生器选用移位寄存器 7495，将其接成环形计数器形式，计数器 CNT2 采用 4 位同步计数器 74161 等。

译码器和控制器必须用 Veriog 设计，译码器用 case 语句实现（代码略），最好用 ROM 方法设计，控制器用时序机方法设计（代码略），不过从图 5.30 可以看出，此控制器只有 2 个状态，而第二个状态就是当按下一个数字键，并检测到 2 次 SRB 后，控制器被锁定，它不再接受因按键未释放造成的后续到达的 SRB，直至 CNT2＝8（按键释放），控制器回到原来的状态，所以，不通过 Verilog 设计也是很方便的。

2）显示子系统设计

前面已经确定数字显示采用 $3\frac{1}{2}$ 位液晶板，要求提供给显示器件的是 3 位 BCD 码，这些数码存放在寄存器 XSR 中，在主控制器的控制下将随机数寄存器 SJR 和 3 个素数寄存器 SR1、SR2、SR3 中的数据依次送入 XSR，并同时将相应的红色指示灯 RS、R1、R2 和 R3 点亮。

此外还要为液晶板提供 250 Hz 的交流电源，可由机内获得（见图 5.37）。

另外在局与局之间还安排了一个查看功能，以便游戏者查看以上数据，查看功能在游戏者按动 CK 键后执行，此时有一个模 4 计数器 CNT4（可采用 4 位环形计数器）控制显示器依次显示此 4 个数（如只有 3 个数，第 4 个数显示 000.），在显示某个数据时，相应的红色指示灯辉亮。每个数据停留 2 s。计数器的时钟用秒信号分频得到。由于这部分电路可以独立工作，与系统主流程无关，故安排在本模块中，其他地方不再涉及。但不按 CK 键时是另一种直接显示模式，两种显示模式之间应在原来的 12 个 4 选 1 数据选择器上各增加一级 2 选 1 数据选择器来切换。

显示子系统的简要框图如图 5.31 所示。

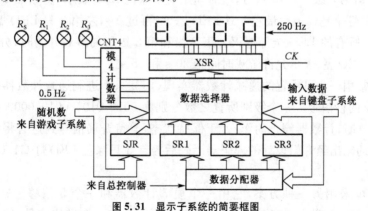

图 5.31 显示子系统的简要框图

由于显示子系统没有控制器部分，所以这部分电路相对简单，故以下设计从略。

3) 游戏子系统设计

（1）初步方案

游戏子系统可分为以下 4 个模块，如图 5.32 所示。

图中复线箭头表示数据信号，单线箭头表示控制信号或各部分电路反馈给控制器的状态信号。

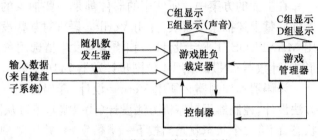

图 5.32　游戏子系统的基本结构

- 随机数发生器——自动产生随机数；
- 游戏胜负裁定器——这是该系统的核心部分；
- 游戏管理器——计算游戏剩余时间和晋级情况；
- 控制器——控制系统的运行。

下面先设计其中的模块，子系统的控制流程在设计有关的模块时再讨论。

① 随机数发生器模块设计

该模块应能自动产生 10～999 范围内的任意的随机数。

产生随机数的方法很多，这里介绍一种简单而有效的方法：用一个 3 位 BCD 码计数器，将其计数范围设计为 10～999，并用大于系统时钟频率的时钟（2 kHz）驱动。当按下 KJ 键时，控制器发出游戏开局命令，在系统时钟的上升沿将计数器当时的状态值送往显示子系统中的随机数寄存器 SJR 和游戏子系统的累加器 ACC。此数就是所要求的随机数。

② 游戏管理器模块设计

游戏管理器包含定时和级别管理两部分。

游戏定时器用来计算和显示游戏的剩余时间。允许游戏时间设计为：第 1 级——25 s，第 2 级——20 s，第 3 级——15 s。这些时间用 5 个绿色 LED 表示，例如第 1 级每局游戏开始时，5 只 LED 灯全亮，5 s 后最左 1 只 LED 熄灭，再过 5 s，左第 2 只 LED 熄灭……，当剩余时间为 0 时，所有的 LED 全部熄灭。第 2 级和第 3 级每局游戏开始时，分别只有右边 4 只和右边 3 只 LED 亮，表示允许游戏时间为 20 s 和 15 s。

定时器通常用一个可预置的递减计数器实现（用 2 只十进制递减计数器级联），其时钟是频率为 1 Hz 的秒信号。三个级别所置之数分别为 0010,0101、0010,0000 和 0001,0101，当计数器计至 0 时，计数器停止动作，处于保持状态，等待开局信号到达时将计数器置数后运行。计数器的输出经专门设计的译码器译码后控制 5 只绿色 LED 灯 G1、G2、G3、G4、G5 的亮灭。

该电路也可采用另一种方案，它由一个模 5 计数器和一个 5 位移位寄存器组成，如图 5.33 所示。模 5 计数器受秒信号驱动，每 5 个周期产生一个进位信号，使移位寄存器向右移动一位，移位寄存器在游戏开始所置的数对 1、2、3 三个级别分别为 11111、01111 和 00111，其右移输入为 0，当移位寄存器为 00000 时，定时器保持，等待开局信号预置和启动（CNT4 清零）。采用此电路无需译码，可直接驱动绿色 LED 灯 G1、G2、G3、G4、G5。本设计采用此方案。

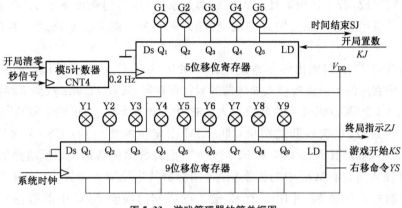

图 5.33 游戏管理器的简单框图

移位寄存器中第 5 个用来控制绿色指示灯 G5 的触发器输出意味着剩余时间的有无(若此值为 0 表示剩余时间 $T=0$),特定名为 SJ(时尽),送入控制器中供裁定胜负用。

级别管理电路按通常设计方法可设计成两级模 3 计数器,再经译码去控制 9 只黄色 LED 指示灯,但也可采用类似定时器的电路,即用一个 9 位移位寄存器来实现。寄存器的 9 个触发器的输出分别控制黄色 LED 灯 Y1、Y2、Y3、Y4、Y5、Y6、Y7、Y8 和 Y9,整个游戏开始时,将寄存器置为全 1,右移输入信号为 0。从第 2 局起,每次开局时发出一个命令,让寄存器右移 1 位,从 9 只黄色 LED 指示灯中辉亮的情况可知离最后胜利还有多远。当 Y9 变为 0 时,整个游戏胜利结束。本设计即采用此方案。

采用移位寄存器电路还有一个好处,就是将级别管理电路的左数第 3 和第 6 个触发器的输出作为定时器中移位寄存器左边 2 位的置数输入端,正好满足对定时器的置数要求。而移位寄存器中第 9 个触发器的状态 Y9 也是整个游戏是否结束的标志,但在游戏胜负裁定器中判定游戏是否结束是在第 9 局(终局)时进行的,此时 Y9 尚未变 0,因此应用 Y8 为 0 作标志。故将触发器 Y8 的输出信号(须反相)定名为终局指示 ZJ。终局游戏成功就是最后胜利。

③ 游戏胜负裁定器设计

游戏胜负裁定器是本系统的核心。至此,其对外的接口关系已经清楚:输入信号有来自随机数发生器的用 3 位 BCD 码描述的随机数 SJS,来自键盘子系统的 3 位 BCD 码素数 SS 以及确认信号 QR1 和 QR2,来自游戏机管理器的时尽信号 SJ 和终局信号 ZJ,输出信号则是控制喇叭声响的信号 SL 和 SB。

确定该子系统基本结构的关键是先确定子系统的算法。

本游戏的基本算法包含两个关键:a. 游戏者送入的数必须是真正的素数;b. 送入的 2 个或 3 个素数之和必须与游戏机给出的随机数相等。解决第一个关键的方法可采用内置 ROM(999×1),用送入的数字作为 ROM 的地址,而用 ROM 的输出(只有 1 位)或存储单元的某一个指定位(例如输出数据的最高位)存放该数字是否素数的信息;若该数字是素数,则存放"1",反之存放"0"。这样,从 ROM 的该位输出可以判断输入的数是否素数。解决第二个关键的方法可采用加法器将每次送入的数相加,并将相加的结果送到比较器与游戏机给出的随机数比较,若二者相等且送入的数都是素数(用与门输出来鉴别)则该局游戏通过。当然也可以用随机数减去输入的数,看结果是否为 0 的方法来判别。本书采用后一方案。

根据上面的算法,勾画出该子系统的结构如图 5.34 所示。从随机数寄存器 SJR 来的 3 个 BCD 码表示的十进制数存入加法器的累加寄存器 ACC(12 bits 数据寄存器)中,从键盘子系统来的 3 个 BCD 码表示的素数存入 SSB 中。该素数一方面送到 ROM 的地址输入端去判别是否素数,每次判断的结果(即 ROM 指定位的输出)在 CNT3 的控制下通过 DMUX 依次送入触发器 FF1、FF2 和 FF3;另一方面将 SSB 的数据经取反电路送到 BCD 码加法器的 Q 输入端,与 ACC 中的数据相减(加法器的进位输入端置 1),其差值又回送至 BCD 码加法器的 P 输入端,并用一个 12 输入的或非门检验 ACC 中的数据是否为 0,若 ACC 中数据为 0,或非门输出"相等(XD)"为 1。若 XD=1 且 3 个触发器 FF1、FF2、FF3 的输出皆为 1,表示游戏成功,输出端 SL(胜利)为 1,否则输出端 SB(失败)为 1。此信号可采用某种方式显示并接通声响音频信号。

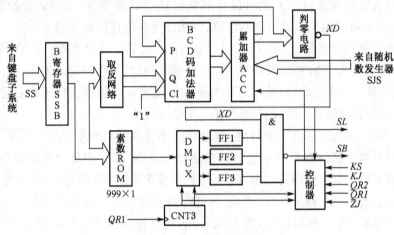

图 5.34 胜负判定器电路结构

判定流程的执行由控制器控制,其流程如图 5.35 所示。

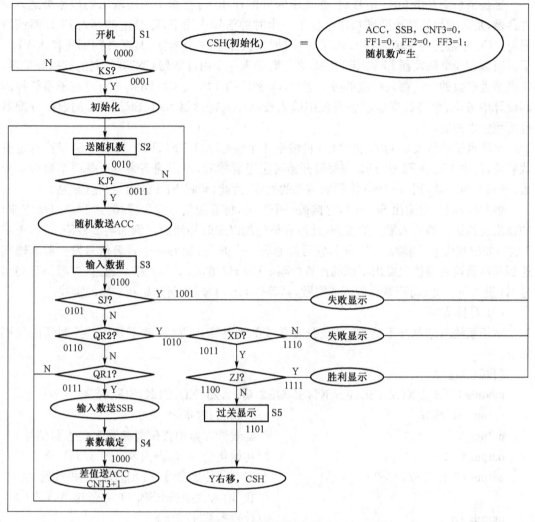

图 5.35 游戏子系统流程图

注:因为"确认 2"与"确认 1"不是同时发生的,不可能在"确认 1"为 1 的条件下接着去考察"确认 2",相反,"确认 1"是在"确认 2"没有到来之前发生的,所以这里两个判别框的安排是"确认 2"在前,"确认 1"在后。

(2) 详细方案

此处只讨论游戏胜负裁定器的详细方案与具体电路设计,对随机数发生器和游戏管理器模块从略。

详细设计主要考虑各信号之间的时序关系。

流程图中初始化后的第一框是送随机数,目的是将来自随机数发生器的数据送入累加寄存器 ACC,它是以后作减法运算时的被减数。由于 ACC 在运算时还要接受全加器输出的数据(差值),因此在 ACC 的并行输入端必须安排一组(12 个)2 选 1 数据选择器来选择随机数和差值(图上未画出)。完成这一操作的命令(由子系统控制器发出)ACC←[SJR]不仅加到 ACC 的并行输入控制端,也要加到 2 选 1MUX 的控制端。

　　键盘子系统发出 QR1 信号后,在系统时钟的作用下,键盘子系统输出的数据被送入 B 寄存器,是否素数的结论随即得出。在下一个时钟信号作用下,此结论被存入 FF1,而该数据与 ACC 中数据的差值被存入 ACC,此时便可接受下一个数据(其素数判别应存入 FF2)了。所以在 3 个触发器 FF1、FF2、FF3 之前要插入一个由计数器 CNT3 控制的数据分配器,每当是否素数的结论存入对应的触发器后,即令 CNT3 加 1。CNT3 的运行可在子系统控制器设计中考虑,而且数据显示子系统中输入数据存入寄存器 SR1、SR2、SR3 的数据分配器也可用它来控制。

　　当键盘子系统发出 QR2 信号后,将根据 4 个信号 XD、FF1、FF2 和 FF3 的"与"判定游戏胜负,其中 FF1,FF2 和 FF3 在每局开始时应当清零的,但正确答案可以是两个数或 3 个数,若只有两个数,则 FF3＝0 将影响结果的判定,为此,须将 FF3 的初始状态置为 1。

　　如游戏胜利,则输出 SL 为 1,它接通一个开关,将音频信号发生器(例如 1 000 Hz 方波)的输出送到扬声器输入端使之发声,此声音最好加以定时和调制,(例如响 2 秒停 1 秒,连响 3 次);如游戏失败,则输出 SB 为 1,它可接通另一个开关,让另一个音频信号发生器的输出送到扬声器输入端使之发出不同的声音(例如 500 Hz 方波)。如果游戏通过,应等待开局信号 KJ 进入下一局;而若游戏胜利或失败,则等待 KS 信号,重新开始新一轮的游戏。

　　(3) 具体方案

　　本子系统所用器件不特殊,可在开发系统的器件库中寻找,兹不赘述。控制器的代码如下。

【代码 34】

```
module CTR_YX(SL,SB,KS,KJ,SJ,QR2,QR1,ZJ,XD,CLK,SJR,SSR)
output SL,SB;                    //胜利、失败指示
output YS;                       //游戏管理器中移位寄存器 Y 的右移信号
output CSH;                      //初始化命令,包含内容见图 5.35
output CS1, CS2, CS3             //寄存器传递命令,分别表示"随机数送 ACC"
                                   和"输入数据送 SSB"和"差值送 ACC"
output JS                        //计数器 CNT3＋1
input KS,KJ,SJ,QR2,QR1,ZJ,XD;    //开始,开局,时尽,确认 2,确认 1,终局,相等
input CLK;
reg [1：0] CNT3;                  //输入次数计数器
reg SL,SB,YS;
reg CSH, CS1,CS2,CS3,JS;
reg [2：0] present,next;
parameter
    S1＝3'b000;
    S2＝3'b001;
    S3＝3'b010;
    S4＝3'b011;
    S5＝3'b100;
always @ (posedge CLK)
```

```
begin
   case (present)
   S1:begin
      if (KS)                    next=S2;
      else                       next=S1;
      end
   S2:begin
      if (KJ)         next=S3;
      else            next=S2;
      end
   S3:begin
      if(SJ)          next=S1;        //时尽,失败,回初始状态
      elseif  (QR2)                   //答案确认
        begin
        if   (！XD)     next=S1;      //答案不正确,失败,回初始状态
         elseif  (ZJ)    next=S1;     //答案正确,已是终局,胜利,回初始状态
           else          next=S5;     //答案正确,尚未终局,过关,等待开新局
        end
       elseif  (QR1)    next=S4;       //确认一个素数输入
      else            next=S3;        //一个素数输入未完成,继续输入
      end
   S4:begin
      next=S3;                       //回 S3,继续等待素数输入
      end
   S5:begin
      next=S2;                       //回 S2 准备开下一局
      end
   default:
      begin
      next=S1;
      end
   endcase
    parameter=next;
end
```

```verilog
always @（posedge CLK）
    begin
      case（present）
      S1：begin
          if（KS）
            CSH＝1                          //初始化
          end
      S2：begin
            if（KJ）CS1＝1；                  //随机数送入,(计时器由 KJ 直接控制)。
          end
      S3：begin
            if（SJ）  SB＝1；                //时间用完,显示失败
            elseif （QR2）
              begin
                if  （！XD）  SB＝1；        //结果错误,显示失败
                elseif （ZJ）  SL＝1；        //终局成功,显示胜利
              end
            elseif  （QR1）  CS2＝1；         //输入数据送运算电路的 B 寄存器
          end
      S4：begin
            CS3＝1  JS＝1；                  //差送累加器
          end
      S5：begin
            CSH＝1；                         // 初始化
            YS＝1；                          // Y 右移
          end
      endcase
    end
endmodule
```

（3）控制器的微程序实现方法

前面介绍的控制器设计方法是用时序机实现图 5.35 所示的流程图,此外还可采用一种微程序方法实现,即将图 5.35 中的每一个状态用一条微指令表示,该微指令须给出该状态所发出的命令并指明下一指令的地址,则这个微程序被执行时,数据就能在微程序控制器发出的命令的控制下完成它在各个寄存器之间数据的处理和传送,实现该电路的功能。所以其微指令字中包含有地址段和输出(命令)段。

图 5.35 中电路的输出有初始化等,这些命令应放在输出段中,其实控制器在每一个状态只产生一个电平信号,将它送到某个器件的相应控制端,就执行什么命令,例如将 S1 的输出送到 ACC 的置数端,这就是 ACC←SJS 命令。当然如果这个输出是有条件的,则还要与条件相与后才是真正的命令。所以这些命令输出与受控器件之间的具体连接是由开发系统

根据代码的安排来设计的。由于图 5.35 中输出的命令太多,微指令的长度将很长,有碍阅读,而且有些初始化命令在图 5.32～图 5.34 上已经用硬连方式实现。所以我们精选出CSH(ACC,SSB,CNT3 清零,FF1,2,3 置 001 等合并而成)、ACC←SJS(CS1)、SSB←SS(CS2)、ACC←ADD(CS3)、CNT3←CNT3+1(JS)、SB、SL 和 YS 共 8 个输出。

和普通程序一样,微程序正常情况下也是按微地址顺序执行的,用一个微指令计数器控制,对微程序非顺序执行的情况,就需要对微指令计数器置数(LD)来改变,微指令输出端的最后一位 C20(DZ)就是为此而设,该位的输出加到微指令计数器的置数控制端(LD),当该位的数据为 1 时,微指令计数器处于置数状态,将微指令的地址段所给出的地址置入微指令计数器,作为下一条微指令的地址。

图 5.35 包含若干分支,它们分别由键盘子系统的输出 KS、KJ、SJ、OR2、OR1 和游戏管理器输出的终局指示 ZJ 以及本子系统的输出 XD 所确定,需要对这些信号的值进行检测,所以在微指令里安排了一个测试段,用以指示在某条微指令中对何种变量进行检测。例如表 5.13 的第一条微指令(地址为 0000),其 C5 的数据为 1,表示该条微指令须对信号 KS 测试,当输入 KS 为 1 时,微程序顺序执行,执行的下一条微指令的地址为 0001,否则将其地址段的数据 0000 送到微指令计数器,执行的下一条微指令的地址仍然是 0000。这样,一条完整的微指令的格式如下:

$$\boxed{\text{地址段} \qquad \text{测试段} \qquad \text{输出(命令)段}} \qquad (5.36)$$

图 5.35 所示流程图中状态 S3 分支很复杂,须同时对数个输入信号测试,控制电路将很复杂。本教材为使控制电路简单,在图 5.35 上增加了 0001,0011,0101,0110,0111,1001,1010,1011,1100,1110,1111,共 11 个中间状态,目的是使得每个状态后面最多只有一个判别框,也就是最多只有 2 个分枝,而且其中一枝必须是顺序执行的。并且每个判别框后面不带有条件输出,这样就得到表 5.13 所示之微程序表,它们被存放在控制器的 ROM 中。它有 16 字,每字 20 位,输入是 4 位地址码,输出为 C1～C20,例如第 10 条微指令的地址为1001,内容是"00000000000000001001",其中 C17 和 C20 为 1,C17 为 1 表明它将发出 SB(失败)的命令,而 C20 为 1,且 C1C2C3C4 为 0000,所以下一条微指令的微地址为 0000;再如第11 条微指令的微地址是 1010,微指令是 11100000010000000000,其中 C10 为 1,表明下一地址须由 C10(XD)决定,XD=1,则微指令顺序执行,地址为 1011,否则改为 1110。

整个控制器的结构如图 5.36 所示,其中地址修改逻辑用来产生微指令计数器的置数命令,它其实就是一个与或门,其逻辑是:

$$C5 \cdot \overline{KS} + C6 \cdot \overline{KJ} + C7 \cdot SJ + C8 \cdot QR2 + C9 \cdot \overline{QR1} + C10 \cdot \overline{XD} + C11 \cdot ZJ + C20(DZ)$$

由此可见,用微程序方法设计的控制器,电路简单规整,设计简洁,便于修改,在用可编程器件实现时,因片内有 ROM 提供(通常其字数和位数可分别在 16～65536 和 1～1024 范围内设定),更为方便。但其缺点显而易见:原来只有 5 个状态的时序机,现在用了 16 个状态才能完成,速度上是大大牺牲的,不过对于本题的设计对象,并不在乎这点影响。

表 5.13　游戏子系统控制器微程序表(框内为微程序 ROM 的存储内容)

微指令地址	地址段				测试段							输出(命令)段								
	C1	C2	C3	C4	C5	C6	C7	C8	C9	C10	C11	C12	C13	C14	C15	C16	C17	C18	C19	C20
0000	0	0	0	0	1	0	0	0	0	0	0	0	0	0	0	0	0	0	0	0
0001	0	0	0	0	0	0	0	0	0	0	0	1	0	0	0	0	0	0	0	0
0010	0	0	1	0	0	1	0	0	0	0	0	0	0	0	0	0	0	0	0	0
0011	0	0	1	0	0	0	0	0	0	0	0	0	0	0	0	0	0	0	0	0
0100	1	0	0	1	0	0	1	0	0	0	0	0	0	0	0	0	0	0	0	0
0101	1	0	0	0	0	0	0	1	0	0	0	0	0	0	0	0	0	0	0	0
0110	0	1	0	0	0	0	0	0	1	0	0	0	0	0	0	0	0	0	0	0
0111	0	0	0	0	0	0	0	0	0	0	0	0	0	0	1	0	0	0	0	0
1000	0	1	0	0	0	0	0	0	0	0	0	0	0	1	1	0	0	0	0	1
1001	0	1	0	0	0	0	0	0	0	0	0	0	0	0	0	0	1	0	0	0
1010	1	1	0	0	0	0	0	0	0	1	0	0	0	0	0	0	0	0	0	0
1011	1	1	1	1	0	0	0	0	0	0	1	0	0	0	0	0	0	0	0	0
1100	0	0	0	0	0	0	0	0	0	0	0	0	0	0	0	0	1	0	0	0
1101	0	0	0	0	0	0	0	0	0	0	0	1	0	0	0	0	0	0	1	1
1110	0	0	0	0	0	0	0	0	0	0	0	0	0	0	0	0	0	0	0	1
1111	0	0	0	0	0	0	0	0	0	0	0	0	0	0	0	0	0	1	0	1

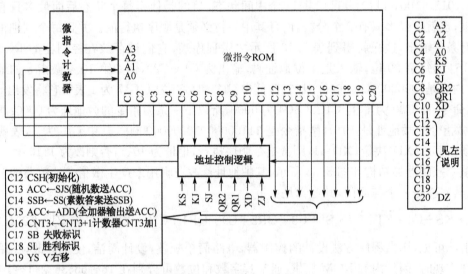

图 5.36　游戏子系统微程序控制器结构图

(6) 系统控制器

系统控制器负责协调各子系统或模块之间的工作。

实际上,将游戏子系统的控制器适当扩充就是总系统的控制器,例如在 S1 状态按动 KS

键发出的命令中,增加令数据显示控制器的数码管置全 0,红色指示灯全灭,输入数据处理器中的扫描信号发生器激活,数据寄存器 SSR、计数器 CNT1、CNT2 清除;在 S3 状态按动 QR1 键将发出命令中增加将输入数据寄存器 SSR 中数据送显示寄存器 XSR 的命令,以及按下 CC 键的全部清除处理等等。此处从略。

本设计中使用了多种频率的时钟,实现时应用一个晶体振荡器经过分频得到,例如用 10 kHz 的晶体作为振荡源,其分频电路如图 5.37 所示。

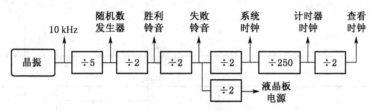

图 5.37 整机时钟系统图

(7) 设计的拓展

对以上设计还可以进一步完善和拓展,例如可将擦除功能设计成不仅能擦除未确认的数据,还能擦除已送入存储器的数,相应的流程图将有较大的变化,例如将等待输入数过程分成 3 个状态处理,其他子系统也将有些小改动;为增加趣味性,失败显示、过关显示、胜利显示均可在声音、数码管、各 LED 指示灯上设计出花样,例如用不同的乐曲声音表示(可利用片中的 ROM 设计或购置音乐片实现),将某组或多组指示灯甚至数码管做成不同的彩灯等,此处不一一讨论了。

此外,有条件的设计者还可以加进可测试设计或边界扫描等措施。

将上述各子系统互联起来,通过仿真对设计中的错误和不尽人意处进行修改,调通后下载到芯片中试用。在试用过程中一定还会发现一些问题,一般说来这些问题属于时序方面的问题,需要作必要的调整,最后得到满意的设计效果。当然也可以全部用 Verilog HDL 代码来设计,不过使用模块化的原理图更为直观,故而推荐采用这种代码与原理图相结合的方法。

从原理上讲,整个系统可以用一个总的 Verilog HDL 代码完成,初学者,特别是对 C 语言较熟悉者,非常喜欢这样做,但多年的教学实践证明,这样会带来 3 个问题,① 容意混淆硬件描述与软件程序描述之间的界限,用纯软件的思维去理解硬件结构,造成设计错误;② 这样的代码很难编译和仿真,出现问题时往往无从下手,欲速则不达,反而拖延了设计时间;③ 由于读者所拥有的开发系统的综合器的能力各式各样,学校的学生大多无条件使用功能很强的综合器,对抽象程度高的代码编译的结果有时会占用很多资源。所以建议初学者还是如本书介绍的这样,从较低层的功能块设计入手,并尽量利用开发系统的器件库中所提供的器件来设计,以期较快地掌握数字子系统的设计方法。

需要说明的是本例所介绍的设计结果并不是最佳的,只是用来说明设计通常应该如何进行。读者应当从自己的实践中总结出更好的方案。

全硬件方法设计数字系统的方法适用于对系统运行速度有很高要求,或制作一个规模较小,控制较简单的数字系统,特别是生产针对这种系统的专用集成电路(因不需要在集成电路片内安排单片机等系统,成本可能会有所降低),一般情况下使用不如软件实现方法广泛,但掌握本章所介绍的基于寄存器传递的设计理念对其他设计方法也是很有裨益的。

（本章撰写过程中得到东南大学电工电子实验中心黄慧春老师的帮助,在此表示衷心的感谢。）

习题与思考题

设计一个用于只在每日某些特定时间过街行人较密集处的交通管理系统,例如学校、机关附近的人行横道线,其示意图如图5.38所示。

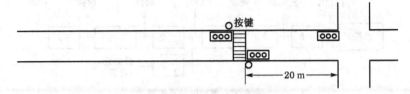

图 5.38　行人过街管理信号控制器示意图

在马路距图右端十字路口20 m处有一所小学,每天早、中、晚学校上学和放学时,会有大量的行人穿越马路,其他时间过街人数稀少。为方便行人,在过街人行横道线两侧设置交通信号控制灯,并在人行道口的立杆上装有按键开关,如有行人欲穿越马路,可自行操作按键以切换信号灯,使之允许行人通过,其规则如下:

平时为红灯,在按动按键4 s后(4 s为主干道交通信号黄灯的时间),过街人行横道线绿灯亮,允许行人穿越马路的时间,每次12 s,然后切向黄灯,4 s后恢复红灯状态。

在过街横道线右侧十字路口的交通信号灯(如图所示)的规则是:红50 s——绿40 s——黄4 s,并可根据不同的车流量做必要的调整。只有在过街横道线右侧的十字路口的交通信号灯切向黄灯6 s后方可响应按键的要求,而在过街横道线右侧的交通信号灯切向绿灯前12 s内就不响应按键的要求。如行人不在允许时间内按键请求通行,应将其请求信息保留至允许时间响应。但此规则可因该路线的车流量不同而修正,例如在早晨6点以前和晚8点以后,将放宽横道通行的限制,即不论过街横道线右侧的十字路口的交通信号灯处于何种状态,在按动按键4 s后即可响应行人的要求。

5.1　请设计人行横道线两侧的交通信号灯及有关的倒计时显示装置的总体方案,须考虑实际灯具及信号传递方式。

5.2　对上题的数字部分进行设计,画出其逻辑框图。

5.3　对上题的数字部分进行设计,选择合适的器件,画出其连线图。

5.4　用Verilog设计其控制电路并在QUALTUS或其他仿真平台上仿真。

5.5　在HPLD(FPGA,CPLD)实验系统上对上面设计的数字部分进行验证。

参 考 文 献

［1］ 黄正瑾.在系统编程技术及其应用(第二版)［M］.南京:东南大学出版社,1999

［2］ 常吉,陈辉煌,孙广富,欧钢.可编程专用集成电路及其应用与设计实践［M］.北京:国防工业出版社,1998

［3］ 黄正瑾等.数字电路与系统设计基础(第二版)［M］.北京:高等教育出版社,2014.8

［4］ 龚之春.脉冲与数字技术导论［M］.北京:高等教育出版社,1995

［5］ Xilinx公司产品手册.http//www.Xilinx.com

［6］ Intel®FPGA公司产品手册.http//www.intel.com

6 嵌入式处理器与嵌入式系统及其应用

6.1 引言

计算机技术已经深入到当今社会与家庭的各个方面,例如我们日常使用的手机、机顶盒、DVD 机、电子血压计……,又如超市的收银机、银行的自动取款机、车驾 GPS 导航仪等,以上这些设备中均少不了为其专门设计的计算机系统,它们是嵌入到各种应用系统中的专用计算机系统,学术界将它们称之为嵌入式系统。其特点是:功能与性能(主要指运算功能、控制功能;实时性、功耗、可靠性等)、体积与价格等皆要受到应用系统的严格约束。因此不同应用系统中的嵌入式系统的差别可能很大,而其存在形态可以是设备、底板、芯片。无论何种嵌入式系统其硬件的核心皆为嵌入式处理器;而软件则包括嵌入式应用软件与嵌入式操作系统。图 6.1 为一般化的嵌入式系统的组成图。"嵌入性"、"专用性"

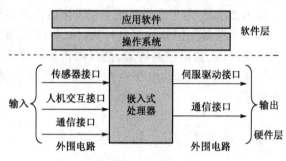

图 6.1　嵌入式系统组成图

与"计算机系统"是嵌入式系统的三个基本要素。应用系统则是指嵌入式系统所嵌入的宿主系统。例如除了开头所提到的那些设备之外,具有姿态和电源自动控制功能的汽车控制系统等皆是。

在各行各业广泛应用需求的推动下,随着计算机技术与微电子技术的进步,嵌入式处理器获得了长足的发展,如今已形成如下几种类别:MCU;MPU;DSP;处理器 IP 硬核或软核。它们是在通用计算机中 CPU 的发展基础之上,随应用的需求而逐步演化出来的。MCU(Micro Controller Unit,微控制单元),又称单片微型计算机(Single Chip Microcomputer),简称单片机。它将计算机的 CPU、RAM、ROM、定时数器和多种 I/O 接口集成在一片芯片上,形成芯片级的计算机,是最早用于自动化装置、智能化仪器仪表、过程控制和家用电器中的一种嵌入式处理器。MPU(Micro Processor Unit,微处理器单元)则不带外围器件,是与通用计算机中 CPU 相对应的一种处理器,目前主要有 Am186/88、386EX、SC-400、Power PC、MIPS、ARM 等系列。DSP(Digital Signal Processor,数字信号处理器)是以数字信号来处理大量信息的器件。它不仅具有可编程性,运算能力强,擅长很多的重复数据运算,而且其实时运行速度可达每秒数以千万条复杂指令,远远超过通用微处理器和 MCU,但其控制功能比 MCU 要弱一些。

当今,随着 FPGA 的规模与速度不断提升、功耗与价格不断下降、开发工具的不断完善,使得将成熟的处理器 IP 核嵌入到一片 FPGA 已成为现实。因而以 IP 硬核或软核形态而存在的嵌入式处理器获得快速发展和推广应用。比较著名的处理器 IP 核有 ARM(硬核/软核)、NIOS II(软核)、Power PC(硬核)、MIPS(硬核)等。如今用户可在 FPGA 上集成各种嵌入式应用系统,即 SOPC(可编程片上系统)。

MCU 已经从最初的 4 位发展为 8/16/32 位直至目前的 64 位,呈现从单核向多核发展,并采用高档 MPU(如 ARM)为内核的趋势;端口呈现从单一 I/O 向同时集成模拟 MUX(multiplexer 数据选择器)、模拟可变增益放大器、A/D、D/A、LED/LCD 显示驱动、PWM(脉宽调制)输出、PLL(锁相环)等多种外围器件的趋势,构成一种 SOC 混合信号嵌入式处理器。DSP 也有类似的趋势,而且出现了兼有 DSP 和 MCU 特点的 DSC(Digital Signal Controller)器件。

目前嵌入式系统的软件主要有实时系统和分时系统。实时嵌入系统是为执行特定功能而设计的,可以严格地按时序执行功能。其最大的特征就是程序的执行具有确定性。软实时系统则主要在软件方面通过编程实现时限的管理。比如 Linux、Windows CE 就是一个多任务分时系统,而 μcos-Ⅲ 则是典型的实时操作系统。低端嵌入式系统无需操作系统即可满足应用要求,但对于高端系统必须采用嵌入式多任务实时操作系统。

本章准备先回顾一下单片机(MCU)的基本知识,然后重点讨论单片机应用系统的数据采集通道、输出控制通道、高级语言程序设计,而后介绍数字信号处理器(DSP)、嵌入式操作系统和 SOPC。由于在前修课中已详细讨论过人机接口和串行通信,本章就不再重复了。

6.2 单片机基本知识的回顾

正如引言中所说,单片机是把计算机系统的大部分集成到一个芯片上的微型的计算机。它不仅是某一个逻辑功能的芯片;和计算机相比,单片机只缺少了某些 I/O 设备,是一种典型的嵌入式微控制器。

制造商出厂的通用单片机内没有应用程序,所以不能直接运行。增加应用程序后,单片机就可以独立运行。单片机形成的系统一般是用于自动化,工业控制功能的,这些功能一般不会独立运用,是要嵌入到其他系统中运用的;还有不是单片机的嵌入式系统,例如手机,是在手机的基本功能上(通话、短信)加入了应用处理器,使其功能更加强大,但是由于制造工艺的问题,高端手机还不能做到全部一片集成,但是也属于嵌入式系统的一个分支。

6.2.1 MCS-51 系列单片机内部资源及引脚功能

单片机的主要生产厂家有 Intel、Motorola、TI、ST、Atmel、MicroChip、Micon 等等公司。最具代表的典型机种为 Intel 公司的 MCS—51 系列,是目前 8 位单片机的主流机型,图 6.1 是其中一个型号——8051 单片机的结构原理示意图。该单片机片内除集成了 CPU、存储器和输入/输出电路外,还包含有定时器/计数器、中断控制和时钟振荡电路等,由此构成一个完整的微机电路。MCS-51 系列单片机还有下列各种型号:87C52、AT89S52(带 8K 片内 Flash),SM8952,SST89V58RD2(低电压型),C8051F(含 A/D)等。它们还具有不同的内部 RAM、内部程序存储空间和片上外设,以及不同的工作频率和指令周期,选用时应查阅有关手册。

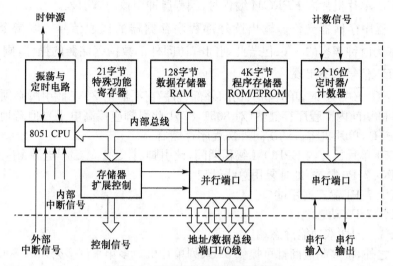

图 6.2　8051 单片机结构原理示意图

以 8051 单片机为例,其内部基本资源包括:

① 1 个 8 位算术逻辑单元;

② 4 组 8 位(共 32 bit)I/O 口,可单独寻址;

③ 2 个 16 位定时计数器;

④ 1 个全双工串行通信口;

⑤ 6 个中断源两个中断优先级;

⑥ 128 字节内置 RAM,8052 单片机有 256 字节;

⑦ 4K 字节内置 ROM, 8952 单片机有 4K 字节可擦写 flash。

⑧ 独立的 64K 字节可寻址数据区和代码区。

每个 8051 处理器周期包括 12 个时钟周期,也即每 12 个时钟周期完成一项操作。

MCS-51 单片机有 40 个引脚,采用双列直插式塑料封装,布置见图 6.3。各个引脚的功能说明如下:

V_{CC}:+5 V 电源端;V_{SS}:接地端。

$XTAL1$,$XTAL2$:接外部晶体的两个引脚。当单片机采用外部时钟信号时,XTAL1 应接地,外部时钟信号接到 XTAL2 引脚。

RST:复位信号输入。高电平复位。V_{CC} 掉电后,此引脚可接上备用电源,在低功耗条件下保持内部 RAM 中的数据。

$ALE/\overline{PROG}$:① 输出地址锁存允许信号 ALE。当单片机访问外部存储器时,信号 ALE 用于锁存 P0 的低 8 位地址。ALE 的频率为时钟振荡频率的 1/6。

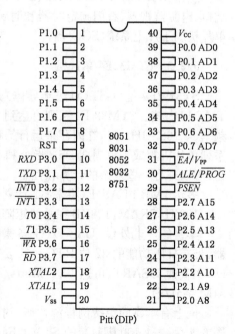

图 6.3　51 单片机引脚布置图

② 对 8751 单片机片内 *EPROM* 编程时,编程脉冲由该引脚引入。

$\overline{PSEN}$:程序存储器允许。输出读外部程序存储器的选通信号。取指令操作期间,$\overline{PSEN}$的频率为时钟频率的 1/6;但若此期间有访问外部数据存储器的操作,则有一个机器周期中的$\overline{PSEN}$信号将不出现。

$\overline{EA}/V_{PP}$:① $\overline{EA}$=0 时,单片机只访问外部程序存储器(对 8031 此引脚必须接地)。$\overline{EA}$=1 时,单片机访问内部程序存储器(对 8051,8751 此引脚应接高电平),但若地址值超过 4 K 范围(0FFFH),单片机将自动访问外部程序存储器。

② 在 8751 单片机片内 EPROM 编程期间,此引脚引入 21 V 编程电源 V_{PP}。

P0.0~PO.7:P0 数据/地址复用总线端口。

P1.0~P1.7:P1 静态通用端口。

P2.0~P2.7:P2 动态端口。

P3.0~P3.7:P3 双功能静态端口。

除 Intel 之外,很多制造商都可提供 51 系列单片机。多年来许多公司以 80C51 为内核,对该单片机做了很多性能上的提高和功能上的扩充工作,如将 I/O 口增加到 7 组 8 位,采用 I²C 总线,增加片内 A/D 转换器、看门狗(WDT)、脉冲宽度调制(PWM)输出等。使得这类单片机更适合用于工业控制和家用电器。此外,此类单片机的工作电压可下降到 1.5 V,适合用电池供电的各种应用产品。一些兼容 51 指令的单片机每个机器周期就可执行一条机器码指令,如 Cygnal C8051F 系列单片机工作频率可达 100MHz。此外,还集成了许多外围功能部件:有模拟多路选择器、可编程增益放大器、ADC、DAC、电压比较器、电压基准、温度传感器、SMBus/ I²C 、UART、SPI 、可编程计数器/定时器阵列(PCA)、定时器、数字 I/O 端口、电源监视器、看门狗定时器和时钟振荡器等,并且还有 Flash 程序/数据存储器,这类单片机属于片上系统(SOC)器件。

6.2.2 STM32F4 单片机

STM32F4 是由 ST(意法半导体)开发的一种高性能 32 位单片机,基于 ARM Cortex TM-M4 内核。STM32 F4 系列可达到 210DMIPS@168 MHz。当 CPU 工作于所有允许的频率(≤168 MHz)时,在闪存中运行的程序,可以达到相当于零等待周期的性能。TM32F4 系列单片机集成了单周期 DSP 指令和 FPU(floating point unit,浮点单元),提升了计算能力,可以进行一些复杂的计算和控制。其他优点还有:

多达 1MB FLASH (将来 ST 计划推出 2MB FLASH 的 STM32F4);

192Kb SRAM:128KB 在总线矩阵上,64 KB 在专为 CPU 使用的数据总线上;

丰富的片上外设:USB OTG 高速 480 Mbit/s,以太网 MAC 10/100,PWM 高速定时器,带有日历功能的 32 位 RTC;<1 μA 的实时时钟(1 秒精度),全双工 I2S,12 位 ADC,DAC,高速 USART(可达 10.5 Mbits/s),高速 SPI(可达 37.5Mbits/s),Camera 接口(可达 54M 字节/s)。

网上有丰富的免费例程源代码,讨论社区,实验板很便宜。建议从 STM32F407 起步。图 6.4 为一种 100 脚封装的 STM32F4 器件。该器件有多种封装形式。管脚越多片上外设越丰富,当然体积也越大,价格也越高。一般设计上考虑,尽量使用片上外设,而不是增加片外芯片。一个产品尽量用单片 CPU 解决需求。图中 PA、PB……表示并行 I/O 口,但是这些口都是多功能复用的,通过初始化改变为其他功能,如 ADC、DAC、UART、SPI、…。与 8

位 51 单片机不同,32 位 STM32 往往通过内部的 DMA(直接数据存储)与片上外设联系。图 6.5(a)、图 6.5(b)为 STM32F407 内部框图。从图 6.5(a)中可以比较清楚地看出 STM32F407 内部架构是由哪些部分组成的。实际芯片中,外部引脚多是复合的,框图中的多个脚,实际硬件上只有一根脚。随硬件封装的不同(64 pin,100 pin,144 pin,176 pin)一些脚没有引出,一些片上外设功能不具备。

单片机的种类很多,学会一种,其他可以迅速旁通。开发产品往往是根据功能需求,选取单片机型号,而不是开发人员当时会什么。

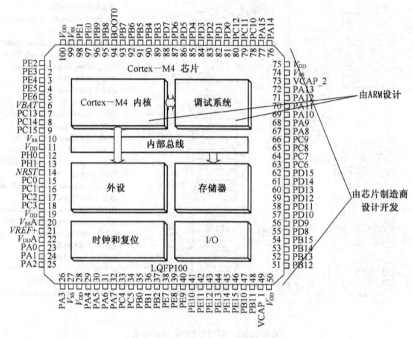

图 6.4　STM32F407 100 脚封装芯片

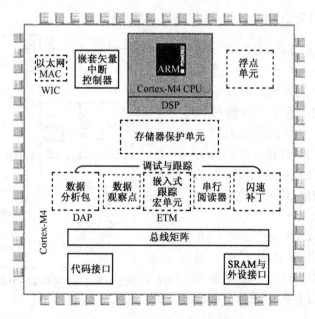

图 6.5(a)　STM32F407 内部功能块划分

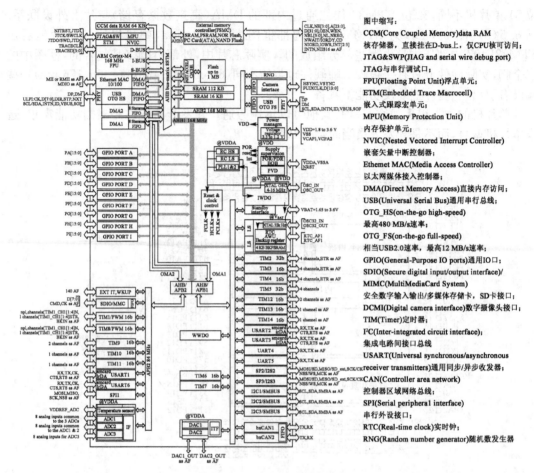

图中缩写：

CCM(Core Coupled Memory)data RAM
核存储器，直接挂在D-bus上，仅CPU核可访问；
JTAG&SWP(JIAG and serial wire debug port)
JTAG与串行调试口；
FPU(Floating Point Unit)浮点单元；
ETM(Embedded Trace Macrocell)
嵌入式跟踪宏单元；
MPU(Memory Protection Unit)
内存保护单元；
NVIC(Nested Vectored Interrupt Controller)
嵌套矢量中断控制器；
Ethemet MAC(Media Access Controller)
以太网媒体接入控制器；
DMA(Direct Memory Access)直接内存访问；
USB(Universal Serial Bus)通用串行总线；
OTG_HS(on-the-go high-speed)
最高480 MB/s速率；
OTG_FS(on-the-go full-speed)
相当USB2.0速率，最高12 MB/s速率；
GPIO(General-Purpose IO ports)通用IO口；
SDIO(Secure digital input/output interface)/
MIMC(MultiMediaCard System)
安全数字输入输出/多媒体存储卡，SD卡接口；
DCMI(Digital camera interface)数字摄像头接口；
TIM(Timer)定时器；
I²C(Inter-integrated circuit interface)；
集成电路间接口总线
USART(Universal synchronous/asynchronous
receiver transmitters)通用同步/异步收发器；
CAN(Controller area network)
控制器区域网络总线；
SPI(Serial peripheral interface)
串行外设接口；
RTC(Real-time clock)实时钟；
RNG(Random number generator)随机数发生器

图 6.5(b)　STM32F407 内部框图

6.2.3　单片机最小系统

　　所谓单片机最小系统，是指在尽可能少的外部电路的条件下，形成一个可以独立工作的单片机系统。图 6.6 是完全使用单片机内部程序存储器的 51 单片机最小系统。最小系统的时钟电路采用内部振荡方式，外接一个频率为 12 MHz 的晶体。复位电路由 10 μF 的电容器与正电源相连，构成上电自动复位电路。

　　图 6.7 为 STM32F407VET6 核心板。为了便于学习，调试，比最小系统多了一些接口引出。当设计中不需要那么多接口时，可以在图中删除一些芯

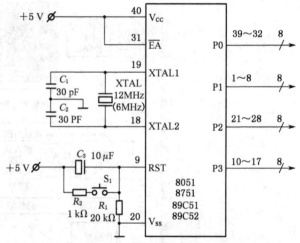

图 6.6　完全使用单片机内部程序存储器的单片机最小系统

片或接插件,还可以把 CPU 换成 64 脚封装器件,当然需要核对一下数据手册。

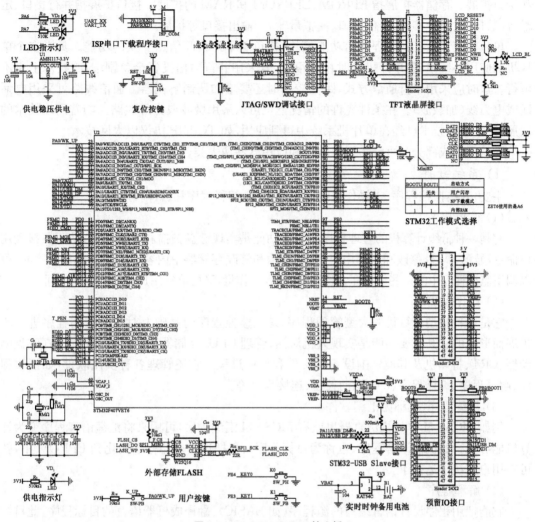

图 6.7 STM32F407VET6 核心板

在实用装置中尽量只用一片单片机,不另外加外设扩展,不外加片外程序存储和数据存储芯片,是设计的发展趋势。减少外围硬件的设计既可以减少开发调试工作量,也可以减少批量生产中的质量问题。这种设计将会极大地提高系统的可靠性,特别是电磁兼容性以及可制造性(Manufacturability)。

6.3 单片机应用系统的一般组成及开发过程

6.3.1 单片机应用系统的一般组成

一般情况下,一个单片机应用系统是由硬件和软件两大部分组成。其中硬件部分包括单片机系统、信号测量功能模块、信号控制模块、人机对话功能模块和远程通信功能模块。

其中单片机系统包括单片机基本系统和扩展部分。单片机系统的扩展部分包括存储器扩展和接口扩展。存储器扩展指 EPROM、EEPROM 和 RAM 的扩展。接口扩展指并行接口、定时/计数接口、键盘接口、通信接口、模拟量输入/输出接口等扩展。

单片机应用系统的远程通信功能模块，担负着单片机间信息交换的功能。具有多个单片机的应用系统中，各单片机有时相距很远，若采用并行通信投资会急剧增加，技术上也不可行。这时应采用串行通信方式，距离较远时还要增加调制解调器。通信线路可采用电话线或电力线（加载波）。在条件允许的情况下也可以采用微波或光纤线路。随着网络技术的发展，网络通信技术已经在单片机系统中得到应用，如 TCP/IP 协议以太网技术。

而软件组成部分又可分为系统软件和应用软件两大类。

1) 系统软件

主要包括：监控程序（或操作系统）、汇编程序、解释程序和编译程序。

（1）监控程序

它是一种低级计算机的管理程序。它的功能是实现键盘扫描和人机对话，从而可接受用户命令，显示、调试、修改和运行用户程序，显示和修改存储器中内容。在编制用户程序时，可以调用监控程序中的一些子程序，既能减轻编程工作量，又可节省用户程序的存储空间。

（2）操作系统

它是一种微型计算机的大型管理程序，是在监控程序的基础上对各种控制程序进一步扩展而形成的。其主要功能是实现人机对话，管理 CPU、存储器、操作台、外部设备（磁盘驱动器、CRT、打印机及其他外围设备）、文件和作业进程。它还管理各种实用软件，如汇编程序、解释程序、编译程序、I/O 驱动程序、连接程序等。

（3）汇编程序（也称为汇编软件）

例如 MCS-51 单片机仿真器里就有 MCS-51 汇编程序，可用来将汇编语言程序变为计算机能够执行的机器语言程序（也称为目标程序），再把这些机器程序固化到 EPROM 中，就可在用户系统中运行了。

（4）解释程序

它能把用程序设计语言编写的源程序（如 BASIC），翻译成机器语言的目标程序，此目标程序是可执行程序。解释程序在运行过程中将源程序翻译一句执行一句。

（5）编译程序

它能把用高级语言编写的源程序（如 C），编译成某中间语言（如汇编语言）或机器目标程序。

汇编程序、解释程序和编译程序均属于单片机系统开发用的实用软件。当系统投入应用后，只在系统维护和升级时才要用到它们。因此多数应用系统特别是便携式的小系统中通常是不带上述系统实用软件的。

高级计算机语言便于人编写，阅读，维护。低级机器语言是计算机能直接解读、运行的。编译器将源程序（Source program）作为输入，翻译产生使用目标语言（Target language）的等价程序。编译器可以生成用来在与编译器本身所在的计算机和操作系统（平台）相同的环境下运行的目标代码，这种编译器又叫做"本地"编译器。另外，编译器也可以生成用来在其他平台上运行的目标代码，这种编译器又叫做交叉编译器。例如在 X86PC 机上开发源程序，再转成单片机上运行的机器语言,就需要交叉编译。

2) 应用软件

应用软件是由一个主程序和若干个子程序组成的程序的集合。其功能与复杂程度因应用系统的不同差别可能很大,这也正是各种应用系统的特色之所在。应用软件的设计应当留有余地、易于扩展和更改。因此,应用软件通常采用模块化结构,各个程序模块分别由若干个子程序组成。主程序的主要功能就是有选择地调用与某个模块相对应的子程序。一般说来,这些子程序可分为两类:通用的(与应用领域无关,例如串口的通信管理与控制子程序,片内 A/D 转换器的控制程序等)和专用的(与应用领域有关)。

6.3.2　单片机应用系统的开发过程

由于单片机应用系统既有硬件又有软件,具有相当的复杂性,必须按照自顶向下的方法去开发。图 6.8 示出了一个一般性的开发过程。

6.3.3　单片机测量控制系统概述

单片机的应用系统类型很多,其中测量控制系统是比较具有代表性的一种应用系统。图 6.9 是一个典型测控系统的原理框图,主要描绘了该系统的硬件组成:包括主机、外部设备、模拟量输入和输出通道、开关量输入和输出通道、传感器和变送器、变换器、功率放大和执行机构、接口电路和电源。该测控系统的其余组成的核心部分为模拟量和开关量的输入/输出通道。

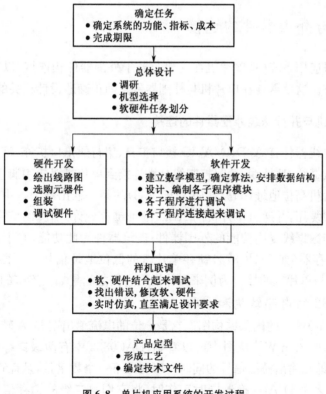

图 6.8　单片机应用系统的开发过程

测控系统组成的另一大块就软件,指的是它的全部程序,包括系统软件和应用软件。

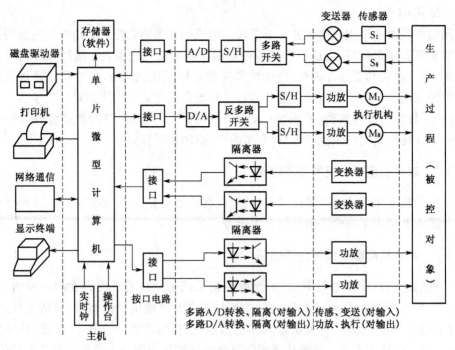

图 6.9　单片机测量控制系统原理框图

6.4　单片机与外围器件的连接

在一个单片机应用系统中,单片机往往要与若干外围器件相连接,以完成数据的采集、显示和控制等任务。这就需要在单片机与外围器件之间正确地设计相关的接口电路。

6.4.1　单片机与并行总线外围器件的连接

常见的并行总线器件有 A/D、D/A、IO 接口扩充、串行通讯口扩充、液晶显示接口等等。应将这类器件的数据线、地址线、读写控制线分别连接到单片机对应引脚上。外围器件的片选线应连接到单片机高位地址译码器(如 74HC138)的某一输出线上。由于 51 单片机的低位地址线与数据线复用,并通过单片机的 ALE(地址锁存允许)引脚的信号来区分。这时最好选用有地址线与数据线复用功能的外围器件;若该器件无此功能,它上面也就无 ALE 引脚,则需另加 D 锁存器(如 74HC373)锁存单片机的低位地址信号。下面以并行总线 D/A 转换器 DAC0832 与单片机的接口为例来具体说明它们之间是如何连接的。

1) DAC0832 的内部结构和引脚

图 6.10 是 DAC0832 的内部结构图。它是 8 位的电流输出型 D/A 转换器,电流建立时间不大于 1 μs。功耗 20 mW。从图中可以看到,DAC0832 中有两级锁存器,因此可以工作在双缓冲方式下,即在输出模拟信号的同时可以写入下一个数字量,从而可以有效地提高转换速度。另外,在多个 D/A 转换器同时工作时,将它们第二级的锁存信号连在一起,多路

D/A 就可实现同时输出。DAC0832 无论工作在双缓冲或者单缓冲方式,只要数据进入第二级锁存器(DAC 锁存器),便启动了 D/A 转换。

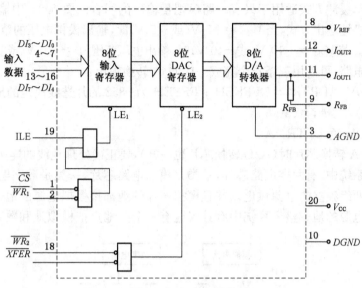

图 6.10   DAC0832 结构

DAC 0832 的引脚如下:

● DI_{0-7}:8 位数据输入端
● ILE:输入寄存器的数据锁存允许信号输入端
● CS:片选信号输入端
● $WR1$:输入寄存器的数据写信号输入端
● $XFER$:数据向 DAC 寄存器传送的允许信号输入端
● $WR2$:DAC 寄存器写,并启动转换的信号输入端
● $AGND$:模拟接地端
● $DGND$:数字接地端
● V_{REF}:参考电压输入端。范围为$(+10\sim-10)$V
● $Iout1$、$Iout2$:电流输出端。单极性输出时 Iout2 接地与内部 T 型电阻网络相连
● V_{CC}:芯片供电电压输入端,范围$(+5\sim+15)$V
● R_{FB}:内部自带的反馈电阻引出端,用于连接外部运算放大器,使其输入端和输出端之间接上一个负反馈电阻

2) 8051 与 DAC0832 的接口电路

图 6.11 是 DAC0832 以单缓冲方式与 8031 的接口电路,且模拟电压为单极性输出。

在单缓冲接口方式下,ILE 接$+5$ V,始终保持有效,

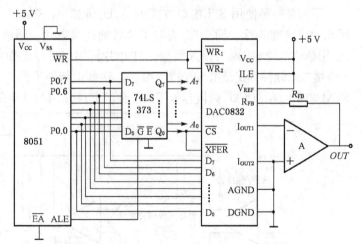

图 6.11   DAC0832 与 0831 的单缓冲接口

由写信号控制数据的锁存；将 $WR1$ 和 $WR2$ 同时连到 8051 的 WR，使数据同时写入两个寄存器；因为传送允许信号 XFER 与片选信号 CS 相连，只要 0852 被选中，数据一写入 D/A 就被启动转换。单缓冲方式适用于只有一路模拟量输出的场合。图 6.11 中输出级的运算放大器被接成单极性输出方式，当 V_{REF}＝＋5 V(或－5 V)时，输出模拟电压的范围是 0～－5 V(或 0～＋5 V)。若 V_{REF}＝＋10 V(或－10 V)时，输出电压范围 0～－10 V(或 0～＋10 V)。

上述接口电路，可以用三条指令完成一次 D/A 转换输出：

    MOV   DPTR，♯OFFFEH ；FFFEH 为 0852 的片选线决定的地址。

    MOV   A，♯data

    MOVX@DPTR，A

在使用 D/A 转换芯片时(A/D 转换芯片也一样)，要正确处理地线的连接。在数字量和模拟量并存的系统中，有两类电路芯片，一类是模拟电路芯片，一类是数字电路芯片。这两类芯片一般用两组独立的电源供电。并且模拟芯片的地都接模拟电源的地，数字电路芯片的地都接数字电源的地。整个系统中有且仅应有一个共地点把模拟地和数字地连起来，如图 6.12 所示。

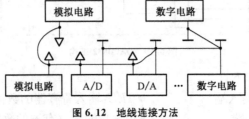

图 6.12　地线连接方法

6.4.2　单片机与串行外围器件的连接

单片机与串行外围器件的连接所需引线少，芯片价格低，但数据传输速率也低。常用连接方式有同步串行接口 SPI(Serial Peripheral Interface)和芯片间串行传输总线 I^2C(Inter-Integrated Circuit)两种。

下面是一种使用 SPI 接口方式的 A/D(例如 ADS7826)，芯片内部逻辑如图 6.13 所示。图 6.14 为控制时序。图 6.15 为与单片机的连接方式。用单片机的一个 PIO 端口做片选输出，用单片机的 SPI 端口读入数据。51 单片机串口可以工作在同步串行模式，也可以用其他 PIO 端口以软件方式模拟 SPI 读入数据。一些串行外围器件进入省电模式后功耗自动降低。STM32F4 也有 SPI 口，如核心板图 6.7 预留 IO 接口 J2、J3 中的 PB12～15 或 PA4～7。

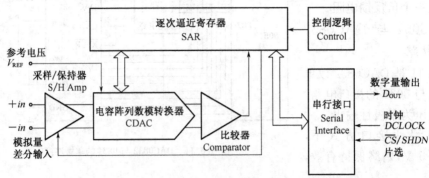

图 6.13　SPI 接口方式的 A/D 芯片内部逻辑

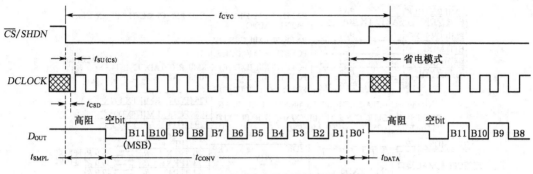

图 6.14 SPI 接口方式的 A/D 芯片控制时序

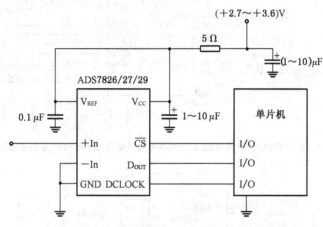

图 6.15 SPI 接口方式的 A/D 芯片与单片机连接

I^2C 总线只需两根线连接,许多单片机以具有 I^2C 硬件接口。早期的 51 单片机无独立的 I^2C 硬件接口,但可以用其他 PIO 端口通过软件来模拟 I^2C 接口。STM32F4 有独立的 I^2C 硬件接口,当然需要对多功能口进行设置,如核心板图 6.7 预留 IO 接口 J3 中的 PB8～9。

6.4.3 单片机与以太网控制器的连接

1)单片机加以太网控制器实现的通信接口

以 Internet 为代表的网络技术的出现及迅猛发展,为智能设备带来前所未有的发展空间和机遇,越来越多的嵌入式应用系统需要支持网络功能。TCP/IP 协议是一种网络互联设备数据共享的通信协议,是常用的网络标准之一。单片机嵌入 TCP/IP 协议,即可便捷的通过网络接口接入到应用系统中。

图 6.16 是由单片机加以太网控制器实现的以太网通信接口电路。图 6.17STM32F407 单片机 MAC 与 LAN8720A 物理接口收发器 PHY 电路框图。用到的主要器件有:STM32F407 单片机、LAN8720A 物理接口收发器 PHY、网络变压器 LPF 以及无屏蔽双绞线 RJ-45 接口(图中省略)。

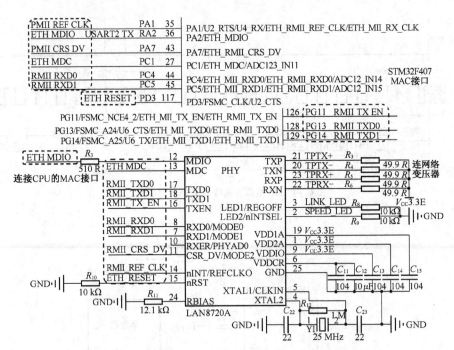

图 6.16　STM32F407 单片机、LAN8720A 物理接口收发器 PHY 电路连接图

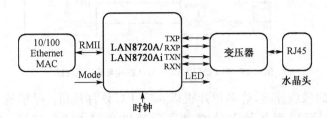

图 6.17　STM32F407 单片机 MAC 与 LAN8720A 物理接口收发器 PHY 电路框图

以太网(Ethernet)是互联网技术的一种,由于它是在组网技术中占的比例最高,很多人直接把以太网理解为互联网。

以太网是指遵守 IEEE 802.3 标准组成的局域网,由 IEEE 802.3 标准规定的主要是位于参考模型的物理层(PHY)和数据链路层中的介质访问控制子层(MAC)。在家庭、企业和学校所组建的 PC 局域网形式一般也是以太网,其标志是使用水晶头网线来连接(当然还有其他形式)。IEEE 还有其他局域网标准,如 IEEE 802.11 是无线局域网,俗称 Wi-Fi。IEEE 802.15 是个人域网,即蓝牙技术,其中的 802.15.4 标准则是 ZigBee 技术。

现阶段,工业控制、环境监测、智能家居的嵌入式设备产生了接入互联网的需求,利用以太网技术,嵌入式设备可以非常容易地接入到现有的计算机网络中。

在物理层,由 IEEE 802.3 标准规定了以太网使用的传输介质、传输速度、数据编码方式和冲突检测机制,物理层一般是通过一个 PHY 芯片实现其功能的。传输介质包括同轴电缆、双绞线(水晶头网线是一种双绞线)、光纤。

为了让接收方在没有外部时钟参考的情况也能确定每一位的起始、结束和中间位置,在传输信号时不直接采用二进制编码。在 100BASE-T 采用的 4B/5B 编码是把待发送数据位流的每 4 位分为一组,以特定的 5 位编码来表示,这些特定的 5 位编码能使数据流有足够多的跳变,达到同步的目的。本书不做赘述。

早期的以太网大多是多个节点连接到同一条网络总线上(总线型网络),存在信道竞争问题,因而每个连接到以太网上的节点都必须具备冲突检测功能。以太网具备 CSMA/CD 冲突检测机制,如果多个节点同时利用同一条总线发送数据,则会产生冲突,总线上的节点可通过接收到的信号与原始发送的信号的比较检测是否存在冲突,若存在冲突则停止发送数据,随机等待一段时间再重传。

现在大多数局域网组建的时候很少采用总线型网络,大多是一个设备接入到一个独立的路由或交换机接口,组成星型网络,不会产生冲突。但为了兼容,新出的产品还是带有冲突检测机制。

2) 以太网(Ethernet)协议

一个标准的以太网物理传输帧由七部分组成(如表 6.1 所示,单位:字节)。除了数据段的长度不定外,其他部分的长度固定不变。数据段为 46～1 500 字节。以太网规定整个传输包的最大长度不能超过 1 514 字节(14 字节为 DA、SA、TYPE),最小不能小于 60 字节。除去 DA、SA、TYPE14 字节,还必须传输 46 字节的数据,当数据段的数据不足 46 字节时需填充,填充字符的个数不包括在长度字段里;超过 1 500 字节时,需拆成多个帧传送。事实上,发送数据时,PR、SD、FCS 及填充字段这几个数据段由以太网控制器自动产生;而接收数据时,PR、SD 被跳过,控制器一旦检测到有效的前序字段(即 PR、SD),就认为接收数据开始。

表 6.1　以太网的物理传输帧结构表

PR	SD	DA	SA	TYPE	DATA	FCS
同步位	分隔位	目的地址	源地址	类型字段	数据段	帧校验序列
7	1	6	6	2	46～1 500	4

当前在网络编程中广泛使用套接字(socket)方式。网络通信,本质就是运行软件(进程)间的通信。网络中的每一个节点都有唯一的一个网络地址,通常说的 IP 地址,两个进程在通信的时候,必须首先要确定通信双方的网络地址。每个单片机上一般只有一个网络进程,但 PC 机上往往可能有几个网络进程。只有网络地址是不能确定到底是哪个进程,所以套接字还需要提供其他信息,即端口号。网络地址和端口号结合在一起,才有可能共同确定整个 Internet 中的一个网络进程。

套接字最常用的有两种:流式套接字(Stream Sockt)和数据报套接字(Datagram Socket)。这两种套接字最常用的有两种:流式套接字使用 TCP 协议,数据报套接字使用的是 UDP 协议。TCP(Trasmission Control Protocol)传输控制协议,使用三段握手协议来传输数据,并且采用"重发机制"确保数据的正确发送,接收端收到数据后要发出一个确认信息,而发送端必须接收到接收端的确认信息后,才确认发送成功,否则发送端会重发数据。UDP(User Datagram Protocol)用户数据报协议,在传送数据前不需要建立连接,远地主机在接收到 UDP 数据报后,不需要给出任何应答。

MAC 主要负责与物理层 PHY 进行数据交接,如是否可以发送数据,发送的数据是否正确,对数据流进行控制等。它自动对发送的数据包加上一些控制信号,交给物理层。接收方得到正常数据时,自动去除 MAC 控制信号。使用以太网接口的目的就是为了方便与其他设备互联,如果所有设备都约定使用一种互联方式,在软件上加一些层次来封装,这样不同系统、不同的设备通讯就变得相对容易了。而且只要新加入的设备也使用同一种方式,就可以直接与之前存在于网络上的其他设备通讯。由于在各种协议栈中 TCP/IP 协议栈得到了最广泛使用,所有接入互联网的设备都遵守 TCP/IP 协议。所以,想方便地与其他设备互联通信,需要提供对 TCP/IP 协议的支持。

需要指出,8051 可以实现的以太网通讯功能,由于受到 8051 功能的限制,只适合做简单的应用,如果需要的功能比较复杂,建议还是考虑 32 位 ARM 内核的单片机。

6.5　单片机输出控制通道

根据单片机输出信号的形态和控制对象的特点,输出控制通道的结构如图 6.18 所示。单片机主要输出三种形态的信号:数字量,开关量,频率量。被控制对象的信号除上述三种可以直接由单片机产生的信号外,还有一种模拟量控制信号,该信号可以经过 D/A 或 F/V 变换产生。

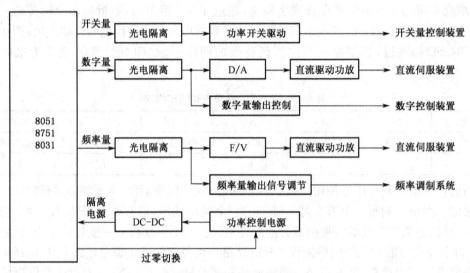

图 6.18　输出控制通道结构

输出控制通道要解决的决主要问题如下:

1) 功率驱动

MCS-51 单片机的四个端口都可以做控制信号的输出端口,但它们的驱动能力是有限的。例如 P0 口每位只能驱动八个 LSTTL 电路,即输出高电平时,可提供 400 μA 输出电流;输出低电平时,可提供 3.2 mA 的灌电流。如此小的电流是不能直接驱动执行机构的,因为它往往要求几百毫安甚至几个安培的驱动电流才能动作。解决的办法通常采用电磁继电器、晶闸管(SCR)、固态继电器(SSR)等元件去控制驱动执行机构的功率信号。因为这些元件均具有以小的功率去控制大的功率的特性。其中固态继电器是采用固体元件组装而成的一种无触点开关器件。在该器件的输出回路中采用双向晶闸管或大功率晶体管去控制交流/直流功率负载电源的接通与否,开关速度快。SSR 的输入端与 TTL、HTL、CMOS 电平兼容,输入电流只需几毫安,而交流固态继电器却能够控制 1～100 A 的交流电流,110～380 V 的交流电压;直流固态继电器一般能控制 1～10 A 的直流电流,3～50 V 的直流电压。由于 SSR 的输入、输出回路间采用光电隔离,所以抗干扰性好。此外,由于该元件完全密封,所以耐潮、耐腐蚀。因为 SSR 无触点所以无动作噪声,无火花干扰,适用于防爆场合。交流固态继电器的基本原理如图 6.19 所示。

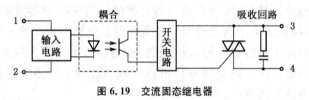

图 6.19　交流固态继电器

2) 信号变换

输出控制对象中,有些是需要用模拟信号实现连续控制的,比如直流伺服装置。在这种情况下,单片机输出的数字量或频率量信号需经过 D/A 转换或 F/V 变换等信号变换,以产生连续输出的模拟控制信号。

3) 干扰防治

当单片机开关量所控制的对象为强电装置,如继电器、步进电机触点的通断、绕组的通电和断电,所切换的电流通常在安培数量级。在动作过程中,强电系统会通过公共地线对单片机弱电系统产生严重的干扰,以致使单片机系统不能正常工作。这是因为系统的连接线本身存在着一定电阻,单片机系统各个芯片、器件的地和电源地间也存在着一定大小的地间电阻 R。在弱电系统中,电阻上的压降是很微小的,系统地与电源地可以认为是一点。但与强电系统连接后,由于某一瞬间有大电流通过地间电阻 R,这时在 R 上产生的脉动压降就不可忽视。由于脉动电压降会迭加到测控系统中的各个器件上,而造成脉动干扰。消除这种脉动干扰的办法是采用光电耦合器,使单片机弱电部分的地和强电回路的地线隔开,将干扰窜入的通路切断。对于空间电磁干扰,主要通过屏蔽的手段解决。

6.6　单片机软件开发:单片机 C 语言

6.6.1　概述

C 语言作为一种通用的高级语言,可大幅度提高单片机应用系统开发的工作效率,缩短产品投入市场的时间。另外,由于 C 语言程序便于移植和修改,因此产品的升级和继承更加便捷。更重要的是,采用 C 语言编写的程序易于在不同的开发者之间进行交流,从而可促进单片机应用系统开发的产业化。

与一般计算机中的 C 语言编译器不同,单片机中的 C 语言编译器要进行专门的优化,以提高编译效率。编译质量的不同是区别单片机 C 编译器工具的重要指标。优秀的单片机系统 C 编译器代码长度和执行时间仅比以汇编语言编写的同样功能程序长 20%,而且 C 编译器与汇编语言工具相比在效率上这个 20%的逊色完全可以被现代微控制器的高速度、大存储器空间以及产品提前进入市场的优势所弥补。

用 C 语言开发单片机程序的优越性：

（1）编程者无须懂得单片机的指令集以及具体硬件，也能够编出符合硬件实际的专业水平的程序。其一，因为许多与硬件相关的程序都是由编译器代办的。例如，中断服务程序的现场保护和恢复，以及中断向量表的填写等；又例如利用 C 语言提供的 auto、static、const 等存储类型，只要对变量加上存储类型的限定说明，C 编译器就会自动地在指定的存储空间为变量合理地分配地址。其二，因为 C 编译器有严格的句法检查，大部分错误能在编译时被排除掉，剩下的逻辑和算法上的错误很容易在高级语言级别的调试器上迅速地查出来。

（2）由 C 语言编译出来的机器语言程序的坚固性好，不易发生数据在运行中间被破坏而导致程序运行异常的情况。这是因为 C 语言对数据进行了许多专业性地处理，避免了运行中间非异步性地被破坏的缘故。

（3）C 语言提供处理复杂的数据类型（如数组、结构、联合、枚举、指针等）的机制，极大地增强程序处理能力和灵活性。

（4）C 编译器提供常用的标准函数库供用户直接使用，只须简单的引用说明即可使用，非常方便。此外，用户通过 C 编译器中用户自定义库管理器，还能建立自己的函数库。

（5）C 编译器提供众多的头文件。一般在头文件中定义宏，说明复杂数据类型的原型和函数原型，它们有利于程序的移植、复杂数据类型的定义和函数的引用性说明。有的头文件为单片机的系列化产品提供片上资源的说明。C 语言之所以能够适应单片机的几十种系列芯片，与这类头文件的使用有直接的关系。

（6）通用初始化软件。单片机片上资源的初始化是很麻烦的事，现已有厂商用 C 语言编写了专门的应用程序，自动生成符合具体要求的初始化程序。

单片机开发一般硬件环境如图 6.20 所示。

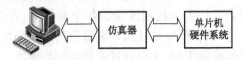

图 6.20　单片机开发一般硬件环境

在 PC 机上装有开发软件，一般可以工作在 window 环境下。仿真器随单片机种类而定，有时可能较昂贵。早期的 51 单片机仿真器需要用专用的仿真头取代目标板（实际单片机硬件系统）上的 CPU。一般仿真器通过 USB 线与个人电脑连接，后期单片机已经具有调试口 JTAG(Joint Test Action Group，联合测试工作组），是一种国际标准测试协议主要用于芯片内部测试，不需要拔除目标板 CPU；STM32、Cygnal C8051F 系列单片机设计有片内调试电路与 JTAG 口可以实现非侵入式在片调试。对仿真器及配套软件的要求是能下载执行程序，能设断点。集成开发软件与配套的仿真器具备这些功能。

有些单片机可以通过异步串口加载程序甚至调试，但是，不是所有的单片机都是可以用串口加载程序。一般 AT(ATMEL) 和早期 INTEL 的单片机不可以。STC（深圳宏晶），SST（深圳好记）的一般都可以。仅一部分 STC 单片机如 STC89s52，SST89EV 才支持串口在线仿真（硬件仿真）。STM32 单片机串口下载一般是通过 UART1 的 TX 和 RX 引脚。STM32 单片机串口下载是基于 STM32 内部的 BootLoader 自举程序下载程序。

下载程序和软件的仿真调试是两个不同的要求。软件开发阶段往往需要仿真器通过 JTAG 与单片机系统连接,但批量生产时却需要缩小产品体积,方便生产以及增加窃取代码的难度,取消了 JTAG 插座。

在 6.7 节讨论的 ARM 处理器及嵌入式 Linux 操作系统的开发初期往往也是通过仿真器+JTAG 来调试的,但如果使用成品模块时,模块只提供 USB 口或网口供调试和加载。通过内部启动软件完成相应任务。

6.6.2 使用 Keil C51 的软件设计

对于 8051 及其系列微控制器的应用,Kiel C51 交叉编译器提供了一种用 C 语言编程的方法。在代码效率和速度上,它完全可以和汇编语言相比拟。Kiel C51 编译器是专为 8051 系列开发的一种产生极高速度和极其简洁代码的编译器,它符合 C 语言 ANSI 标准,可以产生 Intel 目标文件格式。

1) C 语言的语句

ANSI 语言标准将 C 语言的语句分为以下几种:选择、迭代、转移、标号、表达式、块。下面为所用到的语句:

break	case	continue	default	do
else	for	goto	If	return
switch	while			

选择语句包括 if 和 switch;迭代语句包括 while、for 和 do—while,通常又叫循环语句;转移语句有 break、continue、goto 和 return;标号语句包括 case 和 default(与 switch 语句一起使用)以及与 goto 一起使用的标号语句;表达式语句是构成一个有效的 C 语言表达式的语句;块语句简单地说就是代码块,块是以大括号"{"开始,并以大括号"}"结束的。

(1) if 选择语句

该语句的一般形式为:

　　if(表达式)语句项;

　　else 语句项;

根据 C 语言语法,语句项可以是一个单独的语句、一个语句块或什么都没有(空语句的情况)。else 从句是可选的,如果 if 的表达式取真值(除 0 以外的任何值),则执行 if 的语句块;否则,如果 else 存在的话,就执行 else 的语句或语句块。每次决不能 if 和 else 同时执行,必须作出选择。该语句也可以进行嵌套,也可以采用 if—else if 阶梯型语句。

(2) switch 开关语句

switch 是 C 语言内部多分支选择语句,它根据某些整型和字符常量对一个表达式进行连续测试,当一常量与其值匹配时,它就执行与该变量有关的一个或多个语句。switch 语句的一般形式为:

switch(表达式)

{

　　case 常数 1:

　　　　语句项;

```
        break;
    case 常数 2：
        语句项；
        break；
        ……
    default：
        语句项
}
```

根据 case 语句中给出的常量值，按顺序对表达式的值进行测试，当常量与表达式相符时，就执行与这个常量所在的 case 语句相关的语句序列，直到碰到 break 或 switch 语句执行完为止。若没有一常量与表达式值相符，则执行 default。default 是可选择的，如果它不存在，并且所有的常量与表达式都不相符，那就不会进行任何处理。

switch 语句与 if 语句的不同之处在于 switch 只能对等式进行测试，而 if 可以计算关系表达式或逻辑表达式。在同一个 switch 语句中任意两个 case 常数不允许有相同的值。如果在 switch 语句中使用字符常量，它们被自动转化为整型值。break 语句还可用于循环语句。break 语句在 switch 语句中是可选的。如果不用 break，就继续在下一个 case 语句中执行，一直到碰到 break 或 switch 的末尾为止，这样程序的效率比较低。

(3) for 循环

for 语句用于循环语句，它的一般形式为：

for(初始化；条件；增量)语句项

一般来说，"初始化"是赋值语句，用于设置循环控制量；"条件"是关系表达式，决定何时退出循环；"增量"定义了每循环一次循环控制变量的变化情况。这三部分必须用分号隔开，只要条件为真就继续执行 for 循环，一旦条件变为假，程序就从紧跟在 for 循环语句下面的语句开始执行。当省略了 for 中内容，for(；；)就成为无限循环语句。

(4) while 循环

while 是 C 语言的第二种循环，一般形式为：

while(条件)语句项

这里的语句项是一个空语句、单语句或要重复执行的语句块。"条件"可以是任何表达式，且真值可以为任何非零值。当条件为真时，循环重复；当条件为假时，程序从紧跟循环代码后面的第一行开始执行。和 for 循环不一样，while 循环在循环开始时检查测试条件。这意味着，循环代码可能根本不会被执行，这样在循环之前就不必再执行另一个单独的条件测试了。

(5) do—while 循环

在 for 和 while 循环中，循环条件的测试是在循环开始时进行的，而 do—while 循环却不同，它对循环条件的检查是在循环的尾部。这意味着，一个 do—while 循环至少执行一次。do-while 循环一般形式为：

do {语句项} while(条件)

虽然仅有一个语句存在，一对大括号是不必要的，但使用它可以增加可读性。do-while 反复进行，直到条件是假为止。

有关编译、连接的设置请参考 Keil C51 使用说明,如"Keil C51 manual",在互联网有许多中文版本。

2) 数据类型

C-51 编译器支持的数据类型列于表 6.2。变量可组合为结构和联合,可定义多维数组,可通过指针访问变量。采用两个特殊的数据类型("sbit"和"sfr")可简化对 8051 处理器的特殊功能寄存器(SFR)的访问。

表 6.2 C-51 编译器支持的数据类型

数据类型	长 度	范 围
bit	1 位	0 或 1
signed char	1 字节	$-128\sim127$
unsigned char	1 字节	$0\sim255$
signedint	2 字节	$-32768\sim32767$
unsigned int	2 字节	$0\sim65535$
long	4 字节	$-2147483648\sim2147483647$
unsigned long	4 字节	$0\sim4294967295$
float	4 字节	$\pm1.176E-38\sim\pm3.40E+38$
指针	$1\sim3$ 字节	对象地址
访问 SFR 的数据类型		
sbit	1 位	0 或 1
sfr	1 字节	$0\sim255$
sfrl6	2 字节	$0\sim65535$

C51 提供几种扩展类型:bit 位变量、sbit 从字节中定义的位变量、sfr 字节地址、sfr16 字节地址。其余同标准 C。

3) 存储类型

8051 结构提供给用户 3 个不同的存储空间。C-51 编译器完全支持 8051 微处理器及其系列的结构,可完全访问 MCS-51 硬件系统所有部分。每个变量可准确地赋予不同的存储类型,如表 6.3 所示。

表 6.3 Keil C51 的存储类型

存储类型	描 述
data	直接寻址内部数据存储区,访问变量速度最快(128 字节)
bdata	可位寻址内部数据存储区,允许位与字节混合访问(16 字节)
idata	间接寻址内部数据存储区,可访问全部内部地址空间(256 字节)
pdata	分页(256 字节)外部数据存储区,由操作码 MOVX@Ri 访问
xdata	外部数据存储区(64K),由操作码 MOVX@DPTR 访问
code	代码存储区(64K),由操作码 MOVC@A+DPTR 访问

C51 提供了两种绝对地址访问主要方法

（1）绝对宏

在程序中用"♯include＜absacc.h＞"定义的宏访问绝对地址，例如

rval＝CBYTE[0x0002]；访问程序存储区 0x0002 地址内容。

Rval＝XBYTE[0x0002]；访问外部 RAM 数据存储区 0x0002 地址内容。

（2）_at_关键字

例如：xdate chare text[256]_at_0xe000；指定数组从 0xe000 地址开始。

4）存储模式

如果省略掉存储类型，存储模式将自动决定变量的默认存储类型，不能位于寄存器中的参数传递变量和无明确存储类型的说明的局部过程变量也保存在默认的存储器区域中。如表 6.4 所示。

表 6.4　Keil C51 的存储模式

存储模式	描　　述
SMALL	参数及局部变量放入可直接寻址的内部存储器（最大 120 字节，默认存储类型是 DATA）
COMPACT	参数及局部变量放入分页外部存储（最大 256 字节，默认存储类型是 PDATA）
LARGE	参数及局部变量直接放入外部数据存储器（最大 64K，默认存储类型是 XDATA）

5）指针

Keil C51 支持"基于存储器的"和"一般"指针。基于存储器的指针由 C 源代码中存储类型决定并在编译时确定。用这种指针可高效访问对象且只需 1 至 2 字节。如表 6.5 所示。

表 6.5　Keil C51 的指针

指针说明	长　度	指　　向
float * p	3 字节	所有 8051 存储空间中的"float"（一般指针）
char data * dp	1 字节	"data"存储区中的"char"
int idata * ip	1 字节	"idata"存储区中的"int"
long pdata * p	1 字节	"pdata"存储区中的"long"
char xdate * xp	2 字节	"xdata"存储区中的"char"
int code * cp	2 字节	"code""存储区中的 int"

6）中断服务

C-51 编译器对 C 语言的扩充允许编程者对中断的所有方面的控制和寄存器组的使用。这种支持能使编程者创建高效的中断服务程序，产生最合适的代码。使用 C 源程序直接开发中断过程的函数语法如下：

返回值函数名（[参数]）[模式][再入]interrupt　m [using n]

interrupt 后的数值 m 为 8051 的各个中断的代号。各个中断的入口地址如下：

0：外中断0　　　　　　　——0003H

1：定时器/计数器0 中断　——000BH

2：外中断1　　　　　　　——0013H

3：定时器/计数器1 中断　——001BH

4：串行口中断　　　　　　——0023H

例如串行通信中断

```
void serial_ISR()interrupt 4 [using 1]
{
/* ISR */
}
```

8051 系列单片机可以在内部 RAM 中使用 4 个不同的工作寄存器组,每个寄存器组中包含 8 个工作寄存器(R0～R7)。C51 编译器扩充了一个关键字 using,专门用来选择 8051 单片机中不同的工作寄存器组。using 后面的 n 是一个 0～3 的常整数,分别选中 4 个不同的工作寄存器组。当指定中断程序的工作寄存器组时保护工作寄存器的工作就可以被省略,默认的工作寄存器组就不会被推入堆栈,这将节省 32 个处理周期。使用关键字 using 在函数中确定一个工作寄存器组时必须十分小心,要保证任何寄存器组的切换都只在仔细控制的区域内发生,如果不做到这一点将产生不正确的函数结果。另外还要注意,带 using 属性的函数原则上不能返回 bit 类型的值。并且关键字 using 不允许用于外部函数

关键字 interrupt 也不允许用于外部函数,它对中断函数目标代码的影响如下:

在进入中断函数时,特殊功能寄存器 ACC、B、DPH、DPL、PSW 将被保存入栈;如果不使用寄存组切换,则将中断函数中所用到的全部工作寄存器都入栈;函数返回之前,所有的寄存器内容出栈;中断函数由 8051 单片机指令 RETI 结束。

编写 8051 单片机中断函数时应遵循以下规则:

① 中断函数不能进行参数传递,如果中断函数中包含任何参数声明都将导致编译出错。

② 中断函数没有返回值,如果企图定义一个返回值将得到不正确的结果。因此建议在定义中断函数时将其定义为 void 类型,以明确说明没有返回值。

③ 在任何情况下都不能直接调用中断函数,否则会产生编译错误。因为中断函数的返回是由 8051 单片机指令 RETI 完成的,RETI 指令影响 8051 单片机的硬件中断系统。如果在没有实际中断请求的情况下直接调用中断函数,RETI 指令的操作结果会产生一个致命的错误。

④ 如果中断函数中用到浮点运算,必须保存浮点寄存器的状态,当没有其他程序执行浮点运算时可以不保存。C51 编译器的数学函数库 math. h 中,提供了保存浮点寄存器状态的库函数 pfsave 和恢复浮点寄存器状态的库函数 fprestore。

⑤ 如果在中断函数中调用了其他函数,则被调用函数所使用的寄存器组必须与中断函数相同。用户必须保证按要求使用相同的寄存器组,否则会产生不正确的结果,这一点必须引起足够的注意。如果定义中断函数时没有使用 using 选项,则由编译器选择一个寄存器组作绝对寄存器组访问。另外,由于中断的产生不可预测,中断函数对其他函数的调用可能形成递归调用,需要时可将被中断函数所调用的其他函数定义成再入函数。

⑥ C51 编译器从绝对地址 sn+3 处产生一个中断向量,其中 m 为中断号。该向量包含一个到中断函数入口地址的绝对跳传。在对源程序编译时,可用编译控制指令 NOINTVECTOR 抑制中断向量的产生,从而使用户能够从独立的汇编程序模块中提供中断向量。

7）运算符

C语言的运算符与大多数计算机语言基本相同，分为算术运算、逻辑和关系运算、位运算及一些特殊的操作符。表 6.6 列出了 C 语言提供的算术运算符。

表 6.6～表 6.8 中给出了关系和逻辑运算符。关系和逻辑运算符的优先级比算术运算符低。关系和逻辑运算符常在一起使用，关系和逻辑运算概念中的关键是 true（真）和 false（假）。在 C 语言中非 0 作为 true，0 作为 false。使用关系或逻辑运算符的表达式对 false 和 true 分别返回 0 或 1。

表 6.6 算术运算符

运算符	作　用	运算符	作　用
—	减	％	模数除（取余）
＋	加	— —	减量（－1）
＊	乘	＋ ＋	增量（＋1）
/	除		

表 6.7 关系运算符

运算符	含　义	运算符	含　义
＞	大于	<=	小于等于
＞=	大于等于	= =	等于
＜	小于	! =	不等于

C 语言支持全部的位操作，因为 C 语言最初的设计目的是取代汇编语言。位操作是对 char 或 int 中的位进行测试、置位或移位处理。位操作不能用于浮点数，位操作在单片机输入、输出、读写寄存器等操作中使用。对无符号数而言，当某位从一端移出，另一端则移入，移位不同于循环，从一端移出的位并不回送到另一端，移出的位永远消失了，同时在另一端补 0。然而，一个负数左移一位后，则在右边补 1。位操作还可用于整数的快速乘除法运算，左移一位等价于乘 2，右移一位等价于除以 2。表 6.9 列出了位操作的操作符。

表 6.8 逻辑运算符

运算符	含　义
＆＆	与
‖	或
!	非

表 6.9 位操作符

操作符	含　义	操作符	含　义
＆	与（AND）	～	1 的补（NOT）
｜	或（OR）	<<	右移
∧	异或（XOR）	>>	左移

指针又称指针变量是包含一个数据对象内存地址的特殊变量，指针变量中只能存放地址。指针的基本类型定义了该指针所指向的变量的类型。在某些程序中，知道变量的地址是非常有用的，例如，要将某一块的内容移到内存的另一个地址中，用指针就非常方便。与指针变量有关的运算符有两个：取地址运算符 ＆ 和间接访问运算符 ＊。例如：＆a 为取变量 a 的地址，＊p 为指针变量 p 所指向的变量。指针变量经过定义之后可以像其他基本类型变量一样引用。指针在 C 语言中有三种主要用途：① 提供快速引用数组元素的手段；② 允许

C语言的函数修改共同用参数;③ 支持动态数据结构。

利用指针变量可以实现对内存地址的直接操作。图6.21是8051单片机与模数转换器ADC0809的一种接口电路,设其端口地址为00F0H。下例给出了针对该电路的A/D转换程序。ADC0809具有8个模拟量输入通道,采用中断工作方式。在中断函数中读取8个通道的A/D转换值,分别存储到外部RAM的1000H~1007H单元。程序中定义了两个指针变量 * ADC 和 * ADCdata,分别指向 ADC0809接口地址(00F0H)和外部RAM单元地址(1000H~1007H)。在main()函数中通过赋值语句 * ADC= i;启动ADC0809进行A/D转换,转换结束时产生INT1中断。在中断服务函数int1()中通过赋值语句tmp= * ADC;和 * ADCdata=tmp;读取A/D转换的结果值并存储到外部RAM单元中去。

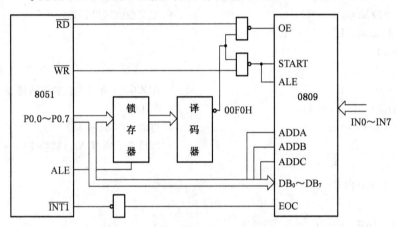

图6.21　8031单片机与ADC0809的接口电路

例:利用指针变量完成A/D接口的启动和读取结果值。

```
#include <reg51.h>
    unsigned char xdata * ADC;              /* 定义 ADC0809 端口指针 */
    unsigned char xdata * ADCdata;          /* 定义 ADC0809 数据缓冲器指针 */
    unsigned char i;
void main()
{
    ADC=(unsigned char * )0x00f0;           /* 定义端口地址和数据缓冲器地址 */
    ADCdata= (unsigned char * )0x1000;
    i= 8;                                   /* ADC0809 有 8 个模拟输入通道 */
    EA=1;EX1= 1;IT1= 1;                     /* 开中断 */
    * ADC= i;                               /* 启动 ADC0809 */
    while(i);                               /* 等待 8 个通道 A/D 转换完毕 */
}
void int1()Interrupt 2
{
    unsigned char temp;
    temp= * ADC;                            /* 读取 A/D 转换结果 */
    * ADCdata= temp;                        /* 结果值存储到数据缓冲器 */
```

```
    ADCdata++;                              /* 数据缓冲器指针地址加 1 */
    i--;
    *ADC= i;                                /* 启动下一个模拟输入通道 A/D 转换 */
    }
```

在实际应用中除了可以采用指针变量来实现对内存地址的直接操作之外,C51 编译器还提供一组预定义宏,该宏定义文件为"absacc. h"利用它可以十分方便地实现对任意内存空间的直接操作。采用这种方法可将上例的程序改写如下:

```
#include <reg51.h>
#include <absacc.h>                         /* 包含绝对地址操作预定义头文件 */
#define   ADC  0x00f0                        /* 定义 ADC0809 端口地址 */
#define   ADCdata  0x1000                     /* 定义数据缓冲器地址 */
    unsigned  char  i;
void  main()
{
    i= 8;                                   /* ADC0809 有 8 个模拟输入通道 */
    EA=1;EX1=1;IT1= 1;                       /* 开中断 */
    XBYTE[ADC]= i;                           /* 启动 ADC0809 */
    While(i);                               /* 等待 8 个通道 A/D 转换完毕 */
}
void int1()Interrupt 2
{
    unsigned  char  temp;
    temp=XBYTE[ ADC ];                       /* 读取 A/D 转换结果 */
    i--;
    XBYTE[ADcdata+i]=temp;                   /* 结果值存储到数据缓冲器 */
    XBYTE[ ADC ]=i;                          /* 启动下一个模拟输入通道 A/D 转换 */
}
```

6.6.3　使用 Keil ARM 的 STM32 软件设计

由于嵌入式处理器的速度越来越快,内存容量越来越大,随着 arm 公司的 cortex-m3 以及 cortex-m4 系列的兴起,越来越多的基于 8051 的设计正在往 m3 以及 m4 的芯片上转移。由于 Keil 的风格未变,这种转移不难。

STM32 的软件可以使用 RealView MDK,在 Keilμ Vision5 环境中实现编译调试。启动代码和系统硬件结合紧密,必须用汇编语言编写,因而成为许多工程师难以跨越的门槛。RealView MDK 开发工具可以帮您自动生成完善的启动代码,并提供图形化的窗口,随您轻松修改。无论对于初学者还是有经验的开发工程师,都能大大节省时间,提高开发效率。

RealView MDK 无需寻求第三方编程软件与硬件支持,通过配套的 ULINK2 仿真器与 Flash 编程工具,轻松实现 CPU 片内 FLASH、外扩 FLASH 烧写,并支持用户自行添加 FLASH 编程算法;而且能支持 FLASH 整片删除、扇区删除、编程前自动删除以及编程后自动校验等功能。

32 位机变量数据类型与 8 位机在整型变量方面有所不同,如表 6.10 所示。

表 6.10 32 位机变量数据类型

数据类型	类型符号	占用字节数	数据类型	类型符号	占用字节数
整型	int	4	无符号长整型	unsigned long	4
短整型	short	2	单精度实型	float	4
长整型	long	4	双精度实型	double	8
无符号整型	unsigned int	4	字符型	char	1
无符号短整型	unsigned short	2			

STM32F4 有丰富的片上外设,通过对芯片的选型,一般能找到满足要求的片上外设。片上外设的软件是通用的,意法半导体公司官网和国内众多代理商网站特别是学习网站可以找到所有 STM32F4 片上外设的免费软件例程,以及中断例程。学习这些例程时,请先把例程的工程目录复制下来,因为这些例程的头文件(.h 文件)往往分布在不同的子目录下,避免刚开始学习时编译失败的困境。国内一般商用开发学习板厂商也提供了汇总的例程光盘或下载出处。

STM32F4 可运行 RealView Real-Time Library (RealView RTL)实时库。RealView RTL 是为解决基于 ARM MCU 的嵌入式系统中的实时及通信问题而设计的紧密耦合库集合。它包含四个部分:RTX 实时内核、Flash 文件系统、TCP/IP 协议簇、RTL-CAN(控制域网络)。

RealView 实时库可以解决嵌入式开发中的如下几个常见问题:

多任务 (可以在单 CPU 上管理几个工作或任务);

实时控制 (可以控制任务在既定时间内完成);

任务间通信 (可以实现系统中的任务间通信);

Internet 连接(通过以太网或串口(Modem));

嵌入式 Web 服务器(包括 CGI 脚本);

E-mail 公告(通过 SMTP)。

现已经有多种实时系统适用于 STM32,如 RTX,μCOS-Ⅱ,FreeRTOS embOS,μCOS-Ⅲ。未来的可穿戴电子产品,预测很多也都是基于实时的,因为这些电子产品的功能不会太单一和简单,但是也需要一定的实时性,而且低功耗也很重要,并不需要像 Linux 这样的复杂系统,实时系统应该是最佳的选择。物联网的节点,由于需要跑协议栈,比如 zigbee 协议栈等,所以实时系统也是大有可为。由于目前的嵌入式环境日趋于复杂,使软件的复杂性大大增加,网络协议栈,文件系统,GUI 等在很多环节都是需要的,更大的催生了对实时系统的需求。RTX 目前只限于 ARM 单片机,多任务切换速度最快,只有英文技术文档。μCOS-Ⅲ的中外技术文档和网上讨论非常多。μCOS-Ⅲ的功能也最多。从事单片机工作的人员,应该精通实时系统的软件技术。

μCOS-Ⅲ最主要的目标是提供一流的实时内核以适应更新很快的嵌入式产品。使用像 uCOS-Ⅲ那样具有雄厚的基础和稳定的框架的商业实时内核,能够帮助设计师们处理日益复杂的嵌入式设计。μCOS-Ⅲ(Micro COS Three—微型的 C 语言编写的操作系统第 3 版)有如下特点:

① 源代码 μCOS-Ⅲ完全根据 ANSI-C 标准写的。

② 应用程序接口（API） μCOS-Ⅲ是很直观的。如果你熟悉类似的编码规范，你能轻松地知道函数名所对应的服务，以及需要怎样的参数。

③ 抢占式多任务处理 μCOS-Ⅲ是一个抢占式多任务处理内核，因此，μCOS-Ⅲ正在运行的经常是最重要的就绪任务。

④ 时间片轮转调度 μCOS-Ⅲ允许多个任务拥有相同的优先级。当多个相同优先级的任务就绪时，并且这个优先级是目前最高的。μCOS-Ⅲ会分配用户定义的时间片给每个任务去运行。每个任务可以定义不同的时间片。当任务用不完时间片时可以让出 CPU 给另一个任务。

⑤ 快速响应中断 μCOS-Ⅲ有一些内部的数据结构和变量。μCOS-Ⅲ保护临界段可以通过锁定调度器代替关中断。因此关中断的时间会非常少。这样就使 μCOS-Ⅲ可以响应一些非常快的中断源了。

⑥ 确定性 μCOS-Ⅲ的中断响应时间是可确定的，μCOS-Ⅲ提供的大部分服务的执行时间也是可确定的。

⑦ 可扩展 根据应用的需求，代码大小可以被调整。编译时通过调整 μCOS-Ⅲ源代码中的大约 40 个 #define 可以在添加或移除一些功能。μCOS-Ⅲ的服务还提供一些实时检查功能。特别的，μCOS-Ⅲ能检传递的参数是否为 NULL 指针，ISR 是否就绪了任务级服务。参数有允许范围，指定选项都是有用的。检测功能可以被关闭（在编译时）以提供更好的性能和缩减代码大小。实际上，可扩展的 μCOS-Ⅲ支持更广泛的应用和项目。

⑧ 易移植 μCOS-Ⅲ可以被移植到大部分的 CPU 架构中。

⑨ 可固化的 μCOS-Ⅲ专为嵌入式系统设计，它可以跟应用程序代码一起被固化。

⑩ 可实时配置 μCOS-Ⅲ允许用户在运行时配置内核。特别的，所有的内核对象如任务、堆栈、信号量、事件标志组、消息队列、消息、互斥信号量、内存分区、软件定时器等都是在运行时分配的，以免在编译时的过度分配。

⑪ 任务数无限制 μCOS-Ⅲ对任务数量无限制。

⑫ 优先级数无限制 μCOS-Ⅲ对优先级的数量无限制。

⑬ 内核对象数无限制 μCOS-Ⅲ支持任何数量的任务、信号量、互斥信号量、事件标志组、消息队列、软件定时器、内存分区。用户在运行时分配所有的内核对象。

⑭ 服务 μCOS-Ⅲ提供了高档实时内核所需要的所有功能，例如任务管理、时间管理、信号量、事件标志组、互斥信号量、消息队列、软件定时器、内存分区等。

⑮ 互斥信号量 互斥信号量用于资源管理。它是一个内置优先级的特殊类型信号量，用于消除优先级反转。互斥信号量可以被嵌套，因此，任务可申请同一个互斥信号量多达 250 次。当然，互斥信号量的占有者需要释放同等次数。

⑯ 嵌套的任务停止 μCOS-Ⅲ允许任务停止自身或者停止另外的任务。停止一个任务意味着这个任务将不再执行直到被其他的任务恢复。停止可以被嵌套到 250 级。换句话说，一个任务可以停止另外的任务多达 250 次。当然，这个任务必须被恢复同等次数才有资格再次获得 CPU。

⑰ 软件定时器 可以定义任意数量的一次性的、周期性的，或者两者兼有的定时器。定时器是倒计时的，执行用户定义的行为一直到计数减为 0。每一个定时器可以有自己的行为，如果一个定时器是周期性的，计数减为 0 时会自动重装计数值并执行用户定义的行为。

⑱ 挂起多个对象　μCOS-Ⅲ允许任务等待多个事件的发生。特别的,任务可以同时等待多个信号量和消息队列被提交。等待中的任务在事件发生的时候被唤醒。

⑲ 任务信号量　μCOS-Ⅲ允许 ISR 或者任务直接地发送信号量给其他任务。这样就避免了必须产生一个中间级内核对象如一个信号量或者事件标志组只为了标记一个任务。提高了内核性能。

⑳ 任务消息　μCOS-Ⅲ允许 ISR 或者任务直接发送消息到另一个任务。这样就避免产生一个消息队列,提高了内核性能。

㉑ 任务寄存器　每一个任务可以拥有用户可定义的任务寄存器,不同于 CPU 寄存器。

㉒ 错误检测　μCOS-Ⅲ能检测指针是否为 NULL、在 ISR 中调用的任务级服务是否允许、参数在允许范围内、配置选项的有效性、函数的执行结果等。每一个 μCOS-Ⅲ 的 API 函数返回一个对应于函数调用结果的错误代号。

㉓ 内置的性能测量　μCOS-Ⅲ有内置性能测量功能。能测量每一个任务的执行时间,每个任务的堆栈使用情况,任务的执行次数,CPU 的使用情况,ISR 到任务的切换时间,任务到任务的切换时间,列表中的峰值数,关中断、锁调度器平均时间等。

㉔ 可优化　μCOS-Ⅲ被设计于能够根据 CPU 的架构被优化。μCOS-Ⅲ所用的大部分数据类型能够被改变,以更好地适应 CPU 固有的字大小。优先级调度法则可以通过编写一些汇编语言而获益于一些特殊的指令如位设置、位清除、计数清零指令(CLZ),find-first-one(FF1)指令。

㉕ 死锁预防　μCOS-Ⅲ中所有的挂起服务都可以有时间限制,预防死锁。

㉖ 任务级的时基处理　μCOS-Ⅲ有时基任务,时基 ISR 触发时基任务。μCOS-Ⅲ使用了哈希列表结构,可以大大减少处理延时和任务超时所产生的开支。

㉗ 用户可定义的钩子函数　μCOS-Ⅲ允许程序员定义 hook 函数,hook 函数被 μCOS-Ⅲ调用。hook 函数允许用户扩展 μCOS-Ⅲ的功能。有的 hook 函数在任务切换的时候被调用,有的在任务创建的时候被调用,有的在任务删除的时候被调用。

㉘ 时间戳　为了测量时间,μCOS-Ⅲ需要一个 16 位或者 32 位的时间戳计数器。这个计数器值可以在运行时被读取以测量时间。例如:当 ISR 提交消息到任务时,时间戳计数器自动读取并保存作为消息。当接收者接收到这条消息,时间戳被提供在消息内。通过读取现在的时间戳,消息的响应时间可以被确定。

㉙ 嵌入的内核调试器　这个功能允许内核调试器查看 μCOS-Ⅲ的变量和数据结构通过一个用户定义的通道。μCOS-Ⅲ内核也支持 μC/Probe(探针)在运行时显示信息。

㉚ 对象名称　每个 μCOS-Ⅲ的内核对象有一个相关联的名字。这样就能很容易地识别出对象所指定的作用。分配一个 ASCII 码的名字给任务、信号量、互斥信号量、事件标志组、消息队列、内存块、软件定时器。对象的名字长度没有限制,但是必须以空字符结束。

通过以下一个实例来演示 μCOS-Ⅲ任务管理例程的主要部分。该实例创建 LED1、LED2 和 LED3 三个应用任务,三个任务的优先级均是 3,本实例使用时间片轮转调度它们运行。系统开始运行后,三个任务均每隔 1 s 切换一次自己的 LED 灯的亮灭状态。当 LED2 和 LED3 两个任务切换 5 次后就均挂起自身,停止切换。而 LED1 依然继续切换 LED1,当 LED1 切换 10 次时,会恢复 LED2 和 LED3 两个任务运行。依次循环。这里是一个框架示例,可用其他实用程序代替示例中的 LED 任务,创建与配置是必不可少的。

```
include <includes. h>
# include <string. h>
//     TCB(任务控制块)
static   OS_TCB    AppTaskStartTCB;                              //任务控制块
static   OS_TCB    AppTaskLed1TCB;
static   OS_TCB    AppTaskLed2TCB;
static   OS_TCB    AppTaskLed3TCB;
// STACKS(堆栈)
static   CPU_STK   AppTaskStartStk[APP_TASK_START_STK_SIZE];     //任务堆栈
static   CPU_STK   AppTaskLed1Stk [ APP_TASK_LED1_STK_SIZE ];
static   CPU_STK   AppTaskLed2Stk [ APP_TASK_LED2_STK_SIZE ];
static   CPU_STK   AppTaskLed3Stk [ APP_TASK_LED3_STK_SIZE ];
//     FUNCTION PROTOTYPES(函数声明)
static   void   AppTaskStart (void * p_arg);                     //任务函数声明
static   void   AppTaskLed1 (void * p_arg);
static   void   AppTaskLed2 (void * p_arg);
static   void   AppTaskLed3 (void * p_arg);
//     主函数
int   main (void)
{
    OS_ERR   err;
    OSInit(&err);                                               //初始化 μCOS-Ⅲ
// 创建起始任务
  OSTaskCreate((OS_TCB      * )&AppTaskStartTCB,                //任务控制块地址
    (CPU_CHAR     * )"App Task Start",                          //任务名称
    (OS_TASK_PTR)AppTaskStart,                                 //任务函数
    (void        * ) 0,//传递给任务函数(形参 p_arg)的实参
    (OS_PRIO     )APP_TASK_START_PRIO,                         //任务的优先级
    (CPU_STK     * )&AppTaskStartStk[0],//任务堆栈的基地址
    (CPU_STK_SIZE) APP_TASK_START_STK_SIZE / 10,
                                 //任务堆栈空间剩下 1/10 时限制其增长
    (CPU_STK_SIZE) APP_TASK_START_STK_SIZE,//任务堆栈空间(单位:sizeof(CPU_STK))
    (OS_MSG_QTY  ) 5u,//任务可接收的最大消息数,u 后缀为 定义 unsigned 类型
    (OS_TICK)0u,//任务的时间片节拍数(0 表默认值 OSCfg_TickRate_Hz/10)
    (void    * ) 0,//任务扩展(0 表不扩展)
    (OS_OPT) (OS_OPT_TASK_STK_CHK | OS_OPT_TASK_STK_CLR),//任务选项
    (OS_ERR    * )&err);                                       //返回错误类型
  OSStart(&err);//启动多任务管理(交由 μCOS-Ⅲ控制)
}
//STARTUP TASK
static   void   AppTaskStart (void * p_arg)
{
```

```
    CPU_INT32U  cpu_clk_freq;
    CPU_INT32U  cnts;
    OS_ERR      err;
    (void)p_arg;
    BSP_Init();                                         //板级初始化
    CPU_Init();//初始化 CPU 组件(时间戳、关中断时间测量和主机名)
    cpu_clk_freq=BSP_CPU_ClkFreq();//获取 CPU 内核时钟频率(SysTick 工作时钟)
    cnts=cpu_clk_freq / (CPU_INT32U)OSCfg_TickRate_Hz;
                        //根据用户设定的时钟节拍频率计算 SysTick 定时器的计数值
    OS_CPU_SysTickInit(cnts);//调用 SysTick 初始化函数,设置定时器计数值和启动定时器
    Mem_Init();      //初始化内存管理组件(堆内存池和内存池表)
#if OS_CFG_STAT_TASK_EN > 0u      //如果使能(默认使能)了统计任务
    OSStatTaskCPUUsageInit(&err);          //计算没有应用任务,只有空闲任务
#endif      //容量(决定 OS_Stat_IdleCtrMax 的值,为后面计算 CPU 使用率使用)。
    CPU_IntDisMeasMaxCurReset();          //复位(清零)当前最大关中断时间
//配置时间片轮转调度
    OSSchedRoundRobinCfg((CPU_BOOLEAN)DEF_ENABLED,
                        //使能时间片轮转调度
          (OS_TICK)0,                      //把 OSCfg_TickRate_Hz/10 设为默认时间片值
(OS_ERR *)&err);          //返回错误类型
//创建 LED1 任务
  OSTaskCreate((OS_TCB      *)&AppTaskLed1TCB,//任务控制块地址
    (CPU_CHAR    *)"App Task Led1",          //任务名称
    (OS_TASK_PTR)AppTaskLed1,                //任务函数
    (void    *)0,                           //传递给任务函数(形参 p_arg)的实参
    (OS_PRIO)APP_TASK_LED1_PRIO,            //任务的优先级
    (CPU_STK    *)&AppTaskLed1Stk[0],       //任务堆栈的基地址
    (CPU_STK_SIZE) APP_TASK_LED1_STK_SIZE / 10,
                                    //任务堆栈空间剩下 1/10 时限制其增长
    (CPU_STK_SIZE) APP_TASK_LED1_STK_SIZE,  //任务堆栈空间(单位:sizeof(CPU_STK))
    (OS_MSG_QTY  ) 5u,                      //任务可接收的最大消息数
    (OS_TICK    )0u,                        //任务的时间片节拍数(0 表默认值)
    (void      *)0,                         //任务扩展(0 表不扩展)
    (OS_OPT)(OS_OPT_TASK_STK_CHK | OS_OPT_TASK_STK_CLR),          //任务选项
    (OS_ERR    *)&err);                     //返回错误类型
//  创建 LED2 任务
    OSTaskCreate((OS_TCB    *)&AppTaskLed2TCB,//任务控制块地址
    (CPU_CHAR    *)"App Task Led2",          //任务名称
    (OS_TASK_PTR)AppTaskLed2,                //任务函数
    (void        *)0,                       //传递给任务函数(形参 p_arg)的实参
    (OS_PRIO    )APP_TASK_LED2_PRIO,         //任务的优先级
    (CPU_STK    *)&AppTaskLed2Stk[0],        //任务堆栈的基地址
```

```
                (CPU_STK_SIZE) APP_TASK_LED2_STK_SIZE / 10,
                                              //任务堆栈空间剩下 1/10 时限制其增长
                (CPU_STK_SIZE) APP_TASK_LED2_STK_SIZE,  //任务堆栈空间(单位:sizeof(CPU_STK))
                (OS_MSG_QTY  ) 5u,                        //任务可接收的最大消息数
                (OS_TICK     ) 0u,                        //任务的时间片节拍数(0 表默认值)
                (void        * ) 0,                       //任务扩展(0 表不扩展)
                (OS_OPT      )(OS_OPT_TASK_STK_CHK | OS_OPT_TASK_STK_CLR), //任务选项
                (OS_ERR      * )&err;                     //返回错误类型
            //创建 LED3 任务
            OSTaskCreate((OS_TCB      * )&AppTaskLed3TCB,      //任务控制块地址
                (CPU_CHAR    * )"App Task Led3",          //任务名称
                (OS_TASK_PTR)AppTaskLed3,                 //任务函数
                (void        * ) 0,                       //传递给任务函数(形参 p_arg)的实参
                (OS_PRIO     )APP_TASK_LED3_PRIO,         //任务的优先级
                (CPU_STK     * )&AppTaskLed3Stk[0],       //任务堆栈的基地址
                (CPU_STK_SIZE) APP_TASK_LED3_STK_SIZE / 10,  //任务堆栈空间剩下 1/10 时限制其增长
                (CPU_STK_SIZE) APP_TASK_LED3_STK_SIZE,
                                              //任务堆栈空间(单位:sizeof(CPU_STK))
                (OS_MSG_QTY  ) 5u,                        //任务可接收的最大消息数
                (OS_TICK     ) 0u,                        //任务的时间片节拍数(0 表默认值)
                (void        * ) 0,                       //任务扩展(0 表不扩展)
                (OS_OPT)(OS_OPT_TASK_STK_CHK | OS_OPT_TASK_STK_CLR), //任务选项
                (OS_ERR      * )&err;                     //返回错误类型
            OSTaskDel (0, & err);                         //删除起始任务本身,该任务不再运行
        }
        //LED1 TASK
        static  void  AppTaskLed1 (void * p_arg)
        {
            OS_ERR      err;
            OS_REG      value;
            (void)p_arg;
            while (DEF_TRUE) {              //任务体,通常写成一个死循环
                macLED1_TOGGLE ();         //切换 LED1 的亮灭状态,可换其他任务软件
                value=OSTaskRegGet (0, 0, & err);//获取自身任务寄存器值
                if (value < 10)            //如果任务寄存器值<10
                {
                    OSTaskRegSet (0, 0, ++ value, & err);//继续累加任务寄存器值
                }
                else                       //如果累加到 10
                {
                    OSTaskRegSet (0, 0, 0, & err);//将任务寄存器值归 0
                    OSTaskResume (& AppTaskLed2TCB, & err);//恢复 LED2 任务
```

```
            OSTaskResume（& AppTaskLed3TCB，& err）；//恢复 LED3 任务
        }
        OSTimeDly（1000，OS_OPT_TIME_DLY，& err）；//相对性延时 1 000 个时钟节拍(1s)
    }
}
//    LED2 TASK
static　void　AppTaskLed2（void ∗ p_arg）
{
    OS_ERR        err；
    OS_REG        value；
    （void）p_arg；
    while（DEF_TRUE）{          //任务体,通常写成一个死循环
      macLED2_TOGGLE（）；        //切换 LED2 的亮灭状态,可换其他任务软件
      value＝OSTaskRegGet（0，0，& err）；       //获取自身任务寄存器值
      if（value ＜ 5）                //如果任务寄存器值<5
      {
        OSTaskRegSet（0，0，＋＋ value，& err）；   //继续累加任务寄存器值
      }
      else                      //如果累加到 5
      {
        OSTaskRegSet（0，0，0，& err）；        //将任务寄存器值归 0
        OSTaskSuspend（0，& err）；          //挂起自身
      }
      OSTimeDly（1000，OS_OPT_TIME_DLY，& err）；//相对性延时 1 000 个时钟节拍(1s)
  }
}
//　LED3 TASK
static　void　AppTaskLed3（void ∗ p_arg）
{
  OS_ERR        err；
  OS_REG        value；
  （void）p_arg；
  while（DEF_TRUE）{                      //任务体,通常写成一个死循环
    macLED3_TOGGLE（）；                   //切换 LED3 的亮灭状态,可换其他任务软件
    value＝OSTaskRegGet（0，0，& err）；      //获取自身任务寄存器值
    if（value ＜ 5）                        //如果任务寄存器值<5
    {
        OSTaskRegSet（0，0，＋＋ value，& err）；   //继续累加任务寄存器值
    }
    else                                //如果累加到 5
    {
        OSTaskRegSet（0，0，0，& err）；            //将任务寄存器值归零
```

```
        OSTaskSuspend (0, & err);                    //挂起自身
    }
    OSTimeDly (1000, OS_OPT_TIME_DLY, & err);        //相对性延时 1 000 个时钟节拍(1 s)
  }
}
```

早期嵌入式开发没有嵌入式操作系统的概念,直接操作裸机,在裸机上写程序,比如用 51 单片机基本就没有操作系统的概念。通常把程序分为两部分:前台系统和后台系统。

简单的小系统通常是前后台系统,这样的程序包括一个死循环和若干个中断服务程序:应用程序是一个无限循环,循环中调用 API 函数完成所需的操作,这个大循环就叫做后台系统。中断服务程序用于处理系统的异步事件,也就是前台系统。前台是中断级,后台是任务级。发展到 32 位单片机才开始强调实时操作系统。

RTOS 全称为:Real Time OS,就是实时操作系统,强调的是:实时性。实时操作系统又分为硬实时和软实时。硬实时要求在规定的时间内必须完成操作,硬实时系统不允许超时,在软实时里面处理过程超时的后果就没有那么严格。在实时操作系统中,我们可以把要实现的功能划分为多个任务,每个任务负责实现其中的一部分,每个任务都是一个很简单的程序,通常是一个死循环。

RTOS 操作系统的核心内容在于实时内核,有 UCOS,FreeRTOS,RTX,RT-Thread,DJYOS 等等。这些 RTOS 操作系统一般只占用 10 KB 左右的程序空间,与应用程序一起编译加载。

6.7　ARM 处理器及嵌入式 Linux 操作系统简介

6.7.1　ARM 处理器简介

1) ARM 是什么

ARM 是 Advanced RISC Machines 的缩写,既代表了一个公司的名字,也是对一类架构微处理器的通称,还可以认为是一种技术的统称。

ARM 是一家设计公司,1991 年成立于英国剑桥。它设计了大量高性能、廉价、耗能低的 RISC 处理器、相关技术及软件。ARM 公司本身不生产芯片,它采用转让 IP 许可证制度,由合作伙伴生产各具特色的芯片。世界各大半导体生产商从 ARM 公司购买其设计的 ARM 微处理器核,根据各自不同的应用领域,加入适当的外围电路,从而形成自己的 ARM 微处理器芯片进入市场。

现在总共有 30 家半导体公司与 ARM 签订了硬件技术使用许可协议,ARM 商品模式的强大之处在于它在世界范围有超过 100 个的合作伙伴。利用这种合伙关系,ARM 很快成为许多全球性 RISC 标准的缔造者。

2) RISC 是什么

对处理器的指令集研究发现,只有大约 20% 的指令是最常用的,因此可以把处理器要执行的指令数目减少到最低限度,并对它们的执行过程进行优化,就能极大地提高处理的工作

速度。从而产生了 RISC(Reduced Instruction Set Computing,精简指令运算集)处理器。它的指令系统相对简单,它只要求硬件执行很有限且最常用的那部分指令,大部分复杂的操作则使用成熟的编译技术,由简单指令合成。其结果是,以相对少的晶体管可设计出极快的微处理器。一般来说,RISC 处理器比同等的 CISC(Complex Instruction Set Computer,复杂指令集计算机)处理器要快 50%~75%,同时 RISC 处理器更容易设计和纠错。这种架构可以降低 CPU 的复杂性以及允许在同样的工艺水平下生产出功能更强大的 CPU,但对于编译器的设计有更高的要求。

3) ARM 处理器的性能特点

ARM 架构是面向低预算市场设计的第一款 32 位 RISC 微处理器。它与常见的 8 位机和 16 位机比较,具有更高的运算能力,支持更大的地址空间。在性能上,ARM 已与 X86 架构 PC 较为接近,但保留了极低的功耗和成本。该处理器还有一个重要的特点:有众多合作伙伴以及高性能、多品种并且持续不断地发展的支持软件。从而使 ARM 在 32 位嵌入式应用领域占据了领导地位。

ARM 处理器本身是 32 位设计,但也配备 16 位指令集。一般来讲 ARM 的程序代码比等价的 32 位代码要节省 35%,而且保留了 32 位系统的所有优势。CPU 功能上增加 DSP 指令集提供增强的 16 位和 32 位算术运算能力,提高了性能和灵活性。

ARM Cortex TM-M4 内核,是为单片机设计的,而 ARM9,ARM11 等是为嵌入式系统设计的。ARM 当前有几个产品系列:ARM7、ARM9、ARM9E、ARM10、ARM11 和 Secur-Core。ARM 公司在经典处理器 ARM11 以后的产品改用 Cortex 命名。其中 ARM9 系列用低功耗 32 位核,其特点是:① 五段流水线;② 哈佛结构;③ 高速缓存。ARM10 系列硬宏单元,比同等的 ARM9 器件性能提高 50%,具体有:① 64 位 AHB(Advanced High perform-ance Bus)指令和数据接口;② 6 段流水线;③ 1.25MIPS/MHz 速率。SecurCore SC100 是特地为安全市场设计的产品,具有专门抵制窜改和反向工程的设施,还带有灵活的保护单元确保操作系统和应用数据的安全。ARM 多核处理器是当前的发展趋势。例如 ARM11 MPCore 使用多核处理器结构,可实现从 1 个内核到 4 个内核的多核可扩展性。CPU 降速可以降低发热,多核可以提高总体性能,特别是响应速度。现在智能手机使用的多核芯片更新非常之快,现已达到 8 核。多核软件设计一直具有挑战性。

嵌入式开发分四个方向:① 硬件;② 驱动;③ 操作系统;④ 应用层软件。嵌入式硬件开发,即芯片的外围电路设计。嵌入式内核移植,底层驱动开发,要求开发者会看懂一些数字电路,能写一些简单的汇编语言,精通 C 语言,了解 ARM 的基本架构,对 Linux 内核了解越深越好,会编写驱动。嵌入式应用开发,要求开发者会 C++或 android 等,精通一门面向对象语言。单片机、DSP、基于 FPGA 的 SOPC 开发也有这四个方面,但是分工就没有这样明确了,当然所需外围硬件也少得多。

6.7.2 运行 Linux 的通用 ARM 最小系统

可以运行 Linux 的通用 ARM 最小系统包含电源电路、时钟电路、复位电路、调试电路、存储器系统、嵌入式控制器。如图 6.22 所示。

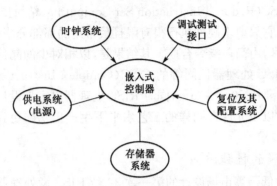

图 6.22　可以运行 Linux 的 ARM 最小系统

　　嵌入式控制器 CPU 与存储器系统闪存 Flash、动态存储器 DDR 通过并行的数据总线、地址总线和控制总线连接，电路线很多，线路延时要求一致，消脉冲沿震荡。还要注意抗电磁干扰设计。前面提到的 STM32F 由存储器系统在片内，所以硬件设计要简单多了。但是 STM32F407 比高档 ARM 还有许多功能难于实现，如 GHz 速度、多任务大系统、图形加速等等。很多商用的通用的 ARM 模块或模板，把最小系统封装在一起，仅把嵌入式控制器片上外设引脚引到模板边沿对外引出端，供扩展用。板子设计

图 6.23　一种树莓派模板硬件图，B＋型

得很小巧，并提供了二次开发指导，以及众多例程源代码。"树莓派"就是其中的一种（见图 6.23）。

　　Raspberry Pi（中文名为"树莓派"，简写为 RPi，（或者 RasPi／RPI）是为学习计算机编程教育而设计，只有信用卡大小的微型电脑，其系统基于 Linux。随着 Windows 10 IoT 的发布，我们也将可以用上运行 Windows 的树莓派。就像其他任何一台运行 Linux 系统的台式计算机或者便携式计算机那样，利用 Raspberry Pi 可以做很多事情。当然，也难免有一点点不同。普通的计算机主板都是依靠硬盘来存储数据，但是 Raspberry Pi 来说使用 SD 卡作为"硬盘"，你也可以外接 USB 硬盘。利用 Raspberry Pi 可以编辑 Office 文档、浏览网页、玩游戏-即使玩需要强大的图形加速器支持的游戏也没有问题。图 6.23 是一种树莓派模板硬件。最新版本 RPi3B＋，CPU（SoC 系统芯片）为 BCM2837B0，ARM Cortex-A53 四核，1.4 GHz。表 6.11 为树莓派版本比较。

　　与树莓派模板配套的有如下设备：

　　一张 Micro SD 记忆卡

　　一个 SD 读卡器，用于将系统映像写入到 Micro SD 卡中的供电来源。可以用一个旧的安卓手机充电器——一个 5V 的 micro USB 接口充电器为它供电。

　　如果用的普通显示器而不是高清电视，需要一条 HDMI 连接线与 HDMI-DVI 转换器。如果显示器支持 HDMI 或者打算使用电视机进行连接，那么就可以省去转换器了。

USB 接口的键盘和鼠标

一条以太网线

在新购的树莓派套件中,SD 卡中已经复制了操作系统镜像,模块上电即可工作。如果需要,树莓派官网上有多种操作系统可以替换。操作方法网上可以找到。

树莓派模块上可以用 Python 编程,实现人工智能 AI 方面的软件要求。Python 是一种综合语言,能实现后端、前端、GUI、科学运算、网络编程、大数据开发等等要求,如果涉及复杂的程序任务,比起用 C 语言,Python 的原代码长度要缩短到五分之一,甚至十分之一,例如利用 python 做网络爬虫等等。Python 也可以安装在 PC 机的 Windows 或 Linux 系统中。目前 Python 程序员需求旺盛。

表 6.11 树莓派版本比较

项目	树莓派各版本参数比较: RPi Zero、RPi Zero W、RPi Zero WH、RPi A+、RPi B、RPi B+、RPi2 B、RPi3 B、RPi3 B+								
	Zero	Zero W	Zero WH	A+型	B 型	B+型	2 代 B 型	3 代 B 型	3 代 B+
SoC(系统芯片)	BCM2835						BCM2836	BCM2837	BCM2837B0
	(CPU,GPU DSP 和 SDRAM)								
CPU(中央处理)	ARM1176JZF-S 核心(ARM11 系列)700MHz 单核						ARM Cortex-A7 900MHz 四核	ARM Cortex-A53 四核	
								1.2GHz	1.4GHz
GPU(图形处理)	Broadcom VideoCore IV, OpenGL ES 2.0, 1080p 30 h.264/MPEG-4 AVC 高清解码器								
内存	512MB	256MB		512MB				1GB	
USB 2.0	1(注:Zero 为 micro USB 口)			2			4		
	支持 USB hub 扩展								
视频输出	RCA 视频接口输出(仅 1 代 B 型有此接口),支持 PAL 和 NTSC 制式,支持 HDMI (1.3 和 1.4),分辨率为 640 x 350 至 1920 x 1200 支持 PAL 和 NTSC 制式。								
音频输出	3.5mm 插孔(Zero 无此项),HDMI(高清晰度多音频/视频接口)								
SD 卡接口	Micro SD 卡接口			标准 SD 卡接口			Micro SD 卡接口		
网络介入	没有(仅 Zero W 带有 WiFi 和蓝牙)			10/100 以太网接口(RJ45 接口),3 代 B+为高速以太网(300Mbps)					
	3 代 B 支持 WiFi 和蓝牙 4.1;3 代 B+支持双频 2.4GHz 和 5GHz 的 WiFi 和蓝牙 4.2								
扩展接口	40			26			40		
额定功率	未知,但更低			700 mA(3.5 W)	600 mA(3.0 W)	1 000 mA(5.0 W)		未知,但更高	
电源输入	5v,通过 MicroUSB 或 GPIO 引脚								
总体尺寸	65 mm×30 mm×5 mm			65 mm×56 mm	85.6 mm×53.98 mm		85 mm×56 mm×17 mm		
操作系统	Debian GNU/Linux、Fedora、Arch Linux、RISC OS								
	2 代 B 型、3 代 B 型、3 代 B+还支持 Windows10 和 Snappy Ubuntu Core,官方会持续更新以支持更多操作系统。								

6.7.3 Linux 嵌入式操作系统简介

1)概述

根据应用领域来划分,操作系统可分为桌面操作系统、服务器操作系统、主机操作系统、嵌入式操作系统。对于低端嵌入式系统无需操作系统即可满足应用要求,但对于高端系统则必须采用嵌入式多任务实时操作系统。由 ARM 微处理器构成的许多嵌入式系统均属后者。嵌入式操作系统是完成嵌入式应用的任务调度与控制以及资源管理之必需,有它的支持,可以极大地减少开发应用软件的工作量,并提高系统的稳定性。目前使用非常广泛的嵌入式操作系统有:Linux、WinCe、VxWorks、eCos、Symbian OS 及 Palm OS 等。

2）Linux 是什么

Linux 是一种很受欢迎的操作系统，它与 UNIX 系统兼容，有开放的源代码。它原本被设计为桌面系统，现在广泛应用于服务器领域。而更大的影响在于它正逐渐地应用于嵌入式设备。嵌入式 Linux 采用的是微内核（Microkernel）体系结构，即内核本身只提供一些最基本的操作系统功能，如任务调度、内存管理、中断处理等，而类似于设备驱动、文件系统、和网络协议等附加功能则可以根据实际需要进行取舍。

Linux 采用模块化设计，即很多功能块可以独立的加上或卸下，开发人员在设计内核时把这些模块作为可选项，在编译系统内核时指定。因此一种较通用的做法是对 Linux 内核重新编译，在编译时仔细地选择嵌入式设备所需要的功能支持模块，同时删除不需要的功能。通过对内核的重新配置，可以使系统运行所需要的内核显著减小，从而缩减资源使用量。对于一个特定项目的开发，底层系统技术人员主要是做设备驱动的修改和补充。因为 Linux 系统在启动时必须加载根（root）文件系统，所以剪裁系统必须同时包括对 root file system 的剪裁。

嵌入式 linux 的内核有两种可选的运行方式：① Flash 运行方式。把内核的可执行映象写到 flash 上，系统启动时从 flash 的某个地址开始逐句执行。② 内核加载方式。把内核的压缩文件存放在 flash 上，系统启动时读取压缩文件在内存里解压，然后开始执行，这种方式相对复杂一些，但是运行速度可能更快（ram 的存取速率要比 flash 高）。同时这也是标准 Linux 系统采用的启动方式。

嵌入式 linux 系统采用 romfs 文件系统，这种文件系统相对于一般的 ext2 文件系统要求更少的空间。romfs 文件系统不支持动态擦写保存，对于系统需要动态保存的数据采用虚拟 ram 盘的方法进行处理（ram 盘将采用 ext2 文件系统）。

6.7.4　嵌入式软件的开发环境与工具

1）宿主机开发环境的创建

Linux 应用软件（app.）可以在 Windows 环境下交叉编译，也可以在 X86 的 Linux 环境下交叉编译。但是 ARM 的 Linux 操作系统本身目前还只可以在 X86 的 Linux 环境下交叉编译。所以如果修改操作系统就需要 Linux 环境。虚拟机（Virtual Machine），在计算机科学中的体系结构里，是指一种特殊的软件，他可以在计算机平台和终端用户之间创建一种环境，而终端用户则是基于这个软件所创建的环境来操作软件。在计算机科学中，虚拟机是指可以像真实机器一样运行程序的计算机的软件实现。在虚拟机上可以安装 X86 的 Linux 环境。

嵌入式设备中的目标机在开发之初只是一个空白系统，需要通过宿主机为它构建并录入基本的软件系统。由于目标机的硬件资源有限，所以需要采用交叉开发环境模式：即在宿主机上编辑、编译软件，然后在目标机上运行、验证程序。除去目标机的各异性，一般构建宿主机（PC 机）软件环境可以采用 Linux 系统（如 Ubuntu、Fedora 等）或 Windows 系统＋虚拟机。在宿主机上编译嵌入式 Linux 内核，并录入目标机。为方便调试，内核一般采用网络文件系统（NFS），即在宿主机上编译各类应用程序，目标机启动内核后，通过网络获取程序，经过验证后再录入目标机。若以 Windows 系统＋虚拟机来构建宿主机开发环境，则需要配置如下软件工具：

① 操作系统：Windows 系列；

② 终端调试器：超级终端等；

③ 代码编辑工具：UltraEdit、EditPlus、SourceInsight 等；

④ CVS 工具：TortoiseCVS、WinCVS 等；

⑤ 虚拟机：VMWare；

⑥ 虚拟机操作系统：各种 Linux 发行版；

⑦ 开发工具链：arm-elf-tools；

⑧ 与 PC 主机文件交互工具：Samba 或 VMWare-tools。

2）嵌入式 Linux 的开发软件

（1）GNU 开发套件

GNU 套件为通用的 Linux 开发套件，它包括如下一系列的开发调试工具：

Gcc——编译器，可以做成交叉编译的形式，即在宿主机上开发编译目标上可运行的二进制文件。

Binutils——辅助工具集，包括 objdump（可以反编译二进制文件），as（汇编编译器），ld（连接器）等等。

GDB——调试器，可使用多种交叉调试方式，包括 gdb-bdm（背景调试工具），gdbserver（使用以太网络调试）。

嵌入式 Linux 打印终端——通常情况下，嵌入式 Linux 的默认终端是串口，内核在启动时所有的信息都打印到串口终端（使用 printk 函数打印），同时也可以通过串口终端与系统交互。

嵌入式 Linux 在启动时还可以启动 telnetd（远程登录服务），操作者可以远程登录上系统，从而控制系统的运行。至于是否允许远程登录，则是在录入 romfs 文件系统时由用户自行决定的。

（2）交叉编译调试工具

开发嵌入式 Linux，也必须具备一些编译与汇编工具，使用这些工具以形成可运行的二进制文件。对于内核使用的编译工具同应用程序使用的有所不同。欲知其缘由，首先要对编译器 Gcc 与连接有关的几个文件做一些说明：

. ld（link description）文件。该文件是指出连接时内存映象格式的文件；

crt0. S：对应用程序进行编译连接时需要的启动文件。用来初始化应用程序栈；

pic：position independence code ，与位置无关的二进制格式文件。在程序段中必须包括 reloc 段，从而使编译的代码加载时可以重新定址。

内核编译连接时，使用 ucsimm. ld 文件，形成可执行文件映象，所形成的代码段既可以使用间接寻址方式（即使用 reloc 段进行寻址），也可以使用绝对寻址方式。这样可以给编译器更多的优化空间。因为内核可能使用绝对寻址，所以内核加载到的内存地址空间必须与 ld 文件中给定的内存空间完全相同。

应用程序的连接与内核连接方式不同。应用程序由内核加载，由于应用程序的 ld 文件给出的内存空间与应用程序实际被加载的内存位置可能不同，这样在应用程序加载的过程中需要一个重新定址的过程，即对 reloc 段进行修正，使得程序进行间接寻址时不至于出错。

　　一般的 Linux 是一个通用的操作系统,虽然它采用了许多技术来提高系统的运行和反应速度,但它本质上不是一个实时操作系统。现在已经出现许多利用 linux 开发的面向实时和嵌入式应用的操作系统,如 RTLinux(AReal-Time Linux,亦称作实时 Linux)。近年来,实时操作系统在多媒体通信、在线事务处理、生产过程控制、交通控制等各个领域得到广泛的应用,因而越来越引起人们的重视。但一般商用开发板和模块多未提供此类技术支持。

　　以上只是对 ARM 与嵌入式系统作一些初级的介绍,读者若对此感兴趣,想要开展实际工作,还需参考一些专著。由于 Linux 的源代码是开放的,网上有众多的源代码资源和讨论园地,所以 Linux 适于学校和中小企业进行学习和产品研发。Linux 或 window 开发环境都可以安装 Eclipse IDE 集成开发器,通过挂载 ARM 附件,实现文本编辑,交叉编译,调试等功能。后文的 DSP 也是可以在 Eclipse IDE 环境中实现上述功能。

6.8　DSP 原理、结构及应用

6.8.1　概述

1) DSP 的特点

　　数字信号处理器(DSP-Digital Signal Processor)是伴随着微电子学、数字信号处理技术、计算机技术的发展而产生的一种新器件。由于其特殊的结构设计,使数字信号处理理论建立的算法得以实时运行,并逐步进入微控制器(MCU)的应用领域。DSP 的主要特点可以概括如下:

　　(1) 采用哈佛结构。在这种结构中,程序存储器和数据存储器相互分开各占独立的空间,允许取指令和执行指令全部重叠进行;可以直接在程序和数据空间之间进行信息传送,减少访问冲突,从而获得高速运算能力。

　　(2) 采用流水线技术。取指令和执行指令全部重叠进行,大大加快了运算速度。DSP 通常有三级以上的流水线。

　　(3) 在每一时钟周期执行多个操作。DSP 的每一条指令都是自动安排空间、编址和取数。支持硬件乘法器,使得乘法能在单个时钟周期内完成。

　　(4) 支持复杂的寻址。一些 DSP 支持模数(Modulo)和位翻转寻址,以及其他一些运算寻址。这使得一些算法易于实现,如快速傅里叶变换(FFT)。

　　(5) 功能强大的 DSP 指令。例如乘法指令(MPY)、倍乘累加指令(MAC)等。此外还有一些特殊指令,如 TMS320VC5402 的指数指令等,给编程提供了极大的方便。虽然有些 ARM 芯片有自称 DSP 功能,但是远比专门 DSP 芯片弱。

　　(6) 面向寄存器和累加器。DSP 所使用的不是一般的寄存器文件,而是专用寄存器,新推出的 DSP 产品都有类似于 RISC 的寄存器文件。许多 DSPs 还有大的累加器,可以在异常情况下对数据溢出进行处理。

　　(7) 支持前、后台处理。DSP 支持复杂的内循环处理,包括建立起 X、Y 内存和分址/循环计数器。一些 DSP 在做内循环处理中把中断屏蔽了,另一些则以类似后台处理方式支持快速中断。许多 DSP 使用硬件线的堆栈来保存有限的上下文,而有些则用隐蔽的寄存器来加快上下文转换时间。

与通用微处理器相比,DSP 芯片的其他通用功能相对较弱些。

2) DSP 的应用领域

自从 DSP 芯片诞生后短短的十多年时间,已经在信号处理、通信、雷达等许多领域得到广泛的应用。目前,DSP 芯片的应用主要有:

(1) 信号处理——如数字滤波、自适应滤波、快速傅里叶变换、相关运算、频谱分析、卷积等。

(2) 通信——如调制解调器、自适应均衡、数据加密、数据压缩、回坡抵消、多路复用、传真、扩频通信、纠错编码、波形产生等。在个人手机上也得到广泛使用。

(3) 语音——如语音编码、合成、识别、增强;说话人辨认;语音储存等。

(4) 图像/图形——如二维和三维图形处理、图像压缩、增强;动画;机器人视觉等。

(5) 军事——如保密通信、雷达处理、声呐处理、导航等。

(6) 仪器仪表——如频谱分析、函数发生、锁相环、地震处理等。

(7) 自动控制——如引擎控制、航空航天、自动驾驶、机器人控制、磁盘控制。

(8) 医疗——如助听、超声设备、诊断工具、病人监护等。

(9) 家用电器——如高保真音响、音乐合成、音调控制、玩具与游戏、数字电话/电视等。

6.8.2　TMS320 系列的多总线结构

TI 公司的 TMS320 系列器件已成为 DSP 市场中的主流产品,图 6.24 所示为定点TMS320 系列器件的多总线结构。

目前 DSP 一般采用哈佛体系结构,该结构具有独立的程序总线和数据总线,以及独立的程序存储器和数据存储器。

实际的 DSP 片内有四套或者更多的总线。由图 6.22 可见 TMS320 内部有 6 条独立的总线:程序读总线 PRDB、程序地址总线 PAB、数据读总线 DRDB、数据写总线 DWEB、数据存储器读地址总线 DRAB 以及数据存储器写地址总线 DWAB。

辅助寄存器算术单元 ARAU(又称寻址运算单元),完全独立于中央运算单元 CALU。ARAU 在 CALU 操作的同时执行辅助寄存器上的算术运算,提供灵活的间接寻址能力。TMS320 能在一个机器周期产生两个数据存储器地址。程序总线能读取数据操作数送到乘法累加器或者目标数据空间,该操作数存放在程序空间。这样,TMS320 就能支持单机器周期三操作数指令,执行一些专为数字信号处理而设计的指令系统。

TMS320 也有片上双向总线访问外围设备,外部总线通过总线交换器连接到内部总线。访问外部总线至少需两个机器周期。

2) 兼有 DSP 和 MCU 的双重功能

TMS320F28x 系列 DSP 是一种低功耗的 32 位定点数字信号处理器,其内部处理器和总线为 32 位,外部扩展总线为 16 位。它集中了数字信号处理的诸多优点,具有精简指令集

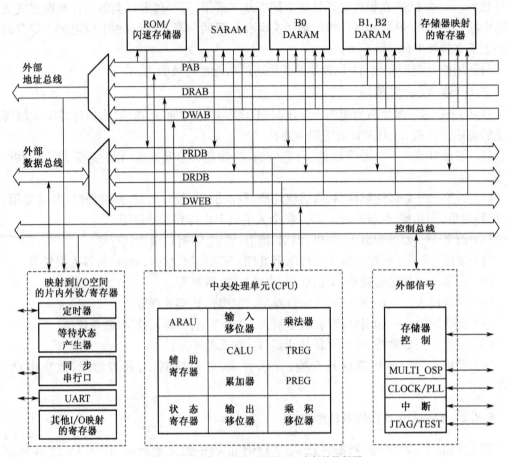

图 6.24　定点 TMS320 系列 DSP 内部结构框图

计算（RISC）功能、微型控制器结构、固件（Firmware）及工具装置等。它是一款具有微型控制器功能的数字信号处理器，即具有 DSP 和 MCU 的双重功能，所以本书采用 TMS320F28x 系列 DSP 作为应用介绍。其中的 TMS320F281x 系列 DSP 是基于 TMS320C2xx 内核的定点数字信号处理器。该器件上集成了多种先进的外设，为电机及其他运动控制领域应用的实现提供了良好的平台。该数字信号处理器运算的精度为 32 位，系统的处理能力达 150MIPS。升级产品 TMS320F28335 含浮点乘法器、DMA、和更多的片上外设（复用一些接口线）。TMS320F28377D 有 2 个 DSP 核。

　　图 6.25 所示为 TMS320F2812 的内部结构框图。其中集成了 128KB 的 Flash 存储器、4KB 的引导 ROM、数字运算表以及 2KB 的一次性可编程（OTP）ROM，从而大大改善了应用的灵活性。片上外设主要包括 2×8 路 12 位 ADC（最快 80 ns 转换时间）、2 路串行异步通信接口 SCI、1 路串行同步通信接口 SPI、1 路多通道缓冲串行接口 McBSP、1 路增强型 CAN 控制器 eCAN 等，并带有两个事件管理模块（EVA、EVB），分别包括 6 路脉宽调制/比较接口 PWM/CMP、2 路正交编码脉冲单元 QEP、3 路捕获单元 CAP、2 路 16 位定时器（或 TxPWM/TxCMP）。另外，该器件还有 3 个独立的 32 位 CPU 定时器 Timer0、1、2，以及多达 56 个独立编程的通用并行输入输出接口 GPIO 引脚。MS320F2812 采用哈佛总线结构，具有

密码保护机制,可进行双 16×16 乘加和 32×32 乘加操作,因而可兼顾控制和快速运算的双重功能。

TMS320F2812 与其他 CPU 相同的部分有:可外扩大于 1G×16 位程序和数据存储器(通过外部接口);系统控制模块(含振荡器、锁相环—PLL、外设时钟控制器、低功耗模式控制器、监控定时器—看门狗);外部中断控制器;片内外设中断扩展控制器(PIE);复位控制器(RS)。

由于上述体系结构上诸多的特点使得该款器件将比其他微控制器更具有生命力。在软件方面,DSP 也有如同单片机一样的 μCOS 实时系统,如 TI 集成开发环境 CCS 中称之为 DSPBIOS(老名)或 SYS BIOS(新名),这些方便了总体设计。

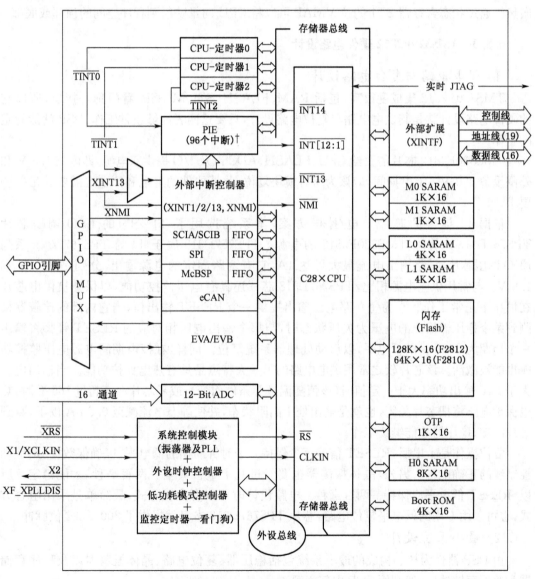

图 6.25 TMS320F2812 DSP 内部结构框图

　　3）所有存储器块都统一映射到程序空间和数据空间

　　TMS320F2812 具有 32 位数据地址和 22 位程序地址，总地址空间可达 4G 字的数据空间和 4M 字的程序空间。在 TMS320F2812 中，所有存储器块都统一映射到程序空间和数据空间。存储器被划分为如下三个部分：

　　（1）程序/数据存储器。TMS320F2812 芯片具有片内单口随机存储器 SRAM、只读存储器 ROM 和 FLASH 存储器。它们被映射到程序空间（Prog. Space）或数据空间（Data Space），用以存放执行代码或存储数据变量。

　　（2）保留区（Reserved）：数据区的某些地址被保留作为 CPU 的仿真寄存器使用。

　　（3）CPU 的中断向量（Vector）：在程序地址中保留了 64 个地址作为 CPU 的 32 个中断向量。通过状态寄存器 ST1 的位 VMAP 可以将 CPU 向量映射到程序空间的顶部或底部。

6.8.3　TMS320F2812 硬件电路设计

　　1）供电电路与复位电路设计

　　TMS320F2812 集成度很高，包括 RAM、FLASH、SCI、McBSP、看门狗等接口，所以它的硬件电路设计就是其供电电路与复位电路设计，只要这两者能够正常工作，DSP 就能稳定的工作。

　　TMS320F2812 芯片需要给 CPU、FLASH、ADC 以及 I/O 提供双电源，即内核 1.8 V 和外围设备 3.3 V。上电期间，应该为所有模块复位，此外器件的上电和掉电也需要满足一些要求。

　　依据 TI 提供的芯片上电/掉电方案，本系统选用了 TI 公司的 LDO 调压芯片 TPS767D318 来管理 TMS320F2812 的电源。TPS767D318 属于 TI 的 TPS767D3xx 系列 LDO 调压芯片，每路输出电流最大可达 1A，它有两路固定的电源输出，分别是 3.3 V 和 1.8 V。与常用供电电源相比，TPS767D318 芯片还具有电压监控功能，以保证被供电芯片在恒压下正常工作。它为每一路电压输出提供一个 RESET 输出口，当它内部的比较器检测到某个稳压器输出的电压为欠压状态时，与那个输出电压相对应的 RESET 管脚将输出一个周期为 200 ms 的低电平，以启动处理器系统复位。同样，在掉电期间电源电压监控功能也能被激活。该芯片较之常用供电电路的另一大特点是具有热电保护功能。当输出电流大于 1 A，输出功率大于一定值时（该值随温度等条件而变），或者芯片温度超过 165 ℃时，热电保护电路将把芯片关闭，也就是输出处于高阻状态，并使静态电流减至 0.5 μA 以下，直到芯片冷却，稳压器才能继续工作。

　　复位操作是上电后，RESET 信号至少保持 8 个时钟周期的低电平，以确保数据、地址和控制线的正确配置。另外，晶体振荡器也要经过几十毫秒甚至一两百毫秒，才能稳定。所以，RESET 低电平应保持一两百毫秒。电路设计时可以有多种方式，最简单是采用阻容方式，也可以用专用的低电平复位电路，芯片 TPS767D318 本身就提供了 200 ms 复位脉冲。

　　2）最小系统设计

　　由 DSP 器件为核心构成的最小系统包括稳压器、复位电路、晶体振荡器以及程序存储器和数据存储器（一般利用 DSP 内部资源）。

　　首先要确定 DSP 的工作方式。TMS320F2812 有两种工作方式，由复位时 $\overline{\text{MP/MC}}$ 管脚的值决定：

当 MP/$\overline{\text{MC}}$＝1，则选择微控制器工作方式，复位结束后，CPU 从外部程序存储器 3FFC00h 处开始执行用户程序。

当 MP/$\overline{\text{MC}}$＝0，则选择微处理器工作方式，复位结束后，CPU 跳到片内 ROM 开始执行。

其次，则要根据所选用的存储器决定是否要插入等待状态。选取存储器要考虑的因素有存取时间、容量和类型等因素。在 DSP 应用中，存储器的存取时间（即速度）指标十分重要，若采用的存储器为慢速器件，则必须用软件或硬件的方法为 DSP 插入等待状态。否则由于存储器的速度跟不上 DSP 读写速度而不能正常工作。

由前面的讨论得知 DSP 存储器的读操作是最快的，只要一个机器周期，且存储器的数据在机器周期的后半个周期读出。而外设数据的读取往往需要插入一定数目的等待状态。通常采用软件可编程等待状态发生器为外设数据的读取插入等待状态。

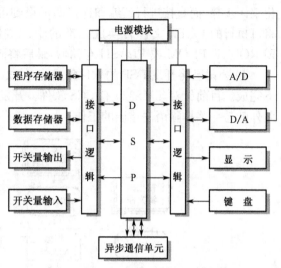

图 6.26　基于 DSP 的测控系统的结构框图

基于 DSP 的通用智能测控系统一般由处理器、数据采集前向、后向通道、人机接口以及异步串行通讯单元等组成，其结构框图如图 6.26 所示。

6.8.4　DSP 在测控系统中应用的软件设计

1）DSP 软件编写前的准备与考虑

在着手具体编写 DSP 软件之前需要做好如下准备工作与考虑：

（1）进行系统需求分析和软件架构设计。由于 DSP 本身结构的特殊性，以及其自身资源的有限，每一个运行在 DSP 上的软件都必须针对 DSP 内部结构和资源进行优化，必须有一个适合该型号 DSP 的特定软件架构，才能设计出高效的 DSP 软件。

（2）对于运行在 PC 机上的软件，由于有着强大的操作系统支持，设计时无须考虑硬件操作的细节。相反，在进行 DSP 软件具体编写之前，必须针对 DSP 硬件的具体情况，考虑软件与硬件的接口问题，诸如选择合适的引导方式、中断方式以及一些所用到的外围硬件的工作方式，为软件的各个模块分配不同的存储空间等。这是因为运行在 DSP 上的软件通常是没有后台操作系统支持的，虽然也有支持 DSP 的操作系统，但它们都属于嵌入式操作系统，考虑程序的复杂度不高，而为了追求高效性和对硬件操作的方便性，DSP 通常采用直接运行应用程序的方式来管理整个系统的资源，这样一来 DSP 软件和硬件的联系就相当密切了。

2）DSP 软件开发过程

图 6.27 示出了 DSP 软件的一般开发过程。首先将 C 源程序经 C 语言优化编译器（Optimizing C Compiler)进行优化和编译,得到 COFF 格式(Common Object File Format)的目标文件。而后 COFF 目标文件通过连接器(Linker)连接后得到可执行的 COFF 文件。

实际操作中,可以用 C 编译器所带的外壳程序(Shell Program)一步头完成对 C 源程序的编译、汇编和连接,直接生成可执行代码。如果采用汇编语言编写 DSP 程序,则无须 C 优化编译步骤,而直接进行汇编和连接即可得到可执行代码。接下来就是使用公用转换程序将可执行的 COFF 文件转换成标准的十六进制格式的文件,该文件可利用编程器写入 EPROM、E²PROM 或 FLASH 存储器,最后将固化的程序导入 DSP 的程序存储器中。

TI 公司已将开发 DSP 的软件集成化,使文本输入、编译、连接、调试、下载均在一个环境下完成。目前针对 TMS320 有 CCS 软件。开发人员的大部分工作是进行文本输入和调试,此外就是一些排除语法错误的工作。

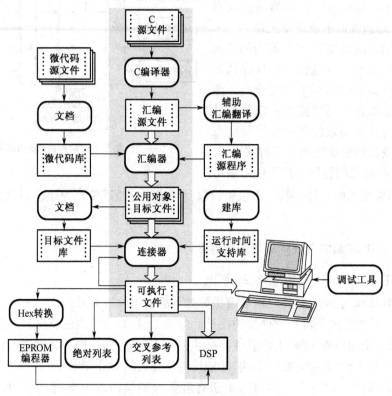

图 6.27　DSP 软件开发流程

3) COFF 文件简介

COFF(Common Object File Format)公用对象格式文件是以块(section)组织程序和数据的,块是目标文件的最小单位,一个块在 DSP 存储器映像中占据连续空间的一块代码或数据,各个块都是互相独立的。一般 COFF 目标文件包含三个缺省的块:

- .text 块　通常包含可执行代码
- .data 块　通常包含已初始化数据
- .bss 块　通常为未初始化的数据保留空间

此外,汇编器和连接器还允许程序员建立和连接与上述块类似的自定义块。所有的块可以分为两大类,即已初始化块和未初始化块。

连接器对块的处理有两方面的作用:首先将 COFF 目标文件中的块用来建立程序块或数据块,它将输入块组合起来以建立可执行的 COFF 输出模块;其次,连接器为输出选择存储器地址。

具体说,TMS320 的 C 优化编译器生成的 COFF 文件块有:

- .text 块　包含可执行代码和字符串;
- .cinit 块　包含初始化变量和常数表;
- .const 块　包含字符串;
- .bss 块　保留全局和静态变量空间;
- .stack 块　为系统堆栈分配存储器;
- .sysmem 块　为动态存储器函数 malloc、calloc、realloc 分配存储器空间;
- .switch 块　为 switch 语句建立表格。

4) C 和汇编混合编程

由于在测控系统中,既要实现控制算法,又要对硬件实行控制,还要有友好的人机对话界面。为了使编制的软件能充分发挥 DSP 的快速特性,对硬件操作和算法的关键部分应采用汇编语言编写,而人机界面及软件的框架则采用 C 语言编写。这样既提高了软件的编写效率和可读性,又利用了汇编语言代码紧凑和执行速度快的特点。

用 C 语言和汇编语言的混合编程方法主要有以下三种:

- 独立编写 C 程序和汇编模块,分开编译和汇编形成各自的目标模块,然后用连接器将 C 模块和汇编模块连接起来。例如,数字信号处理常用算法 FFT,一般采用汇编语言编写,用汇编器形成目标代码模块后,再与 C 形成的模块连接起来就可以在 C 程序中调用 FFT 程序;
- 直接在 C 语言程序的相应位置嵌入汇编语句;
- 对 C 程序进行编译生成相应的汇编程序,然后对汇编程序进行手工优化和修改。

独立的 C 和汇编模块接口,这种方法是比较常用的一种。要注意的是在编写汇编语言和 C 语言模块时必须遵循有关的规则。只有这样 C 和汇编函数之间的接口才是方便的。即 C 程序既可以调用汇编程序,也可以访问汇编程序中定义的变量,反过来,汇编程序也可以调用 C 函数或访问 C 程序中的变量。

C 语言函数的调用规则如下:

(1) 参数传递

- 函数调用前,第一个参数放入累加器 A,其余的参数以逆序方式压入堆栈,即剩余参数最左边的参数最后压入堆栈。如果函数的参数数量可变,则第一个参数不传入累加器,全部参数都以逆序方式压入堆栈。
- 函数的返回值存放在累加器 A 中。
- 如果函数中用到辅助累加器 AR1,AR6 或 AR7,则把他们压入堆栈。因为 C 语言的寄存器变量用到 AR1,AR6 和 AR7。在函数返回时,恢复 AR1,AR6 和 AR7。
- 前 128 个参数和局部变量采用直接寻址,剩下的用 AR0 作基地址用间接寻址。

(2) 编写汇编模块时遵循的规则

- 必须保存在函数中用到的所有专用寄存器包括 AR1,AR6,AR7 和 SP。

● 中断函数必须保存用到的所有寄存器,包括状态寄存器 ST1 以及 ST0,如果中断函数调用了其他函数,则还必须保存 AR0,AR1,AR2-AR5,AR6,AR7,A,B,SP,T,BRC。

● 如果在函数中调用 C 函数,则要遵循 C 语言调用函数规则。

● 如果调用的函数有返回值,则返回值存放在累加器 A 中。

(3) 从 C 程序中访问汇编变量

● 采用 .bss 或 .usect 宏命令定义变量;

● 用 .global 命令定义为外部变量;

● 在变量名前加一下划线"_";

● 在 C 程序中将变量说明为外部变量。

下面的例子示出了 C 程序访问汇编变量的过程。

例 在 C 程序中访问 .bss 定义的汇编变量。

汇编程序:

```
. bss      _var,1   ;定义变量
. global    _var    ;说明为外部变量
```

C 程序:

```
    extern int  var;                /* 外部变量 */
    var=1;                          /* 访问变量 */
```

(4) 在 C 语言中嵌入汇编

在 C 程序中嵌入汇编语句是一种直接的 C 和汇编接口。采用这种方法主要用于在 C 程序中实现 C 语言无法实现的一些硬件控制功能,如修改中断控制寄存器、中断使能或禁止等等。

嵌入汇编语句的方法比较简单,只需在汇编语句的左右加上双引号,用小括号将汇编语句括住,如下所示:

asm("汇编语句");

(5) 修改编译器的输出

可以通过控制 C 编译器产生具有交叉列表的汇编程序。在列表文件中,C 程序的语句作为说明出现在汇编程序中,每个 C 语句的下面就是 C 编译器对该 C 语句编译所生成的汇编语句。可以直接修改这文件,但必须遵守不破坏 C 环境的原则。

5) 软件设计注意事项

由于测控系统软件的运行时间以及可靠性要求比较高。也就是要求编写的程序的代码效率高。

用 for 循环语句时,选择适当的上限变量类型,一般使用无符号型变量或常数,用"<="代替"<",使循环语句至少执行一次,这样编译器就不会在循环语句前面增加循环语句是否执行的判别语句。

下面以访问状态寄存器 ST1 为例介绍在 C 中访问存储器映像寄存器的三种方法:

(1) 用指针

volatile unsigned * ST1P=(unsigned *)0x7;

* ST1=0x6800;

C 编译器产生的汇编代码如下：

＊ST1P＝0x6800；

MVDM　＊(_ST1P),AR1

NOP

ST　　♯26624,＊AR1

（2）用宏定义

♯define ST1P　（volatile unsigned ＊)0x7

C 编译器产生的汇编代码如下：

STM　♯7,AR1

ST　　♯26624,＊AR1

（3）直接使用汇编

extern volatile unsigned ST1P；

asm("_ST1P . set 0x7")；

ST1P＝0x6800；

C 编译器产生的汇编代码如下：

ST 0x6800,＊(ST1P)

从上述可以看出，尽量不要使用指针访问存储器映像寄存器，而要使用宏定义或汇编，而且最好使用联合对寄存器不同的域进行定义。

♯define ST1_BASE 0x07

♯define ST1_ADDR ((volatile ST1_REG ＊) ((char ＊) ST1_BASE))

typedef union {

struct {

unsigned int braf :1；

unsigned int cpl :1；

unsigned int xf :1；

unsigned int hm :1；

unsigned int intm :1；

unsigned int zero :1；

unsigned int ovm :1；

unsigned int sxm :1；

unsigned int c16 :1；

unsigned int frct :1；

unsigned int cmpt :1；

unsigned int asmm :5；

} bitval；

unsigned int value；

} ST1_REG；

为了对付异常的情况，不用到的中断也要编制中断向量。

C 中断程序采用一个特殊的函数名，其格式为 C_int*nn*，其中 *nn* 代表 00—99 之间的两位数,如 c_int01 就是一个有效的中断函数名。C_int00 是 C 程序的入口点,是为系统复位中断保留的。这个特殊的中断程序用于系统的初始化和调用 main 函数,由于 c_int00 本身并没有调用它的程序,因此它不需要保存任何寄存器。

如果中断程序不调用其他函数,则只有那些在中断程序中用到的寄存器才予以保护。但是,如果 C 中断程序调用其他函数,则中断程序将保护所有的表达式寄存器。

中断程序与其他的 C 函数类似,因为它可以有局部变量和寄存器变量,但是,在说明中断程序时,不能有参数传递。

6.9　基于 FPGA 的 SOPC 系统简介

6.9.1　概述

由第 5 章的介绍可知,基于 FPGA 的 SOPC 是一种特殊的嵌入式系统,并具备软硬件在系统可编程的功能。SOPC 包含:至少一个嵌入式处理器内核,小容量片内高速 RAM,丰富的、可供选择的、除处理器之外的 IP 核资源,足够的片上可编程逻辑资源,处理器调试接口和 FPGA 编程接口。

Xilinx 公司和 Altera 公司都针对 SOPC 推出的自己的软核。Xilinx 的 Micro Blaze 软核是一个 32 位哈佛 RISC 结构,支持该软核的 FPGA 产品为 Spartan 和 Virtex 系列。Altera 的 Nios Ⅱ 软核是用户可随意配置和构建的,16 位/32 位总线指令集和数据通道的嵌入式处理器软核,它可嵌入到 Altera FPGA 产品的所有系列,例如 Altera APEX PLD 系列,Stratix 系列等。此外,Altera 公司生产的 Hardcopy ASIC 系列是为把在 Stratix 系列中的设计成果制作成低价 ASIC 而专门设计的。其他如 Lattice 公司、QuickLogic 公司等也分别推出了自己的 SOPC 系统解决方案。本书仅介绍 Altera 公司的解决方案。还需要说明的是,本书的目标仅在给出由 FPGA 建立 SOPC 的宏观内容,不可能替代详细的实用教程。

6.9.2　Nios Ⅱ 软核处理器

1) 简史

Altera 于 2000 年推出第一代嵌入式软核处理器——Nios,它是一款准 32 bit 的 RISC 处理器,具有 16 bit 指令集和 16/32 bit 数据通路。2004 年 Altera 又推出第二代嵌入式软核处理器——Nios Ⅱ 系列,它采用全新的架构,是一款完全 32 bit 的 RISC 处理器,其计算性能超过 200DMIPS。和第一代相比,Nios Ⅱ 核平均占用不到 50% 的 FPGA 资源,而计算性能增长了 1 倍。

2) Nios Ⅱ 的特点

(1) 包括三种内核。Nios Ⅱ 系列嵌入式处理器是一款采用流水线技术、单指令流的 RISC CPU,广泛应用于嵌入式系统。Nios Ⅱ 包括三种内核,即快速的 Nios Ⅱ/f (最高性能优化的)内核、经济的 Nios Ⅱ/e (最小逻辑占用优化,即最低 FPGA 资源用量的)内核以及标准的 Nios Ⅱ/s (性能和尺寸均衡的)内核。这 3 种内核均具有 32 位处理器的基本结构,使用同样的指令集架构(ISA),100% 二进制代码兼容,设计者可根据系统需求的变化修改 CPU,选择满足性能和成本的最佳方案,而不会影响已有的软件投入。

（2）支持使用专用指令。开发人员可以通过在 Nios Ⅱ CPU 核内增加硬件来创建专用指令,用以执行复杂运算任务,为时序要求紧张的软件提供加速算法。用户能为系统中使用的每个 Nios Ⅱ 处理器创建多达 256 个专用指令。这样设计者就能够细致地调整系统硬件来满足性能目标。专用指令同 Nios Ⅱ 本身的指令有相同的逻辑。

（3）支持 60 多个外设选项。利用外设开发套件可以从 Nios Ⅱ 标准外围设备库中（在 Altera 的 FPGA 中可以免费使用）选择合适的外设,获得最合适的处理器、外设和接口组合。

（4）采用 Avalon 交换式总线。通过该总线使处理器、外围设备和接口电路之间实现网络连接,并提供高带宽数据路径、多路和实时处理能力。Avalon 交换式总线可以通过调用 SOPC Builder 设计软件自动生成。

（5）具有片上 JTAG 调试模块。该模块是基于边界测试的调试逻辑,支持硬件断点、数据触发和片内外的调试跟踪。通过该模块的 JTAG 口,远端 PC 主机就能对 Nios Ⅱ 处理器进行在芯片控制、调试和通讯,这是 Nios Ⅱ 处理器的一个极具竞争力的特性。

3）软核处理器的优势

在 FPGA 中使用软核处理器比硬核的优势在于,硬核实现没有灵活性,通常无法使用最新的技术。随着系统日益先进,基于标准处理器的方案会被淘汰,而基于 Nios Ⅱ 处理器的方案是基于 HDL 源码构建的,能够修改以满足新的系统需求,避免了被淘汰的命运。将处理器设计成 HDL 的 IP 核,开发者能够完全定制 CPU 和外设,获得恰好满足需求的处理器,例如有人在做嵌入人工智能方面的工作。在军用和航天方面常考虑使用 FPGA 系统。

4）Nios Ⅱ 标准内核

考虑到性能和成本,通常采用 Nios Ⅱ 标准内核设计。Nios Ⅱ 嵌入式 CPU 支持 32 位指令集、32 位数据线宽度、32 个通用寄存器、32 个外部中断源、2GB 寻址空间,包含高达 256 个用户自定义的 CPU 定制指令,以及可选的片上 JTAG 调试模块。Nios Ⅱ 标准内核设计框图如图 6.28 所示。

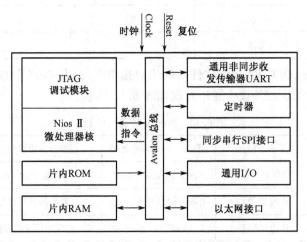

图 6.28　Nios Ⅱ 标准内核设计框图

6.9.3 应用 Nios Ⅱ 设计 SPOC

设计一个 SPOC 系统包括两个不同的过程:(1)产生系统硬件;(2)软件开发。

1)产生系统硬件

FPGA 的 SOPC 开发的第一步是硬件设计,实际工作就是利用 QuartusⅡ集成开发环境,进行软核处理器的配置,具体过程如下:

(1)创建设计项目

① 打开 QuartusⅡ开发环境,选择 File/New Project Wizard,设置项目目录、项目名以及顶层模块名称。

② 打开 Assignments/Device 对话框,选择 FPGA 芯片的系列、型号。

(2)启动 SOPC Builder 配置硬件系统

在 QuartusⅡ的 Tools 菜单中找到 SOPC Builder 并启动它。首先根据用户应用需求从三种内核中进行选择(单核或多核)。

如前所述,Nios Ⅱ处理器系列包括三种不同性能的指标的内核(见表 6.12),它们共享 32 位指令集体系,二进制代码 100%兼容。

表 6.12 Nios Ⅱ 处理器三种内核性能

特性	快速(Nios Ⅱ/f)	标准(Nios Ⅱ/s)	经济型(Nios Ⅱ/e)
说明	针对最佳性能优化	平衡性能和资源占用	针对逻辑资源占用优化
流水线	6 级	5 级	无
乘法器	1 周期	3 周期	无
支路预测	动态	静态	无
指令缓冲	可设置	可设置	无
数据缓冲	可设置	无	无
定制指令	256	256	256

此外,还要利用 **SOPC Builder** 软件中的用户接口向导,从 **Nios**Ⅱ的通用外设和接口库中,选择并生成自己的定制外设。通用外设如表 6.13 所示。

表 6.13 Nios Ⅱ 的通用外设

定时器/计数器	外部三态桥接	EPCS 串行闪存控制器	串行外设接口 SPI	LCD 接口
用户逻辑接口	JTAG UARTC	S8900 10Base-T 接口	以太网接口 PCI	系统 ID
外部 SRAM 接口	片内 ROM	直接存储器通道 DMA	紧凑闪存接口 CFI	UART
SDR SDRAM	片内 RAM	LAN91C111 10/100	有源串行存储器接口	并行 I/O
PCI	DDR SDRAM	CAN	RNG	USB
DDR2 SDRAM	DES 16550 UART	RSA	10/100/1000Ethernet MAC	I^2C

(3) 生成 NiosⅡ系统

单击 NiosⅡ More"cpu_0"Setting 标签设置复位地址(Reset Address),设置异常地址(Exception Address)。多处理系统请参考有关文档。

单击 System Generation 标签,通过 Generate 按钮启动系统生成。

(4) 创建顶层模块

选择 QuartusⅡ主菜单 File/New 建立文字或图形描述的顶层模块。

选择 QuartusⅡ主菜单 Tools/MegaWizard Plug-in Manager,选择 Installed Plug-Ins/I/O/ALTPLL 添加 PLL 模块,用于片外 SDRAM 时钟。

(5) 集成 NiosⅡ系统到 QuartusⅡ设计项目

将 SOPC Builder 生成的系统代码复制到顶层文件中。还要将 SOPC Builder 中的信号与顶层模块进行实例化说明。

最后对整个设计项目进行编译,得到 FPGA 的配置文件。至此,嵌入 NiosⅡ软核处理器的系统硬件设计告成。

2) NiosⅡ软件开发

NiosⅡ处理器具有完善的软件开发套件,包括编译器、集成开发环境(IDE)、JTAG 调试器、实时操作系统(RTOS)和 TCP/IP 协议栈。

所有软件开发任务都能够在 NiosⅡ集成开发环境(IDE)下完成,如编辑、构建、程序调试等。NiosⅡ开发套件含有该 IDE,此外,套件中还包括两个第三方实时操作系统(RTOS)—MicroC/OS-Ⅱ(Micrium),Nucleus Plus(ATI/Mentor),可为 NiosⅡ应用提供系统软件。只要一台 PC 机,一根与 Altera 的 FPGA 连接的 JTAG 下载电缆,软件开发人员就能够往 NiosⅡ处理器系统写入程序,还可与 NiosⅡ处理器系统进行通讯。

NiosⅡ IDE 为软件开发提供了四个主要的功能块:设计项目管理器、编辑器和编译器、调试器、闪存编程器。

(1) 设计项目管理器

用于完成多个设计项目管理任务:

① 新项目向导。用于建立 C/C++应用软件项目和系统库项目。

② 软件项目模板。NiosⅡ IDE 还以项目模板的形式提供了软件代码实例,帮助软件工程师尽可能快速地推出可运行的系统。每个模板包括一系列软件文件和项目设置。通过覆盖项目目录下的代码或者导入项目文件的方式,开发人员能够将他们自己的源代码添加到设计项目中。

③ 软件组建。为特定目标硬件提供配置。组件有:硬件层抽象(HAL)、TCP/IP 库、μc/OS-Ⅱ实时操作系统(RTOS)、Altera 压缩文件系统。

(2) 编辑器和编译器

① 文本编辑器:功能齐全:语法高亮度显示、代码辅助完成、搜索工具、文件管理、纠错等等

② C/C++编译器

(3) 调试器

① 基本调试功能:运行控制、堆栈查看、软件断点、反汇编、调试信息查看、指令集仿真器。

② 高级调试功能：硬件断点、数据出发、指令跟踪。

③ 调试信息查看：变量、寄存器、存储器等等。

④ 目标连接：FPGA 硬件连接、指令集仿真器、硬件逻辑仿真器。

（4）闪存编程器

软件开发人员依次运用上面三种工具，就能设计出 SPOC 所需要的软件。最后运用闪存编程器先将硬件设计得到的 FPGA 配置文件下载到开发（或目标）板的 FPGA 中去，然后再将软件设计得到的可执行文件写入到 Nios Ⅱ 处理器系统中去，就可对系统的运行情况进行观察和调试了。

以上 SPOC 系统硬件、软件设计的全过程均总结在图 6.29 中了。

3）用 Nios Ⅱ 设计的 SPOC 实例

（1）电机控制实验教学平台

图 6.30 是在 S OP C 平台上的一个设计实例。该系统包括一个 Nios Ⅱ/s 内核、JTAG 调试电路，一个 32 位内部定时器、UART、64 k× 16 bit SRAM 芯片（IS61C6416）接口、LCD 显示器接口、4 位输出 PIO 和 4 位输入 PIO 以及一路 PWM 输出。

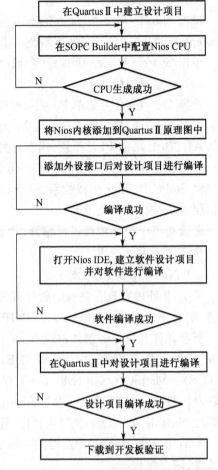

图 6.29　基于 Nios 软核构建 SPOC 的设计流程图

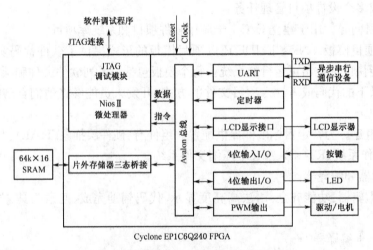

图 6.30　一个典型的 Nios Ⅱ 嵌入式系统结构

（2）GPS 车辆导航终端

下面所介绍的 GPS[①] 车辆导航终端是集成 GPRS 数传功能的新型移动 GPS 定位设备。它充分利用成熟的 GPRS 网络资源，为用户提供一种运营费用低廉、终端成本也较低的车载定位解决方案。GPS 终端内部集成 GPRS 和 GPS 模块，它自动判断 GPRS 网络是否可用，在 GPRS 网络可用时，采用 GPRS 方式传输定位数据。GPS 终端发送给中心的 GPS 定位信息，可以方便地显示在电子地图上。

在本实例中，使用 CycloneII EP2C35 FPGA 芯片，嵌入了二个 Nios II 处理器，实现车辆导航功能。CPU1

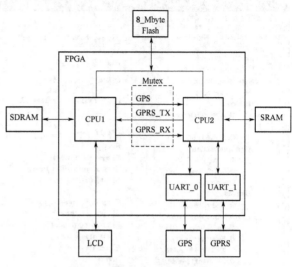

图 6.31　车辆导航仪硬件系统结构

完成动态图形显示功能，CPU2 完成数据采集和通信功能。硬件系统结构如图 6.31 所示。图 6.32 在 Quartus II 中图形化模块如图 6.32 所示。SOPC Builder 硬件构建界面如图 6.33 所示。在 CPU2 中运行了 μC/OS 操作系统。两 CPU 通过邮箱传递信息。

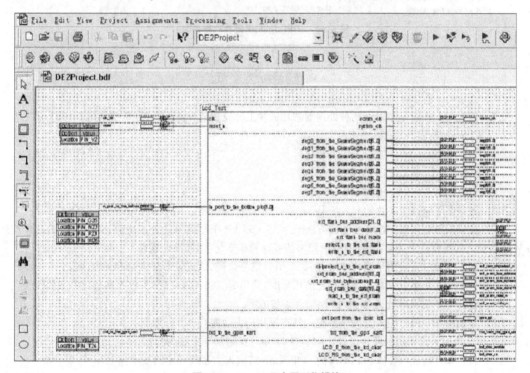

图 6.32　Quartus II 中图形化模块

①GPS—Global Position System，全球卫星定位系统；GPRS—General Packer Radio Service，通用无线分组业务。GPRS 是 GPS 中的一个部件，为 GPS 技术应用起到传输数据的功能。

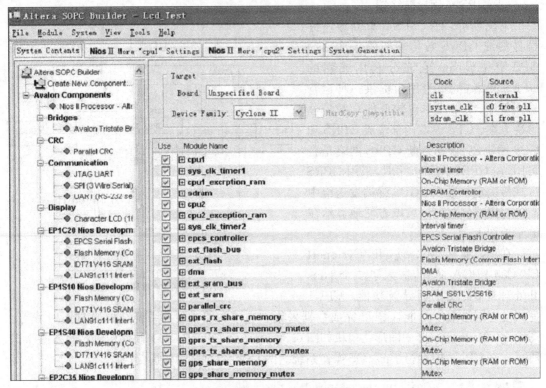

图 6.33　SOPC Builder 硬件构建界面

习题与思考题

6.1　通过网上搜索了解以下几种处理器芯片的片上外设和运算能力(百万条指令/s MIPS)：

　　Cygnal 公司　　　　C8051F

　　TI 公司　　　　　　TMS320F28335

　　NXP 公司　　　　　LPC2378

　　三星公司　　　　　S3C2410X。

6.2　进一步了解以上芯片的开发工具。

6.3　设计用脉宽调制 PWM 和滤波方法产生 45～55 Hz 正弦信号的外围电路,选用合适的芯片产生 PWM 信号。如果要求上述正弦波的幅度、频率按线性规律变化,如何设计软件。

6.4　如果要求对音频信号进行滤波,例如 2 kHz 信号带通,试比较 DSP 和 FPGA 方案。

6.5　试比较采集多点分布式测量单元的信号时,采用 RS485、CAN、USB、以太网通信方案的优缺点。

6.6　设计一个采用串行 A/D 的 16 路信号采集方案。

6.7　何为操作系统? 嵌入式操作系统应具有哪些基本功能?

6.8　32 位嵌入式系统的硬件设计比起一般 51 单片机增加了哪些内容?

6.9　叙述单片机、DSP、基于 FPGA 的 SOPC,ARM 嵌入式系统开发的技术分工。

参 考 文 献

[1]　张凯,等. MCS-51 单片机综合系统及其设计开发[M]. 北京:科学出版社,1996

[2]　苏奎峰,吕强,耿庆峰,陈圣俭. TMS320F2812 原理与开发[M]. 北京:电子工业出版社,2005

[3]　王刚,张潋. 基于 FPGA 的 SOPC 嵌入式系统设计与典型实例[M]. 北京:电子工业出版社,2009

[4]　孙天泽,袁文菊,张海峰. 嵌入式设计及 Linux 驱动开发指南-基于 ARM9 处理器[M]. 北京:电子工业出版社,2005

[5]　卢有亮. 基于 STM32 的嵌入式系统原理与设计[M]. 北京:机械工业出版社 2014

[6]　(英)Simon Monk. 树莓派开发实战(第 2 版)[M]. 韩波,译. 北京:人民邮电出版社 2017

[7]　刘军,等. 精通 STM32F4[M]. 北京:北京航空航天大学出版社 2015

7 电子系统的芯片实现方法

7.1 引言

通过第一章的学习我们知道,当今电子产品已经广泛使用了 VLSI 技术,特别是其中的 ASIC 技术以及片上系统(SOC)技术。这就表明,基于芯片的电子系统的设计与实现方法已经成为目前和未来业界所采用的主流技术。因此,高等学校电子信息专业类的大学生应当具有设计复杂系统所需的基础理论以及工程实现方面的知识,此外还应当具备包括会设计集成电路版图在内的多种实践动手能力。由于目前提供给本科生进行 ASIC 芯片设计的条件有限,所以将本章介绍的内容置于入门性水平上,并且使要求进行的实践内容具有可操作性。

7.2 设计流程

7.2.1 概述

为了适应用芯片来设计和实现电子系统的工作,首先应当了解基于芯片的电子系统设计流程。图 7.1 比较全面而概括地描绘出了该流程。该流程图可分为三段:① 系统功能与结构设计阶段;② 系统硬件与软件设计阶段;③ 制造与测试阶段。第二阶段设计中所选的硬件实现类型可有多种,每种有其对应的具体设计流程。其中应用 PLD、MCU、DSP 的设计已在本书的第 5、第 6 章中分别做了详细介绍。本章将对 ASIC 和 SOC 的设计流程做一概括性介绍。

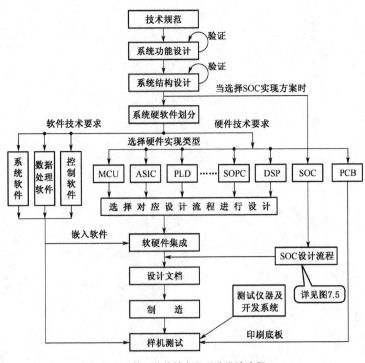

图 7.1　基于芯片的电子系统设计流程

下面首先介绍 ASIC 的设计流程。一般情况下 ASIC 中既有数字系统又有模拟系统。它们分别采用不同的设计流程。

7.2.2 数字 ASIC 的设计流程

图 7.2 为数字 ASIC 的设计流程。设计由系统描述开始。在这个阶段中，要对用户的需求、市场前景以及互补产品进行充分的调研与分析；对设计模式和制造工艺的选择进行认证；最终目标是用工程化语言将待设计 ASIC 的技术指标、功能、性能、外形尺寸、芯片尺寸、工作速度与功耗等描述出来，形成这一步的设计文档。

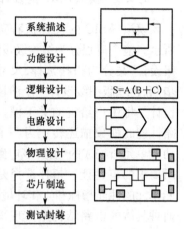

图 7.2 数字 ASIC 设计流程

下一步是功能设计，这一阶段的工作是在行为级上将 ASIC 的功能及其各个组成子模块的关系正确而完整的描述出来。通常用功能状态转移图来描述所要设计的 ASIC 的功能；同时还用实现各个功能所对应的一个个模块及其相互联系图（既反映了模块间又反映了模块与外部的通信关系）来描述。

逻辑设计阶段的主要任务是得到一个实现系统功能的逻辑结构，并对它进行模拟，验证其正确性。通常采用逻辑图、HDL 文本或者布尔表达式来表示系统的逻辑结构。

电路设计的任务是将逻辑图中的各个逻辑部件细化到由一些基本门电路互连的结构，进而细化到由晶体管互连的电路结构。电路设计中要考虑电路的速度和功耗，要注意所使用的元件的性能。

物理设计阶段包括版图的设计与验证两方面的任务。版图的设计是将电路的表示转换为几何表示。版图的设计应符合与制造工艺有关的设计规则要求。版图的验证内容包括设计规则检查(DRC)、版图的网表及参数提取(NPE)、电学规则检查(ERC)、版图与电路原理图一致性检查(LVS)以及后模拟。在版图设计的全过程中以及完成后均需进行版图验证，以保证所设计的版图满足制造工艺要求和符合系统的设计规范。当不满足要求时在后模拟与版图设计之间将会发生一个多次反复的迭代过程。版图验证的各个内容及其相互联系如图 7.3 所示。

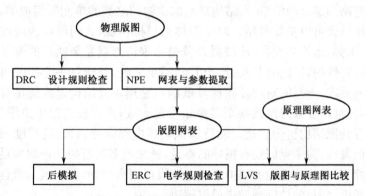

图 7.3 版图验证的有关内容及其联系

经过验证的版图就可送去制作掩膜版并制造芯片，最后进行封装测试，整个设计流程告终。按照图 7.2 所示的流程图，实际的 ASIC 设计可能会在某个步骤中或者几个步骤之间反复交替进行。运用 EDA 工具进行设计的目标就是要尽量减少反复的次数，以缩短产品进入市场的时间。

7.2.3　模拟 ASIC 的设计流程

模拟 ASIC 的设计流程如图 7.4
所示。整个流程分为结构级设计、单元
级设计（又分为拓扑选择、尺寸优化两
步）和物理版图级设计三个阶段。结构
设计是将用户给定的关于模拟集成电
路性能的抽象描述转化为一个用各种
功能单元所构成的电路，该电路能实现
所要求的电性能。拓扑选择是根据功
能单元的性能指标和工作环境，决定用
何种具体的电路结构来实现该单元的
功能。优化器件尺寸是在获得电路结
构的条件下，根据所需的电路性能指标
和生产工艺条件确定每个器件的"最
佳"几何尺寸，以提高模拟集成电路的
合格率。物理版图设计是将具有器件
尺寸和满足一定约束条件的电路原理
图映射成集成电路版图。

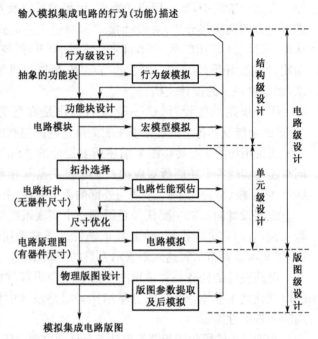

图 7.4　模拟 ASIC 设计流程

模拟集成电路的设计比数字集成
电路设计要复杂得多，这是由模拟集成电路设计的特殊性决定的：① 模拟集成电路的层次
不如数字集成电路清楚；② 性能指标繁杂；③ 拓扑结构层出不穷；④ 电路性能对器件尺寸、
工艺以及系统级的串扰非常敏感。在模拟 ASIC 设计流程中的拓扑选择和尺寸优化就是针
对上述第③、④两个特点而安排的。下面对这两点做进一步的说明。

任何数字电路均是由功能单一、结构规范的逻辑门之类的单元所组成的，而模拟电路却
没有规范的模拟单元可以重复利用。对于同样的模拟功能，人们可以构造出成百上千种的
电路拓扑结构，例如，运算放大器、比较器以及模拟乘法器就是最明显的例子。但是每种拓
扑结构皆是有针对性的，皆既有其长处，也有其不足之处，只能在一定范围内适合于个别或
部分性能指标的要求。例如：对增益指标较低的电路用单级结构运放就足够了，但是，对增
益指标较高的，通常需要采用两级甚至多级结构的运放；而对较高的单位增益频率指标，则
采用叠层式共源共栅结构更为合适。随着模拟集成电路朝着高频、高精度、低噪声、低失真
和低功耗等方向发展，为了克服现有拓扑的不足，越来越多的新拓扑正如雨后春笋般地不断
涌现出来。因此，对于给定功能的模拟集成电路设计而言，如何自动确定最佳的电路拓扑结
构就变得十分棘手，到目前该问题尚未最终解决。

关于尺寸优化问题，数字集成电路中大量的晶体管皆工作在开关状态，因而采用最小尺寸
即可，仅仅是处于关键延时路径上或者需要驱动较重负载的晶体管才需要较大的尺寸。而模
拟电路的晶体管数目虽然较少，但几乎每一个晶体管的尺寸均与电路的性能有密切的关系。
例如运放的相位裕度与电路的所有电容都有关，因而也就与所有晶体管的尺寸相关，所以，设

计人员对电路中每一个晶体管的尺寸都必须进行精心的设计。此外,由于工艺条件的涨落与匹配器件的对称性、连线产生的各种寄生效应密切相关;芯片上的热反馈形成的系统级串扰以及混合 ASIC 中数字电路对模拟部分造成的系统级串扰,均会强烈影响模拟 ASIC 的性能。

由于上述模拟设计的种种特殊性,迫使设计者在模拟集成电路设计过程中,要综合考虑各项性能指标,合理选择电路拓扑结构,反复优化器件尺寸,深入考虑工艺涨落、工作环境和各种因素,并精心设计物理版图。器件尺寸每调整一次,均要重新绘制版图、重新提取元器件参数并重做一次后模拟。因此,模拟集成电路的设计是一项非常复杂、艰巨而费时的工作。目前模拟集成电路设计工具的自动化水平还不够高,设计中许多决策、判断与选择主要靠人的智慧来解决;设计中会遇到许多很复杂、很困难的性能指标的多维折中处理问题,而设计者处理这类问题时通常还是靠其直觉和长期积累的设计经验,因此设计者必须具有广博的电路知识、丰富的实践经验和勇于创新的精神才能胜任此项工作。

7.2.4　片上系统(SOC)的设计流程

片上系统的设计流程如图 7.5 所示。该流程图分为三列,左右两边为硬软件模块设计流程,中间部分为系统集成设计的流程。

如前所述,片上系统是一种集成了多种功能电路、规模巨大、结构复杂的集成芯片。在这一块芯片上面可能集成了诸如 MCU、SRAM、DRAM、EPROM、A/D、D/A、DSP、RF 部件、音像处理电路以及通信处理电路等。当设备(系统)采用了 SOC 技术就可实现小型、轻量、低功耗、高速度和低成本化。

对如此复杂的 SOC 芯片,要保证设计正确而成功,并以较低的价格和较短的时间投放市场,必须采用新的设计方法和设计流程。该设计方法的要领就是从电路设计转向系统设计,设计重心从今天的逻辑综合、门级布局布线、后模拟转向系统级模拟、软硬件联合模拟以及若干个芯核组合在一起的物理设计。目前该方法已经发展为一种称之为基于(硬软件)平台的设计方法(Platform-Based Design—PBD)。它运用了如下各项技术来进行 SOC 的设计:

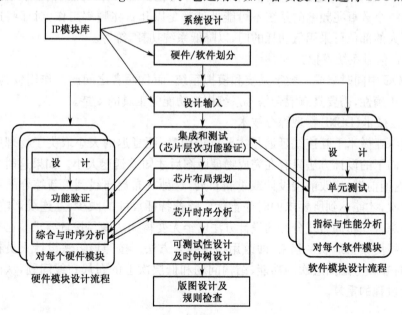

图 7.5　片上系统(SOC)的设计流程

（1）IP 芯核的重用技术

为了缩短投放市场时间,对这样一种数百万门规模的系统级芯片设计,不能一切从头开始,必须将设计建立在较高的层次上。各种可重用的 IP 芯核是由专业公司开发的、经过验证的成熟技术,因此利用 IP 核就能较快地、成功地完成设计,并以合理的成本提供具有竞争力的解决方案,从而得到价格较低的 SOC,满足市场需求。由图 7.5 流程中不难看出,片上系统设计所用的基本单元就是 IP 芯核,其道理也就在此。

（2）硬件/软件协同验证技术

在系统级芯片上,几乎都要用到微处理器以及专门的软件和硬件。硬件和软件之间是密切相关的。但在系统做出来之前,软硬件之间的相互作用通常是很难精确测试出来的,一些设计错误也不会明显地表现出来。为了解决这一问题,必须采用硬件/软件协同验证技术。

（3）可测性设计技术

因为 SOC 非常复杂,要想利用测试装置通过芯片有限数目的外引脚来对芯片的内核进行测试,是不可能实现的,也即不具有可测试性。解决这个问题的办法就是在芯片上按边界扫描技术规范（IEEE. std1149. 1b）设计一套测试结构,使 SOC 具有可测性。通过该测试结构,测试向量和测试响应数据均由并行转为串行入/出芯片的引脚,从而只需占用少量的芯片引脚,就可使测试深度达到芯核内部的任何部分,实现非常复杂的测试。在非测试模式下,上述测试结构对芯片的功能硬件（包括嵌入软件）是完全透明的,因而不会影响芯片的工作。

（4）低功耗设计技术

由于 SOC 上的晶体管数目高达 10^8 或更高,时钟工作频率又在百兆赫以上,因此整个芯片的功耗将十分可观（数十瓦,甚至上百瓦）,巨大的功耗将给集成电路的封装以及可靠性带来一系列问题,因此系统级芯片设计中必须从多方面着手降低芯片的功耗。例如在系统设计方面,可采用在没有什么任务的情况下,使系统处于低电压、低时钟频率的低功耗模式。此外在电路结构组态方面,应选择低负载电容的电路结构组态,如开关逻辑,Domino 逻辑以及 NP Domino 逻辑,使速度和功耗得到较好的优化。还可采用低功耗的门进行逻辑设计——因为一个数百兆频率的系统不可能处处都是以几百兆频率工作,对那些速度不高或驱动能力不大的部位可采用低功耗的门,以降低系统功耗,等等。

（5）混合信号系统模拟技术

由于 SOC 中同时集成了数字系统和模拟系统,而且两者之间的互作用较为密切,为了验证设计的正确性,需要具有混合信号系统模拟功能的工具的支持。

（6）深亚微米（DSM）物理综合技术

由于超深亚微米下互连线延迟是主要延迟因素,而延迟的大小取决于物理版图。所以传统的自上而下的设计方法只有在完成物理版图后才知道延迟大小。如果这时才发现时序错误,必须返回前端,修改前端设计或重新布局,这种从布局布线到重新综合的重复设计可能要进行多次,才能达到所要求的时序指标。随着特征尺寸的减少,互连线影响越来越大。传统的逻辑综合和布局布线分开的设计方法已经无变得无法满足设计要求。必须将逻辑综合和布局布线更紧密地联系起来,即改用物理综合方法。按照该方法设计人员在进行设计时,必须同时兼顾考虑高层次的功能、结构问题和低层次上的布局布线问题,从而可以有效地减少设计过程的重复。

7.3 面向教学的芯片设计工具与环境

1) 引言

这里所要介绍的两种设计工具——DSCH 和 Microwind,是法国一所大学(INSA)[4]研制的面向教学的 EDA 软件,它们支持深亚微米全定制 VLSI 芯片的设计,包括了从电路图输入→逻辑模拟→版图设计→版图模拟验证→版图数据交换文件生成的全套功能。这套软件可在 PC 机的 WINDOWS 环境下运行,使用简单、容易掌握,而且含有丰富的教学信息。据 1999 年法国 INSA 介绍,在该校学生的设计课题中,曾经使用这套软件成功地设计并制造出了 10 种全定制的芯片[4]。利用这两种软件作为本科生学习 ASIC 集成电路设计的入门工具是合适的。下面对这两种软件分别做一介绍。

2) DSCH 软件

DSCH 是用于逻辑设计和模拟的工具,它具有非常友好的操作界面。该软件的主要特点如下:

(1) 支持层次化设计。DSCH 提供了一个由 50 种标准符号组成的库,其中有单个 MOS 管、NOT(非门)、NAND(与非门)、XOR(异或门)、加法器以及译码器等等。每个元件均是由 Verilog 语言描述而构成的,因此就可能以层次化方式去设计复杂的电路。

(2) 支持工艺参数。该软件配置了若干工艺参数的默认值,如电源电压,门延迟或者典型的寄生电容。这些参数可用于定时分析以及电流/功耗的估计。DSCH 可以支持的工艺由 1.2 μm 下到 0.25 μm。

(3) 两种形式的逻辑模拟。DSCH 提供两种形式的逻辑模拟,一种是直观式屏幕鼠标驱动的逻辑模拟,另一种是常规的定时图为基础的逻辑模拟,其定时分辨率从 1 ps 到 10 ns。图 7.6 和图 7.7 为某个 1 bit 半加器的两种形式的逻辑模拟结果。

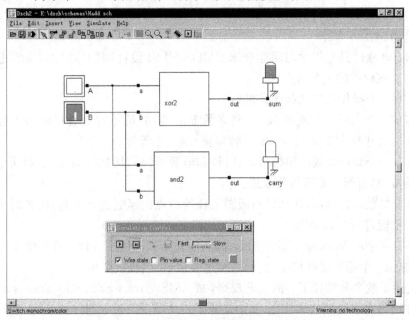

图 7.6 1 bit 半加器的逻辑模拟结果(屏幕鼠标驱动方式)

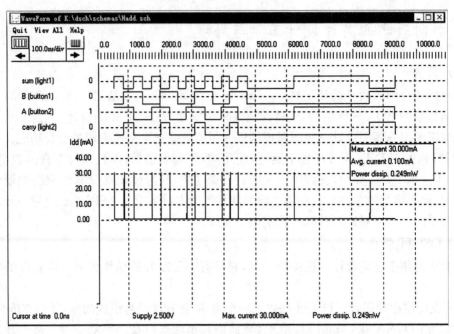

图 7.7　1 bit 半加器的逻辑模拟结果(常规定时图方式)

(4) 可进行电流与功耗分析。DSCH 能够提供芯片的最大电流、平均电流及功耗的时域波形图。图 7.7 的下半部显示了半加器的供电电流的时域波形图。并且软件还能自动算出其最大电流、平均电流及功耗的值,显示在右边的小方框中。该功能对于比较与选择低功耗的设计方案很有用。

(5) 支持电路图到文本的转换。在 DSCH 窗口中绘制的电路图,可以转换成 Verilog HDL 文本,也可转换成 Spice 文本。Verilog HDL 文本可以输入到 Microwind 软件中去进行硅编译,自动生成版图。Spice 文本可送到 PSpice 软件中做进一步的模拟分析。

3) Microwind 软件

Microwind 软件是专供学习深亚微米 CMOS VLSI 设计用的,是针对集成电路全定制设计方式的。该软件的主要特点如下:

(1) 具有一个操作友好的版图编辑器。

(2) 具有一个从版图到电路 Spice 网表的提取器,并可随时查看任何节点处的寄生参数、MOS 管的尺寸与类型、Crosstalk(一种串扰)的大小等等。

(3) 具有一个高速在线电路模拟器,时钟和电源可以直接加到版图上,对所设计的集成电路进行模拟,具有所见即所得的效果。

(4) 具有参数分析功能,例如可对版图上任何节点的延时进行分析,或者对电源提供的功率和最大电流进行分析等等。

(5) 具有一个从 Verilog 到版图的编译器,能显著提高版图设计工作的效率。

(6) 包括 50 个版图设计例子,它们均经过验证,可以直接引用。

(7) 包括了数个典型代工厂的工艺规则,如 AMS,Atmel-ES2,SGS-Thomson。

该软件还具有丰富的教学信息,其中集成了一个有关 MOS 器件的结构、参数和制造工艺方面的自学演示包。该演示包具有展示集成电路任意剖面二维图形的功能,有助于学生直观、形象地了解集成电路的工艺结构。还能以三维图形一步一步地演示 MOS 集成电路的制造步骤。并能以交互方式将模拟计算出的 MOS 管特性曲线和实际测量出的数据进行比较,从而形象地演示出 MOS 管的模型参数的选取(有 Level 1,Level 3 以及 MM9 三种可选)对模拟计算精度的影响。

7.4　定时器 ASIC 芯片的设计方法与步骤

为了说明运用 DSCH 和 Microwind 这两种工具进行 ASIC 芯片设计的方法与步骤,下面以一种日用定时器 ASIC 的设计为例来进行示范。该定时器主要是面向家庭厨房应用的,同时也兼顾文教、卫生等领域的应用。基本指标要求:定时范围 0~60 分钟;分辨率 1 分钟。这是一个有一定规模和复杂度的数字系统 ASIC 的设计课题,可以按照图 7.2 所示的设计流程图进行设计。下面就分步加以介绍。

7.4.1　系统描述及功能设计

1) 系统描述阶段的工作

首先根据上面提出的基本指标要求,对用户的需求、市场前景以及互补产品进行充分的调研与分析,进一步细化与完善技术指标;对设计模式和制造工艺的选择进行认证;最终目标是用工程化语言将待设计系统的技术指标、功能、性能、外形尺寸、芯片尺寸、工作速度与功耗等准确地描述出来,形成这一步的设计文档。经过对代工厂家(Foundry)工艺条件的分析,决定选用 Microwind 能够支持的单层多晶硅、单层金属、N 阱 CMOS 工艺和以 λ 为参数的设计规则,并选择 λ=1 μm[①]。为了提高设计效率和降低成本,拟采用以标准单元为基础的混合设计模式。最后总结出的定时器的工程技术指标及要求如下:

- 定时范围:0~60 min;
- 分辨率:1 min;
- 芯片供电与功耗:用 3 节 1.5 V 电池供电,工作状态功耗≤10 mW;
- 休眠状态≤2 mW;
- 芯片面积:约 1.5 mm×1.5 mm;
- 工作速度:≤50 kHz;
- 工作环境:常温;
- 封装形式:24 脚双列直插塑封(见图 7.9);
- 预计成本:4.60 元/片;
- 外围电路:所设计的定时器 ASIC 芯片加上少量的外围元件即可装配出一个实用的家用定时器。其外围电路和芯片的连接如图 7.8 所示。

---

① 做此选择的出发点系让本科生在入门学习学习阶段,避开涉足深亚微米设计可能遇到的困难。

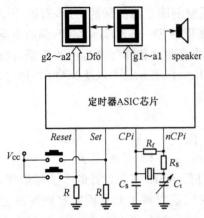

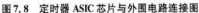

图 7.8　定时器 ASIC 芯片与外围电路连接图

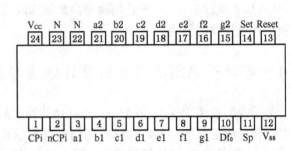

图 7.9　定时器 ASIC 芯片引脚布置图

图 7.8 中外围元器件的要求如下：

① 元件值：晶体频率 32 768 Hz、C_s＝20 pF、C_t＝4～35 pF（可调）、R＝1.5 kΩ、R_f＝22 MΩ、R_s＝150 kΩ；

② 显示器为 2 位十进制七段液晶显示器，适用于有光照条件下使用；

③ 按键为常开触点式；

④ 电源采用 3 节 1.5 V 5 号电池；

⑤ 用蜂鸣器作为发声器件。

（注：图 7.8 中的晶体为电子表中通用的，其振荡频率 32 768 Hz＝2^{15} Hz，便于用 15 级 2 分频电路获得 1 s 的信号。）

2）功能设计

这一阶段的工作是在行为级上将定时器的功能及其组成子模块的相互关系正确而完整地描述出来。最终得到两个设计文档：定时器的功能状态转移图以及实现各个功能所需要的五个模块及其相互联系图（既反映了模块间又反映了模块与外部的通信关系），如图 7.10 和 7.11 所示（图中各种有关信号的含义以及与使用操作有关的功能说明请参见本章习题 1）。现将图 7.10 简介如下：在休眠状态下晶振时钟被切断，定时器不工作，功耗最小。如果按下〈Set〉键（使得 Set＝1），系统时钟就被接入，定时器被唤醒，转到设定状态，继续按住〈Set〉键就以 2 Hz 的

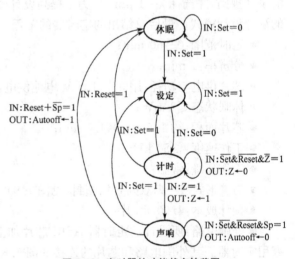

图 7.10　定时器的功能状态转移图

时钟对可逆计数器 COUNT60 进行加计数，预置定时值。松开〈Set〉键后就转入计时状态，此时 COUNT60 转为减计数，且时钟频率改为 1/60 Hz，从而实现以"分"为单位的定时分辨率，当预置的定时值被减为 0 时，COUNT60 送出一个 Z＝1 信号，从而启动声响电路，鸣叫 3

分钟后自动停止并返回休眠态。若在鸣叫时按下 Reset 键则立刻返回休眠态。

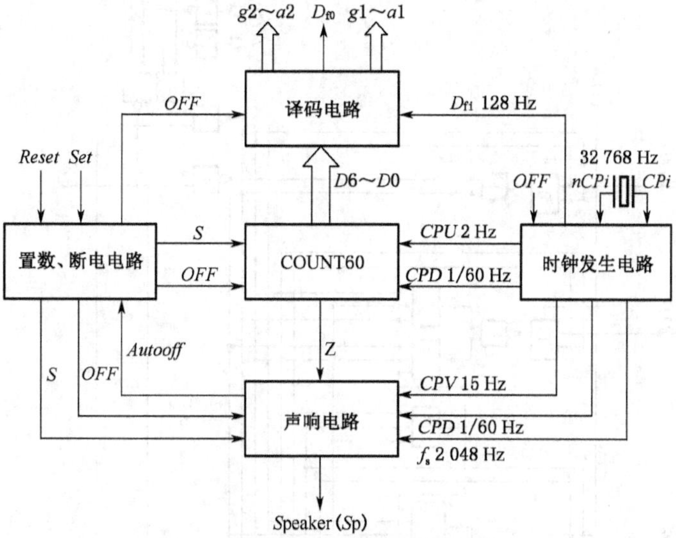

图 7.11　定时器功能模块的划分及联系

7.4.2　逻辑设计和电路设计

可以使用 DSCH 软件来完成逻辑设计与电路设计。因为 DSCH 软件提供了用 Verilog-HDL 描述的各种基本门电路的模型,所以电路设计只须到门电路级就可以了。图 7.12 是在 DSCH 界面上绘制(输入)的模 60 可逆计数器 COUNT60 模块(参见图 7.11)的门级电路图。该计数器的工作模式以及计数时钟均由信号 S 来控制,当 S＝1 时为加法计数;当 S＝0 时,为减法计数。当计数器的值为"0"时,减法计数无效,计数值保持为"0",并且输出 Z＝1 信号;当计数器的值为"60"时,加法计数无效,计数值保持为"60"。按上述要求设计的计数器门级电路必须通过逻辑模拟来进行验证。图 7.13 和图 7.14 是用 DSCH 对 COUNT60 模块各项功能进行逻辑模拟的部分波形图示例。按同样的方法逐一完成图 7.11 中各个模块的逻辑电路的设计与模拟,而后就可以设计版图了。

7.4.3　版图设计

1) 设计环境的建立

版图设计的任务是根据逻辑和电路功能的要求以及制造工艺的约束条件(线宽、间距等-反映在设计规则中)来设计掩膜图。在进行版图设计之前,首先按照芯片代工工厂提供的设计规则,为 Microwind 编写一个设计规则文件(即. rul 文件)。如前所述,该例选择了单层多晶硅、单层金属、N 阱 CMOS 及 λ＝1 μm 的工艺,按代工工厂提供的设计规则所编写出来的设计规则文件(即. rul 文件)参见本章附录 7.1。然后将逻辑图中反复出现的各种基本门电路以及输入输出电路,按照标准单元的要求(物理尺寸上等高、电源线和地线的位置规范化)将它们的版图先画好,并经过设计规则检查和模拟验证确认无误后,放入单元库中供设计模块版图时引用。以上两方面的工作是设计环境的建立与准备的主要内容。本例采用的是一种混合设计模式,即每个模块的内部按标准单元模式设计,而各个模块在芯片上的布局与互连则按全定制模式来设计。这种设计模式的优点是设计效率高、设计周期短,芯片布局紧凑,有利于降低设计与制造成本。

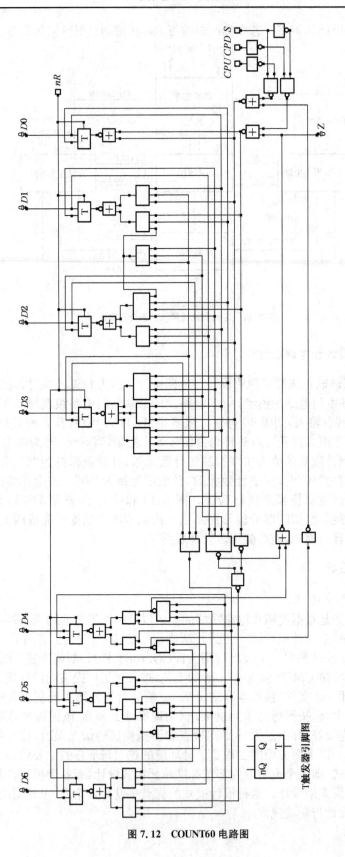

图 7.12 COUNT60 电路图

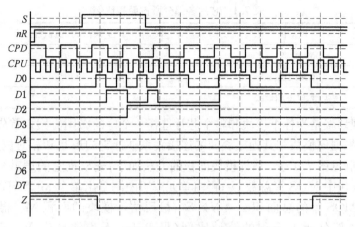

图 7.13　COUNT60 加减计数功能的测试波形

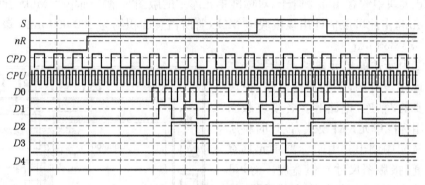

图 7.14　COUNT60 实现再次加计数功能的测试波形

　　在本例中为单元库绘制了如下一些基本电路的版图：反相器、传输门、与非门、或非门、异或门、RS 触发器、D 触发器、输入保护电路及输出缓冲电路。这些版图的正确性均经过仔细的验证，在设计更复杂的电路的版图时可直接引用。本章附录 7.2 中的图 7.20～图 7.26 为几种基本单元电路版图的例子，供参考。

　　2）定时器的版图设计

　　用 Microwind 进行定时器版图设计的具体步骤如下（见表 7.1）：

　　① 做布图规划（floorplanning）；

　　② 单元电路与模块的设计与验证；

　　③ 生成具有压焊块环带的空白芯片图；

　　④ 按布图规划将设计好的单元电路与模块放置到空白芯片上；

　　⑤ 连线并进行设计规则检查与模拟测试，发现错误随时修正。通常按模块一个一个地在④、⑤两步间循环，直到整个系统完成，最后还要做总体模拟测试。

　　⑥ 将测试通过的版图文件转换为 CIF 文件，提交给集成电路制造工厂。

　　下面，对某些步骤做一点说明。

表 7.1　芯片各部分所占面积比例

项　目	占整个芯片面积百分比
MOS 单元	30%
电路间连线	40%
焊盘、电源和地线	30%

　　所谓布图规划就是为各个模块和整个芯片选择一个好的布图方案。首先估计各个功能模块的面积,再根据该模块和其他模块间的连接关系估计它的形状和相对位置,从而得到定时器的布图规划(见图 7.15)。估计模块面积的方法如下:先根据它的逻辑图和标准单元的版图统计出该模块中 MOS 管总数 N;再由单元库版图测量出单个 MOS 管的平均面积 S_T,并计算模块中 MOS 管的总面积 $P = N \times S_T$;最后估计模块的面积 M。根据有关文献对 CMOS 芯片上各部分所占面积的统计比例(见表 1),不难估计出 M。例如,定时器的 COUNT60 模块中约有 400 个管子,对标准单元库中的版图测量得知单个 MOS 管的平均面积 250 μm^2,由此可以估计出该模块中 MOS 管所占总面积约为 100 000 μm^2,该模块的总面积约为 333 333 μm^2。

　　步骤②中所述的单元电路是指那些在标准单元库中没有的,例如振荡电路,模块间互连需要的"粘连"电路等。各模块版图的设计采用标准单元设计模式,设计时将所需的单元从库中调出。由于标准单元具有相同的高度(指版图尺寸),但宽度不等,可将其排列成若干行,行间留有布线通道,然后根据模块原理图将各单元用连线联接起来,同时把相应的输入端及输出端引出来,即可得到所要求的模块版图。所设计的单元电路与模块都必须进行设计规则(DRC)和电学性能的验证(ERC)。Microwind 已将版图电参数及电路的提取和后模拟均集成为一体,只要在版图上安放激励信号和观测点,就能立刻获得模拟结果,非常直观、快

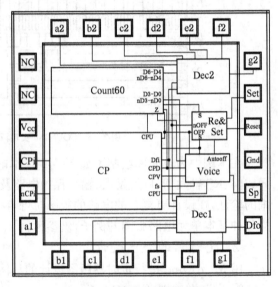

图 7.15　定时器芯片的布图规划

捷方便。步骤②中所要设计的单元电路以及标准单元库中的电路的版图,均可先在 DSCH 中用电路图输入进行设计并经模拟验证通过后,再将各个单元的电路图文件转换为 VerilogHDL 文件,然后将这些 VerilogHDL 文件分别送到 Microwind 中,利用它的硅编译功能转换为版图。

　　步骤③、④、⑤的具体操作如下:先用 Microwind 中的压焊盘(PAD)生成命令,生成一个具有 Pad Ring 的空白芯片。然后反复运用 Insert 、Copy、Move 等命令,将已设计好的模块与单元电路,按布图规划放到芯片上(见图 7.16)。再用连线将它们互连起来。每当互连规模增大达一定程度时,就进行一次设计规则检查与模拟测试,有错随时纠正,不能等到全部连好再验证,那样查错太困难。

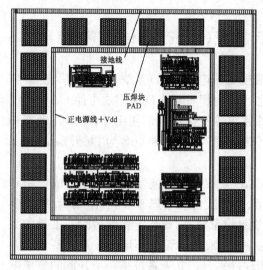

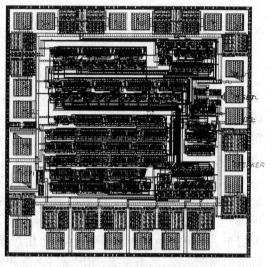

图 7.16 在空白芯片上逐步   图 7.17 最终完成的定时器版图

　　如前所述,模块间布线采用的是全定制设计模式,故布线不再受水平线为金属,垂直线为多晶硅的约束,而采取模块间的长连线用金属,电源和地线用金属,只有模块间的短连线才使用多晶硅的策略。这样不但能提高系统的速度,而且还可节约芯片面积。在布线时还应视需要适时地改进各模块的布局,修正其中不合理的部分。只有经过反复的总体布线和详细布线,方可设计出满意的系统版图(见图 7.17)。进行定时器系统级的电学模拟时,要根据图 7.10、7.11 确定系统级的输入激励信号和输出信号,然后在芯片版图上设置相应的激励波形、参数及观测点。模拟时注意对 Microwind 中的模拟终止时间、步进值等参数进行调整,以便获得能够反映系统全貌的信息。从定时器系统级的模拟结果(见图 7.18)可以看出该定时器的各项功能均已实现。

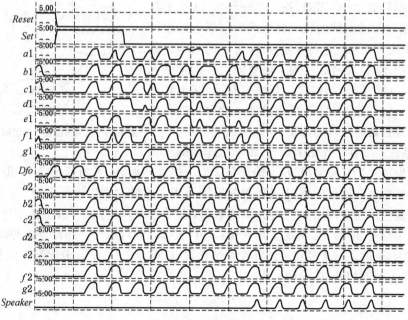

图 7.18 定时器芯片系统级模拟波形图

7.5　国产工业级 EDA 软件——九天系统(Zeni System)简介

1992 年由我国自主研制的首款工业级超大规模集成电路 CAD 系统—"熊猫系统"诞生了,它打破了国外的封锁,使我国继美、日、西欧之后成为拥有超大规模集成电路 CAD 系统的国家。熊猫系统曾获国家科技进步一等奖。该系统除在国内推广使用外,在海外也有一定市场。随着 IC 设计的不断发展,该系统也在不断改进与升级,并更名为"九天系统(Zeni System)"。

九天系统是一套完整的超大规模集成电路 CAD 系统。它面向全定制模拟集成电路和数模混合电路设计,覆盖了原理图输入、电路模拟、交互式自动布局布线、版图编辑、版图验证、寄生参数提取和返标、信号完整性分析等 IC 设计全部流程,该系统将前后端各工具的数据置于一个统一的设计管理平台中,为用户提供一个集成化的设计环境。该系统基于工业标准的操作系统、网络系统、图形窗口系统和通用硬件平台。九天系统是一个开放的集成电路设计环境,九天系列的工具兼容业界标准数据格式,支持基于 VHDL、EDIF、GDSII、CIF、SPICE、CDL 等多种标准的或通用的设计数据交换格式,并为主流的 EDA 工具提供了非常友好与平滑的数据交换接口,可以方便地与第三方 EDA 工具进行数据互换。例如,可以接受以 SPICE 和 CDL 格式描述的网表,以及 EDIF 格式的符号单元库,进行布局布线、自动生成原理图,并以 EDIF 格式输出,可被 Cadence、Synopsys 、Mentor 等公司的工具直接接受。此外,运用九天工具还可以直接读取 Cadence 数据库的原理图和网表,在九天系统上进行显示与验证。

九天系统主要由三部分设计工具组成:设计输入与模拟验证 ZeniVDE(Zeni VHDL/Verilog Design Environment);版图设计 ZeniPDT(Zeni Physical Design Tool)和版图验证 ZeniVERI(Zeni Verify)。这些工具覆盖了从原理图输入到生成最终版图的集成电路设计全过程。使用九天系统进行全定制 IC 设计的基本流程如图 7.19 所示,首先将芯片加工需要的工艺信息输入数据库,然后进行原理图的设计与模拟验证,在得到正确的原理图和网表后可进行版图设计。最后再进行版图验证,以得到最终正确的版图。

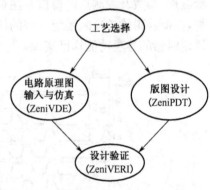

图 7.19　九天系统设计全定制 IC 基本流程

九天系统需要在工作站上运行,由于工作站的价格比较昂贵,为了减少实验室投资,又能满足学生上机的需要,可采用 C-S(客户机-服务器)局域网模式,其中客户机可采用 PC 机,服务器则采用工作站。学生可通过 PC 客户机登录到工作站上,通过运行工作站上的九天系统软件,来学习 IC 设计。一台工作站可带 9 台 PC 机,这样一个配有 36 台 PC 机的实验室只要 4 台工作站就可以了。如此方式的配置,不少高校是有条件办到的。学生经过使用九天系统学习 IC 设计之后,毕业分配到工业部门时就能很快地胜任工业部门的 IC 设计工作。

习题与思考题

(1) 下面是本章所举的例子定时器的使用说明：

① 该定时器面板上有两位液晶显示器和两个按钮：设定键〈Set〉和复位键〈Reset〉。

② 当定时器不工作时，按下〈Set〉键可使定时器开始工作，按住〈Set〉键不放可对定时器进行预置数，直到液晶显示器所显示的时间到达设定值时（最大设定值为 60 min），松开〈Set〉键，定时器就进入时定时状态。

③ 若是在定时状态下按下〈Set〉键，则可在原有定时时间的基础上延长定时时间。

④ 当定时器鸣叫时按下〈Set〉键，可对另一次定时任务进行定时值的设定。

⑤ 当定时器在定时或鸣叫状态时按下〈Reset〉键，定时器停止工作。

⑥ 若定时器鸣叫超过 3 min 不对其进行操作，定时器将自行停止工作。

另外，图 7.10、图 7.11 中各个信号的符号名的具体意义如表 7.2 所示。

表 7.2 各个信号符号名的意义

Reset	外部复位信号	Autooff	自动复位信号
Set	外部置数、控制信号	g2~a2,g1~a1	液晶显示器段电极驱动信号
OFF	内部控制信号	Speaker	蜂鸣器驱动信号
S	内部加、减计数控制信号	Dfo	液晶显示器背电极驱动信号
Dfi	液晶显示器驱动方波(128 Hz)	CPD	定时减计数时钟(1/60 Hz)
fs	声响频率信号(2 048 Hz)	Z	零信号
CPU	预置加计数时钟(2 Hz)	CPi	外部晶体连接端1
CPV	声响调制方波(15 Hz)	nCPi	外部晶体连接端2

根据上面所给的资料，在读懂图 7.10、图 7.11 的基础上为这两张图写一份设计说明。

(2) 采用 DSCH 和 Microwind 试设计图 7.11 中的置数、断电电路模块以及声响电路模块的逻辑图和版图，并写出相应的设计文档。可采用本章附录所列的设计规则。

(3) 自行查找 3~7 篇有关 SOC 的文章，并根据查到的文章归纳总结出一篇关于 SOC 的现状与未来的读书心得或小论文。

附录 7.1 2 μm 单晶硅单层金属 N 阱 CMOS 设计规则

该设计规则是根据华晶 MOS 设计所的 2 μm 微米单层硅、单层金属、N 阱 CMOS 设计规则，将 Microwind 软件中的 AMS 1.2 μm 设计规则进行适当修改而成的。

设计规则文件 SEU20.RUL 中所有尺寸及其意义的说明（单位均为 μm）：

(1) N 阱

r101 最小阱尺寸：4

r102 阱间距：12

(2) 扩散层

r201 最小扩散区尺寸：3

r202 两相同扩散区间距：2

r203 阱内扩散区到阱边界：2

r204 阱外扩散区到阱边界：7

r205 P 扩散区到 N 扩散区间距：3

(3) 多晶硅

r301 多晶硅条宽度：2

r302 硅栅在 N^+ 区：2

r303 硅栅在 P^+ 区：2

r304 两条多晶硅间距：2

r305 硅条对其他扩散区：2

r306 扩散区边沿与硅条：3

r307 硅栅超出扩散区：2

(4) 接触

r401 接触点宽度：2

r402 两个接触点间距：2

r403 金属超出接触点：1

r404 多晶硅超出接触点：1

r405 扩散区超出接触点：2

(5) 金属

r501 金属宽：3

r502 两金属间距：2

(6) 焊盘

rp01 焊盘宽：110

rp02 两焊盘间距：60

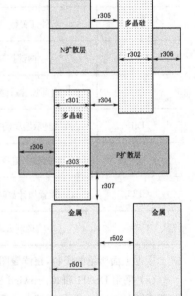

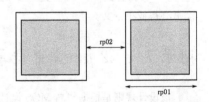

＊　　　　　　　　　　**设计规则文件 SEU20. RUL 的全文清单**

＊

MICROWIND 2. 0

＊

＊　SEU 2. 0 μm CMOS

NAME SEU 2. 0 μm CMOS

＊

lambda＝1. 0 μm

＊

＊ Design rules associated to each layer

＊

r101＝4　　　　　　　　{N 阱最小宽度}

r102＝12　　　　　　　 {N 阱最小间距}

＊

r201＝3　　　　　　　　{有源区最小宽度}

r202＝2　　　　　　　　{两相同有源区最小间距}

r203＝2　　　　　　　　{阱内有源区到阱边界}

r204＝7　　　　　　　　{阱外有源区到阱边界}

r205＝3　　　　　　　　{P 有源区到 N 有源区的间距}

＊

r301＝2　　　　　　　　{多晶硅最小宽度}

r302＝2　　　　　　　　{硅栅在 N＋区最小宽度}

r303＝2　　　　　　　　{硅栅在 P＋区最小宽度}

r304＝2　　　　　　　　{两多晶硅间距}

r305＝2　　　　　　　　{硅条对其他扩散区}

r306＝3　　　　　　　　{有源区上硅条到有源区边界间距}

r307＝2　　　　　　　　{硅条超出扩散区距离}

＊

r401＝2　　　　　　　　{接触点宽度}

r402＝2　　　　　　　　{两接触点间距}

r403＝1　　　　　　　　{金属超出触点距离}

r404＝1　　　　　　　　{多晶硅超出触点距离}

r405＝2　　　　　　　　{扩散区超出触点距离}

＊

r501＝3　　　　　　　　{金属最小宽度}

r502＝2　　　　　　　　{两金属间距}

＊ Pads

＊

rp01＝100　　　　　　　{焊盘宽}

rp02＝70　　　　　　　 {两焊盘间距}

＊

＊ Thickness of layers

```
*
thpoly=0.5
hepoly=0.4
thme=0.8
heme=1.2
thm2=1.1
hem2=2.5
thpass=1.0
hepass=4.0
thnit=0.5
henit=5.0
*
* Resistance (ohm / square)
*
repo=25
reme=0.075
rem2=0.040
*
* Parasitic capacitances
*
cpoOxyde=1 600        (all in aF/$\mu$m$^2$)
cpobody=63
cmebody=29
cmepoly=53
cmelineic=44          (aF/$\mu$m)
cm2body=16
cm2poly=21
cm2lineic=42          (aF/$\mu$m)
cm2metal=35
cdndiffp=360
cdpdiffn=340
cldn=350              (aF/$\mu$m)
cldp=220
*
* Crosstalk
*
cmextk=50             (Lineic capacitance for crosstalk coupling in aF/$\mu$m)
cm2xtk=80             (C is computed using Cx=cmextk * l/spacing)
*
*
* Nmos Model level 3
*
```

```
NMOS
l3kp＝80e－6
l3vto＝0.70              Vtn in Volt
l3ld＝－0.08
l3theta＝0.1
l3gamma＝0.4
l3phi＝0.70
l3kappa＝0.01
l3vmax＝150e3
l3nss＝0.060
*
* Pmos Model level 3
*
PMOS
l3kp＝25e－6
l3vto＝－0.76
l3ld＝－0.03
l3theta＝0.1
l3gamma＝0.4
l3phi＝0.70
l3kappa＝0.045
l3vmax＝70e3
l3nss＝0.060
*
*
* CIF&GDS2
* MicroWind name, Cif name, Gds2 n *, overetch for final translation
*
cif nwell NTUB 1 0.0
cif aarea DIFFUSION 4 0.0
cif poly POLY 10 0.0
cif diffn DIFFUSION 4 0.0
cif diffp BORON 13 0.8
cif contact CONTACT 16 0.2
cif metal METAL1 17 0.0
cif via VIA 18 0.1
cif metal2 METAL2 19 0.0
cif passiv PAD 20 0.0
cif text text 0 0.0
*
* Simulation parameters
*
```

deltaT＝3e－12　　　　　（Minimum simulation interval dT）

vdd＝5.0

temperature＝27

* maxdv＝0.25e－3　　（precision）

*

* End SEU 2.0 μm　　CMOS rule file for Microwind 2.0

*

附录 7.2　2 μm 单晶硅单层金属 CMOS 库单元版图举例

详见图 7.20~图 7.27。

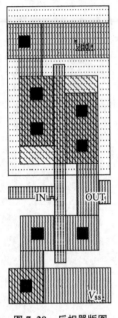

图 7.20　反相器版图

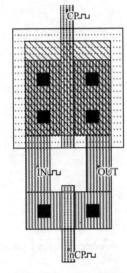

图 7.21(a)　传送门版图

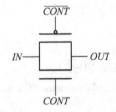

图 7.21(b)　传送门电路符号

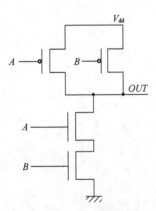

图 7.22　二输入端与非门电路符号

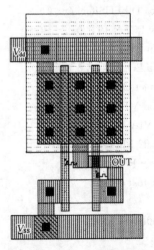

图 7.23　二输入端与非门版图

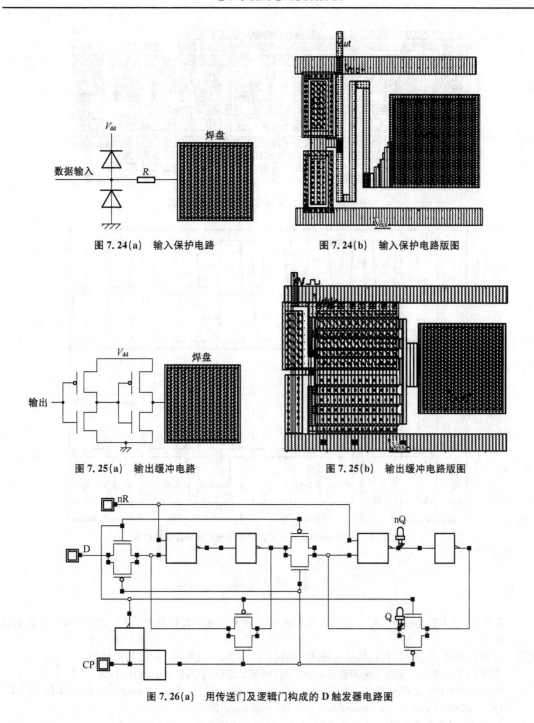

图 7.24(a)　输入保护电路　　　　　　　　图 7.24(b)　输入保护电路版图

图 7.25(a)　输出缓冲电路　　　　　　　　图 7.25(b)　输出缓冲电路版图

图 7.26(a)　用传送门及逻辑门构成的 D 触发器电路图

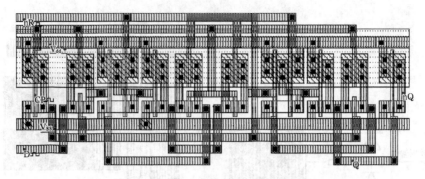

图7.26(b)　图7.26(a)所示D触发器的版图

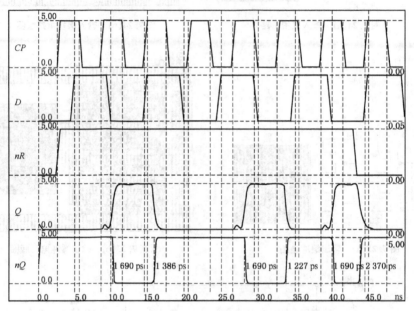

图7.27　用Microwind对D触发器版图进行模拟验证的结果

参 考 文 献

[1] 洪先龙,刘伟平,边计年,等. 超大规模集成电路计算机辅助设计技术[M]. 北京:国防工业出版社,1998

[2] 杨华中,汪蕙,刘润生. 模拟集成电路的自动综合方法[M]. 北京:科学出版社,1999

[3] 黄建文,艾西加,等. 微电子电路设计原理及应用[M]. 北京:中国铁道出版社,1999

[4] Etienne SICARD, CHEN Xi. A PC-based educational tool for CMOS integrated Circuit Design[C/OL]. MSE'99 ,http://wwwdge. insa-tlse. fr/～etienne,1999

[5] ota 供稿. 系统级芯片集成 SOC[E/OL]. http://www. 21ic. com ,2000-10-24 22:31:41

[6] 王志华. 基于核心模块的片上系统设计技术[J]. 电子产品世界,1999 (4)

[7] 焦影,周祖成. PBD-SOC 实现的一种重要途径[J]. 电子产品世界,2001(2)

[8] 王志功,景为平,孙玲. 集成电路设计技术与工具[M]. 南京:东南大学出版社,2007

[9] 景为平,孙海燕,等. 用九天 EDA 软件培养集成电路设计人才的探索与实践[J]. 电气电子教学学报,2002,24(2)

8　电子系统设计与制造的有关工程问题

8.1　概述

　　一个电子系统的产生和生存期间要经历多个阶段,如预研、论证、设计、研制、投产以及售后维修服务等。在工程设计这个阶段,所关心的是多方面的,除了要达到的功能和参数指标外,还应该考虑电磁兼容、可靠性、可制造性以及便于维修(具有可维修性)等诸多问题。所涉及的问题,既有理论方面的,又有实践方面的。为了解决这些问题,一个设计团队中的人员不仅要有会设计电路的,还要有懂设计制造、运行维护、应用研究、科研开发、技术管理和市场管理的,而且每一个专注于上述某个方面的人员,对其他方面也需要具备一定的专业常识。这对电子类专业人才的培养目标提出了综合性要求。一个电子系统技术实现的过程涉及较广的知识面,其最终质量,相当大程度上依赖于研制者的经验和技巧,还取决于研制者在实践过程中是否善于学习、总结与积累。这些都应该作为电子综合设计课程的培养目标。

　　本章简要介绍在产品设计与工程实现阶段,应该注意的部分重要问题,如抗干扰及电磁兼容、信号完整性、可靠性、热特性、可测性、可制造性和可维修性等问题。而上述诸问题的分析与解决,均和一定的工艺制造实现过程密切相关,形成了一个统一的整体。

8.2　电子系统的抗干扰设计

8.2.1　电磁干扰与电磁兼容问题

　　电子设备的周围充满着自然的及人为的电磁干扰信号,而电子设备本身对于其他的设备而言又是一个干扰信号源。提高设备的抗干扰能力,同时降低电子设备本身对周围电磁环境的污染,这是近几十年来倍受重视的电磁干扰(EMI)、电磁兼容(EMC)问题。已经制订了相应国际、国家及行业标准和规范。这些标准包括了对电磁干扰的控制要求,安全限值,测量方法等。在设计电子系统时参照实行。

　　干扰对电子设备可形成不同程度的危害,轻者可使设备的性能指标下降,重者可使设备不能正常工作,甚至可使机内较为脆弱的半导体器件击穿或烧毁。在信息化时代,电磁干扰也作为一种技术应用于战争中。

　　表 8.1 和图 8.1 列出部分元器件易损值和失效烧毁容限。

表 8.1　常见半导体器件的静电放电易损值

器件类型	对静电放电的易损值(V)	器件类型	对静电放电的易损值(V)
肖特基二极管	300～2 500	JFET	140～7 000
肖特基 TTL	1 000～2 500	CMOSFET	100～200
双极晶体管	380～7 000	CMOS	250～3 000
ECL	500～1 500	CaAsFET	100～300
可控硅	680～1 000	EPROM	100

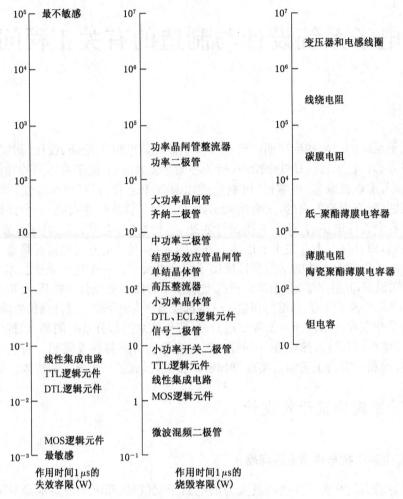

图 8.1　元件失效和烧毁容限

值得注意的是,在干燥的环境下,人体可带有上万伏的感应静电,表中所列的电子器件,尤其是输入阻抗高的 MOS 器件,用手触摸时,由于静电放电(ESD—Electro-Static Discharge)的电磁冲击可能导致击穿损坏。可以在易受感应静电损伤的对象前面并联保护电路或器件(见图 8.2),吸收静电放电产生的电磁脉冲的大部分能量,将被保护器件的两端电压钳制在安全范围之内。常用的保护器件有压敏电阻、聚合物器件和瞬态电压抑制器(TVS—Transient Voltage Suppressor)等。TVS 是一

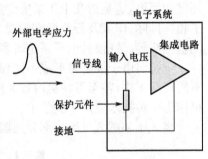

图 8.2　ESD 保护元件应用电路

种二极管形式的高效能保护器件,具有响应速度快、承受瞬态功率大、漏电流低、击穿电压偏差小、箝位电压较易控制、无损坏极限、体积小等优点。当 TVS 二极管的两极受到反向瞬态高能电量冲击时,它能以 $10^{-10} \sim 10^{-12}$ 秒量级的时间,将其两极间的高阻抗变为低阻抗,吸收高达数千瓦的浪涌功率,使两极间的电压箝位于一个预定值,有效地保护电子线路中的精密

元器件,免受各种浪涌脉冲的损坏。

8.2.2　干扰的类型

1)自然干扰源

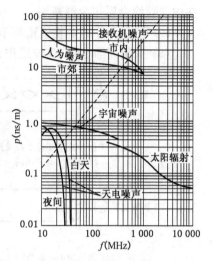

如宇宙射线,太阳黑子、耀斑伴随的电磁活动,雷电等。这些干扰信号常常造成通信、广播的中断,造成设备的损坏。图 8.3 为自然界电磁噪声的频谱分布。

2)人为干扰源

对电子设备本身无用的信号即可视为干扰信号,如电台发射的无线电波,可控硅等对工业电源的污染,车辆的点火电火花等。在同一个电子设备内部,各部分之间形成相互干扰,使设备不能按预期设计的性能工作。

图 8.3　自然界电磁噪声特性

8.2.3　干扰传播的途径

干扰信号作用于电子设备,有传导和辐射两种途径。电子设备中的导线、元器件、结构体等都能形成传导耦合的通道。它们有时有起着天线的作用,通过辐射的方式发射和接收干扰电磁波,形成干扰耦合通道。传导与辐射耦合的各种类型如图 8.4 所示。

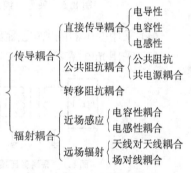

8.2.4　抗干扰设计方法

对不同的干扰信号应采取不同对策。干扰信号本身占据一定频带和方向,有的出现于一定时间段,有不同的传播途径。应针对不同干扰信号的特点,采用不同的方法去抗干扰。一种是将之拒之门外,常用电磁屏蔽技术,阻隔干扰信号的传播通道,或设法在时域、频域及方位上

图 8.4　传导与辐射耦合的类型

使干扰信号与电子设备本身的工作信号分开。常用的载波技术就可以有效地从频率上将两者分开。另一种办法是"阻塞不如开导",采用旁路,吸收等方法来消除干扰信号。这往往可获得很好的效果。表 8.2 列出了电磁兼容控制的一些策略。

表 8.2　电磁兼容控制策略

传输通道抑制	空间分离	时间分隔	频域管理	电气隔离
滤　波	地点位置控制	时间共用准则	频谱管制	变压器隔离
屏　蔽	自然地形隔离	雷达脉冲同步	滤　波	光电隔离
搭　接	方位角控制	主动时间分隔	频率调制	继电器隔离
接　地	电磁场矢量方向控制	被动时间分隔	数字传输	DC/DC 变换
布　线			光电转换	电动—发电机组

以下是电子系统设计实现过程中,常用到的抗干扰方法:

（1）屏蔽

采用良导体材料制成电及电磁屏蔽罩，其性能与材料，厚度等有关，应该进行专门的设计计算。采用高磁导率材料，如铍莫合金等制成磁屏蔽罩。屏蔽罩的散热孔应经过计算。

常利用机外壳作屏蔽，应注意与电路地实现良好的搭接。若采用塑料机箱，在必要时应在内层喷涂金属作为屏蔽层。

（2）注意元件的安装位置与角度。特别是变压器，电感线圈等能产生磁通的元件。

（3）采用同轴电缆，双绞线作为长距离信号的传导线（见图 8.5）。

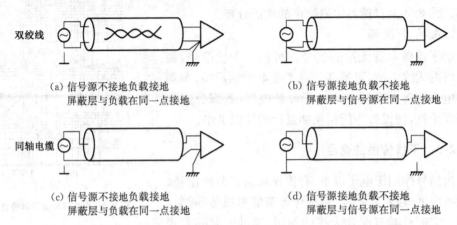

图 8.5　采用双绞线、同轴电缆作为长距离信号的传导线及接地方案

（4）采用变压器隔离（见图 8.6）。

（5）采用光电隔离（见图 8.7）。

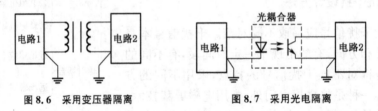

图 8.6　采用变压器隔离　　　　　图 8.7　采用光电隔离

（6）滤波

采用滤波器使信号与干扰在频谱上分离。为了减少宽带噪声干扰，在可能的条件下，使电路的各个环节做成窄带，以限制噪声。对来自电网中的干扰可通过在进线处的 LC 低通滤波来抑制。特定频带的干扰信号采用陷波滤波器容易滤除。

（7）接地

电子设备内部电路的地线与电源线是所有电路的公共部分。各部分电路的工作电流通过电源与引线产生相互耦合，形成干扰。印刷板电路的地线与电源引线应精心设计。设计印刷板电路时，各部分电路的接地方式可归纳以下几种：① 串联式单点接地；② 并联式单点接地；③ 多点接地；④ 悬浮地。

图 8.8 中单点接地适用于低频电路，对于工作频率大于 10 MHz 的电路应采用多点接地方式。串联式单点接地因公共部分跨越的电路部分多，各部分电路工作信号通过公共地线部分的电阻相互耦合作用。如果各部分电路呈由小信号至大信号逐级级联的形式，最好

采用各部分电路分别并联接地(见图 8.8(b))。

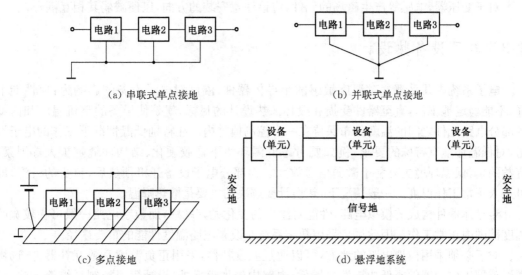

(a) 串联式单点接地   (b) 并联式单点接地

(c) 多点接地   (d) 悬浮地系统

图 8.8 各种接地方式

各部分电路与公共电源线相连时,其间应加电源去耦低通滤波,而使高电平、大电流的电流部分,(往往是整个电路的输出部分)其电源线和地线,应该最接近供电源电路,如图 8.9 所示。

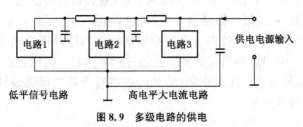

图 8.9 多级电路的供电

在设计印刷电路板时,数字电路与模拟电路的电源和地线应分别连接,并分别连接到相应的给数字和模拟电路供电的电源上(见图 8.10(a))。或者在印刷板上,将数字电路的电源或地线与模拟电路的电源或地线,通过磁阻元件隔离,如图 8.10(b)所示。

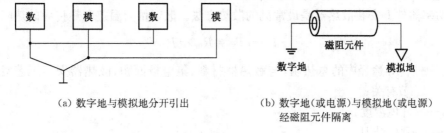

(a) 数字地与模拟地分开引出   (b) 数字地(或电源)与模拟地(或电源)
                                              经磁阻元件隔离

图 8.10 数字地与模拟地的连接方式

磁阻元件(俗称磁珠)是由高导磁率的铁氧体制造的,通常为呈环形、圆管或片状。磁阻元件的单位为欧姆,手册上一般以 100 MHz 为基准给出其参数,例如 1 000R@100 MHz 是指在 100 MHz 频率下具有 1 000 Ω 的电阻。

对于变压器,电感等产生磁场的元件,应该注意安装的方向,以便减弱其相互耦合。

8.3 电子设备热设计

电子系统内几乎都含对温度敏感的半导体器件,温度对电子设备的影响为:使性能下降,不能稳定地工作,直至器件受损和毁坏。热设计的目标,就是使设备的整机温度和内部各部分电路元件之间的温度分布保持在一个控制值之内。在特别低温情况下工作的电子设备,对低温环境有特殊的要求,例如要考虑低温环境下橡胶硬化、结构件缝隙扩大等因素。有益的是,低温环境更有利于微弱信号放大。大部分电子设备开机预热后,自身的升温,即可进入正常工作温度。一般情况下,热设计要解决的主要是散热降温。

半导体器件构成的模拟电路,性能对温度的变化尤其敏感,而数字电路一般可在较宽的温度范围内正常工作。因此尽量采用数字系统是改善电路温度性能的重要途径。

对于必须采用模拟电路的地方,可以通过温度补偿,采用正负温度系数互补器件,选用宽温范围工作的器件或低功耗发热器件,电路中施加负反馈,设计恒温控制系统等方法,来改善电路的温度特性。

热设计的另一方面,就是采用各种方法散热降温。

传热过程可分为三种基本形式:导热、对流、红外辐射。常用的方法有安装散热器、风扇等。对设备中的发热器件(包括有源的,无源的)及设备整机的温度进行散热。

肋片式和叉指型的铝块散热器是最常见的散热器形式,为了提高散热效果,经常采用表面涂黑处理,以获得更好的辐射效果。常在半导体器件与散热器之间涂导热硅脂以减小热阻,改善热传导效率。采用散热器有时需要在器件和散热器之间电绝缘,常用的方法是垫云母片。对流散热最常见的是采用风扇散热,此时应该有合理的风路设计。对于大型的电子设备,还可以采用水冷等技术。

8.3.1 功率器件的散热

对系统内主要的发热器件,多采用安装散热片,或局部风冷的办法。应该对大的发热元件留有较大的周围空间,采用易于散热的安装形式。例如大功率的晶体管或大瓦数的电阻元件,不应该采取紧贴印刷板的方式安装。

在功率器件上安装散热器是最常见的散热方法。散热量与温差和热传导的热阻有关:

$$T_1 - T_2 = R_{tb} \times P$$

式中:R_{tb}——传导途径中的总热阻,与散热器材料、集电极面积、散热器安装工艺等多个环节有关;

T_2——环境温度;

T_1——器件结温;

P——器件的功耗。

应该改善散热器与器件的接触,以减小这一环节的热阻,为此应该使散热片与发热器件保持紧接触,通常在接触面涂硅脂来减小热阻。必要的情况下,应该根据专业手册提供的计算方法对散热器面积进行计算。在散热器上附加风扇能获得更好的效果。

其他的用于大型功率器件的散热方法还有：

（1）冷板，即通过流体作热交换的装置，流体可用空气（用风扇驱动）水或其他冷剂。

（2）相变冷却系统，利用介质相变时可吸收大量热量的原理工作。例如水在汽化过程中，将带走大量的热量。

这些散热方法用于大功率的发射管及大功率激光管的散热上。

8.3.2　整机的散热

常用的方法是机箱开通风孔，安装排风扇，在利用排风扇排热时，应注意风路的设计，使主要的发热元件处于风路上。此时机壳的通风孔并非越多越好，必须与风路设计统一考虑。

许多电子设备带有金属外壳，常利用来兼做散热器。安装在同一金属外壳上的多个功率器件，可以通过垫云母片互相电绝缘。

8.4　可靠性设计

可靠性设计是指在设计电子系统时，不仅要关心系统的功能，各项技术指标的数值，还应将可靠性列为一项要达到的指标。设备的可靠性是指能在规定的时间内完成规定的功能。设备的故障带有随机性，可用"平均故障时间"MTBF 来描述：

$$\text{MTBF} = \frac{\text{总工作时间}}{\text{故障次数}}(\text{h})$$

现在，国内外电子行业都已经把 MTBF 作为定量评价产品质量的主要标准之一。

整机的可靠性与它所使用的元器件的可靠性，元器件的数量，电路的设计质量，系统的可靠性结构类型等有关。

元器件的可靠性用失效率 λ 表示，它是时间的函数（随时间而老化）：

$$\lambda(t) = \frac{\text{运用时间内失效元器件数}}{\text{运用元器件总数} \times \text{运用时间}}$$

元器件的失效率参数 λ 由生产厂家提供，应按照电子系统对可靠性的要求和成本控制要求等选择使用不同 λ 值的元件。

从可靠性角度看，众多的元件在系统中，处于串联和并联两种结构状态。若 N 个元件中任何一个失效，都会引起整个系统的失效，则它们处于可靠性串联，若 N 个元件全部失效，才会引起整个系统的失效，则它们处于可靠性并联。

对于可靠性串联，整机的 MTBF 与元器件的失效率及元器件数 N 的关系为：

$$\text{MTBF} = \frac{1}{\sum_{I=1}^{N} \lambda_I}$$

对于可靠性并联，则为：

$$MTBF = \frac{1}{\lambda}\sum_{i=1}^{n}\frac{1}{i}$$

大多数民用产品,采用可靠性串联结构,此时为了提高产品的 MTBF,除了选用的失效率低的器件外,应尽量采用集成度高的器件,以减少器件总数。对于重要的系统,部件和电路,可采用可靠性并联结构设计或采用两种结构混合的设计方法。

提高可靠性的其他结构设计方法还有冗余,旁待(备份)等。

改进基本电路设计,合理选取元件的工作参数,对易损器件(半导体器件等)采取保护措施,对提高可靠性是必要的。

工艺设计对提高可靠性也很重要,同时还涉及电子设备使用的安全。以下是一些要注意的问题:

1)隔振和缓冲

电子设备在运输、安装、发射或意外跌落等过程中,将承受不同程度的振动和冲击力,这对设备的结构设计和内部大质量元件的安装提出了专门的隔振与缓冲的要求。应尽量避免采用悬臂式和容易引起应力集中的结构形式。结构件应该尽量采用屈服强度、极限强度及延伸率能满足要求的材料。刚度较大的隔振器缓冲效果好,刚度较小的隔振器隔振性能好。常用的有橡胶隔振器和金属弹簧隔振器。

理论设计,很难保证产品能否承受实际遇到的振动和冲击,设计者应该对产品提出振动冲击的例行试验条件。

2)腐蚀与防护设计

电子设备接触大气、土壤、海水等,都将产生不同程度的腐蚀。特别是长期处于盐雾、酸雾、高温环境下工作的电子设备,及在野外、地下或海底长年工作的无人值守的电子设备,其电子元件和结构都应该考虑采取相应的防护设计。常用的防护工艺有表面涂覆、镀层、发蓝、发黑、防锈油、浸渍、密封、灌封等方法。

3)防尘防爆

电子设备中的开关、继电器、电刷等带有触点部分的元件,在染尘后,将使性能下降。如果是在有可燃气体的环境下工作,则开关和电刷的火花还可能引起爆炸火灾。在矿井等特殊场所使用的电子设备,应该禁止采用会产生电弧的器件,或对整机作全封闭的处理。

8.5 数字电路的可测试性设计

本节所讨论的可测试性设计,就是以改善逻辑电路的可测性、易测性及可诊断性为目标的设计。

对于规模较小,PCB 走线密度不高的电路系统,可通过探针,或专用的针床(位置与被测点相互对齐的一组探针),对电路实行在线的功能性测试。

模拟电路各部分信号流向往往是很清楚的,可逐点测试各点信号。对于复杂的数字系统,电路的调试往往成为大的问题,甚至于严重到无法测试,和无法对故障进行检测修理。因此在数字电路及系统的设计阶段,更应考虑测试,调试和维修的方便。即应使所设计的系统具有可测性或易测性。

以下是改善电路的可测性的一些经验和方法：

（1）在 PCB 上，布置测试点，安装检测杆，供仪表探头测量；

（2）使用针床

大规模生产线上进行产品生产调试时，需要同时观察多个测点的输出。通常采用"针床"的测试、调试手段。针床是有多个探测头组成的一组探针，其位置与被测 PCB 上的一组测点一一对应，在计算机控制下，输入一组信号，并获取多个输出信号，完成测试、调试过程，大大提高了工作效率。

（3）使用多路器

在观测点较多时，使用多路分配器和多路选择器，它们可以由 N 个控制信号经译码，实现 2^N 个节点的选择。

（4）使用串行移位寄存器

使欲增加的控制点和观测点接至附加的寄存器的输入和输出上，这些寄存器接成串行移位形式，这样通过很少的数据线和控制线，就能移入、移出大量的激励和响应数据。该方法类似于后来已经广泛采用的边界扫描测试技术（BST）。

（5）对闭环回路，可在环路的有关环节，预留将环路断开的跳线点，以便可以观测在开路时，有关电路的状态。

（6）应尽量将一个大电路分成若干个小电路，以减少总的测试矢量数（测试码以电路规模的平方和立方增加）。

（7）少用异步时序电路，少用单稳态电路。

（8）少用可调元件和少用非规范元件。

（9）设置状态复位功能。

（10）不同逻辑阈值电平电路分区排板，数字电路与模拟电路分区排板。

上述方法和经验有助于改善电路的可测性。随着电路规模的增大，VLSI 电路的大量运用。多层 PCB 和表面贴装技术（SMT）的广泛应用，电路板走线密度越来越高，通过增加测点来改善电路的可测性已很困难。而随着电路速度向数 GHz 迈进，传统的时域和数据域测量已几乎不可能。于是提出了各种可测性设计技术。如内建自测试技术，边界扫描测试技术（BST）等。

边界扫描测试已成为很受欢迎的测试方法，已由联合测试行动小组制定了 JTAG 标准，并由 IEEE 宣布为本 1149.1"测试访问口及边界扫描设计"工业标准。

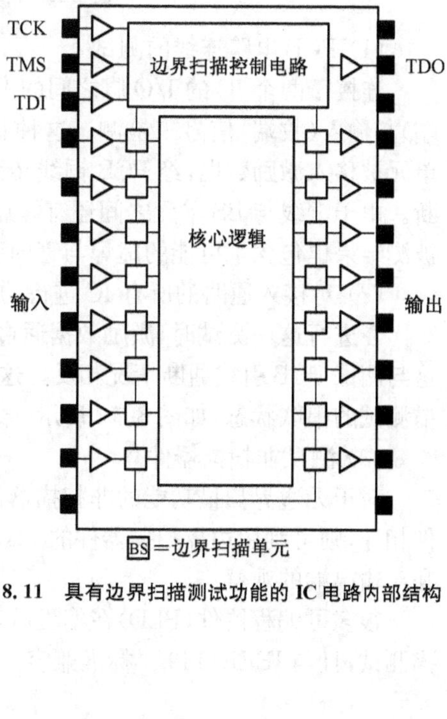

图 8.11 是一个在核心逻辑的每个输入输出端增加了一个边界扫描（BS）单元以构成具有边界扫描测试功能的 IC 电路，各 BS 内的寄存器串联成移位寄存器形式构成一条边界扫描通路，各个 BS 单

图 8.11　具有边界扫描测试功能的 IC 电路内部结构

元既与芯片内核心逻辑相联,又经缓冲器与外部管脚相连。当这些 IC 安装在 PCB 上时。可通过这些 BS 获取芯片管脚外 PCB 板上铜线的信息,在片内边界扫描控制电路控制下,编好的测试数据从 TDI 移入,从 TDO 获取测试结果,从移入移出的数据,来实现对 PCB 板故障和芯片逻辑功能的检查。TCK 为时钟,TMS 为方式选择线。这种方法要增加 BS 电路,对于 VLSI 或大规模电路系统,这种额外开销相对是很少的。这种设计仅需一个四线总线的测试访问口(TAP),(还有一个可选线为测试复位 TRST ＊)比起需要大量增加测点的方法,这是十分重要的优点。

边界扫描测试技术(BST)能用于器件(IC)级、电路板级和系统级的可测性设计。已形成 IEEE1149.1"测试访问口及边界扫描设计"标准。

图 8.12 为由三片带 BST 功能的 IC 构成的 PCB 板,各 IC 的 TDO 与 TDI 相串联。测试访问口(TAP)通过四(或五)根线与 PCB 上所有 IC 相连,实现边界扫描测试。其中 TCK、TMS 并行送到各个 IC(图中未画出)。对 PCB 电路的测试包括两个方面:

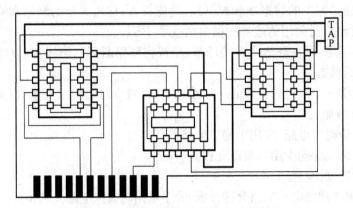

图 8.12 在 PCB 板中一个完整的边界扫描链

(1) PCB 电路连线的测试

连接于两个 IC 的 I/O 脚之间的 PCB 走线通不通,可以通过 IC 中的 BS 单元的输出(发端)与输入(收端)信号来检测。这种状态称为(IC 芯片的)外部测试。芯片的输出端的 BS 单元被移入激励数据,经 PCB 铜线传到另一个输入端的 BS 单元读出,即可判断铜线的通断。由于铜线与 BS 单元之间还有焊点和 IC 内部从管芯到引脚之间的连线两个环节,所以被测结果也包含了可能的虚焊与管内引线由于机械或焊点断开的信息。

(2) 对接入通路的所有 IC 进行功能测试

在进行这一测试时,激励数据通过 BS 施加到 IC 的输入端,而从输出端捕获相应数据,这与测试 PCB 引线通断情况相反。这种测试称为内部测试。被测试的所有 IC 处在边界扫描测试的串联状态,如图 8.12 所示。

(3) 测试非扫描器件

对于无边界扫描功能的非扫描器件和由它们组成的电路,若其输入、输出与边界扫描器件相连,则可利用边界扫描器件的 BS 单元构成"虚拟通道",用作与之相联的输入端的激励和对输出端的观察。

很多可编程器件(PLD)在编程后,接着就是要进行测试校验,这一过程也是利用边界扫描测试,且与 IEEE1149.1 标准兼容。电路板的测试及其上面的 PLD 的编程,用的是同一接口。对于编程功能,还要用到"编程禁止"信号,因而这是一个五线接口,而如果选用测试复位信号 TRST 时,则为六线。

8.6　印刷电路板的设计与装配

电子系统大多采用印刷电路板(PCB)结构,在系统的设计实现过程中,PCB 设计、装配和调试占据很大的工作量。产品的性能也与 PCB 的质量密切相关。

8.6.1　PCB 的设计

1) 设计工具与注意事项

有多种设计 PCB 的 EDA 软件。可以根据电路的性能要求选用。例如根据电路的工作频带、PCB 板的复杂度和层数、能完成哪些软件仿真功能以及是否具有完整的 CAM(计算机辅助制造)输出能力等来选择某一款 PCB 设计工具。

由于 PCB 的设计对工艺性要求较高,采用 EDA 工具设计好的 PCB 板,还要经手工修改。

下面提到的问题对缺乏经验的初学者来说必须注意:

① 元件布局反复调整,注意相互位置与疏密,模拟与数字电路尽可能分开。

② 预留测试杆位置,以便调试时方便,对闭环电路,预留开环断口或跳线插口座。

③ 当一块板上有多个与外界连接的电缆线插头、插座时,应采用不同形式,不同芯数的连接插头座,以免相互错位连接。

④ 每个 IC 旁留有电源滤波电容安装孔,以作电源去耦用。

⑤ 注意印刷板中长距离并行引线的分布电容的影响。例如,可在并行走线的总线之间,加入地线起隔离作用。

⑥ 印刷板上的大面积地线,可起到屏蔽作用,但应注意对信号引线所构成的分布电容参数影响。

⑦ 对需要热拔插的插头座,可考虑各芯先后接通的顺序,将插针设计成不同的长度。

印刷电路板是电子系统中最大一个"元件",务必精心设计。

2) 印刷电路板装配与焊接

虚焊、短路、开路是印刷板装配焊接中常遇到的故障问题。其中元件引脚的去氧化层,电路板焊接部分和连接部分的涂复层质量以及焊接工具、焊接温度和实践的掌握是关键。经验表明应慎用助焊剂,特别带有腐蚀性的焊剂。

为避免焊接造成断路、开路等难以修复的故障,应在焊接之前对印刷板作全面的检查。焊接过程对元件的损伤主要表现为:

① 半导体器件因受热太久导致损坏,应按安全要求掌握焊接温度与时间。

② MOS 型器件因输入阻抗高,要求焊接工具无感应静电,或将烙铁外壳接地。

③ 某些不耐高热的材料,如带有塑料构件的电子元件,不应在加热时引起变形,有时应采用扣接。

④ 焊接大电流的端子,可能因发热熔脱,应改用绕焊或钩焊。

⑤ 对引线密度很高的大规模芯片和有特别要求的芯片,应使用专门的焊接设备和遵守专门的操作流程。

产品进行工业化批量生产时,常采用的焊接装配方式还有:浸焊、波峰焊、再流焊、高频加热焊、激光焊等。了解这些焊接工艺,有助于更加合理的设计印刷电路板。

8.6.2　关注信号完整性

1) 信号完整性简介

信号完整性(Signal Integrity,简称 SI)是指在信号线上的信号质量,指的是因数字信号的模拟特性而产生的任何影响信号传输的现象。也有人将 SI 定义为"信号在需要的时间达到需要的电平值"。具有良好的"完整性"的信号应具备平稳的高低电平、快速的跳变沿以及很小的过冲和下冲。

信号完整性问题对低频/低速信号电路的设计意义并不明显,常被人们忽略。然而现代高速数字信号频率高达 GHz,上升时间在 50ps 以内。在如此高的传输速率下,其中很多问题与 PCB 板的设计有关。由于信号走线的细微疏忽而产生的延时、接口等问题不仅在一条线上产生影响,还会将串扰加在邻近信号线甚至邻近的电路板上,严重时将使信号传输发生紊乱,使得整个系统不能正常工作。因此在设计高频/高速信号的 PCB 板时,信号完整性问题尤为重要。

差的信号完整性不是由单一因素导致的,而是板级设计中多种因素共同引起的。主要的信号完整性问题包括反射、振荡、串扰、地平面反弹噪声等,分述如下:

(1) 当高频信号的波长与 PCB 板上信号线的尺度相近时,或者当高速数字信号的上升沿/下降沿与 PCB 板上信号线的时延相近时,若源端与负载端阻抗不匹配,信号在线上传导过程中就会引起反射,

(2) 高频或高速信号传输过程中,信号线上的分布电感和电容参数,将会引起振荡。

(3) 两条平行信号线之间以及与电源平面的互感和互容耦合,会产生串扰,活动信号线会干扰静止信号线,引起线上的噪声。

(4) 当 PCB 有大量高速开关状态下工作的器件时,将有较大的瞬态交变电流在芯片与电源平面、地平面流过,结果将在电源阻抗、电源平面和地平面的阻抗上产生噪声,还会在芯片封装与电源平面、地平面之间的电感和电阻上引发噪声,表现为电源反弹(Power Bounce)——由于封装电感而引起芯片电源和系统电源不一致,以及地弹(Ground Bounce)——芯片地和系统地不一致。上述所有因素,将使得电源电压和地参考发生严重波动,从而破坏了器件供电的完整性。当开关器件数目不断增加,内核供电电压不断减小时,电源的波动往往会给系统带来致命的影响。为此,就要对如何为高频/高速系统提供一个性能良好的电源分配系统进行专门的研究。从而引出了"电源完整性"(Power Integrity)这个名词,简称 PI。PI 和 SI 是紧密联系在一起的,从广义上说,PI 是属于 SI 研究范畴之内的。

2) 常见信号完整性问题及解决方法

解决信号完整性问题有四种实用技术手段:经验法则、解析近似、软件模拟、实际测量。可以根据具体情况采用。其中软件模拟已用于许多专业软件中,可供设计使用。例如 Cadence 公司的 Speccytraquest,Mentor Graphics 公司的 HyperLynx SI 与 HyperLynx PI 皆是

功能强大的 SI 和 PI 分析软件。另外许多优秀的 PCB 板设计软件中也带有 SI 和 PI 分析功能。此外,传统的眼图测量方法,也是信号完整性分析中的一种测量方法。

表 8.3 列出了高速电路中常见的信号完整性问题与可能的原因,并给出了相应的解决方案,可供实验测量调试时参考。

表 8.3　高速电路中常见信号完整性问题及解决方法

问题	可能原因	解决方法	其他解决方法
过大的上冲	终端阻抗不匹配	终端端接	使用上升时间缓慢的驱动源
直流电压电平不好	线上负载过大	以交流负载替换直流负载	使用能提供更大驱动电流的驱动源
过大的串扰	线间耦合过大	使用上升时间缓慢的发送驱动源	在接收端端接,重新布线或检查地平面
传播时间过长	传输线距离太长	用没有开关动作的信号线替换有开关动作的信号线或重新布线,检查串行端接。	使用阻抗匹配的驱动源,变更布线策略
振荡	阻抗不匹配	在发送端或接收端串接阻尼电阻	

3) 考虑信号完整性的 PCB 设计原则

如前所述,信号完整性问题主要有反射、振荡、串扰、地平面反弹噪声四个方面。其中串扰涉及因素多,最为复杂。高速 PCB 线路之间的串扰既可以是由互电感产生的磁场耦合引起的,也可以是由互电容产生的电场耦合引起的。随着信号频率升高,信号上升、下降时间减小,PCB 尺寸变小,布线密度加大等,使得串扰越来越成为一个值得注意的问题。目前为了解决高速 PCB 信号完整性的设计,已经推出一些专业的辅助设计软件,在运用这些软件的时候,还要遵循以下一些设计原则,才能将所设计的 PCB 的串扰降到很低,并能同时改进其他信号完整性问题以及抑制 EMI 的产生。

(1) 采用多层板有利于化解各种信号完整性问题。首先,采用多层板有利于在同等布线密度下减小 PCB 的尺寸,缩短布线长度,从而减小印制导线的分布电感及电容,这将有利于各种信号完整性问题的解决。因此,高速数字电路通常总是采用 6 层甚至 10 层的多层 PCB。利用多层板便于设置独立的电源和地层(铺铜层),由于大面积铺铜电源层和地层的电阻很小,可以为数字信号的传送提供一个稳定的参考电平,使得电源层上的电压很均匀平稳地(也即改进了电源完整性)加在每个逻辑器件上,这将有利于消除和削弱地平面、电源平面反弹噪声。而且经适当安排后,可以保证每根信号线都有很近的地平面与之相对应,从而减小信号线的特征阻抗,使得端接匹配阻抗的取值降低。因为容性和感性耦合所产生的串扰随受干扰线路负载阻抗的减小而减小,从而可以有效地抑制信号之间的串扰。接地平面层为电信号提供了一个公共参考点,也可以用于屏蔽。

(2) 合理设置布线层——要为不同速率的信号设置不同的布线层,将高速信号与低速信号的布线放在不同的叠层上,数字信号与模拟信号也分别放在不同的叠层上,或者将它们布置在同一层的不同分割区中。这样可以减少或者避免由于高速信号干扰低速信号、数字信号干扰模拟信号而引起的串扰问题。多层板叠层的顺序,以最常规的 6 层板为例其叠层是这样安排的:信号-地-信号-信号-电源-信号,从阻抗控制的观点来讲,这样安排是合理的,但由于电源层离地平面较远,不能获得较小的共模 EMI。如果改将铺铜区放在 3 和 4 层,则又会造成较差的信号阻抗控制及较强的差模 EMI 等不良后果。还有一种添加地平面层的方案,布局为:信号-地-信号-电源-地-信号,这样无论从阻抗控制还是从降低 EMI 的角度来说,都能实现高速信号完整性设计所需要的环境。但不足之处是层的堆叠不平衡,第三层是信号走线层,但对应的第四层却是大面积铺铜的电源层,这在 PCB 工艺制造上可能会遇到一点问题,在设计的时候可以将第三层所有空白区域放置铺铜来达到结构上近似平衡的效果。理论分析指出,为了减少电源层上噪声向外辐射造成的 EMI,电源层的四个边相对于地平面应当缩进去 20H,H 为电源层与地平面之间的距离。

（3）合理设置布线间距,通常按 3W 规则来设置,W 为印制线条的宽度。尽量增大可能发生容性耦合导线之间的距离,减小相邻层的长印制线长度可以防止电容耦合,更有效的做法是在相邻的信号线间插入一根地线,可以有效减小容性串扰,这根地线需要每隔 1/4 波长与地平面层相连。

（4）由于瞬变电流在印制线条上所产生的冲击干扰主要是由印制导线的电感成分造成的,因此应尽量减小印制导线的电感量。印制导线的电感量与其长度成正比,与其宽度成反比,因而短而粗的导线对抑制干扰是有利的。时钟引线、行驱动器或总线驱动器的信号线常常载有大的瞬变电流,这些部分的印制导线要尽可能地短。对于分立组件电路,印制导线宽度在 1.5 mm 左右时,即可完全满足要求;对于集成电路,印制导线宽度可在 0.2～1.0 mm 之间选择。

（5）感性耦合较难抑制,要尽量降低回路数量,减小回路面积,同时不要让不同的信号回路共用同一段导线。

（6）为了抑制印制板导线之间的串扰,在设计布线时应尽量避免长距离的信号并行走线,最好将并行信号线的长度控制在临界长度以内①,同时还要减小信号层与平面层的间距,就能有效地降低串扰。

（7）需要高隔离度的信号印制线应该走不同的层——如果它们无法完全隔离的话,则应走正交印制线,同时将接地平面置于它们之间。正交布线可以将电容耦合减至最小,而且地线会形成一种电屏蔽。以上这些措施都可以有效减小串扰。

（8）每根信号线都应有很近的地平面与之相对应,从而构成两种最常见的控制阻抗印制线——微带线和带状线,它们具有确定的特性阻抗,例如 50 Ω(RF 应用中的典型值)。高频/高速信号是在控制阻抗印制线上流动的,这就要求布线层上的高频/高速信号线不要跨越地平面上的分割槽②,因为控制阻抗印制线中流动的信号,都要通过和它临近的地平面回流到它的驱动端,如果该信号的回流路径被分割槽割断了,此时信号回路的电流不得不绕过分割槽的边缘回到它的驱动端,这将导致回流路径加长,结果不仅会产生 EMI 问题,还会给信号线的阻抗匹配带来不良影响,从而引起信号完整性问题。

（9）要保持走线特性阻抗的均匀、连续与匹配——使传输线近端或远端终端阻抗与传输线阻抗匹配,可以避免反射问题的产生。

以上这些原则需要在高速 PCB 的设计中,结合具体的实践灵活地加以运用与理解,并

---

①当信号线上高速信号的边沿时间为 1 ns 时,该信号线的临界长度的经验值为 3 cm。边沿时间越小,临界长度越短。当信号线长度超过临界长度且终端阻抗不匹配时,就会出现因反射而引起的信号完整性问题。

②某一层面上的分割槽是由于不同电压的供电源(如 2.5 V,3.3 V,5 V 等)或数字地、模拟地、屏蔽地等的分割要求而形成的。

不断地注意总结、充实与提高,才能收到预期的效果。

8.7 电子系统的调试

一个新设计装配好的电路,在通电之前,必须认真检查,特别应排除那些危及安全和可能导致损害元件和电路的问题。

8.7.1 通电调试之前的检查

(1)重点应放在整体性、全局性连线的错误排查,如电源性的短路、错接等。通常采用万用表的欧姆挡对上述引线逐一检查其对地电阻。注意,由于半导体元件的存在,正反向呈现不同的阻值。

(2)容易错误焊接的元件应仔细检查,如带极性的元件,某些不带定向标志的连接元件是否方向装反等。

8.7.2 初步制定出一个调试顺序与步骤

要求调试者对电路功能和性能指标有全面地了解,对常用的基本的测量仪器功能和操作使用有一定的了解。

在研制阶段,对有多级电路或多个功能模块构成的电路系统,应采用逐级逐块地安装、逐步调试的方法,而不宜现将电路全部插上或焊上。这样可避免因电路存在的潜在反馈渠道而使调试复杂。

8.7.3 做好调试记录

调试人员的工作经验十分重要,要做好调试纪录,注意经验的积累,培养良好的科研工作习惯。

电路的种类、功能、要测试的指标很多,很难对电路的调试提出一个固定的步骤和模式。以下就模拟电路,数字电路及带微处理器系统的软件调试中所遇到的带有共性的问题作一般的介绍。

8.7.4 模拟电路的调试

(1)晶体管电路,若不正常工作,首先断开级联与反馈,检查工作点。

(2)运放电路着重检查差分输入端电位。

排除自激故障,可断开反馈,逐级将输入端交流短路接地,针对自激原因,采用旁路电容、负反馈等措施改善之。

(3)模拟电路输入阻抗的测量:采用电阻分压法测量,如图 8.13 所示。

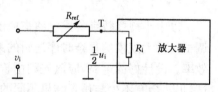

图 8.13 电阻分压法测量输入阻抗

调节 R_{Ref},使得 T 点所测得的信号为输入信号的 $1/2$,此时的 R_{Ref} 即为输入阻抗值。这种方法只适用于低频电路。

（4）输入短路等效噪声测量，如图 8.14 所示。

将输入接地，测得放大器的输出有效值为 u_0，放大器的短路噪声为 u_0/A。其中 A 为放大器的增益。

图 8.14 输入短路等效噪声测量

（5）网络频率响应特性的测量：用扫频仪测幅频特性，用矢量网络分析仪或信号源加信号分析仪测试其幅频与相频特性，如图 8.15 所示。

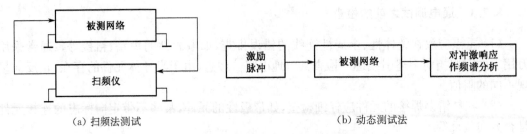

（a）扫频法测试　　　　　　　　　（b）动态测试法

图 8.15 网络频率响应特性的测量

（6）失真度测量（见图 8.16）。

（a）　　　　　　　　　（b）

图 8.16 失真度测量方法

可采用失真度仪直接测量，通常所测为总失真加噪声，即 THD＋N。亦可由频谱分析仪完成，采用图 8.16(b) 的方法，可获得更大的测量动态范围。

在组建测试系统时，应注意测试用的仪器对被测电路的影响，如引入噪声、改变其输入输出阻抗等。

由于模拟电路的信号流向较为简单清晰，逐级跟踪控制调试即可。常遇到的难点问题有排除自激和降低系统的噪声等。

噪声对于接收机的前置放大器和高阻传感器的前置放大器往往是重要的指标。噪声来源主要有外来电磁干扰（对于高阻输入端而言）和电路系统内部器件产生的噪声。前者应改善电磁兼容工艺，提高其抗干扰性能；后者要靠选用低噪声器件来改善。噪声问题还可以从整机系统的角度采用信号处理的方法改善。

8.7.5　数字电路系统的调试

以中小规模数字集成电路搭成的系统，用万用表、逻辑笔和示波器等常规仪器即可完成调试。对大规模的复杂时序逻辑的系统，采用逻辑分析仪，特征分析的方法可大大提高测试效率。设计好的电路，应该先利用软件仿真，确认性能指标能否到达要求。而电路实物的调试，仍然会有不少与仿真结果不同的问题出现。

数字电路中，影响正常工作的常见问题有：

（1）因电路延时或逻辑设计带来的竞争冒险；

（2）组合逻辑电路输出中的"毛刺"脉冲；

（3）负载过重等原因而导致的数字信号幅度达不到要求的电平。

上述现象在软件仿真模拟或实物调试时，都会出现。在设计组合时序逻辑电路时，可采用使信号提前或延时 1/2 拍，采用经 D 触发器延迟等方法，获得更好的信号同步质量。

比起信号脉冲宽度，毛刺是很窄的脉冲，可以加一适当大小的对地旁路滤波电容，来滤除或降低其脉冲幅度，使其不影响逻辑电路的正常工作。

数字系统由于信号的头绪多，需测试的输入输出点多，需采用数据域信号测试的方法，常用的数据域测试仪器有逻辑分析仪，特征分析仪等。普通示波器可以直观地观测波形，经常通过观察"眼图"等方法，来测试逻辑电路的工作质量，或进行故障诊断。

数字信号处理（DSP）电路系统，其中各个输入、输出点的数字量，对应于不同大小的模拟量，如果采用普通示波器进行时域波形观测，例如数字滤波器的输入输出信号，可以通过 D/A 数模转换成模拟电压来观测滤波前后的波形。对于采用 PLD 设计的 DSP 系统，其内部需观测的多个结点，可以通过在片内设计的多路选择器，轮流将信号输出进行观测。如图 8.17 所示。

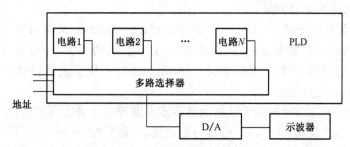

图 8.17 在 PLD 内部设计多路选择器引出观测点

一般的非 DSP 数字系统，通过特征分析仪来检查各节点数据信号，进行调试或故障诊断。当以特定的伪随机二进制系列（PRBS）发生器作为特征激励输入时，一个可测试系统的各个节点将产生稳定、专一的数据流，各点的特征码数据流经过压缩（除一个未知数）所得余数即为特征数（一般是一个很短的序列），将该序列与该点的参考值比较，即可判断系统工作是否正常。与 DSP 系统中数字量输出对应一个模拟量的大小不同，这儿的被测点的特征值并无物理意义，使用者也可以不知道被测系统的工作原理，只根据设计者所提供的该点的特征值，即可进行调试或故障分析诊断。

8.7.6 带微处理器的电路系统调试

内带处理器的电子系统，除了硬件电路调试外，还包含有软件程序的调试，这类系统的调试过程大多可以归结为如下的步骤：

（1）组建由 PC 机和该处理器相应的仿真器或程序下载器组成的开发环境。现在的很多处理器含有片内的仿真电路。开发好的程序通过 JTAG 或某些处理器芯片的特定的下载协议，完成下载。例如有些处理器可以直接通过 RS232 口下载。

（2）在 PC 机上进行软件开发。软件开发过程，包含程序代码的编写、编译、调试等过程。完成这些任务的软件，被组织在一个开发软件包中，形成一个集成平台，使用者可以选择一个当前较好的软件来使用。例如当前流行的 Keil 等。

(3) 软件的离线仿真。有多种离线仿真的软件工具,它们能对很多种包含处理器及外围电路的系统,进行离线的仿真调试。例如,能对包含有处理器、LED 数码管、LCD 液晶屏等组成的系统,在设计阶段,就进行软件的仿真调试,从而缩短了开发周期,同时因为不会发生因电路设计错误或硬件调试失误而带来的损失,被称为所谓的"零风险"研发。目前这些仿真软件,都还只能适应一部分处理器外围电路器件。这类软件有 Proteus, NI 的 Circuit Design Suite 等。

(4) 含有处理器电路的系统会遇到许多与硬件电路不同的问题。例如,总线上的负载是否太重,外围器件与处理器采用不同的供电电压,需要对处理器的 I/O 口进行工作模式的配置等。

8.8　可制造性设计

设计与制造永远是矛盾的双方,设计追求完美,而制造时可能会遇到各种困难。所以在设计阶段,应该考虑可制造问题。

面向制造的设计(DFM——Design For Manufacturability),又称为可制造性设计,其主要目标是:提高新产品开发全过程(包括设计、工艺、制造、销售服务等)中的质量,降低新产品全生命周期中的成本,缩短产品研制开发周期。DFM 不仅仅是使设计可以制造,而且要能被高效率地制造并且获利。

可制造性设计是在设计的初期就把制造因素考虑进去。确认当前制造过程的能力和限制。对设计的新部件及其装配关系,进行可制造性、可装配性、可测试性、可维护性及整体设计质量的论证和检查。可制造性是涉及很多方面和整个过程的问题。前述的热设计、测试设计、可靠性设计、元器件选择等,也都是可制造性设计要考虑的方面。

现在的电子设备,大多是在 PCB 上采用表面贴装技术(SMT)来组装实现,这是可制造性问题的重要方面。设计者需要了解相应的工艺,如各种焊接工艺(锡膏丝印工艺、点锡膏工艺、黏胶应用、贴片工艺、波峰焊接工艺等)特点和适用场合等。PCB 上元件安装工作,在可制造性方面占有重要位置。

采用大规模集成电路,减少元件数量和装配密度,不仅可以提高系统的可靠性,也改善了可制造性。所以将硬件和软件功能,集成于一片大规模可编程芯片内,是提高可制造性的一种有效途径。尤其是采用大规模可编程芯片——CPLD/FPGA 来进行设计,能够将大量电路,处理器,乃至整个电子系统设计在一个芯片上,构成一个可编程的片上系统 SOPC,其性能灵活可变,不但使印刷底板面积大大缩小,而且省去许多装配与焊接工作;在性能方面可改善电磁兼容性、提高可靠性,从而使得电子系统的可制造性获得大幅度的提升。随着大规模 FPGA、CPLD 芯片技术的发展,以及功能日益强大的系统 EDA 软件工具,采用 SOPC 的方法越来越成为现代电子系统设计的一种主流方法。

8.9　设计与质量管理

质量是产品和企业的生命。产品质量与设计工作密切相关。在早期,控制质量主要是通过产品检验部门对质量把关。后来推行全面质量管理(TQC),即将质量问题置于企业的全员参与和在产品形成的全过程中来加以管理,而不只是检验人员的事后检验。通过推行TQC,世界各国的产品质量都有了很大提高。产品设计在整个过程中处于十分重要的阶段。例如可测性问题关系到产品的设计研制,并贯穿至生产调试、售后维护的全过程之中,因而可测性设计,可靠性设计等已逐渐被作为强制性要求。贯彻 TQC 取得了很大的成效,在继承 TQC 理论和经验的基础上,国际标准化机构(ISO)颁布了 ISO9000 质量管理和质量保证系列国际标准(我国相应的国家标准为 GB/TI9000 标准),由下述五个标准组成:

ISO 9000—1987《质量管理和质量保证标准——选择和使用指南》

ISO 9001—1987《质量体系——设计/开发、生产、安装和服务的质量保证模式》

ISO 9002—1987《质量体系——生产和安装的质量保证模式》

ISO 9003—1987《质量体系——最终检验和实验的质量保证模式》

ISO 9004—1987《质量管理和质量体系要素——指南》

它是企业实施质量管理的依据,也是国际经济贸易活动中供需双方之间质量体系评价和认证的依据。其中 ISO9001(第一模式)的质量保证要求最多,包括了设计开发阶段,是对全过程的质量保证要求。实施 ISO9001 标准,意味着提供最好质量保证的产品,具有更强的竞争力。国际经济正走向一体化,我国已加入 WTO,使设计/开发工作符合质量管理和质量保证标准,具有重要意义。

8.10　电子设备设计文件

符合标准形式的完整的设计文件,是电子工程设计的不可缺少的部分。文件的齐套要求,内容与格式,可参考原四机部(电子工业部)制定的部标准"设计文件的管理制度"即SJ207。该标准规定的设计文件种类有 20 多种,见表8.4。

这些文件的分类组成及编辑方法都有一定的格式,是电子产品生产管理的依据。在生产部门,大多有专业的工艺人员和标准化的管理人员对这些文件的齐套和格式进行审核、管理。电路设计人员应该与有关专业人员配合完成这些文件设计。

现实的情况是,众多的 EDA 工具,设计出的文档格式,其中的元件符号等,可能与有关的标准不一致,应该予以注意。

除了上述供生产制造用的文件外,有时,还需要提供使用说明,故障诊断和维修说明,产品的例行试验条件等。

电子产品在投入生产之前要做的工作还有:

(1) 例行试验

按照产品的使用环境和条件的需要,进行工作电气参数,温湿度范围,振动冲击等各项试验。

(2) 产品技术鉴定文件

对列入国家科技计划,或具有先进水平的项目应该组织鉴定。某些新工艺新技术的应用从而促进科技进步,显著改善性能的产品,也应该申请鉴定。这些都应该提供相应的文件资料。

表 8.4 电子设备设计文件

序 号	文件名称	文件简号	产　品		产品的组成部分		
			成套设备	整机	整件	部件	零件
			1级	2、3、4级	2、3、4级	5、6级	7、8级
1	产品标准	—	●	●	—	—	—
2	零件图	—	—	—	—	—	●
3	装配图	—	—	●	●	●	—
4	外形图	WX	—	○	○	○	○
5	安装图	AZ	○	○	—	—	—
6	总布置图	BL	○	—	—	—	—
7	频率搬移图	PL	○	○	○	—	—
8	方框图	FL	○	○	○	—	—
9	信息处理流程图	XL	○	○	○	—	—
10	逻辑图	LJL	—	○	○	—	—
11	电原理图	DL	○	○	○	—	—
12	接线图	JL	—	○	○	○	—
13	线缆连接图	LL	○	○	○	○	—
14	机械原理图	YL	○	○	○	○	—
15	机械传动图	CL	○	○	○	○	—
16	其他图	T	○	○	○	○	—
17	技术条件	JT	—	—	○	○	○
18	技术说明书	JS	●	●	○	—	—
19	说 明	S	○	○	○	○	—
20	表 格	B	○	○	○	○	—
21	明细表	MX	●	●	●	—	—
22	整件汇总表	ZH	○	○	—	—	—
23	备附件及工具汇总表	BH	○	○	—	—	—
24	成套运用文件清单	YQ	○	○	—	—	—
25	其他文件	W	○	○	○	○	—

（3）产品设计定型和生产定型

通常新产品在经过小批量生产销售并经必要的改进后,若要进行大规模批量生产,还应进行设计定型和生产定型工作,并提供相应的设计定型文件。这些文件包括大规模生产制造时需要的工装模具的设计文件,质量检验文件,成本核算文件等。电子产品的设计人员,对此应该有一定的了解,与有关专业人员配合完成这些文件的配套工作。

习题与思考题

8.1　干扰传播的途径有哪些?

8.2　列出几种电磁兼容策略。

8.3　列出几种接地方法,说明其改善电路抗干扰能力的原理。

8.4　散热器与功率器件之间如何电绝缘?

8.5　MTBF 的中文含义是什么? 写出其表达式。

8.6　什么叫可靠性设计?

8.7　什么是可测性设计?

8.8　什么是边界扫描测试法?

8.9　什么是信号完整性?

8.10　什么是 DFM?

8.11　列出你所知道的焊接装配工艺。

8.12　如何测试低频放大器的噪声,输入阻抗,增益,频响特性,失真度?

8.13　TQC 的含义是什么?

8.14　ISO9000 是个什么标准。

参 考 文 献

[1]　蔡仁钢. 电磁兼容原理、设计和预测技术[M]. 北京:北京航空航天大学出版社,1997

[2]　王定华,等. 电磁兼容原理与设计[M]. 成都:成都电子科技大学,1995

[3]　谢德仁. 电子设备热设计[M]. 南京:东南大学出版社,1989

[4]　翁瑞琪. 袖珍电子工程师手册[M]. 北京:机械工业出版社,2000

[5]　无线电干扰和电磁兼容标准汇编[M]. 北京:中国电子技术标准化室研究所,1990

[6]　电子设备设计文件编制方法和示例[M]. 南京:南京标准化学会,1990

[7]　丁瑾. 可靠性与可测性分析设计[M]. 北京:北京邮电大学出版社,1996

[8]　陈光禹,等. 可测性设计[M]. 北京:电子工业出版社,1997

[9]　管致中,等. 电子测量仪器实用大全[M]. 南京:东南大学出版社,1995

9 电子系统设计举例

9.1 前言

为了帮助学生理解和掌握各类不同电子系统的设计方法,除在本书相应章节中有一些完整的或者局部的设计举例外,还专门安排了本章,给出一些典型电子系统的设计举例。其中部分例子取自于近年来全国大学生电子设计竞赛获奖作品选编①。另外有 3 个例子是自行命题并在《ESD-7 综合电子设计与实践平台》上进行硬软件设计、调试与验证过的。读者阅读这些例子时应将重点放在学习别人是如何拟定系统的总体方案—也即顶层设计方面。要学习别人如何根据原始技术要求拟定出几种不同的系统总体方案,并对这些不同方案进行比较。这项工作往往是初学者比较生疏的。而底层设计、特别是具体电路的设计、由于元器件的选择随技术的发展变化很大,过去曾经是先进的电路或器件今天可能就落了。因此提倡读者结合实际情况自行考虑更好的方案。这里共汇集了 6 个不同的电子系统的设计选题:

(1) 水温控制系统;
(2) 数字式工频有效值电压表;
(3) 数字化语音存储与回放系统;
(4) 采用直接数字合成(DDS)方法产生正弦扫频信号;
(5) DDS 产生的扫频信号用于频率特性测量;
(6) 数字存储示波器和 FFT 频谱分析。

下面分别给出它们的设计报告,为了减少不必要的重复同时亦给读者留有一个独立思考的余地,有意识地略去了某些举例的底层电路具体设计等内容。

9.2 水温控制系统的设计

9.2.1 原始设计任务书

1) 任务

设计制作一个水温自动控制系统,控制对象为 1 L 净水,容器为搪瓷器皿。水温可以在一定范围内由人工设定,并能在环境温度降低时实现自动调整.以保持设定的温度基本不变。

2) 要求

(1) 基本要求

① 温度设定范围为(40~90)℃ ,最小区分度为 1 ℃ ,标定温差≤1 ℃。

② 环境温度降低时(例如用电风扇降温)温度控制的静态误差≤1 ℃。

③ 用十进制数码显示水的实际温度。

---

① 这些选题的引用均得到全国大学生电子设计竞赛组委会的许可。

（2）发挥部分

① 采用适当的控制方法. 当设定温度突变（由 40 ℃提高到 60 ℃）时，减小系统的调节时间和超调量。

② 温度控制的静态误差≤0.2 ℃。

③ 在设定温度发生突变（由 40 ℃提高到 60 ℃）时，自动打印水温随时间变化的曲线。

3）评分意见

略。

4）说明

（1）加热器用 1 kW 电炉。

（2）如果采用单片机控制，允许使用已有的单片机最小系统电路板。

（3）数码显示部分可以使用数码显示模块。

（4）测量水温时只要求在容器内任意设置一个测量点。

（5）在设计报告前附一篇 400 字以内的报告摘要。

9.2.2 水温控制系统的设计报告[1]

1）方案设计及论证

根据任务和测量控制对象以及现有的条件，提出以下三种方案：

（1）方案一

这是一种纯硬件闭环控制系统。该系统优点在于速度较快，但可靠性差、控制精度低、灵活性小、线路复杂、调试安装都不方便，且实现打印、扩展等功能困难。

（2）方案二

此方案采用了以 8031 单片机为核心进行整个系统的管理与控制。该方案有隔离、A/D转换、测量和控制等部分。比第一种方案有设计灵活、精度高等优点。但该方案数据采集部分的是逐次逼近式 A/D 转换器或双积分 A/D 转换器。该系统在线路设计上数据线多，不易实现数模隔离，且成本高。

（3）方案三

该方案的设计框图如图 9.1 所示。此方案与方案二相比. 主要在 A/D 转换线路及降温措施上进行了大的改进。虑到强电控制、弱电测量、模数干扰等问题，为此采用 V/F 转换器件作为 A/D 转转换。考虑到降温速度，采用了控制电风扇的方法。这一改进有以下优点：

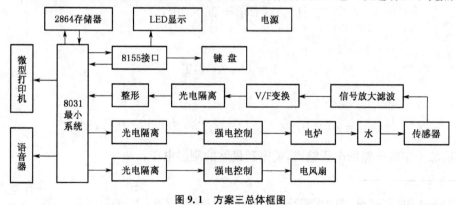

图 9.1 方案三总体框图

① V/F 转换器线性度高,精度高;

② 由于 V/F 本身是积分模式,所以抗干扰性(特别是抗共模干扰)好;

③ 由于 V/F 转换输出是脉冲,易实现光电隔离;

④ 接口方便,成本很低。

其次,该方案具有强电隔离、升温降温控制、显示、打印、语音报温等电路,总体上可靠实用。该方案不足之处是采集速度较慢,但足够满足要求。

对以上 3 种方案,进行性能、可靠性、成本等比较论证后,决定采用方案三。

2) 主要电路设计与计算

(1) 8031 单片机基本系统

8031 的基本系统主要由 8031、E^2PROM 2864、地址锁存器 74LS373、接口模块 8155、LED 显示器、键盘、语音接口(ISD1420)和打印机接口等组成。

(2) 传感器的选择与测温电路设计

① 传感器选择　常见的感温元件有热电偶、热电阻和半导体等传感器. 它们的主要优缺点是:热电偶价格便宜,但精度低,需冷端补偿,电路设计复杂;热电阻精度较高,但需要标准稳定电阻匹配才能使用。而半导体温度传感器线路设计简单,精度较高,线性度好,价格适中,非常适合(0~150)℃ 之间的测量。故我们选用半导体测温器件 AD590。

② 测温电路设计　用 AD590 测温电路如图 9.2 所示[1]。

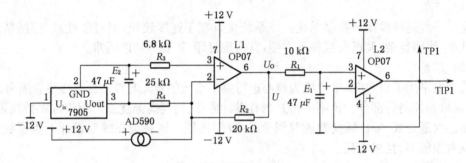

图 9.2　测温电路

AD590M 相当于一个高输出阻抗恒流源,可在 4~30 V 电源下一工作。在测量温度范围内,对应于绝对温度 T 每变化 1 K 时,输出电流变化 1 μA。根据图示电路可以得到

$$U_{O1} = IR_2 = 20 \times 10^3 I$$

又因

$$I = (1 \mu A/K)T$$

故

$$U_{O1} = 20 \times 10^3 \times 1 \times 10^{-6} \times T = 2 \times T \times 10^{-2} \text{ (V)}$$

然后加上定标电路的电压输出,就得到最终的测温电压:

---

①该电路的温度传感部分与第 2 章讨论过的双点调整补偿法电路(见图 2.10)在结构上是一样的。

$$U_O = U_{O1} + U_{O2}$$

（3）强电控制与驱动电路设计

对该部分电路的设计，主要应解决两
个问题：① 弱电（8031 系统）和强电（AC
220 V）的隔离；② 对强电的控制。为此，
我们采用了图 9.3 所示电路，其中
MOC3041 是具有双向晶闸管输出的光
电隔离器，VT_1 是功率双向可控硅，R_L 是
负载，在 MOC3041 内部不仅有发光二极
管，而且还有过零检测电路和一个小功率

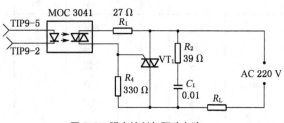

图 9.3　强电控制与驱动电路

双向可控硅。当 8031 的 P3.2＝1 时，MOC3041 中的发光二极管发光. 由于过零电路的同步
作用，内部的双向可控硅在过零后马上导通，从而使功率双向可控硅 VT_1 导通，在负载 R_L 中
有电流流过；当 P3.2＝0 时，MOC3041 中的发光三极管不发光，内部双向可控硅不导通，所
以功率双向可控硅 VT_1 截止，负载 R_L 中没有电流流过。由于被控制的对象是电炉或电风
扇，而它们都是感性元件，故在电路中接了一个 0.01 μF 的电容，来校正零相位。

3）软件的设计与实现

（1）模糊控制原理

① 模糊控制规则的表示　　对于一个典型的模糊控制系统，考虑它的输入信号有偏差 e
和偏差变化率 Δe 两种，输出信号为控制信号 u。

语言变量"偏差"用 A 表示，"偏差变化率"用 B 表示，"控制"用 C 表示，并且语言变量值
取下面有关意义档次：

正大 PL——A、B、C 都取最大的正模糊量；

正中 PM——A、B、C 都取较大的正模糊量；

正小 PS——A、B、C 都取较小的正模糊量；

正零 P0——A 取一个零模糊量；

零 0——B、C 都取一个零模糊量；

负零 N0——B 取一个零模糊量；

负小 NS——A、B、C 都取较小的负模糊量；

负中 NM——A、B、C 都取较大的负模糊量；

负大 NL——A、B、C 都取最大的负模糊量。

然后，这种模糊控制系统的控制规则可用下列条件语句的全体来表示：

IF　　　A＝NL　　　AND　　　B＝PS　　THEN　　C＝PL

IF　　　A＝NM　　　AND　　　B＝PL　　THEN　　B＝PM

······

IF　　　A＝PL　　　AND　　　B＝NL　　THEN　　C＝NL

典型的模糊控制系统的控制规则如表 9.1 所示，由于控制规则的全体也称规则基，故下
表也称为规则基表。

表 9.1　典型的模糊控制系统的控制规则

C		A							
		NL	NM	NS	N0	P0	PS	PM	PL
B	PL	PL	PM	NL	NL	NL	NL		
	PM	PL	PM	NM	NM	NS	NS		
	PS	PL	PM	NS	NS	NS	NS	NM	NL
	0	PL	PM	PS	0	NS	NS	NM	NL
	NS	PL	PM	PS	PS	PS	PS	NM	NL
	NM			PS	PS	PM	PM	NM	NL
	NL			PL	PL	PL	PL	NM	NL

表中空格表示不存在对应的控制规则。

② 模糊算法的软件实现　第一步,一般的,对于特定的单片机模糊控制系统,通常是把系统偏差 e 和偏差变化率 Δe 的实际范围作为输入论域,输出控制量 u 的允许变化范围作为输出论域,在每个论域上的语言变量都可取若干个语言变量值,例如:"正大""零""负小"等。而在论域中的元素隶属于各语言变量值的隶属度用隶属函数表示,其隶属函数的形状及其论域的覆盖范围是根据人的经验而定的。通常论域两端的隶属函数取半梯形或半三角形的形状,其余则取梯形或三角形的形状,如图 9.4 所示。

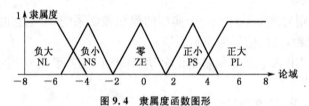

图 9.4　隶属度函数图形

其次,在模糊化过程中取输入变量的实时值,即求系统偏差和偏差变化率的实时值。在单片机中所得的数字量和给定温度值比较便可得出系统的偏差和偏差变化率的实时值为:

$$e = R - Y$$

$$\Delta e = e_1 - e_2$$

式中:R——给定值;

Y——本次采样值;

e_1——本次偏差值;

e_2——上次的偏差值。

由上可知,对于单片机模糊控制系统,求取 Δe 和 e 实时值的方法与一般的单片机数字控制系统相同。

第三步是把输入变量的实时值和已定义的隶属函数进行比较组合,求出相应的模糊输入量。这是模糊化过程中最关键一步,前两步的工作都是为这一步的实现作准备的。它的输入量 Δe 和 e 所定义的隶属函数见图 9.4,可知在执行模糊化时,2 个输入量的任何一个都会和该输入量所定义的 5 个隶属函数进行模糊化处理. 故可产生 10 个模糊输入量。但一般而言,对于一个特定的输入量,最多只会有 2 个隶属函数和它产生交叠,即它最多只对应有两个模糊输入量大于零,而其余的模糊输入量则为零。然后可以计算 e、Δe,最后将它们经模糊化后求得的对应于各模糊量的隶属度分别存放在单片机的 RAM 中。

有了上面三个步骤后,再进行模糊推理算法。在单片机中,通常采用 MAX—MIN 推理合成算法进行模糊推理.并产生模糊输出结果。

对于一般的单片机模糊控制系统,通常把偏差 e、偏差变化率 Δe 作为输入语言变量. 控制量 u 作为输出语言变量,且有:

$$e = \{NL, NS, ZE, PS, PL\}$$
$$\Delta e = \{NL, NS, ZE, PS, PL\}$$
$$u = \{NL, NM, NS, ZE, PS, PM, PL\}$$

根据操作者的操作和控制经验,可总结出一套控制规则,用模糊条件语句表示为:

$$IF \quad e = PL \quad AND \quad \Delta e = PL \quad THEN \quad u = NL$$
$$IF \quad e = PL \quad AND \quad \Delta e = PS \quad THEN \quad u = NM$$
$$......$$

其中"IF"后面接的词称前件,"THEN"后接的词称后件。这样就实现模糊控制的算法。

(2) 输出控制

这里的输出控制采用 PWM 方式实现,PWM 的基本原理是在一定周期内调节占空比。具体控制中占空比的实时值是根据模糊控制规则来自动调节的。

(3) 主控程序流程图(见图 9.5)

4) 系统指标测试

(1) 温度测量

测试条件及仪器:DM6801A 热电偶温度计(数字式),1 000 W电炉,环境温度为 19.9 ℃。

测试数据如下:

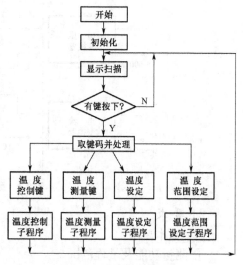

图 9.5 主控程序流程图

实际温度(℃)	30	40	50	70	80
测量温度(℃)	30.3	40.2	50.1	70.3	80.4
误　差(℃)	0.3	0.2	0.1	0.3	0.4

误差分析:误差主要是由于 AD590 集成式温度传感器的滞后性较大,而热电偶响应较快所产生。

(2) 环境温度下降时测试

仪器:台式电风扇,DM6801A 温度计,1 000 W 电炉。

实际温度(℃)	60	59	59.5	60.2
测量温度(℃)	60.1	59.2	59.5	59.7
误　差(℃)	0.1	0.2	0	0.5

（3）温度从 40 ℃向 60 ℃的测试

稳定到 60 ℃，经实验得知在稳定后，精度可以达到≤0.2 ℃。

最大超调量（℃）	稳定时间（min）
2.2	30

9.3 数字式工频有效值电压表设计

9.3.1 原始设计任务书

1）任务

设计并制作一个能同时对一路工频交流电［频率波动范围为（50±1）Hz、有失真的正弦波］的电压有效值、电流有效值、有功功率、无功功率、功率因数进行测量的数字式多用表。其构成参见图 9.6。

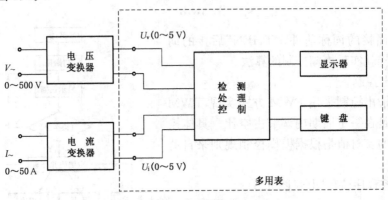

图 9.6 数字式多用表构成参考图

2）要求

（1）基本要求

① 测量功能及量程范围

a. 交流电压：（0～500）V；

b. 交流电流：（0～50）A；

c. 有功功率：（0～25）kW；

d. 无功功率：（0～35）kVar；

e. 功率因数（有功功率/视在功率）：0～1。

为便于本命题的设计与制作，设定待测（0～500）V 的交流电压、（0～50）A 的交流电流均已经相应的变换器转换为（0～5）V 的交流电压。

② 准确度

a. 显示为 $3^{4/5}$ 位（0.000～4.999），有过量程指示；

b. 交流电压和交流电流：±（0.8%读数＋5 个字）。例：当被测电压为 300 V 时，读数误差应小于±0.8%×300 V ＋0.5 V＝±2.9 V；

c. 有功功率和无功功率：±（1.5%读数＋8 个字）；

d. 功率因数：±0.01。

③ 功能选择

用按键选择交流电压、交流电流、有功功率、无功功率和功率因数的测量与显示。

（2）发挥部分

① 用按键选择电压基波及总谐波的有效值测量与显示。

② 具有量程自动转换功能，当变换器输出的电压值小于 0.5 V 时，能自动提高分辨力达 0.01 V。

③ 用按键控制实现交流电压、交流电流、有功功率、无功功率在测试过程中的最大值和最小值测量。

④ 其他（例如扩展功能，提高性能）。

3）评分标准

略。

4）说明

（1）调试时可用函数发生器输出的正弦信号电压作为一路交流电压信号；再经移相输出代表同一路的电流信号。

（2）检查交流电压、交流电流有效值测量功能时，可采用函数发生器输出的对称方波号。

（3）电压基波、谐波的测试可用函数发生器输出的对称方波作为标准信号，测试结果应与理论值进行比较分析。

9.3.2　数字式工频有效值电压表设计报告[2]

1）总体方案设计与论证

根据设计任务不难得知实现工频有效值的测量是确定该总体方案的核心，所以首先对真有效值 AC/DC 变换的各种方案做一比较：

方案一：热电变换法。此方法包括热电偶效应平衡转换和热敏三极管变换。热电偶配对很困难，并且有响应慢、过载能力差等缺点。

方案二：采样计算法。此方案是对周期信号进行快速采样，获得很多个离散值，再利用计算机的运算功能，进行均方根运算，此方案精度高，并可计算出相位信息。

方案三：模拟直接运算变换法。根据有效值数学定义用集成组件乘法器、开方器等依次对被测信号进行平方、平均和开方等计算，直接得出输入信号的有效值；在这种电路中，当输入信号幅度变小时，平方器输出电压的平均值下降很快，输出幅度很小，往往与失调和漂移电压混淆。因此该电路动态范围很窄，精度不高。

方案四：单片有效值转换组件（对数放大器）法。对数放大器是利用晶体管 PN 结平方律传递关系而成的。单片集成电路 AC / DC 真有效值转换器芯片，内部集成了实现计算法求取有效值的各种电路，能将任意波形的交流电压信号直接转换成与有效值成比例的直流电压，而不必考虑波形参数和失真度的大小。但该方案实现发挥部分的第一点要求有困难。若要实现这点要求，比较几种方案后，显然应该选择方案二。

整个系统硬件以 89C52 单片机为核心，包括三个模块：数据采集、数据处理和输入/输出模块（键盘/显示模块）。对于电压、电流信号采样用可编程放大器进行预处理。在测量工频交流电压、电流信号时，利用锁相环对信号进行 64 倍频得到的脉冲去控制 89C52，对电压、电流信号进行采样，既可实现相位测量，又能保证在被测信号的频率不稳定时，始终能以 64 点采集一个周期的完整信号，从而保证后面数字计算时的精度要求。另外为了测量功率，采用双路保持器对信号采样保持，可以做到电压、电流信号同时采集，该方案由于采用了单片机而使整个系统结构简洁,如图 9.7 所示。

2) 模块电路设计与比较

(1) 数据采集模块中的电流或电压信号放大、取样/保持电路

由于测量功率时要对电压、电流信号同时进行测量,考虑到要满足对大小信号的处理,采用可编程运算放大器 PGA 103,对信号进行放大,通过单片机对可编程器件 PGA103 的管脚 1 和管脚 2(见图 9.8)进行控制,使放大倍数可以为 1、10 两种不同值。这样能满足对大小不同信号的放大要求,硬件电路简单,容易实现。而采用保持器 LF398(见图 9.8)对两路信号分别进行保持,用单片机 Pl. 4 口对保持器 LF398 进行控制。进行测量时,单片机先对电压信号进行转换,此时电压信号被送到保持器进行保持,待电压信号处理完毕,再对电流信号进行转换。这种方案可以对电压、电流信号同时进行测量,并且减小了系统带来的误差。

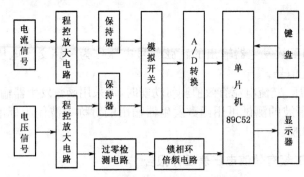

图 9.7　工频数字多用表系统总体框图

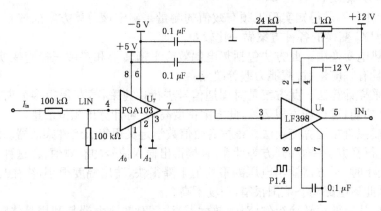

图 9.8　电流或电压信号放大、采样/保持电路

(2) 单片机系统数据处理模块

① 信号频率倍频处理部分

方案:采用锁相环电路直接实现。用具有 64 分频计数器的锁相环实现信号频率的 64 倍频,从而在被采集信号的一个周期中产生 64 个脉冲,利用此脉冲信号作为单片机的外部中断信号,快速启动 AD574 进行转换,实现高速数据采集。这种方案实施简单、可靠性高,而且简化了软件的设计。

② 数据处理转换部分。本设计采用 AD574 和片外 RAM 与单片机一起构成数据处理转换部分。

上述两部分的电路参见图 9.9。

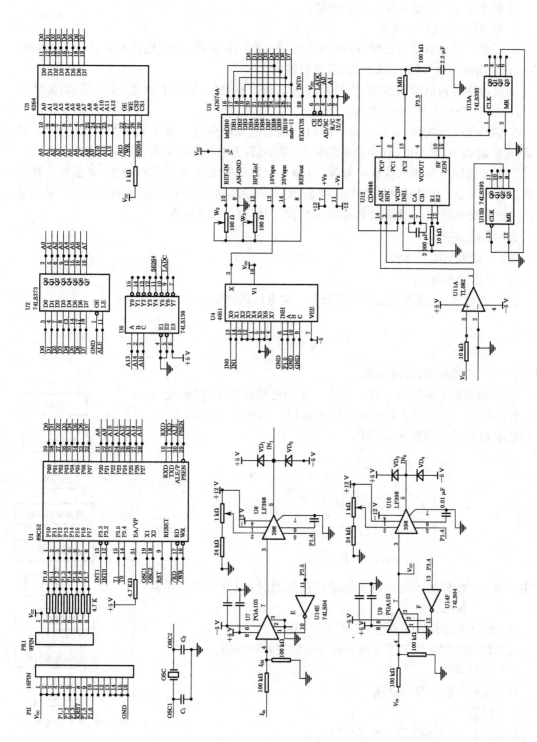

图 9.9 数据处理模块电路

（3）输入/输出模块

① 键盘定义　系统共设有 4 个按键：

a. 复位键：实现复位功能。

b. 正循环显示测量值按键：循环顺序为交流电压有效值、交流电流有效值、有功功率、无功功率、功率因数、基波有效值、总谐波有效值。

c. 反循环显示测量值按键：循环顺序为总谐波有效值、基波有效值、功率因数、无功功率、有功功率、交流电流、交流电压。

d. 副功能选择按键（显示一段时间内的最大值和最小值）：循环顺序为电压的最大、最小值，电流的最大、最小值，有功功率的最大、最小值，无功功率的最大、最小值。

② 数据显示　采用六位数码管显示，第 1 个数码管表示显示的物理量，其余数码管显示测量值的大小。单片机利用 74LS164 的串/并转换功能，将数据送到数码管显示。采用串行输入使得硬件简单，占用单片机系统接口少，并能简化软件编程。

3）系统实现

（1）数据采集部分（略）。

（2）数据处理部分。

① 交流电压、电流有效值的计算分析。对电压其计算公式为：

$$U = \sqrt{\left(\frac{1}{T}\right)\int_0^T u^2(t)\,dt}$$

式中：T——信号周期，电流同理。

② 功率和功率因数的计算。在上一步中已经测出了电压、电流的有效值 U、I，根据以下公式可以计算出视在功率 S、有功功率 P、无功功率 Q 和功率因数 $\cos\varphi$，即

$$S = UI$$

$$P = \left(\frac{1}{T}\right)\int_0^T u\,i\,dt$$

$$Q = \sqrt{S^2 - P^2}$$

$$\cos\varphi = P/S$$

式中：u、i——瞬时电压电流值。用单片机处理时，积分可以用梯形法求得。

（3）软件设计及软件流程图（见图 9.10）

通过软件可完成该工频多用表各部分的控制和协调。

（4）电路调试。

（5）误差分析及改善措施。

（6）讨论。

（以上（4）、（5）、（6）三点内容从略）

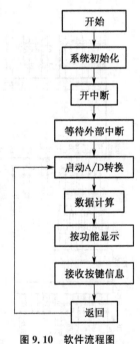

图 9.10　软件流程图

9.4 数字化语音存储与回放系统

9.4.1 原始设计任务书

1）任务

设计并制作一个数字化语音存储与回放系统,其示意图如下:

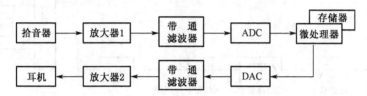

2）要求

（1）基本要求

① 放大器1的增益为46 dB,放大器2的增益为40 dB,增益均可调;

② 带通滤波器:通带为300 Hz~3.4 kHz;

③ ADC:采样频率:$f_s=8$ kHz,字长=8位;

④ 语音存储时间≥10 s;

⑤ DAC:变换频率 $f_c=8$ kHz,字长=8位;

⑥ 回放语音质量良好。

（2）发挥部分

在保证语音质量的前提下:

① 减少系统噪声电平,增加自动音量控制功能;

② 语音存储时间增加至20 s以上;

③ 提高存储器的利用率(在原有存储容量不变的前提下,提高语音存储时间);

其他$\left(\text{例如}:\dfrac{\pi f/f_s}{\sin(\pi f/f_s)}\text{校正等}\right)$。

3）评分意见

4）说明

不能使用单片机语音专用芯片实现本系统。

9.4.2 数字化语音存储与回放系统设计报告

1）概述

本系统采用 MCS-51 系列单片机,扩展 256K 外部 RAM 数据存储区(采用分页存储技术),使录放音时间达到 32.5 s,采用 DPCM 方式压缩数据后,录放音时间达到 65 s。采用两只配对的驻极体话筒,按差动方式连接作语音输入,对抑制背景噪音有很好的效果。此外,性能良好的带通滤波器以及$(\pi f/f_s)/\sin(\pi f/f_s)$校正电路的使用,提高了录放音的质量。

2) 子系统级方案论证与比较

在子系统设计阶段,设计者需要将整个系统分解成多个子系统,由于本题设计任务书已经给出了基本的子系统级的示意图,所以只要补充考虑发挥部分的要求,对该示意图做些扩充即可,如图 9.11 所示,其中虚线方框是为实现发挥部分要求而加入的。

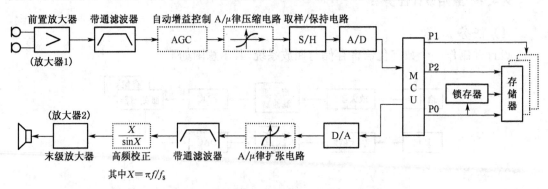

图 9.11 语音存储/回放系统的子系统级总体框图

下面对图 9.11 中有关模块的功能及实现方略分别论证与比较说明。

(1) 前置放大器与末级放大器 因为驻极体话筒的灵敏度较高,但方向性差,若采用单只话筒,会引入较大的背景噪音。故采用两只配对的话筒,按差动方式连接作语音输入,可获得很好的抑制背景噪音的效果。末级放大器采用集成功放 TDA2030A,去驱动 8 Ω喇叭,且留有一定的功率余量。

(2) A/μ律压缩/扩张电路 为进一步降低系统量化噪声,可加入 A/μ律压缩/扩张电路,理论上可使信噪比提高 24 dB。可以采用 Intel 公司的 2911～2914 系列芯片来实现压扩电路,也可以通过软件来实现上述硬件的压扩功能,但 A/D 及 D/A 转换器均必须采用 12 bit的才行。由于工作量较大而时间又较紧,因此本设计中没有实现 A/μ律压扩功能。

(3) 带通滤波器 该系统中的带通滤波器的作用是防止频谱混叠和提高信噪比。根据任务书基本要求 2 可知,该带通滤波器上下截止频率之比为 3 400 /300＝11.3 >>2 ,这是一个宽带滤波器,无法采用一般带通滤波器的设计方法来实现,但可以采用低通滤波器级联高通滤波器的方法来实现。

(4) 自动增益控制(AGC) 为减少系统噪音电平,增大动态范围(以防止阻塞失真等),在前置放大器中设置 AGC 电路。数字式 AGC 有精度高、控制范围大(50～80 dB)等优点,但比模拟式复杂,需采用专用芯片才能实现,因此本设计选用传统的模拟式 AGC 方案。

(5) A/D、D/A 以及 S/H 由于采样频率仅为 8 kHz,A/D 可以选用 AD0804(字长 8 bit,转换速率 10 kHz), D/A 可以选用 DAC0832(字长 8 bit,建立时间 1 μs)。由于 ADC0804 完成一次转换需要 100 μs,在此期间送到它输入端的模拟信号必须保持不变,否则会引起转换误差,因此在 A/D 之前应加上一级取样保持电路(S/H),可以选用 LF398 集成 S/H。当其保持电容 C_h＝1 000 pF 时,该器件的捕获时间 t_{ac}＝4 μs,孔径不确定时间 t_{au} ＝20 ns。该指标对于被处理的语音信号(300 Hz～3.4 kHz)是绰绰有余的,因此 LF398 所引入的误差可以忽略不计。所以在取样频率为 8 kHz 时,经 S/H 及 A/D 转换得的数字化语音样本,其误差成分主要是幅度量化误差($\pm 1/2^8$),频率与相位误差均可忽略不计。

(6) $(\pi f/f_S)/\sin(\pi f/f_S)$ 校正 语音回放时,须将已存储的数字化语音信号的数据,经过 D/A 变换器恢复为模拟语音信号。这时 D/A 变换器等效为一个零阶保持器,其规一化的幅频响应为 $\sin(\pi f/f_S)/(\pi f/f_S)$(该式中 f_S 为 D/A 的刷新频率,等于 8 kHz),由于该幅频响应在 $f \leqslant f_S$ 范围内呈非理想的低通滤波器特性,因而造成恢复后的语音信号中高频分量的损失。为了补偿该损失,可以采用一个与上述频响成倒数关系的——也即具有 $(\pi f/f_S)/\sin(\pi f/f_S)$ 幅频响应的网络,对恢复后的语音信号进行校正。考虑到被校正的

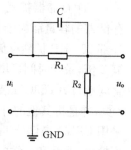

图 9.12 一阶 RC 校正网络

语音频率分量不会超过 $f_S/2$,在 $0 \sim f_S/2$ 范围内,上述校正网络可由一阶 RC 网络对高频分量稍作提升,实现近似校正,如图 9.12 所示。该 RC 网络的元件值可根据公式 $\sin(\pi f/f_S)/(\pi f/f_S)$ 计算求得。当采样频率为 8 kHz 时,在频率为 300 Hz 与 3.4 kHz 处的衰减分别为 0.02 dB 和 2.75 dB,因此,需要选择适当的阻容元件,近似满足在 3.4 kHz 处提升2.75 dB 即可。经计算可得电阻 $R_1 = R_2 = 1$ kΩ,电容 C 为 0.061 μF。图 9.13 所示是对一阶 RC 校正网络用 EWB 模拟得到的幅频特性。

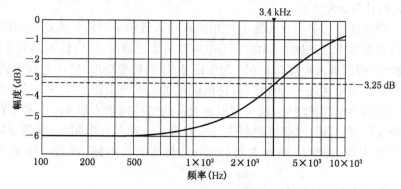

图 9.13 校正网络幅频特性图

从图 9.13 可以看出,此 RC 网络在高频段对信号的衰减比较小,起到了对高频分量提升的目的。将该图上 3.4 kHz 处衰减与 300 Hz 处衰减比较后,不难看出在 3.4 kHz 处提升了$(6-3.25)= 2.75$ dB,达到了预期的要求。

(7) 控制器 可采用单片机(MCU)或可编程逻辑器件实现。可编程逻辑器件具有速度快的特点,但其实现较复杂,且做到友好的人机界面也不太容易。单片机实现较容易,并且具有一定的可编程能力,对于语音信号(最高频率约为 3.4 kHz,8 kHz 采样频率),MCU 可以选用 AT89C51,如果时钟频率采用 12 MHz,则指令周期为 1~4 μs。对于 8 kHz 采样率(采样周期为 125 μs),在每一个采样周期当中,可执行多达几十到上百条指令,足以完成对采集点上的语音信号的存储和处理。

(8) 语音压缩编码方式 其种类比较多,增量调制(ΔM)和增量脉冲调制(DPCM)是两种常用的语音压缩编码方式,分别可以达到 8 倍和 2 倍的压缩比。本设计选用 DPCM 压缩编码方案,虽然压缩比低一些,但语音的失真较小,背景噪声亦较小。在 DPCM 压缩录音模式下,只存储前后两个采样值的差值,可实现在存储器容量不变的情况下,将语音存储时间提高一倍,满足发挥部分的要求。

（9）存储器扩展　任务书要求语音存储超过 20 s，因此当采样频率 8 kHz 时，语音数据存储器的容量需大于 160 KB。拟采用 8 片 HY62256（32 K×8 bit CMOS 的 SRAM），构成外部 256 KB 扩展存储器。此时若不采用压缩技术，可实现 256/8＝32 s 的语音录制；若压缩 2 倍，录音时间可增至 64 s，对于满足基本和发挥要求均已绰绰有余。但由于扩展的存储空间超过 AT89C51 支持的 64 K，因此采用分页存取的虚拟地址技术，每片 SRAM 为一页共 8 页，并且将其他的外设一并纳入分页寻址的空间内。由分页控制接口模块来管理。可以采用 CPLD 来设计。将地址 8 000 h 的单元作为选页端口地址存放单元。如果存储器操作不换页，那么和正常的存储器操作相同；如果涉及存储器换页，则首先要向 8 000 h 单元写入存储器的页号（0～7 分别代表 8 个页），经控制模块译码后，使对应页号的存储器片选信号有效，该页即被选中，然后就可向相应的存储空间写入相应的数据。从存储器中读取数据的操作与上类似。

9.4.3　部分子系统的详细设计

1）语音前置放大器的设计

（1）增益估计与分配

前置放大器即任务书中的放大器 1，它由语音输入级和中间放大级组成，其中语音输入级采用双话筒背景噪声对消技术。图 9.11 中从带通滤波器至 A/D 输入端的总增益可按 1 来估计，考虑到话筒的输出幅度≥1 mV，为保证 A/D 的转换精度，应将它放大到伏量级，故前置放大器的总增益须达到 60 dB 才行，这也满足了基本要求所提 46 dB 的指标。为使总体联调时有一定的余地和灵活性，现将前置放大器的增益按输入级 40 dB 和中间放大级（0～40）dB 可调来分配。自动增益控制利用场效应管工作在可变电阻区，漏源电阻受栅源电压控制的特性来实现，并由压控放大器（VGA）、整流滤波电路、场效应管组成闭环控制电路。

（2）抵消语音输入背景噪声的原理

采用两个特性相同的驻极体电容话筒，将它们背对背分别安装在圆筒的两个底面上（见图 9.14），并在电路上通过适当的连接，使它们的输出信号幅度相等、相位相反地叠加起来，就能将两个话筒在所处环境下拾入的背景噪声抵消掉，由于说话人只对准其中一个话筒讲话，因而有用的语音信号并不会被抵消掉。图 9.15 中话筒 ECM1 为源极（S）输出方式接法，话筒 ECM2 为漏极（D）输出方式接法，两者输出为相位相反的信号，当它们同时拾到同源声

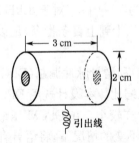

图 9.14　双话筒的安装图

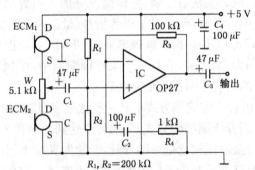

图 9.15　双话筒语音输入级电路图

波时,其输出信号将相互抵消。调节电位器 R_{W1} 可以使电路对称,从而使输出端的背景噪声电压达到最小。图中 IC 采用了低噪声高输入阻抗运算放大器 OP27。该输入级的电压增益由电阻 R_3 和 R_4 的比值决定,即 $A = 1 + R_3 / R_4 = 1 + 100/1 \approx 100(40\,dB)$。

中间级放大电路如图 9.16 所示,最大增益为 40 dB,增益可以通过电位器 R_{W1} 进行调节。元件 R_1 和 R_2 的参数应满足 $R_2 = (1 \sim 100) R_1$ 关系。

(3) 其他形式的双话筒语音输入放大电路

需要指出的,某些驻极体话筒只有两个外引脚,这是因为这类话筒的 S 与 C 引脚在内部已经连接在一起了,如果设计者只能得到此种话筒时,可采用如图 9.17 所示的仪表放大器电路作为双话筒语音输入放大电路。该电路将输入级和中间级有机地结合在一起了。其中 IC1 、IC2 应当采用同型号的低噪声运算放大器(例如 OP27 等)。各个电阻值应有如下关系: $R_1 = R_2$; $R_3 = R_4$; $R_6 = R_7$ 。由两个话筒拾取的背景

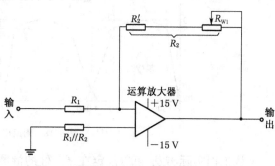

图 9.16　中间级放大电路

噪声经 IC1、IC2 放大后,在两个同相放大器输出端得到的噪声的幅度与相位是相同的,经过 IC3 差分放大器处理后就能互相抵消掉。考虑实际的电路元件有一定的不对称性,使用时可通过调节电位器 R_{W1} 将背景噪声调到最小。该电路的增益(对由一个话筒输入的语音而言)为 $A_\Sigma = (1 + R_3 / R_5)(R_8 / R_6)$。

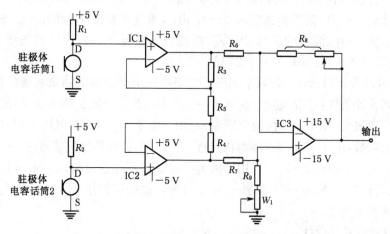

图 9.17　由仪表放大器构成的双话筒语音输入放大电路

2) 带通滤波器设计

带通滤波器的设计,其首要的问题是根据赛题基本要求中所给定的条件,推算出该滤波器频响的参数,即滤波器高频端及低频端的—3dB 截止频率,阻带频率和该频率处的衰减,以及过渡带的变化斜率。根据这些参数就可以采用任何一种成熟的设计方法去设计该滤波器。

(1) 滤波器频响参数的确定

① 由基本要求找出与滤波器设计有关的已知条件:

通带频率范围 Δf：300 Hz～3.4 kHz；

采样频率 f_S＝8 kHz。

② 根据采样定理画出经过取样被周期化了的语音频谱，如图 9.18 所示。显然，为了抑制混叠和减少由数字化语音恢复为模拟语音时的失真，可将该频谱中基带谱的包络作为所要设计的带通滤波器的频率响应的参考目标。

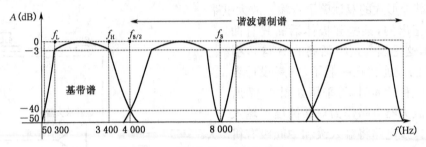

图 9.18　周期化了的语音频谱

从工程实际出发，可以规定在 $f_{S/2}$ 处的混叠不超过通带内电平的 1%，也即要求在 $f_{S/2}$ 处滤波器的衰减大于 -40 dB。

另外，滤波器的低频端应该从抑制 50 Hz 的工频干扰考虑，因此将阻带频率定为 50 Hz，该处的衰减应大于-40 dB。

根据 9.4.2 中的讨论，该带通滤波应当采用一个低通和一个高通滤波器级联起来实现。

③ 高端过渡带 $f_H \sim f_{S/2}$ 的频率响应可以使用一个高阶的低通滤波器来实现。从图 9.18 可以得到原始的设计条件：通带（上限）频率 f_H＝3.4 kHz，阻带频率 $f_{S/2}$＝4 kHz，通带内的衰减≤-3 dB，阻带内的衰减≥-40 dB。通过查表或者使用相关的滤波器设计软件可以计算出该低通滤波器的阶数：巴特沃兹滤波器需要 29 阶，切比雪夫滤波器需要 10阶，椭圆滤波器需要 5 阶，贝塞尔大于 20 阶。

④ 低端过渡带 50 Hz～f_L 的频率响应可以使用一个高通滤波器来实现。从图 9.18 可以推算出下列设计条件：通带（起始）频率 f_L＝300 Hz，为了抑制工频干扰，将阻带频率定为 50 Hz，通带内衰减≤3 dB，阻带内的衰减≥40 dB。由于 $f_L/50 > 2$，可用下列方法估算出该高通滤波器的阶数：由 $f_L/50 = 2^n$，解得倍频程 $n = 2.58$，并计算出过渡带内一个倍频程所要求的衰减：$A_R = -40$ dB$/n = 15.47$ dB。因为一阶滤波器在过渡带内一个倍频程的衰减为-6 dB，所以可计算得 $N_0 = -15.47/-6 \approx 2.6$（阶），这表明使用一个 3 阶的高通滤波器就可以达到上述技术要求。

（2）滤波器的具体设计

根据前面（1）—③的分析结果，决定采用 5 阶的椭圆滤波器来实现模拟低通滤波器。从 MAXIM 公司的产品目录中可选择 MAX7401—MAX7407 系列芯片来实现。由已知条件可知：$r' = f_{S/2}/f_C = 4$ kHz $/3.4$ kHz＝1.17（其中 $f_{S/2}$ 为阻带频率，f_C 为截止频率），据此可选用较为接近的 $r' = 1.2$ 的 8 阶开关电容椭圆滤波器 MAX7403 芯片。该芯片的工作频率范围为 1 Hz～10 kHz，在阻带频率处可以达到-60 dB 的衰减，采用＋5 V 电压供电。只要通过改变加到芯片上的时钟频率就可实现期望技术指标的低通滤波器，非常方便。

对于模拟高通滤波器可以选择 MAXIM 公司的 MAX260 芯片来实现。MAX260 是采用 CMOS 工艺的双 2 阶通用开关电容有源滤波器,可以通过微处理器精确地控制滤波器的功能,实现低通、高通、带通、点阻及全通之类的各种滤波器。可采用单电源(+5 V)或者双电源(±5 V)供电。对于滤波器的编程,需要确定 3 个参数:模式 MODE,中心频率 f_0,品质因数 Q。对于需要实现的高通滤波器,MODE 应选择为 3。为了实现前述性能的高通滤波器,需要使用 2 个中心频率、品质因数等参数完全相同的 2 阶滤波器级联来实现。为了使该开关电容滤波器的响应尽量地接近连续型滤波器的响应,比值 f_{CLK}/f_0 以及 Q 值应该尽量取大些。由于采用了 2 个完全相同的滤波器进行级联来实现高通滤波器,因此级联之后带宽会缩小。查表可知,2 个滤波器级联后,带宽将缩小为原来的 0.644,因此,应将每一个滤波器的截止频率 f_c 预扩为 300 / 0.644 ≈ 466 Hz。通常比值 f_{CLK}/f_0 应该在 150 以上,当取 $f_{CLK}/f_0=150$,并取 $f_{CLK}=75$ kHz,可计算得 f_0 的数值为 500 Hz。

根据 MAX260 的使用说明可知,在编程为高通滤波器时,其中心频率 f_0 和截止频率 f_c 的关系如下:

$$f_c = f_0 \bigg/ \left[\sqrt{1 - \frac{1}{2Q^2} + \sqrt{\left(1 - \frac{1}{2Q^2}\right)^2 + 1}} \right]$$

将前面确定出的 $f_0=500$ Hz 及预扩后的 $f_c=466$ Hz 代入上式后,可计算出 Q 值为 0.582。

根据使用说明中提供的表格图,可查得对该滤波器进行编程的代码如下:

给 f_0 编程时,N=32,[F5…F0]="100000"

给 Q 编程时,N=18,[Q6…Q0]="0010010"

将上述 f_0、Q、MODE 的配置数据,在上电的时候通过微处理器写入芯片内部的寄存器中去就能实现满足预定指标要求的高通滤波器。

9.4.4　单片机的软件算法与流程图

1) 录音部分的算法思想

录放音的采样率均是由单片机的定时器来控制的,将定时器设置为由软件控制的定时启/停方式 2,定时中断周期设置为 0.125 ms,即可实现以 8 kHz 采样率去控制录放音。由于设计了两种录音模式,因此需要根据键盘输入的请求,在中断服务子程序中分别进行处理,具体如下:

(1) 无压缩录音模式(Mode 0)

在每次响应定时器中断后,直接读取 ADC 的采样值,然后写入到分页存储器当中去,为此,在程序当中设置了一个标志 flag,指示当前操作的内存的页号,数据皆存储到该页。如果存入的数据达到一个页面的最大容量,则 flag 加 1,以后的数据存储到下一页。当整个存储器全部写满时,录音结束。

(2) 压缩模式(Mode 1)

在第一次定时器中断来临之前,设置大小为一个字节的缓冲区 buffer,与一个字节的"前值" Previous Value(PV),PV 的值预置为 0。在每次响应定时器中断过程中,首先读得的 ADC 的值称为当前输出值 Current Value(CV),将 CV 和 PV 相比较,差值记为 DIFF。差值 DIFF 为一个 4 比特的数值。第一位为 DIFF 的符号位,后三位表示差值的绝对值。如果绝对值大于 7,则统一置为 7,写入到 buffer 当中。当一个字节的 buffer 组装完成之后,才存储到存储器当中(因此,每响应两次定时器中断才向存储器写一次数据),等待下一次中断的来临。

2) 放音部分的算法思想

与录音部分相似,定时器中断的周期设置为 0.125 ms,在中断服务程序当中,对两种录音存储模式分别进行处理,具体如下:

(1) 无压缩录音数据的回放

在每一次定时器中断当中,从存储器中使用分页的方式读取存储器的采样值,输出给 DAC。

(2) 压缩模式录音数据的回放

与录音相对应,PV 预设为 0。每两次中断读取一次存储器的内容,值存放在 buffer 当中。每一次中断从 buffer 当中读取出高 4 位或者低 4 位,作为此次中断的 DIFF。根据 DIFF 的最高位判断该值的正负,对 PV 相应地加上或者减去一个 DIFF 值,作为本次中断的输出和下一次中断的 PV 值。

压缩录音和放音程序当中第一次中断的 PV 均为 0,并不影响实际的语音质量。如果两次采样值的差为最大 255,每次存储的 DIFF 的最大值均为 7,经过 255/7=36.4 个采样周期便能跟踪上实际的语音信号,共计 36.4×0.125=4.55 ms,这一短暂的时间对于人耳是难以分辨的。

3) 单片机的软件流程图

(1) 主流程图如图 9.19 所示。

(2) 键盘中断服务程序流程图如图 9.20 所示。

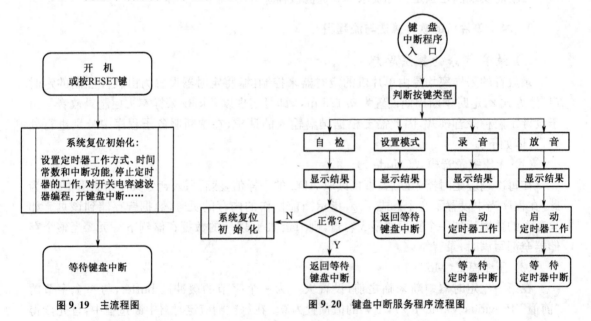

图 9.19　主流程图　　　　　　　　　　图 9.20　键盘中断服务程序流程图

(3) 定时器中断服务程序流程图如图 9.21 所示。

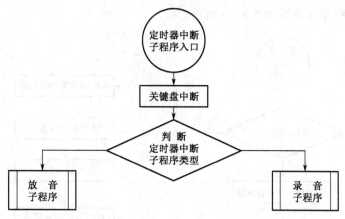

图 9.21　定时器中断服务程序流程图

（4）录音子程序如图 9.22 所示。

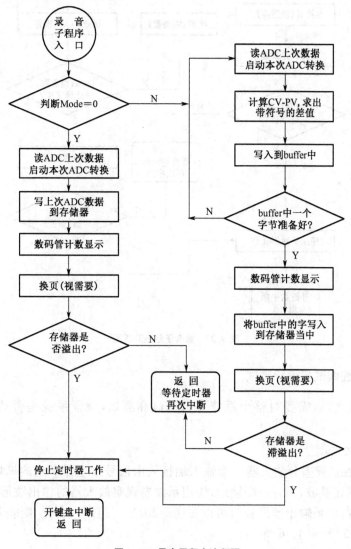

图 9.22　录音子程序流程图

(5) 放音子程序流程图如图 9.23 所示。

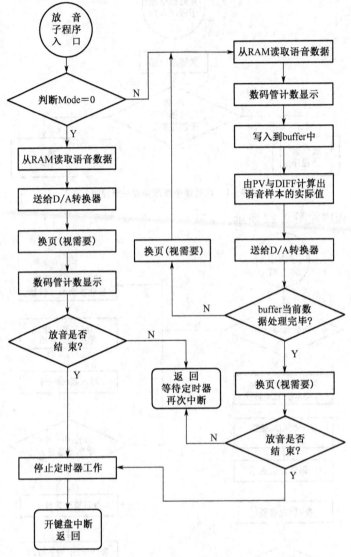

图 9.23　放音子程序流程图

9.4.5　系统调试与指标测试

当设计完成之后,需要对整个系统进行调试和测试,验证系统是否达到预定设计的要求。

1) 前置放大器

断开话筒,在话筒差分放大器一个输入端接入由信号发生器产生的峰峰值为 2 mV_{p-p} 频率为 1 kHz 的正弦波,另外一端接地,使用示波器观察放大器的输出波形,调节第二级放大器的放大倍数,如果输出波形幅度可以在 $(0 \sim 20) \text{V}_{p-p}$ 范围内变化,则表明前置放大器的增益可以达到 60 dB,并且可调。

2）AGC 电路的测试

对 AGC 电路进行单独测试的时候需要断开前级，AGC 输入端输入 $(0\sim20)V_{p-p}$ 的可变电压，使用示波器观察 AGC 输出点的波形，调节输入信号的幅度，当输入在 $(0\sim10)V_{p-p}$ 时输出电压幅度应该基本保持和输入信号幅度的线性关系，当输入超过 $10\ V_{p-p}$ 时，输出幅度的增长变慢，最后幅度基本稳定在一个电平上，在整个过程当中，波形不应该出现明显的削顶失真。

3）末级放大器

断开末级放大器和带通滤波器的连线，使用低频信号发生器输入 1 kHz 的正弦波，幅度为 $5\ V_{p-p}$，输出接 8 Ω 的喇叭，并且使用示波器观察输出波形，调节音量电位器，喇叭应该发出很响的嘟声，示波器的显示幅度如果达到 $25\ V_{p-p}$ 则表明末级放大器的输出功率可以达到 9.7 W。

4）带通滤波器

首先将带通滤波器和前级断开，在带通滤波器输入端接入由信号发生器产生 10 Hz～10 kHz、10 V_{p-p} 的正弦波，使用示波器观察，记录在 50 Hz、200 Hz、300 Hz、3.4 kHz 和 4 kHz 处的电压值，和设计要求作相应比较，检验是否达到预定的设计要求。

5）校正网络的测试

首先将校正网络和前级断开，在校正网络输入端接入由信号发生器产生的 10 Hz～10 kHz、峰值为 5 V 的正弦波，使用示波器观察，记录在 300 Hz、500 Hz、1 kHz、2 kHz、3 kHz、4 kHz 处的电压值，和设计要求作相应的比较，检验该电路是否达到预定的设计要求。

6）整机联机测试

整机连接测试后进行统一测试，包括：对录放音的音质、音量进行测听；适当地对电路的参数进行微调；对录放音时间进行测试。

7）结果分析

系统当中采用了降低噪音、校正等措施，在没有压缩的模式下，音质较好，背景噪声被抑制。使用压缩方式之后，音量较小，质量下降。对于这个原因应该从声音压缩入手进行分析。设计当中采用的 DPCM 压缩方式是一种有损压缩，使用 3 比特记载差值，因此压缩之后的声音无法准确地跟踪实际声音的变化，只是记录了声音的变化趋势，而幅度小于实际的信号值，因此音质下降，音量变小。

9.5 采用直接数字合成（DDS）方法制作信号发生器

9.5.1 DDS 工作原理

1）概述

直接数字合成（DDS-Direct Digital Synthesis）是一种新的频率/波形合成技术。该技术具有频率分辨率高、转换速度快、频率和相位易于定量控制等优点。在通信、电子仪器、雷达、GPS、蜂窝基站、图像处理及 HDTV 等领域得到了广泛应用。

长期以来,频率合成是采用 PLL(锁相环)方法来实现的。锁相环是一个闭环控制系统,通过改变控制值来改变其振荡频率。由于闭环系统达到新的稳定状态需要一定的时间,因此要求输出频率的精度和稳定度越高,则系统达到稳定的时间越长,频率的切换速度也就越慢。与 PLL 不同,直接数字(频率)合成,即 DDS(或 DDFS),是一种开环控制系统,随控制值的改变,信号的频率、幅度、相位可以瞬时随之改变,可实现"捷变"——即瞬时改变信号的频率、幅度与相位。DDS 方法还可以产生正弦波以外的各种函数波形、调制波形,乃至任意波形(AWG)。

2) DDS 的工作原理

将信号的一个周期,按照相位 $\Delta\varphi$ 步进进行取样、量化,构成数值表,存入 ROM,RAM 存储器中。如果按照地址步进(相位递增)依次读取该存储器数值,并经 D/A 转换,即可获得输出波形。常用的信号发生器可输出正弦,三角,方波等函数波形。如果要构成了一个任意波形发生器(AWG),只要设计所需波形的样点数值表即可。这是 DDS 方法的一个优点,其他方法很难产生任意波形。

与 PLL 不同,由于 DDS 输出信号的频率幅度和相位,可随时瞬间变化,便于实现各种调制。DDS 是一个开环控制系统,不会像反馈振荡系统那样产生自激以及停振等现象。

要产生一个频率可变的正弦波,只要改变地址的步进值,即改变 $\Delta\varphi$。这样的地址发生器,可以通过一个相位累加电路实现。图 9.24 为 DDS 基本结构框图。查表时,改变采样的频率控制字,样点的相位控制字,即可方便的改变信号频率和相位,若要实现复杂的信号调制亦十分方便。

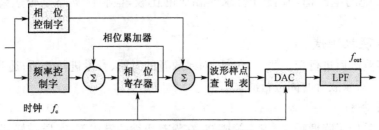

图 9.24　DDS 基本结构框图

具体工作过程如下:

(1) 通过步进的地址,对存于查询表中的数字波形样点值逐一读出,经数模转换器 D/A,形成模拟量波形。

(2) D/A 输出的是阶梯形波形,如果需要输出的是正弦波(见图 9.25),还需要经低通(或带通)滤波,滤除其中的谐波以及其他杂散成分,成为质量符合需要的模拟波形。

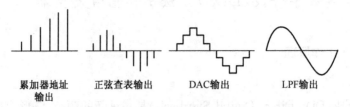

累加器地址　　　正弦查表输出　　　DAC输出　　　　LPF输出
输出

图 9.25　DDS 的工作原理

(3) 通过改变频率控制字,即改变地址步进值的大小,来获得所需要的输出信号的频率。通过改变相位控制字,来瞬时改变波形的相位。

设相位累加器的位宽为 N,数字波形存储器中存储了所需函数波形的一个周期的 2^P 个样点值,累加器的高 P 位用于寻址数字波形存储器表。如图 9.26 所示。

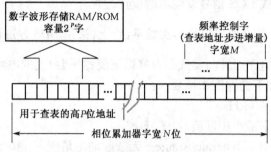

图 9.26　累加器的字长及查表示意图

若频率控制字的值为 1,在经过 $2^{(N-P)}$ 个时钟周期后,累加器的高 P 位地址增 1,即用于查表的地址递增 1,函数表中的所有样点值,按照 $f = \dfrac{f_c}{2^{N-P}}$ 的频率被逐点读出(f_c 为时钟频率)。输出一个周期需要 2^P 点,此时输出信号的频率为:

$$f_{out} = \frac{f_c}{2^{N-P} \times 2^P} = \frac{f_c}{2^N}$$

若累加器累加的步进增量为 M,则输出信号的频率为:

$$f_{out} = \frac{f_c}{2^{N-P} \times 2^P} = \frac{f_c}{\dfrac{2^N}{M}} = \frac{f_c}{2^N} M; \quad 0 \leqslant M \leqslant 2^N - 1$$

式中:M 称为频率控制字。

频率增量值 $M = 1$ 时,输出信号的频率最低,这也是 DDS 的最小频率分辨率:

$$f_{min} = \Delta f_{min} = \frac{f_c}{2^N}$$

频率增量 1,也就对应最低的合成频率。当累加器字宽 $N = 32$,函数表中一个周期的样点数为 2^P 点,根据奈奎斯特抽样定理,构成正弦信号.每个周期至少有两个以上的样点,所以该系统的最高输出频率为:

$$f_{0max} = \frac{f_c}{2}$$

最低和最高频率 f_{min},f_{max} 与时钟频率、累加器结构的字宽 M,N 有关,而与函数表的容量 2^P 无关。但 P 值大,则合成器的输出可以提供更高的相位分辨率。

值得指出的是,提高相位累加器的工作频率,可以提高合成信号的上限频率,但是,DDS 系统产生的信号频率上限,往往被 D/A 的速度所限制。

DDS 系统 D/A 输出为阶梯形波形,通过滤波器滤除高频分量,获得圆滑的波形。如果输出正弦信号,一般采用低通或带通滤波器,用来滤除阶梯信号中的谐波分量和噪声分量。而如果输出的是方波等函数波形,或任意波形,则滤波器要根据情况精心设计,不应该因为滤波而损失波形的有效的高频分量。

采用 DDS 信号合成的途径有多种,例如采用专用 DDS 芯片,片内有相位累加器,D/A 等电路。也可以由可编程数字电路和 D/A 等 IC 构成。作为教学实践,下面介绍在《ESD-7 综合电子设计平台》完成 DDS 信号发生器的设计过程。

9.5.2 在《ESD-7 综合电子设计与实践平台》上,采用 DDS 方法设计正弦扫频信号例一

根据《ESD-7 综合电子设计与实践平台》(以下简称平台)上的电路资源(参见本书P. 311 的附录),对设计提出如下的性能指标要求:

合成频谱范围:0～30 kHz

频率分辨率(即频率最小步进值):10^{-5} Hz

SFDR(Spurious Free Dynamic Range—无杂散动态范围①):40 dBc

在《ESD-7 综合电子设计平台》上完成上述课题,可以有多种设计方案。

以下是设计方案之一。

(1) 在 FPGA 中设计相位累加器,以及存储数字波形的样点表;

(2) 单片机读取键盘输入的频率和相位控制值,并输送给 FPGA 中的相位累加器;

(3) FPGA 中查表输出的数字波形值,送到 ispPAC20,利用其中的 D/A 进行数模转换为模拟电压,同时利用 ispPAC20 内部的可编程电压放大器和带宽可编程的带通滤波器,对电压信号进行滤波并输出。

(4) 键盘由 FPGA 中的键盘扫描电路管理,并对 MCU 产生中断信号,由 MCU 读取键值矢量,并进行键分析和执行键命令。

(5) 利用平台上的 LCD 屏,显示控制和状态信息,如信号的种类,信号频率,幅度,相位等。

图 9.27 是在平台上实现 DDS 信号合成器的方案之一。

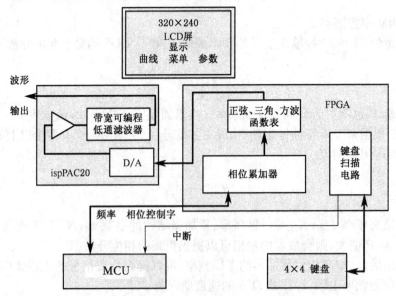

图 9.27 在平台上设计 DDS 信号发生器

①无杂散动态范围(SFDR)指 DDS 输出载波频率(最大信号成分)的 RMS 幅度与次最大失真成分的 RMS 值之比,SFDR 通常以 dBc(相对于载波频率的幅度的分贝值)表示。

　　如果合成信号的频率较低,也可以利用 MCU 来实现相位累加运算,同时将函数波形的样点值,写入 MCU 内的 FLASH 中。

　　以下是用 VHDL 语言编写的 FPGA 电路内容。在 FPGA 内,存储了多种波形样点表。

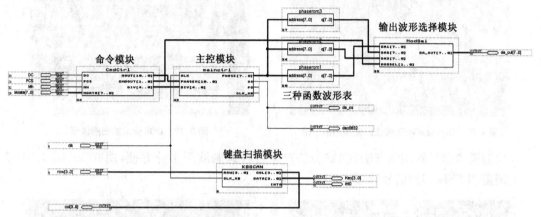

　　该电路由以下模块组成:

命令模块(由 CPU 发控制信号)　　　　　　　　　cmdctrl,

主控模块(FPGA 片内产生控制)　　　　　　　　　mainctrl,z

正弦,三角,方波三种函数波形表　　　　　　　　　phaserom1,　phaserom2,　phaserom3,

输出波形选择模块　　　　　　　　　　　　　　　Modsel

键盘扫描模块　　　　　　　　　　　　　　　　　KBSCAN

　　完整的设计,除了上述 FPGA 电路设计外,还包括 MCU 的控制运算程序,屏幕信息显示程序。此外,本设计用到了 ispPAC20 中的 D/A、放大器,低通滤波器。更详细的资料请到 Lattice 网站查找,同时参考本书的教学资料文件包。

9.5.3　可以达到的性能指标

1) 输出频率与波形

　　当 FPGA 的主时钟频率选为 10MHz 时,数字部分输出正弦波的最高频率可以达到 4 MHz,但 D/A 的速度只能达到数百 kHz,因此,整个系统输出的频率范围为数百 kHz。D/A 输出的阶梯形波形,含有多种杂散分量,由 D/A 之后的滤波器滤除。该滤波器可以设计为低通或带通滤波器,平台上的 ispPAC20,内部有两个一阶低通滤波器,可以串联起来构成二阶低通滤波器,其止带的滚降斜率可达到 −40 dB/dec。据此,可以估算出对高次谐波的抑制效果。

　　有两种方法产生扫频信号,一种方法是连续改变查表的频率,一种是查表频率不变,但改变查表的相位步进量。图 9.28、图 9.29 分别是单一频率正弦波和扫频输出波形。

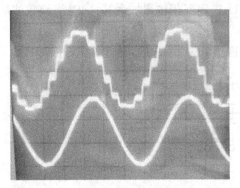

图 9.28　DDS 合成的正弦波滤波前后的波形

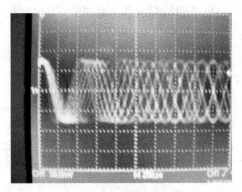

图 9.29　DDS 合成的扫频波形

比起模拟信号的调制方法，DDS 方法产生各种调制波形十分方便，图 9.30、图 9.31 是一组调幅和 FSK 调制信号波形。

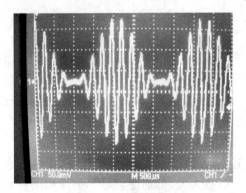

图 9.30　DDS 合成 AM 波形

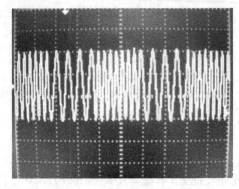

图 9.31　DDS 合成的 FSK 波形

2）DDS 输出波形中的杂散分量

无杂散动态范围 SFDR 是描述 DDS 波形质量的重要指标。构成杂散分量有多种成分，如采样信号的镜像频率分量，D/A 的有限字宽（幅度分辨率造成的噪声），相位累加器的有限字长（截断误差带来相位抖动），D/A 本身的非线性误差，时钟泄漏等，其中，由 D/A 零阶保持过程输出的阶梯包络正弦波带有镜像频率成分，如图 9.32 所示。图中 f_c 为

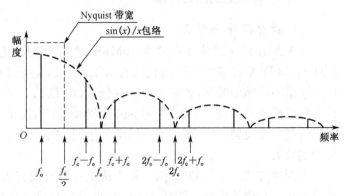

图 9.32　取样零阶保持电路的频谱

系统的取样频率，f_o 为 DDS 合成的输出频率，$f_c - f_o$ 为取样系统的镜像折叠频率分量，该分量和此后的高频分量，占 SFDR 主要分量，且随着输出频率接近折叠频率（$f_c/2$），镜像频率频分量的幅度也随之增大，镜像频率值也越靠近合成输出的频率值。

上述这些镜像折叠频率分量都处于 $f_c/2$ 以外，可以通过一个低通滤波器滤除。该低通

滤波器应有较高的阶数以达到一定的带外衰减速度,才能获得所要求的滤波效果。反之,如果尽量提高采样频率,使镜像频率分量远离 DDS 输出的频率,也可以降低对低通滤波器带外衰减速度的要求。实验平台上的 ispPAC20 内部有两个一阶低通滤波器,串联构成二阶低通,其带外衰减速度为 -40 dB/dec。如果采用 600 kHz 的采样频率,则折叠频率为 300 kHz,是本题要求的最高输出频率的 10 倍,上述滤波器对镜像频率的抑制则可大于 -40 dB。也可以利用 ispPAC20 内部的两个滤波器构成一个带通滤波器,其中心频率设计为 f_o 即可。

图 9.33(a)为在 ispPAC20 芯片内设计的低通和带通滤波器,图 9.33(b)是两者的幅频特性。带通滤波器的中心频率和低通滤波器的截止频率,都是 10 kHz。

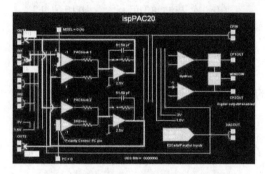

图 9.33(a) 在 ispPAC20 芯片内设计的低通和带通滤波器

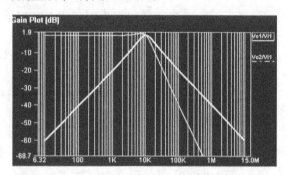

图 9.33(b) 带通和低通频率特性曲线输出端 VO1 为带通 VO2 为低通

如果要设计一个扫频信号源,其低通滤波器截止频率应该由扫频上限频率而定。低通滤波器频率太宽,将使低频 DDS 信号的谐波包含在内,使得 SFDR 指标降低。为此,通常是在整个合成频率范围内,分段设计低通滤波器。

9.5.4 在平台上,采用 DDS 方法设计任意波形发生器(AWG)

任意波形很难用其他方法产生,而采用 DDS 方法则十分简单。可以在时域和频域构建所需要的任意波形。该内容是对例一的扩充。

(1) 时域方法:将所需波形样点值存在表中,逐点查表经 DAC 转换成模拟量输出,并经适当带宽的低通滤波即可。

(2) 频域方法:将所需波形,表述为若干频率分量合成。经计算,设定各次谐波的频率,幅度,相位,由程序计算一个周期的波形样点数值表。例如,由基波,m,n 次谐波组成的波形,可以先设定好这三种成分的频率,幅度,相位,经下述 C 语言程序(详见本书教学资料文件包)计算出波形的样点表。程序实例如下:

```
* * * * * * * * * * * * * * * * * * * * * * * * * * * * * * * * * * * * * *
* 名称:AW (char A0,char F0,char P0,char AN,char FN,char PN,char AM,char FM,char PM)
* 描述:产生任意波形,由基波和另两种谐波合成。产生的波形样点值存于 AW[i] 数组中。
* 参数:基波的幅度 a0,频率 f0,初相位 p0,另两种谐波的参数为 an,fn,pn;am,fm,pm。
* * * * * * * * * * * * * * * * * * * * * * * * * * * * * * * * * * * * * *
```

```
void  AW (float a0,char f0,char p0,float an,char fn,char pn,float am,char fm,char pm)
{
    char i;
    float d=0.09817;
                    // d:一周期设 64 点。两点间弧度值（2*3.1415/64=0.09817）
    for(i=0;i<64;i++)
      AW[i] =(a0* sin(d*(f0*i+p0))
                            //基波  0.09817:1/64 周期 对应的弧度值
          +an* sin(d*(fn*i+pn))      //n 次谐波 幅度 0.5  初相位 8
          +am* sin(d*(fm*i+pm))      //m 次谐波 幅度 0.3  初相位 12
    )*60;
                        //*60:D/A 为 8 bit,使最大输出幅度小于+/- 128
}
```

任意波形,常被用来作对系统进行性能测试的动态激励信号,例如对桩基等结构进行动力学性能检测试验等。

9.6　DDS 产生的扫频信号用于频率特性测量——在平台上设计的课题例二

9.6.1　概述

电路系统的性能,可以用微分方程,状态方程,传递函数等来描述。这三者所提供的分析结果,是可以互相转换的。列写方程,需要知道电路结构和元器件的参数,而传递函数通过系统的外部输入输出信号的关系来描述系统特征,这种方法不需要知道系统的内部结构和参数数值。当电路的内部结构或元器件参数值不可知时,或面对的是"黑箱"或"灰箱"问题时,无法采用列写方程的方法来描述。这类问题,可以采用传递函数来描述。传递函数的方法,需要对系统的输入输出波形进行测量,因而是一种通过仪器实测的方法,也是应用最广泛的方法,具有重要的实际意义。这类仪器称为网络分析仪,或频率特性测试仪。可以实现电路系统的幅频特性和相频特性测量的又称为矢量网络分析仪。

9.6.2　电路系统频率特性的测试方法

冲击响应法与扫频测试法是测试电路系统频率特性的常用的方法。这两种方法中,用于激励的信号都是仪器产生的,因而是已知的,只要测量被测系统的输出,进行有关的计算,即可完成频率特性的测量。以下是两种方法的实现框图:

（1）冲击响应法

用 DDS 产生冲击信号（单个方波）对被测网络（DUT）的冲击响应进行 FFT(Fast Fourier Transform)变换,获得网络的频率特性,如图 9.34。这是一种利用电路在冲击信号激励下的瞬态响应信息来分析电路的频率特性的方法。如果用于测量宽带系统,需要激励信号冲击脉冲有足够宽的频谱,即脉冲宽度要足够的窄,这就导致其能量太小,被测系统输出的信噪比太小,因而测量动态范围小。而宽度大的脉冲,具有较大的能量,但其频谱较窄,只能用于低频系统的测量。例如振动,音频系统等。采用冲击响应的方法可以省去扫频信号源,适用于扬声器和机电系统等低频系统的频率特性测量。这种方法又称为动态测量方法。为了提高输出信号的信噪比,可以采用多次激励,对多个输出响应求平均值,利用噪声的随机性,在平均过程中被抵消(见图9.34)。

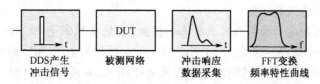

图 9.34　采用瞬态响应法(脉冲冲击响应)测试电路系统的频率特性

(2) 稳态响应法(扫频法测量)

用 DDS 方法产生正弦扫频信号,用于被测网络的输入激励信号。随着扫频过程,对已经达到稳态的网络输出信号幅度进行检测,并在 LCD 屏上描出频率特性曲线,如图 9.35 所示。这是基于电路在正弦信号激励下达到稳态后的信息进行测量分析的方法。大部分高频电路系统,都采用这种方法。因为达到稳态输出需要时间,所以只有线性时不变系统才可以采用扫频方法测量其频率特性。

图 9.35　采用正弦扫频(稳态响应法)测试电路系统的频率特性

9.6.3　设计一个扫频仪

下面介绍,在平台上,设计一个采用扫频法测试音频电路系统频率特性的扫频仪。要求达到的主要性能指标如下:

测量频率范围:20 Hz～30 kHz;

动态范围:40 dB;

平坦度:1 dB;

扫频范围(频偏)及扫速可设置。

由 LCD 屏显示频率特性曲线和主要的测量参数。

电路频率特性的扫频测试法的实现框图如图9.35。该扫频仪包括以下部件:

正弦扫频信号源;

用于信号幅度调节的衰减器;

对被测系统的输出幅度进行检波测量的部件;

用来显示频率特性曲线的显示屏。

实现以上部件所要求的资源,在平台上都是具备的。可按如下方法与步骤来实现这些部件:

(1) 设计一个用于激励被测系统的扫频信号源,按照9.5.2节的方法,设计一个覆盖测量频率范围(20 Hz～30 kHz)的扫频信号源。该信号源可以实现正弦信号输出,包括点频,扫频,扫频频率范围控制,扫速控制,幅度控制等,这些都是通过键盘由用户设置,并由 MCU 程序实现。

(2) 设计一个对被测系统的输出信号幅度进行检测的功能部件。可以有两种方法来实现:

① 外接一个二极管检波电路,将检波后的直流电压量,送至平台的模拟输入通道 CH1,经 A/D 获得幅度大小的数字量。

② 由于本课题是进行音频系统的频率特性测量,最高频率是 20 Hz~30 kHz,被测线性系统的输出信号频率最高频率亦为 20 Hz~30 kHz,而平台上的 A/D 速度可以达到 100 Hz ~200 kHz,因此,可以对系统的输出直接进行采样和 A/D,再计算出信号的幅度。扫频法要求出输出信号幅度与激励输入信号的幅度比,由于输入激励正弦波的幅度在扫频过程中保持不变,可以视为恒等于 1,可以省去求比值的运算。

③ 通过软件控制,在 LCD 屏上逐点画出测量结果并随着扫频过程将测量点连接成频率特性曲线,如图 9.36(b)。被测电路是一个由三级二阶滤波器串联构成的 6 极点带通滤波器,LCD 屏上显示了它的幅频特性曲线。

扫频法测量要求在系统的输出达到稳态时,再对输出进行测量。而系统输出达到稳态的时间与系统的带宽成反比。即对于窄带系统,应该采用较慢的扫频速度。一般的原则是扫频速度(每秒扫过的频率宽度)选为被测系统带宽的倒数。例如,被测系统的带宽为 1 kHz,则当激励信号频率变化时,系统达到新的稳态的响应时间为 1/1 000 Hz=1 ms,因此,频率变化的速度应该慢于 1 ms,如果要由 10 个测点描出该系统的频频率特性曲线,则至少需要 10 ms 时间。而如果通带需要更多的样点描述,则要增加测量点数,化更长的时间。

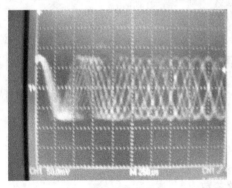
(a) DDS 产生的扫频信号

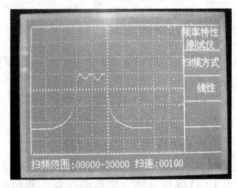
(b) 6 极点带通滤波器的幅频特性

图 9.36　扫频测量获得的带通滤波器频率特性

对系统的幅频和相频特性同时分析,又称为矢量网络特性分析。要进行矢量网络分析,需要测量网络输出波形与激励波形之间的相位差。用于激励的信号是 DDS 方法产生的,其相位是已知的,只要测量出输出波形的相位即可。输出信号的相位可以从 A/D 输出的数据中获取。例如,以 DDS 信号的零相位点作为参考点,同时刻采集到的系统输出波形的相位,即为系统频率响应的相位差。

9.7　数字存储示波器和 FFT 频谱分析——在平台上设计的课题例三

9.7.1　概述

示波器主要用于观察波形,现在的数字存储示波器大都同时包括采用 FFT 方法进行的频谱分析功能。用于一般示波器的 A/D 数字分辨率大多是 8 位的,因此,一般不将它作为精密的频谱分析仪来使用。

图 9.37 是数字存储示波器的框图。

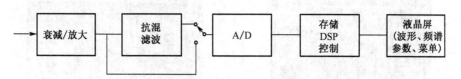

图 9.37　数字存储示波器的简易框图(单个通道)

作为示波器使用时,一般在示波器的信号通道中,都有一个低通滤波器供选择,用于限制高频噪声,改善对波形的观察效果。低通滤波器的带宽应与示波器指标带宽相当,过窄的带宽会导致观察波形失真。

如果要进行数字式频谱分析,在采样之前,就必须经过频带随采样频率而变的抗混滤波,以防止混叠现象。需要指出的,由于经过了抗混低通滤波,损失了高频分量,这时所观察到的已经不完全是原来的波形了。

9.7.2　设计任务

根据平台上的资源条件,设计一个低频单通道数字存储示波器,要求达到的指标如下:

单通道,频率范围:(0~30)kHz;

A/D 性能:最高采样率 100 kHz,分辨率 8 位;

放大器增益:最大 100,可编程;

低通滤波器:带宽 10 kHz~600 kHz,可编程;

数字样点存储长度:256 Byte~8 KB;

LCD 显示屏:320×240 点阵;

具有频谱分析功能。

9.7.3　设计方案

以下是在平台上设计数字存储示波器的方案之一。

利用可在系统编程的 ispPAC20 芯片作为通道放大器。

波形数据采集存储。放大以后的信号经模拟输入通道 CH1,经 A/D,由 MCU 控制数据

采集速度。每次采集样点数可以根据需要设置。最少为 250 点，以满足屏幕上曲线点数的
要求。如果需要进行某些计算，或在屏对波形进行时间坐标的压缩或移动窗口观察，则需要
存储更多的样点。

波形作图、频谱分析、操作控制及菜单显示等，由 MCU 软件完成。

在 FPGA 内设计如下功能：键盘扫描控制，设置双向总线，将 RAM(6264)的数据地址
和控制线连接到 MCU，使其成为 MCU 的外部存储器。(AT89S52 MCU 内部的 RAM 容量
为 256Byte. STC89C514AD 的片内 RAM 可达 4096 Byte，两种 MCU 在 ESD-7 实验箱上可
以兼容)。

图 9.38(a)为 LCD 屏上看到的示波器界面以及被测正弦信号的波形。

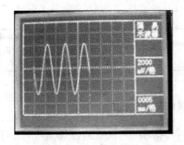

(a) 数字存储示波器

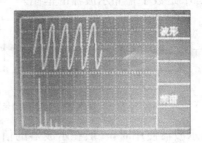

(b) 失真正弦波及其频谱

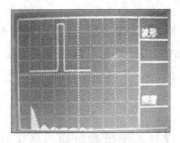

(c) 冲击信号波形及频谱

图 9.38　数字存储示波器和频谱分析的显示界面

图 9.39 是在平台上构成的数字存储示波器和频谱仪示意图。

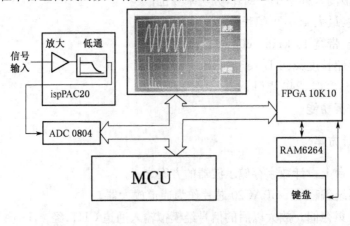

图 9.39　在平台上构成的数字存储示波器和频谱仪示意图

在参考设计电子文件中,提供了整个设计的全部文档,内容包括:

(1) MCU 软件程序。功能有 A/D 采集控制、频谱运算、LCD 屏波形和频谱作图以及参数菜单显示、键中断服务程序等。采用 C 语言编程,完整的源程序参考本书教学资料文件包中的有关文档。

(2) 采集的波形数据。可以存储在 MCU 内的 RAM 中,也可以存放到 FPGA 内的 RAM 中。FPGA 片内的 RAM 为 256×3 Byte。

屏上一幅曲线由 250 点组成,作为存储示波器,还应具有对屏上显示的波形左右移动观察的功能和时间轴压缩观察功能,这时,需要存储更长的数据样本备用。可以将数据存到片外的 RAM 中,该 RAM 容量 8K。通过 FPGA 内连线,与 MCU 连接。在进行 FFT 运算时,当 MCU 内的 RAM 容量不够时,也需要用到该外部 RAM。

(3) FPGA 内的电路程序,有连接 MCU 和 RAM 的双向总线和键盘扫描电路两个模块。程序设计如图 9.40。FPGA 内部的连接线和双向总线,用于连接 MCU 和外部的 RAM。其中连接 MCU 与 RAM 的数据线为双向连线,而地址线和读写控制线等,则为一般连线。

(4) 对 ispPAC20 模拟可编程器件的编程:

本课题中,利用 ispPAC20 片内的放大器作为示波器的前置放大器,利用片内的可编程低通滤波器作为抗混滤波器。

ispPAC20 的内部资源见图 9.41。片内有两组放大器,可以根据增益大小的需要,决定是否采用一级或者串联使用。带宽可编程低通滤波器也有两级,可根据滤波器阶数选择使用。

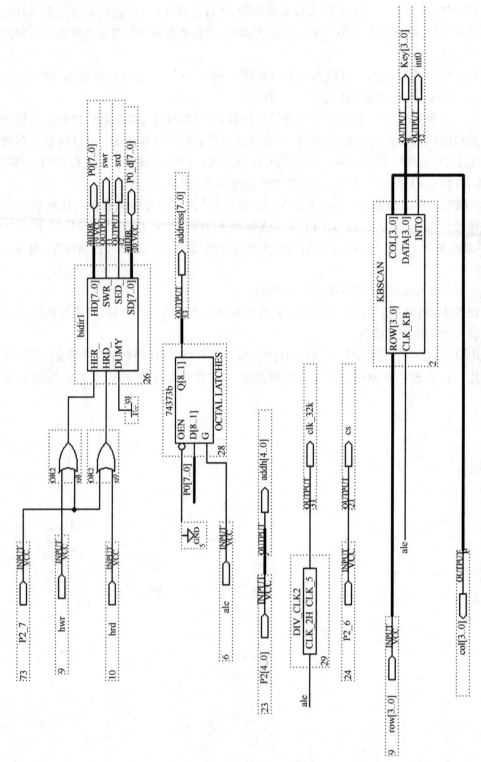

图 9.40　用于连接 MCU 和外部 RAM 的 FPGA 内部双向总线和键盘扫描功能模块设计

ispPAC20 的编程工具软件为 PAC Designer,采用图形化编程方式,直接在芯片的片内资源之间连线即可构成需要的电路,如图 9.41 所示。图中两级放大增益为 100,低通带宽为 30 kHz,左图粗线表示信号通路,右边是二阶低通滤波器的幅频和相频特性。图 9.41 中,信号从"IN1"端输入,沿粗线经过两级放大,两级的增益分别设置为 10 倍,级联后共计 100 倍。两级滤波的带宽选择为 30 kHz。

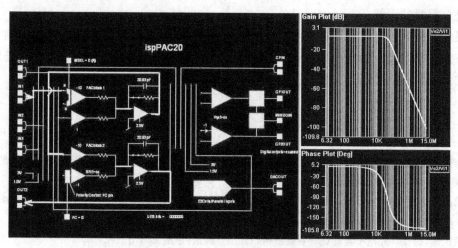

图 9.41　在 ispPAC20 内设计的信号放大器和二阶低通滤波器

(5) FFT 实现频谱分析运算,可以通过 MCU 程序进行,也还可以利用 FPGA 来进行。FPGA 运算可以获得高得多的变换速度。但受到设备中 FPGA 电路规模的限制,变换的点数也受到限制。

图 9.38(b)、(c) 分别显示了失真正弦波和单个冲击脉冲波形的频谱。采用 256 点的变换,谱线 128 根。谱线的多少由谱分析的分辨率要求决定。

数字频谱分析方法,可以通过 FFT 计算和数字滤波方法两种途径来实现。

① 数字滤波方法:

按照 N 根频谱分辨率的要求,设计一组 N 个滤波器,同时工作,可以完成实时频谱分析。但利用数字滤波器可以变化系数,使一个滤波器实现时分复用的特点,也可以只设计一个滤波器,通过不断地改变其滤波器的系数进行复用。在一个采样周期时间内,完成多次滤波,直到完成整个频谱计算。频率低一半的信号,采样频率也可以降低一半,因而滤波计算的次数也降低一半。如果采样间隔为 T,计算一次滤波的时间为 $T/2$,则另一半 $T/2$ 的时间可用于计算低一半频率的频谱值的滤波计算。而对于更低频率的滤波计算,花费的时间,是 $T/4,T/8,\cdots$,由于在降低采样频率,还要进行降低频率的二次采样,还要设计一个低通抗混滤波器与之配合工作。而如果数字滤波器的速度允许,也可以在带通滤波后,改变滤波器的结构和系数,变为低通抗混滤波器。

完成全部频谱值的计算时间为 $T/2+T/4+T/8+\cdots=T$. 即实现了从最高频率直至零频的全频带的实时频谱分析。当然还需要一个一定容量的存储器与之配合工作,将每个低频段的数据分别存储。供低一半频率滤波用。

更多有关滤波法进行频谱分析的问题,参考文献[7]

② FFT 计算法：

编写一个 FFT 程序，对样点系列进行变换运算以及必要的后续运算，如平方，平均，平滑等。这种方法，比起数字滤波的方法，有两个需要注意的地方。第一，所得到的是线性频率刻度的离散谱。第二，由于样本长度与信号的周期难以成倍数关系，将造成因样本对信号的截断带来的"泄漏"误差，在 FFT 变换进行谱分析时，在众多误差中，泄漏误差对谱的影响往往是最重要的误差。

虽然可以通过加时窗等办法来改善减少泄漏误差，但很难根本解决对谱的影响。而数字滤波法，信号连续不断地通过滤波器，未被截断，不存在泄漏误差。这是滤波法进行频谱分析的另一个重要优点。

参 考 文 献

[1]　第三届全国大学生电子设计竞赛组委会编. 第三届全国大学生电子设计竞赛获奖作品选编（1997）[G]. 北京：北京理工大学出版社，1999

[2]　第四届全国大学生电子设计竞赛组委会编. 第四届全国大学生电子设计竞赛获奖作品选编（1999）[G]. 北京：北京理工大学出版社，2001

[3]　黄正瑾，田良，等. 电子设计竞赛赛题解析（1）[M]. 南京：东南大学出版社，2003

[4]　吴乐南. 数据压缩[M]. 北京：电子工业出版社. 南京：东南大学出版社，2000

[5]　L. Mayes, lpswich, Suffolk . Audio Compressor[J]. Wireless World, 84, No 1511, July 1978：74

[6]　[美]P. H. Garrett. 微处理机和小型计算机的模拟系统[M]. 刘秦和，葛怀富，徐德功，译. 南京：江苏科学技术出版社，1984

[7]　束海泉，王刚 . 纤维均匀度分析仪中的多速率数据采集[J]. 国外电子测量技术，2002（4）

[8]　杨振江等编. 新型集成电路使用指南与典型应用[M]. 西安：西安电子科技大学出版社，1998

[9]　管致中等. 电子测量仪器实用大全[M]. 南京：东南大学出版社，1995

[10]　孙肖子，邓建国等. 电子设计指南[M]. 北京：高等教育出版社，2006

[11]　http://www. nuedc. com. cn/（全国大学生电子设计竞赛网页）

[12]　http://www. eleworld. com（电子世界杂志——设有校园电子等栏目，刊登全国大学生电子设计竞赛优秀作品论文）

附录 介绍两种实践教学平台

（一）《ESD-7 综合电子设计与实践平台》

1 概述

执行一项电子工程任务，往往需要综合运用多门电子技术与多门系统理论知识。将学过的多门课程的知识，面向工程课题综合运用，训练学生理论与实践相结合的实践动手能力，这也就是《综合电子设计与实践》课程的宗旨。

《ESD-7 综合电子设计与实践平台》就是为此而设计制造的一种教学设备。利用该平台可进行综合多门类电子技术与系统理论知识的设计与实践。所涉及的电子技术有：模电、数电、微机、接口、通讯、测控、数采、显示技术等；所涉及的系统理论知识有：信号与系统、DSP、自动控制原理、电子测量等。

该平台可以用作为如下用途：

* 《综合电子设计与实践》课程的教学设备；
* 大学生电子设计竞赛培训；
* 学生科技创新实践活动；
* 毕业设计；
* 科研课题方案评估。

由于该平台还具有低频信号源、示波器等仪器功能，将它与个人电脑相连后就能构成一个小的开发系统，堪比一个"移动实验室"，从而使学生不必到实验室，就可利用课外时间进行设计与实践，充分展现其开放性与灵活性。

2 平台上可做的各类课题介绍

2.1 课题与学时安排

任课教师结合《综合电子设计与实践》课程教学，根据各自专业的要求，规定一些必做的课题和选做的课题，并允许学生自选一些适当的课题，课内外学时各占（24～32）小时。建议每（2～3）个学生一组，在一个平台上进行设计。要求每组完成一个必做题和一个选做题，在完成整个设计过程中，学生可以讨论和分工。

2.2 供选择的课题（另提供设计例程供师生参考）

1）单项练习

（1）通过单片机向 LED 数码管上写数字和字符

（2）液晶屏文字菜单，曲线，图像，动画等的编程实践

（3）数字电压表：电压 A/D 转换，并在 LED 或 LCD 上显示电压值

（4）与 PC 机进行 RS232 接口通信练习

（5）I2 C 总线编程练习

（6）在 FPGA 上编制键盘扫描控制电路

（7）动画和游戏

2）综合性课题

（1）单片机系统设计实践

（2）DDS（直接数字频率合成）及扫频和调制信号的产生

（3）DSO（数字存储示波器）——信号数据采集，波形显示与处理

（4）DSP（数字信号处理）课程设计实验——信号数据采集和 FFT 频谱分析

（5）《信号与线性系统》课程设计实验——传递函数、网络频率特性分析（稳态法扫频测试和瞬态响应分析）

（6）自动控制系统

3）其他课题

（1）以太网通信（配以太网卡选件）

（2）无线通信（配无线通信卡选件）

（3）数据通信

（4）遥测遥控类课题

3　《ESD-7 综合电子设计与实践平台》的概貌

3.1　《ESD-7 综合电子设计与实践平台》外观与元器件布局

平台的外观与元器件布局见图 A3.1 与图 A3.2

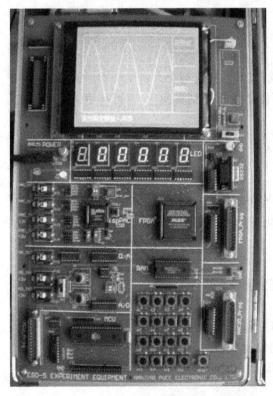

图 A3.1　平台外观

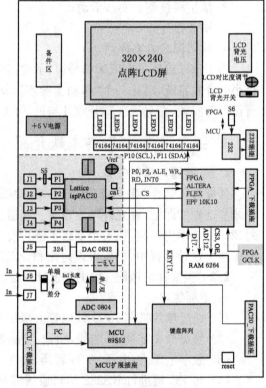

图 A3.2　平台元器件布局

3.2 平台上的资源

（1）多种在系统编程的 51 架构的单片机（89S52 系列，准片上系统 STC 系列单片机）

通过在系统编程（isp）插座对 CPU 进行编程，无需仿真器和编程器，即可进行程序开发，另备有与 51 系列管脚对应的 40 芯扩展插座，可以方便地扩展外围电路。

（2）10K10 系列可编程逻辑器件模块

与单片机、键盘、RAM 以及 ispPAC20 相连接。

可以利用 MCU 的 ALE 作为 CLK，亦可通过平台上的 CLK 插座，选择外接 CLK。

（3）RAM6264

6264 为 8KB 静态 RAM，通过地址线、双向数据线，及控制信号线经 FPGA 10K10 与单片机相连。用于扩展单片机内 RAM 容量。

（4）ispPAC20 可编程模拟芯片模块

内部资源有：可程控放大器、低通滤波器、模拟量比较器、DAC 等。

通过局部总线可与 MCU，FPGA，RAM 相连。

该芯片有 8 个输入和 8 个输出，通过两个 4 选 1 输入跳线插座和两个 4 选 1 输出跳线插座分别与 J1~J4 耳机插座相连，每次可以实现两个模拟量的输入和输出。

（5）键盘模块

键盘模块由 4 行 4 列共 8 根线驱动，8 根线都接有上拉电阻，再连到 FPGA 10K10，经 MCU 程序执行按键功能。

（6）数码管显示模块

6 位数码管由 6 个串入并出移位寄存器 74164 驱动，74164 由 MCU 通过串行方式驱动。

（7）128×64 或 320×240 点阵图形 LCD 显示屏（本书例题全部采用 320×240LCD 显示屏）

用于各类课题的文字数值曲线图像显示。

（8）DAC

由 DAC0832 和 324 运放构成，可以通过跳线，选择对 MCU 总线上的数据和对 10K10 以及 RAM 内的数据进行 DAC。STC 单片机内的 PWM 和 ispPAC20 可编程模拟芯片内，也具有 DAC 功能。

（9）ADC

由 ADC0804 组成，可以通过拨动开关，选择对来自 J6 的单端信号或对来自 J6、J7 的差分信号进行 ADC。STC 单片机内，具有 8 路输入端的 ADC。

（10）232 通信接口

通信信号由拨动开关选择来自 MCU 或 10K10。由 MAX232 芯片实现 232 接口功能。

（11）I^2C 总线，将 24C01 E2PROM 连在 MCU 上。

（12）7660 芯片，输入+5 V，产生−5 V 输出，可提供 200 mA 电流，供需要双电源的运放使用。

（13）下载插座

三个下载插座，分别用于 10K10、ispPAC20，AT89S52 和 STC 单片机的在系统编程。

（14）40 芯 MCU 的扩展插座

通过该扩展插座可以与以太网卡和无线通信卡(均为本设计平台的附件)实现连接,实现本设备与网络的通信和无线测控等功能.;同时可以将本平台作为调试设备,用于调试其他目标板。

(15) 以太网卡选配附件

(16) 无线通讯卡选配件,可以进行 AM、FM、PSK、ASK、FSK、SSB 等多种制式的通讯实验。

4.1 在《ESD-7 综合电子设计与实践平台》上实现的电子设计课题实例

可提供各种设计实例的程序源代码,供师生参考,还可协助使用单位,根据自己的专业要求,拟定各类供教学用的综合设计课题,并提供设计范例供参考。

(1) 采用 DDS 方法,产生各种波形(适用于电子仪器专业及通讯课程的信号调制实验)

原理方框图如图 A3.3 所示(与图 9.24 相同)。

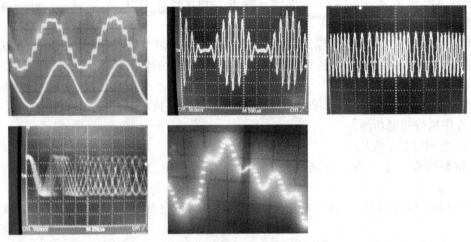

图 A3.3　DDS 产生的正弦、调幅、ASK 调频、扫频信号和任意波形

(2) 数字存储示波器和频谱分析仪(适用于电子仪器及数字信号处理 DSP 课程)

原理方框图如图 A3.4～A3.6 所示。

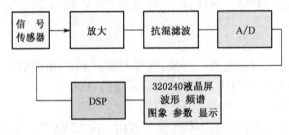

图 A3.4　示波器和频谱分析仪原理框图

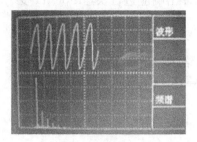
失真正弦波的波形和频谱

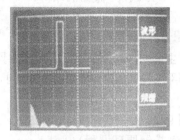
冲击函数(方波)的频谱(FFT)

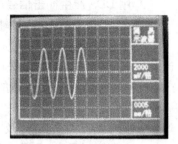
数字存储示波器

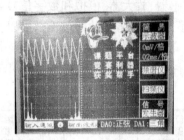

图 A3.5　平台上设计的示波器和 FFT 频谱分析仪显示的波形

图 A3.6　学生在 ESD-7 平台上利用 FPGA、MCU、A/D、控制键盘和液晶显示屏等资源,设计了一个数字存储示波器和 FFT 频谱分析仪

(3) 频率特性(传递函数)分析 (适用于信号与线性系统课程)
① 瞬态响应法

用 DDS 产生冲击信号(单个方波)对被测网络(DUT)的冲击响应进行快速 Fourier 变换(FFT),获得网络的频率特性。具体参见图 9.34。

② 稳态响应法(扫频法测量)

如下图,用 DDS 方法产生正弦扫频信号,用于被测网络的输入激励信号。随着扫频过程,对已经达到稳态的网络输出信号幅度进行检测,并在 LCD 屏上描出频率特性曲线。

具体参见图 9.35 以及图 9.36

(4) 控制系统(适用于自动控制原理课程)

一个控制系统通常包括传感器、放大器、模拟和数字信号处理(比例积分微分环节,网络频率特性补偿等)等部分。除了传感器外,其他的过程都可以在平台上实现。其中的 PID 过程,均采用数字滤波网络实现。滤波过程可以通过 MCU 单片机程序或由 FPGA 实现的数字滤波。利用设计平台上的电路资源,可实现开关和模拟控制量输出。控制系统的框图如图 A3.7 所示。

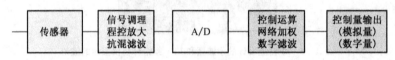

图 A3.7 控制系统框图

(5) 动画、图像、游戏设计(用于趣味软件编程练习)

利用 89S52 单片机和 LCD 屏,设计动画和游戏,并通过键盘操作进行游戏。图 A3.8 右图设计了一个在迷宫中推箱子的游戏,并可以对操作者花费的时间和步数进行计分。

 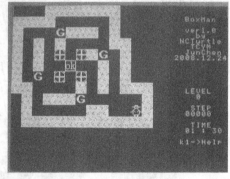

图 A3.8 设计平台上设计的图像动画和游戏的画面

(二) 片上系统(SOC)型单片机课题开发板

在本书第 6 章中曾经提及基于 80C51 为内核而改进后的片上系统(SOC)型单片机,例如 Cygnal C8051F 系列单片机,该单片机内包含了多种模拟电路和数字电路。因此仅采用一块芯片,就可以设计一个完整的系统。几乎不需要外加辅佐电路。

本开发板采用 Silabs 公司的 C8051F005 单片机处理器为核心,外配一个 232 接口芯片和可选的点阵液晶屏(128×16,或 320×240)以及 4×4 键盘,构成一个最小开发系统(见图 A4.1）。由于单片机片内有可程控放大器，多路 ADC、DAC 以及多种接口协议，因此不需要增加外围电路，即可完成模拟信号放大，数据采集，通过数字信号处理（DSP）完成多种电子工程课题。并实现与 PC 机的连机工作，对外围设备的控制和数据交换。

　　该开发板提供了大量的课题实例，可以用于理论教学，课程实践，电子竞赛，课题方案评估等。这些课题实例，都提供源代码，并附有详细注释。

　　在该开发板上可以实现的适用于教学训练的综合型课题如下：

　　＊采用 DDS 方法产生正弦及各种函数波形，任意波形；

　　＊产生扫频信号，用于电路系统的频率特性测试；

　　＊数字存储示波器（DSO）；

　　＊FFT 变换，频谱分析；

　　＊其他各种 DSP 软件完成的功能，如数字滤波等。

　　参考例程及功能：文字图像显示，仪表界面，动画，信号发生器，频率特性测试仪（扫频仪），数字存储示波器，频谱分析仪等（见图 A4.2）。

　　提供全部 C 语言源程序代码和功能注释，供师生参考。

　　南京普测电子有限公司①，可以为用户在开发板上设计各种教学和科研课题。

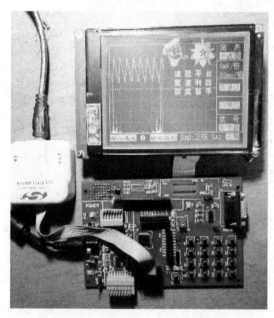

图 A4.1　基于片上系统 MCU—C8051F005 开发板实物图

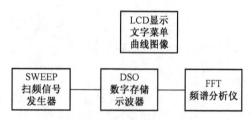

图 A4.2　开发板实现的仪器类型

---

①东南大学教授束海泉为该公司提供技术支持（联系电话：13062597386）。